Edison Alcivar

Análisis de prefactibilidad para la implementación de un parque eólico

Edison Alcivar

Análisis de prefactibilidad para la implementación de un parque eólico

Análisis de prefactibilidad para la implementación de un parque eólico en el sector Oropamba cantón Sevilla de Oro

Editorial Académica Española

Publisher:
Editorial Académica Española
is a trademark of
Dodo Books Indian Ocean Ltd. and OmniScriptum S.R.L Publishing group
Str. Armeneasca 28/1, office 1, Chisinau-2012, Republic of Moldova, Europe
Printed at: see last page
ISBN: 978-620-2-24681-1

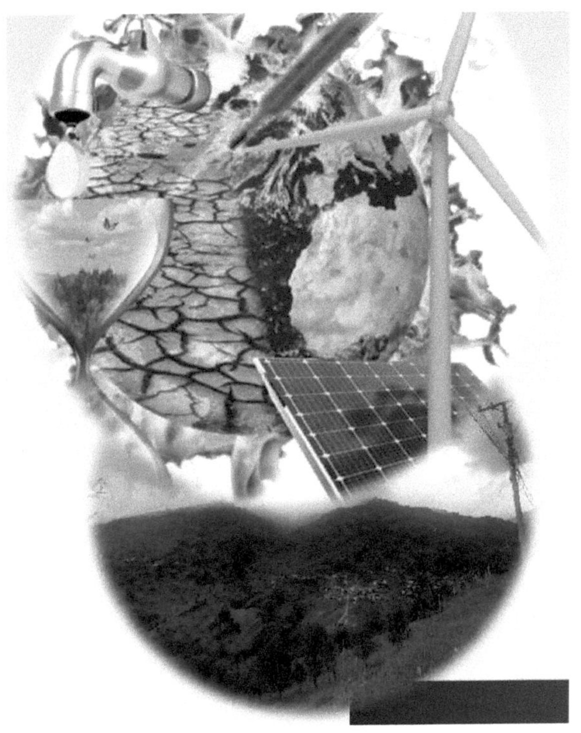

Análisis de prefactibilidad para la implementación de un parque eólico.

"Análisis de prefactibilidad para la implementación de un parque eólico en el sector Oropamba cantón Sevilla de Oro."

Autor:

Edison Andrés Alcivar Peralta

edison.alcivar1@gmail.com

Cuenca, Ecuador

17-octubre-2022

Resumen

Este es un proyecto que analiza la prefactibilidad para la implementación de un parque eólico en el sector Oropamba en el cantón Sevilla de Oro. El análisis busca incorporar la energía generada del parque al sistema de distribución de la empresa eléctrica Regional Centro Sur, mediante la aplicación de generación distribuida, para que de esta forma contribuya al abastecimiento de la demanda energética local, tomando en consideración la normativa vigente. Para llevar a buen término esté análisis de prefactibilidad se plantearon 6 capítulos, en el primero se da a conocer el contexto del trabajo, además de establecer los objetivos, alcance justificación y antecedentes. En el segundo capítulo se diseñó un marco conceptual que abarca diferentes conceptos, tales como energías renovables no convencionales, energía eólica, aerogeneradores, niveles de velocidades promedio de viento y sistemas eólicos ya construidos en el país, cálculos aplicados al ámbito de los aerogeneradores. Finalmente se presenta un enfoque de la generación distribuida a nivel local mediante el uso de energías renovables y las políticas existentes a nivel nacional para su promoción.

Posteriormente en el tercer capítulo se realizó un análisis del perfil del recurso eólico con los datos medidos in situ a través de un medidor meteorológico Kestrel 5500 perteneciente a la Universidad de Cuenca, y con los datos obtenidos de sistemas satelitales de las condiciones meteorológicas del sector con la herramienta de la NASA (POWER). En este caso se obtuvieron datos del año 2020 y con la información de campo y satelital se efectuó un análisis de regresión y mediante la identificación de la cointegración de las curvas estacionarias de viento se planteó un modelo empírico para corregir los datos meteorológicos anuales.

Para la evaluación del recurso eólico presente en sitio y la determinación del potencial existente, se realizan los respectivos cálculos mediante una herramienta de software denominada Wind Atlas Analysis and Application Program (WAsP), que permite el diseño y simulación del sistema eólico que se pretende implementar. Una vez obtenido estos datos se describen aspectos generales de la instalación eléctrica de bajo voltaje y red de medio voltaje, la puesta a tierra correspondiente, la evacuación de la energía del parque vía conexión a la red mediante generación distribuida (capitulo 4). A posteriori, se plantea un análisis preliminar de costos, cálculos del valor actual neto (VAN) y la tasa interna de retorno (TIR) de la implementación de los sistemas de generación eólicos propuestos (capitulo 5). Finalmente, se presentan las conclusiones y recomendaciones obtenidas a lo largo del desarrollo del proyecto de titulación.

.

Palabras claves: Energía eólica. Generación distribuida. Aerogenerador. Energía renovable.

Abstract

This is a project that analyzes the pre-feasibility for the implementation of a wind farm in the Oropamba sector in the Sevilla de Oro canton. The analysis seeks to incorporate the energy generated from the park into the distribution system of the Regional Centro Sur electricity company, through the application of distributed generation, so that in this way it contributes to the supply of local energy demand, taking into account current regulations. To successfully carry out this pre-feasibility analysis, 6 chapters were proposed, in the first one the context of the work is disclosed, in addition to establishing the objectives, scope, justification and background. In the second chapter, a conceptual framework was designed that covers different concepts, such as non-conventional renewable energies, wind energy, wind turbines, average wind speed levels and wind systems already built in the country, calculations applied to the field of wind turbines. Finally, an approach to distributed generation at the local level is presented through the use of renewable energies and the existing policies at the national level for its promotion.

Subsequently, in the third chapter, an analysis of the wind resource profile was carried out with the data measured in situ through a Kestrel 5500 meteorological meter belonging to the University of Cuenca, and with the data obtained from satellite systems of the meteorological conditions of the sector with the NASA tool (POWER). In this case, data from the year 2020 were obtained and with the field and satellite information, a regression analysis was carried out and by identifying the cointegration of the stationary wind curves, an empirical model was proposed to correct the annual meteorological data.

For the evaluation of the wind resource present on site and the determination of the existing potential, the respective calculations are made using a software tool called Wind Atlas Analysis and Application Program (WAsP) which allows the design and simulation of the wind system that is intended to be implemented. Once these data have been obtained, general aspects of the low-voltage electrical installation and the medium-voltage network, the corresponding grounding, and the evacuation of energy from the park via connection to the network through distributed generation are described (chapter 4). In addition, a preliminary costs analysis, calculations of the net present value (NPV), and the internal rate of return (IRR) of the implementation of the proposed wind generation systems are proposed (chapter 5). Finally, the conclusions and recommendations obtained throughout the development of the graduation project are presented.

Keywords: Wind energy. Distributed generation. Wind turbine. Renewable energy.

Contenido

Dedicatoria

Al que con sabiduría hizo el universo, que con amor nos dio nueva vida. A mi madre María Inés, quien con amor siempre me guio, instruyo y apoyo. A mi padre Roger, que con amor me apoyo y aconsejo. A mis abuelitos, Hermel y Ermila, que con amor me criaron desde mi infancia. A mi abuelita, Esperanza, que con amor me instruyo y aconsejo. A mi bisabuela, María Cenaida (+) que con amor supo consolarme y aconsejarme. A mis hermanas y hermanos, tías y tíos, primas y primos. Con quienes compartimos los bueno y malos momentos que tiene la vida.

Edison Andrés Alcivar Peralta.

Agradecimiento.

Agradezco al creador del Universo por darme la sabiduría y paciencia para concluir este sueño que tengo desde hace muchos años y que es muy importante en mi vida.

A mi madre quien con su esfuerzo y sacrificio me ayudó a culminar está etapa de vida y aprendizaje en esta distinguida universidad y por siempre brindarme el apoyo necesario para no declinar en la meta buscada.

A la Universidad de Cuenca, por recibirme desde el primer día en sus instalaciones y permitir formarme en dos carreras profesionales, aprender de muchísimas personas e inclusive ser participe en actividades académicas y no académicas, junto a estudiantes, profesores, personal de la Universidad quienes sin duda han aportado de forma positiva a mi desarrollo personal y profesional.

Agradezco también a todos los profesores de la Facultad de Ingeniería, en especial a mi director de trabajo de fin de carrera, Ing. Juan Sanango Bautista, que gracias a su ayuda, consejos y revisiones hoy puedo finalizar este proyecto. También, al Ing. Juan Leonardo Espinoza, con quien se pudo gestionar el anemómetro para la medición de datos en campo y que, gracias a su ayuda, hoy es una realidad este trabajo de titulación.

Finalmente, quiero expresar mi más grande y sincero agradecimiento a mi tía Elena Peralta por permitirme ocupar su vivienda durante todos mis años de estudio en la ciudad de Cuenca.

1. Generalidades

1.1.   Introducción

La sociedad mundial dentro del marco de los desafíos globales a los que se ve enfrentada (el calentamiento global, la contaminación del aire, la emisión de gases tóxicos en la atmosfera, la deforestación, etc.), ha provocado generar conciencia dentro de algunos sectores de la sociedad y han hecho que estos actores busquen nuevas formas de obtener energía limpia. Consiguiente, se han generado expectativas de crecimiento en el campo de las energías renovables no convencionales, debido a que principalmente son una tecnología que puede ayudar a reducir emisiones de gases contaminantes en el medio ambiente por medio de su aplicación y desarrollo. Las energías renovables no convencionales tienen varios campos de aplicación. Uno de estos es la energía eólica, que es la elegida para desarrollarla en este trabajo de titulación. De hecho, la sociedad actualmente necesita con urgencia encontrar nuevas fuentes de energía renovables y considerando que por efectos como el cambio climático, el incremento de la tasa de población, los medios de transporte alternativos (como vehículos eléctricos) y otros factores, han llevado a que, tanto el estado ecuatoriano y las empresas del sector cléctrico nacional, tengan que repensar en un cambio en la matriz energética del país, considerando el crecimiento de la demanda de energía y la inserción de nuevas fuentes de energía eléctrica.

Bajo este contexto complejo, las instituciones involucradas en el sector eléctrico y de recursos renovables vienen desarrollando desde hace algunos años, proyectos, estudios, normas y políticas de Estado que se encaminan en promover el uso de fuentes de energía renovable. En este marco, lo que se busca es que estos proyectos permitan obtener beneficios sociales, económicos y ambientales de forma simultánea. Es así que, mediante el presente trabajo de titulación, se realizará un estudio de prefactibilidad técnico - económico, para la implementación de un parque eólico en el sector denominado Oropamba, ubicado en los puntos georreferenciales 2°47'53.6"S 78°38'29.4"O Y 2°47'45.6"S 78°38'39.2" a 2777 msnm, perteneciente al cantón Sevilla de Oro provincia del Azuay.

1.2.   Justificación

Uno de los retos globales que la sociedad actualmente ha puesto en foco, es el reducir las emisiones de gases de efecto invernadero que provocan el cambio climático. Entonces son vistos con buenos ojos las tecnologías que permitan reducirlos, de esta forma se prevé que gobiernos y sectores de inversión privada destinen recursos para desarrollar estos tipos de proyectos que utilicen dichas tecnologías. Adicionalmente, una de las problemáticas que en gran medida provocan que estos recursos no sean destinados a estos proyectos, es que no existen estudios previos que puedan dar una guía para ser considerados como factibles o no y por ende muchos son desestimados. Razón por la que se busca que este análisis de prefactibilidad sirva para generar una visión técnica, por medio de una consultoría especializada en el campo de la energía renovable no convencional y sean la guía para futuros proyectos de diseño y construcción en este ámbito aplicativo de la energía eólica en el sector Oropamba. Adicionalmente, se prevé que exista un incremento de la demanda de energía eléctrica en el país, que es sin duda uno de los principales justificativos para desarrollar este análisis de prefactibilidad. Finalmente, el proyecto se puede acoger a la normativa vigente en el país la cual fue emitida por la Agencia de Regulación y Control de Energía y Recursos Naturales no Renovables, bajo resolución Nro. ARCERNNR-014/21, denominada «Marco normativo para la participación en generación distribuida de empresas habilitadas para realizar la actividad de generación».

1.3. Objetivos

1.3.1 Objetivo general

Realizar el análisis de prefactibilidad técnico - económico, para la implementación de un parque eólico en el cantón Sevilla de Oro, que, mediante la incorporación al sistema de energía eléctrica del Ecuador, como generación distribuida, contribuya al abastecimiento de la demanda energética local y/o regional, tomando en consideración la normativa vigente.

1.3.2 Objetivos específicos

1. Realizar un análisis de la generación distribuida a nivel local mediante el uso de energías renovables y políticas existentes a nivel nacional para su promoción.
2. Determinar el recurso eólico existente y el potencial de generación en el sitio donde se emplazará el parque eólico, utilizando datos de estudio de mediciones en campo históricos y satelitales.
3. Determinar el número y el tipo de aerogeneradores a partir del recurso eólico existente, incluyendo un análisis de emplazamientos de los aerogeneradores.
4. Determinar las condiciones técnicas básicas para la conexión de este parque eólico al Sistema de Distribución de Energía Eléctrica, como una fuente de generación distribuida.
5. Realizar un estudio económico preliminar de la implementación del sistema de generación eólica que traerá este parque.

1.4. Alcance

El análisis de prefactibilidad técnica y económica tiene como finalidad realizar un estudio para la implementación de un parque eólico en el sector Oropamba perteneciente al cantón Sevilla de Oro, que, mediante la incorporación al sistema de energía eléctrica del Ecuador, como generación distribuida, contribuya al abastecimiento de la demanda energética local, tomando en consideración la normativa vigente. Dentro de la parte técnica, se realizará el análisis del recurso eólico en la zona de interés, mediante mediciones realizadas con un medidor meteorológico Kestrel 5500 y por medio de comprobaciones satelitales; adicionalmente, para este trabajo se usaron bases de datos meteorológicas locales e internacionales. En lo respecto a evaluación económica, se estimaron los diferentes rubros de costos en base a precios referenciales internacionales detallados en informes técnicos de organismos competentes.

1.5. Antecedentes

La energía eólica que existe en nuestro planeta durante ha sido aprovechada desde hace varios siglos antes, con su uso practico para moler grano (siglo XII) y con el pasar del tiempo debido al descubrimiento de la electricidad, está energía renovable no convencional, se empleó como una nueva fuente de energía primaria para obtener energía eléctrica (año 1888). Entonces, fue gracias al avance científico y el desarrollo industrial que la industria eólica despego. Es por eso que, con el diseño y fabricación de nuevas máquinas y turbinas eólicas, se ha permitido la implementación y desarrollo de sistemas de generación eléctrica mediante tecnología eólica para el uso a gran escala en varios países del mundo incluyendo Ecuador.

1.5.1 Situación actual mundial de la energía eólica.

En la figura 1.1 se observa que hasta el año 2021, se han instalado 837 GW de capacidad de energía eólica en el mundo, de los cuales 780 GW se encuentran instalados en tierra (Onshore) y 57 GW en el mar (Offshore).

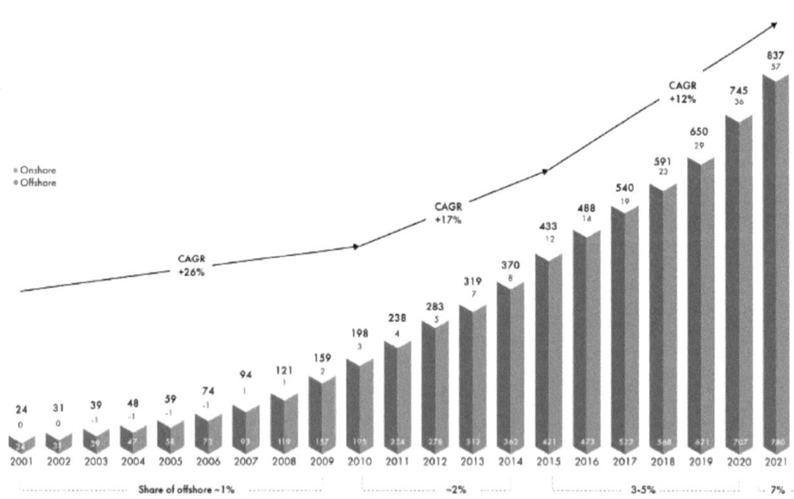

Figura 1.1: Evolución histórica del total de instalaciones eólicas en el mundo. (Onshore y Offshore). [1]

En 2021 se agregaron 93,6 GW de nueva capacidad de energía eólica en todo el mundo, solo un 1,8 % menos que el récord de 2020, lo que eleva la capacidad eólica total instalada a 837 GW, un crecimiento del 12,4 % en comparación con el año pasado. [1]

Aunque las nuevas instalaciones en el mercado eólico terrestre cayeron a 72,5 GW el año pasado, siguió siendo el segundo año más alto de la historia. El mercado eólico marino tuvo un año récord con más de 21 GW conectados a la red, tres veces más que el año anterior, lo que convierte a 2021 en el año más alto de la historia. [1]

Aunque la tasa de crecimiento interanual fue negativa (-1,8 %) en 2021, el mercado eólico anual creció (con onshore y offshore combinados) en todas las regiones excepto en Asia y América del Norte. En cuanto al mercado eólico terrestre, Europa, LATAM, África, Oriente Medio y el Pacífico tuvieron un año récord en 2021 con tasas de crecimiento interanuales del 19 %, 27 %, 120 % y 58 %, respectivamente. Sin embargo, la nueva capacidad eólica terrestre agregada en Asia y América del Norte el año pasado se redujo en un 33 % (17,5 GW) y un 21 % (3,7 GW) en comparación con 2020. La disminución en estas dos regiones se debió principalmente a menores instalaciones en tierra en los dos países que son los mercados más grandes China y EE.UU. En China, la transición del mecanismo de apoyo FIT al esquema de paridad de red ("sin subsidio") para la energía eólica terrestre desde principios de 2021 ralentizó el crecimiento. En los EE. UU., las interrupciones debido a la pandemia de COVID-19 combinadas con las limitaciones de la cadena de suministro han provocado retrasos en la ejecución de la construcción de proyectos eólicos terrestres en el segundo semestre de 2021. Las nuevas instalaciones eólicas marinas aumentaron un 209 % (14,3 GW) en comparación con 2020, lo que se debió principalmente debido a la fiebre de instalación impulsada por políticas tanto en China como en Vietnam. [1]

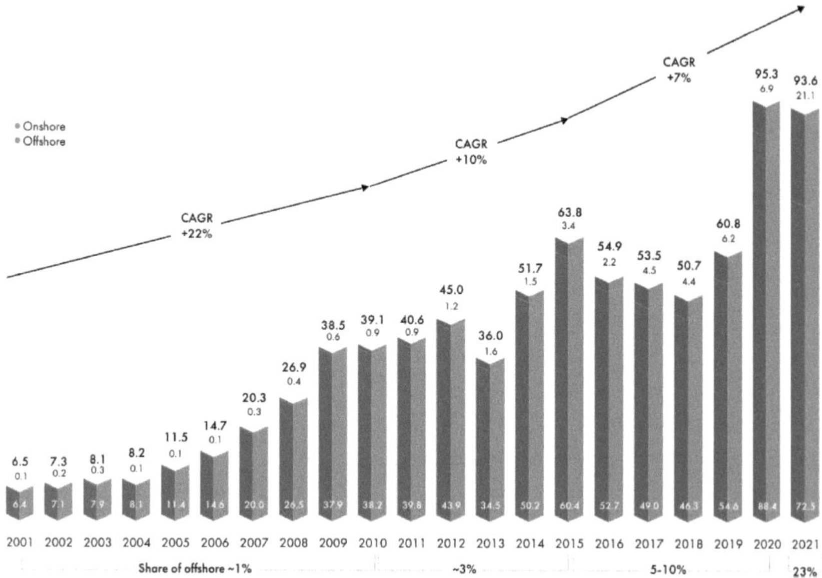

Figura 1.2: Evolución histórica de las nuevas instalaciones eólicas en el mundo. (Onshore y Offshore). [1]

Berkeley Lab también compila datos sobre el costo total instalado de proyectos eólicos en los Estados Unidos, incluidos datos sobre 65 proyectos completados en 2020 por un total de 12 173 MW, o el 72 % de la capacidad de energía eólica instalada en ese año. En total, el conjunto de datos incluye 1.128 proyectos de energía eólica completados en los Estados Unidos continentales por un total de 106.996 MW y equivale aproximadamente al 88 % de toda la capacidad de energía eólica instalada a fines de 2020. En general, los costos de proyectos informados reflejan la compra e instalación de turbinas, el equilibrio de planta, y cualquier gasto de subestación y/o interconexión. Sin embargo, las fuentes de datos son diversas y no todas tienen la misma credibilidad, por lo que se debe hacer hincapié en las tendencias generales de los datos en lugar de las estimaciones a nivel de proyecto individual. [2]

Como se muestra en la Figura 1.3, los costos promedio instalados de los proyectos disminuyeron desde el comienzo de la industria eólica de EE. UU. en la década de 1980 hasta principios de la década de 2000, y luego aumentaron, lo que refleja los cambios en los precios de las turbinas, durante la última parte de la última década. Los costos alcanzaron su punto máximo en 2009-2010. Aunque los costos a nivel de proyecto han disminuido desde 2010, en gran medida se han mantenido estables en los últimos años. En 2020, el costo de proyecto instalado promedio ponderado por capacidad dentro de la muestra fue de $1,460/kW. Esto es más del 40 % inferior a los costos promedio informados en 2009 y 2010, pero está aproximadamente a la par con los costos de instalación experimentados a principios de la década de 2000. [2]

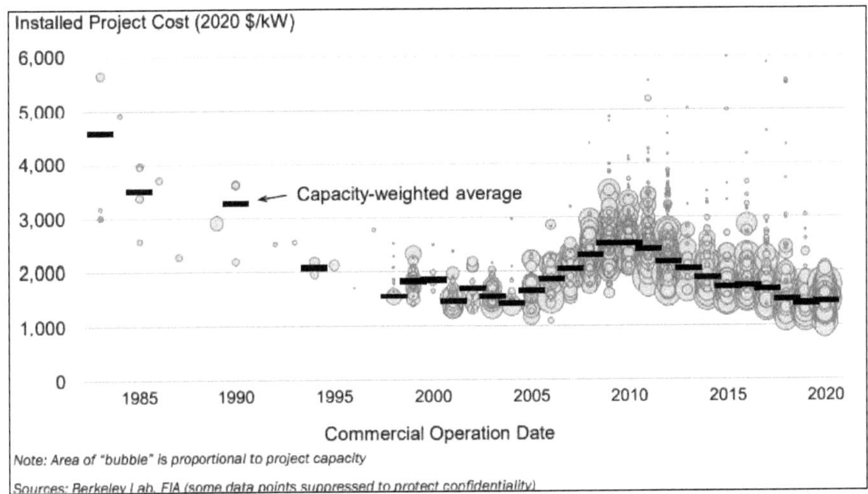

Figura 1.3: Costos del proyecto de energía eólica instalada a lo largo del tiempo en Estados Unidos de América. [2]

Los costos instalados exhiben economías de escala, que son especialmente evidentes cuando se pasa de proyectos pequeños a medianos. La Figura 1.4 muestra que entre la muestra de proyectos instalados en 2019 y 2020, hay una caída sustancial en los costos promedio instalados por kW al pasar de proyectos de 5 MW o menos a proyectos en los rangos de 20–50 MW y 50–100 MW. Las economías de escala continúan, aunque en menor grado, a medida que el tamaño del proyecto aumenta más allá de estos umbrales. [2]

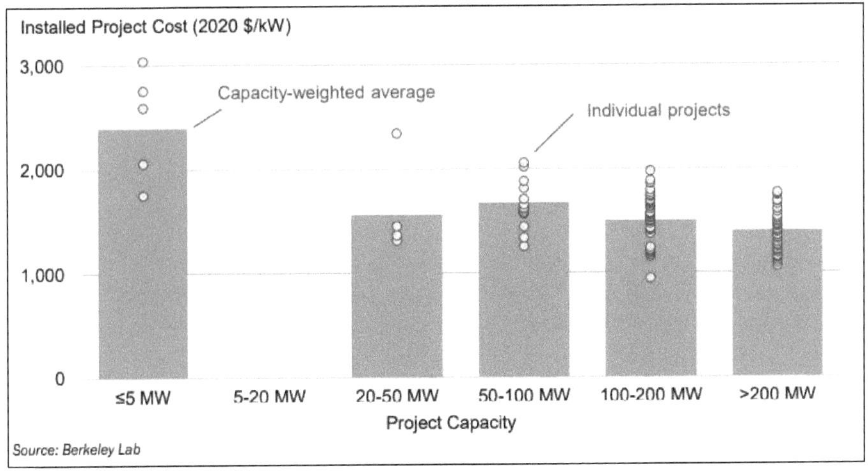

Figura 1.4: Costos de proyectos de energía eólica instalada por tamaño: proyectos de 2019 y 2020 en los Estado Unidos de América. [2]

La Figura 1.5 muestra los valores de LCOE promedio resultantes a lo largo del tiempo en Estados Unidos de América. Como se muestra, el LCOE promedio del viento disminuyó de $102/MWh en 1988-1999 a $67/MWh en 2004-2005, antes de aumentar a $93/MWh en 2009. Posteriormente, el LCOE promedio disminuyó rápidamente durante 2018, a $33/MWh. El LCOE promedio nacional de los proyectos eólicos de nueva construcción se ha mantenido estable en gran medida desde 2018 y se situó nuevamente en $33/MWh en 2020. [2]

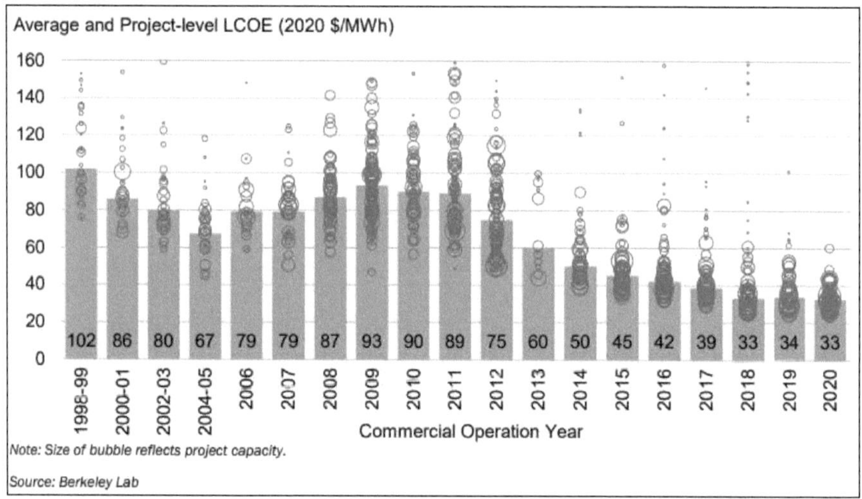

Figura 1.5: Costo nivelado estimado de la energía eólica por fecha de operación comercial en los Estado Unidos de América. [2]

1.5.2 Situación de la energía eólica en el Ecuador

En 2021, la potencia nominal a nivel nacional fue 8.734,41 MW; de los cuales, 5.308,27 MW (60,77 %) corresponden a centrales con fuentes de energía renovable y 3.426,14 MW (39,23 %) a centrales con fuentes de energía no renovable. Las fuentes de energía renovable que aprovechó el país para la generación de electricidad en 2021 fueron: hidráulica, biomasa, fotovoltaica, eólica y biogás. [3]

Como se puede observar en la figura 1.6, la capacidad total instalada, entre las centrales de generación de tipo renovable, las centrales hidroeléctricas cuentan con 5.106,85 MW (96,21 %), las de biomasa con 144,30 MW (2,72%), las de generación fotovoltaica con 27,65 MW (0,52%), las de biogás con 8, 32 MW (0,16%) las centrales eólicas con 21,15 (0,52). [3]

Las centrales eólicas se encuentran instaladas en dos provincias del Ecuador: Galápagos (4,65 MW) y Loja (16,50 MW). [3]

Tabla 1.1: Potencia eólica instalada en Ecuador. [Elaboración propia]

Provincia	Potencia Nominal (MW)	Potencia Efectiva (MW)
Galápagos	4,65	4,65
Loja	16,50	16,50

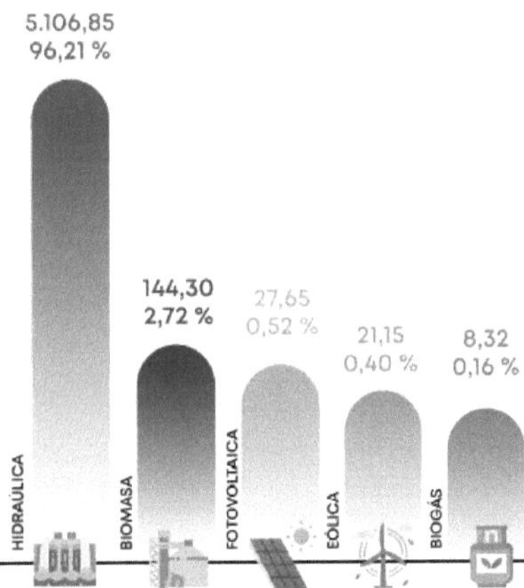

Figura 1.6: Capacidad total instalada de centrales de generación de Fuente Renovable en Ecuador. Fuente: ATLAS del sector eléctrico ecuatoriano 2021. [3]

Las centrales eólicas en Ecuador, no han experimentado ningún crecimiento desde el 2014 hasta abril de 2022, como se muestra en la figura 1.7. Pero se espera que para el 2023 se ponga en operación la Central eólica minas de Huascachaca, la cual aportara 50 MW de energía limpia al Sistema Nacional Interconectado, debido a que se encuentra en la etapa de emplazamiento de las turbinas eólicas.

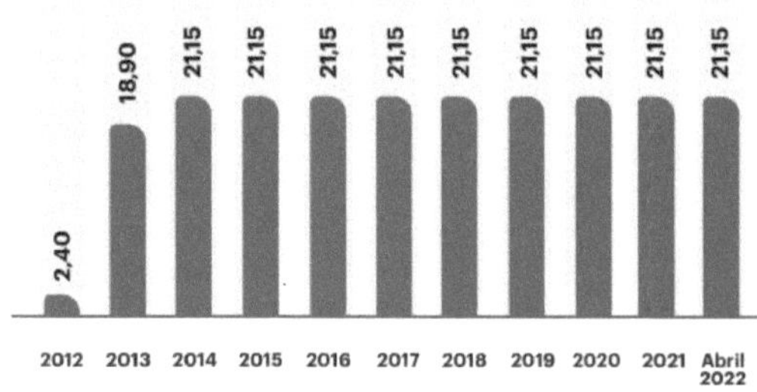

Figura 1.7: Evolución histórica del total de instalaciones eólicas en Ecuador. Fuente: Revista Panorama Eléctrico de la Agencia de Regulación y Control de Energía y Recursos Naturales No Renovables. [4]

Tabla 1.2: Potencia eólica en instalación en Ecuador. [Elaboración propia]

Provincia	Nombre del Proyecto	Potencia Nominal (MW)
Loja	Minas de Huascachaca.	50.00

Los costos de los proyectos eólicos en el Ecuador varían en un rango amplio, por ello no es fácil establecer un costo promedio para el caso ecuatoriano, y más bien los datos reales dependen del análisis que se efectúen en cada caso. [5]

En el Ecuador, el precio de la energía con tecnología eólica se encuentra establecido en la regulación CONELEC 004/11 denominada "Tratamiento para la energía producida con Recursos Energéticos Renovables No Convencionales" La regulación establece que el precio en el territorio continental es de 9.13 cUSD/kWh y en la región insular de Galápagos 10.04 cUSD/kWh.

2. Marco teórico

2.1. Energías renovables no convencionales

Fuentes de energía renovables: son las fuentes de energía que se derivan de fuentes naturales que se reponen en períodos cortos de tiempo. Estos recursos incluyen el sol, el viento, el agua en movimiento, las plantas orgánicas y los materiales de desecho (biomasa) y el calor de la Tierra (geotermia). Estos recursos también se denominan fuentes de energía no convencionales. Estas fuentes de energía renovable se pueden utilizar para generar electricidad y para otras aplicaciones. Por ejemplo, la biomasa puede usarse como combustible de caldera para generar calor de vapor; la energía solar se puede utilizar para calentar agua o para calentar espacios pasivamente; y el gas metano de vertedero se puede utilizar para calentar o cocinar. [6]

En la figura 2.1, se presenta un diagrama del flujo de la energía de fuente no convencional, donde se observa que el flujo continuo de la energía retorna al medioambiente una vez que ha sido transformada y utilizada.

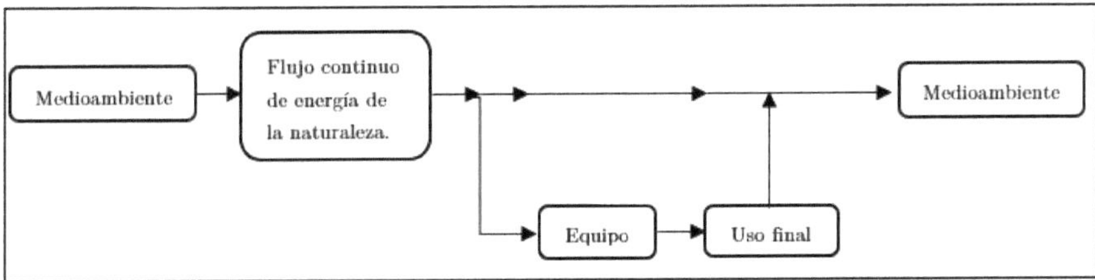

Figura 2.1: Diagrama de la energía renovable no convencional. [6]

2.1.1 Energía Eólica

2.1.1.1   Historia

La energía eólica durante la historia tiene un recorrido muy peculiar pues ya fue aprovechada hace varios siglos antes, con su uso practico para moler grano y no sería que con el pasar del tiempo y con el descubrimiento de la electricidad que se empleó al viento también como una nueva fuente de energía primaria para obtener energía eléctrica.

Los molinos de viento, los inspiradores de los aerogeneradores actuales, surgieron en Persia y alcanzaron Europa en el siglo XII. La inmensa fuerza cinética desprendida del viento pudo mover entonces las grandes piedras para moler el grano, como ahora los pesados generadores eléctricos. La energía eólica es la precursora de los grandes sistemas renovables, si se exceptúa el hidráulico. [7]

La aplicación como procedimiento mecánico para extraer agua se pierde en los tiempos. Sin embargo, como máquina eólica generadora de electricidad se fija en 1888, cuando un ingeniero de Ohio, Estados Unidos, construyó uno con 144 palas y un diámetro de barrido de 17 metros, que fue capaz de generar una potencia eléctrica de 12 kW. Dinamarca le dio un impulsó considerable en los primeros años del siglo XX. [7]

Las máquinas eólicas, turbinas eólicas y aerogeneradores, que tales son sus denominaciones más generalizadas, han recorrido un largo camino desde el lejano 1888, cuando se elevó en Cleveland, Ohio (Estados Unidos), la primera capaz de suministrar energía eléctrica. Con sus 144 palas y un diámetro de rotación de 17 metros, considerable para sus inicios, entregaba una potencia de 12 kW de corriente continua procedente de una dinamo, Charles F. Brush, el ingeniero que la diseño, puso de manifiesto que las palas ala tenían más aplicaciones que la extracción de agua, para lo único que se aprovechaba la energía cinética después de haber abandonado hacía siglos la moltura del cereal. El siguiente paso importante lo dio el Gobierno danés al confiar al profesor francés Paul le Cour su proyecto de instalación de aerogeneradores en todo su territorio. [7]

En el período comprendido entre 1891 y 1918, los albores de los aerogeneradores alentados por el éxito de Brush, se instalaron en diferentes latitudes más de cien máquinas eólicas con resultados desiguales. Obedecían a experimentos, buena parte provenientes de las universidades, para extraerle al nuevo procedimiento sus secretos. La eólica, aún muy lejos de ser un medio para favorecer el medio ambiente, estaba destinada a proporcionar energía eléctrica en los emplazamientos remotos. [7]

Otros hitos se produjeron sucesivamente durante la segunda y primeros años de la tercera década del siglo XX: el alemán Betz estableció las bases del rendimiento de las maquinas eólicas, lo que permitió el cálculo de las posibilidades energéticas; GJ. M. Darrieux, ingeniero francés, y S.J. Savonious, finlandés, desarrollaron diferentes versiones de un revolucionario aerogenerador de eje vertical; el holandés A. J. Dekker presentó el primer rotor con palas de sección aerodinámica, y se instaló el primer aerogenerador en el mar, en la costa del Mar Negro, en Crimea, lugar de veraneo de los dirigentes socialistas. La energía eólica había puestos sus cimientos. [7]

La popularidad de los molinos de viento en los Estados Unidos alcanzó su punto máximo entre 1920 y 1930 con cerca de 600.000 unidades instaladas. Varios tipos de molinos de viento americanos todavía se utilizan para fines agrícolas en todo el mundo. En las décadas de 1930 y 1940, se construyeron cientos de miles de turbinas eólicas en los Estados Unidos. Tenían dos o tres palas delgadas, que giraban a altas velocidades para accionar los generadores eléctricos. Estas turbinas eólicas proporcionaban electricidad a las granjas fuera del alcance de las líneas eléctricas y se utilizaban normalmente para cargar baterías de almacenamiento, operar receptores de radio y alimentar una o dos bombillas. Sin embargo, a principios de la década de 1950, la extensión de la red eléctrica central a casi todos los hogares estadounidenses a través de la Administración de Electrificación Rural eliminó el mercado de estas máquinas. La popularidad del uso de la energía eólica siempre ha fluctuado con el precio de los combustibles fósiles. Cuando los precios de los combustibles bajaron después de la Segunda Guerra Mundial, el interés por las turbinas eólicas disminuyó. Pero cuando los precios del petróleo se dispararon en la década de 1970, también lo hizo el interés mundial en las turbinas eólicas. La investigación y el desarrollo de la tecnología de las turbinas eólicas tras los bloqueos petrolíferos de los años 70 permitieron pulir viejas ideas e introdujeron nuevas formas de convertir la energía eólica en energía útil. Muchos de estos enfoques han sido demostrados en "parques eólicos" o grupos de turbinas eólicas que alimentan la red eléctrica en varios países alrededor del mundo. La tecnología eólica ha mejorado paso a paso desde principios de los años 70. [6]

La tecnología eólica experimentó enormes cambios y progresos debido a razones muy diferentes en dos países muy alejados entre sí: Dinamarca y Estados Unidos. En el primero, motivado por el deseo de los sucesivos gobiernos de posguerra de continuar promoviendo un sistema de generación de energía de carácter distribuido por el territorio y, por lo tanto, independiente de grandes centrales de generación con una red de distribución acorde; este esfuerzo ya se había iniciado en los primeros decenios del siglo XX. De otra parte, en los Estados Unidos, las razones iniciales hay que buscarlas en las grandes crisis del petróleo de los años 70 del siglo pasado. En 1957, el ingeniero danés Johannes Juul (1887-1969), alumno de Paul le Cour, instaló una turbina eólica de 24 metros de diámetro, conocida como generador de Gedser (el nombre de la ciudad donde se instaló), que funcionó entre 1957 y 1967. Esta era una turbina de tres palas, de eje horizontal, muy similar a las que ahora se usan en la gran mayoría de los huertos eólicos del mundo, por lo que se considera la primera turbina eólica moderna. Tenía 200 kW de potencia y funcionó ininterrumpidamente durante 11 años sin mantenimiento alguno. [8]

En años posteriores y a consecuencia de las dos grandes crisis del petróleo de 1973 y 1979, se impulsó por parte de la administración Carter en Estados Unidos el uso de las fuentes renovables de energía. Este momento puede considerarse como el punto de partida del desarrollo de las tecnologías renovables modernas. De hecho, este período de tiempo alumbró el nacimiento de esa industria, ya que fue entonces cuando se fundaron algunas de las grandes empresas del sector, como Vestas (el principal fabricante del mundo de turbinas eólicas, se fundó en 1898, pero su actividad en este campo se inició en los años finales de la década de 1970) y LM Wind Power (fundada en 1940, comenzó a fabricar aerogeneradores en 1978), así como otras de tamaño más reducido, como Nordex (fundada en 1985 y fusionada en 2016 con la española Acciona), Nordtank o Micon (Nordtank se fundó en 1980 y Micon en 1982; ambas se fusionaron en 1997 con el nombre de NEG Micon), sin olvidarnos de la española Gamesa, fundada en 1976, hoy en día Siemens Gamesa, el segundo fabricante de turbinas eólicas del mundo, detrás de Vestas. Durante el período comprendido entre 1975 y 1980, se pusieron en marcha diversos programas de investigación y desarrollo financiados por la National Science Foundation (la agencia estatal de investigación de los EEUU) y el Departamento de Energía de dicho país. Como resultado de estos esfuerzos, a comienzos de 1980 se instalaron en California los primeros huertos eólicos del planeta, empleando generadores con potencias comprendidas entre 20 y 50 kW, con incentivos fiscales (las denominadas "primas") a la producción de electricidad. [8]

En paralelo, a comienzos de 1975 la NASA puso en marcha un programa para el Departamento de Energía de los Estados Unidos destinado a desarrollar turbinas eólicas de gran tamaño para obtener energía eléctrica, en respuesta al aumento en los precios del petróleo. Varias de las turbinas eólicas más grandes del mundo fueron desarrolladas y puestas a punto bajo este programa pionero. El programa fue un intento de dar un fuerte impulso a la tecnología de las turbinas eólicas de aquellos años y permitió el desarrollo de toda una serie de nuevas ideas, adoptadas posteriormente por la industria del sector. Sin embargo, el desarrollo comercial de los generadores basados en estas ideas se retrasó, debido a la significativa disminución de los precios de la energía durante la década de 1980 y finalmente, ninguno de aquellos generadores se fabricó comercialmente, pero las turbinas desarrolladas durante la vigencia del programa impulsaron muchas de las tecnologías de turbinas con potencias de varios megavatios actualmente en uso, incluyendo características tales como generadores de velocidad variable, utilización de materiales compuestos para las aspas con objeto de hacerlas más ligeras, diseño aerodinámico de las aspas, etc. [8]

A finales de la década de 1990, la energía eólica había resurgido como uno de los recursos energéticos sostenibles más importantes. Hoy en día, las enseñanzas obtenidas durante más de una década de funcionamiento de las centrales eólicas, junto con la investigación y el desarrollo continuo, han acercado en algunos lugares el coste de la electricidad generada por la energía eólica a la generación de energía convencional. [6]

2.1.1.2   Aerogenerador

Los principales grupos de componentes de un aerogenerador son el rotor, el tren de transmisión, el bastidor principal, el sistema de guiñada y la torre. El rotor incluye las palas, el cubo y las superficies de control aerodinámico. El tren de transmisión incluye la caja de cambios (si la hubiera), el generador, el freno mecánico y los ejes e incluido los acoplamientos que los conectan. Los componentes del sistema de guiñada dependen de si la turbina utiliza guiñada libre o guiñada impulsada. El tipo de sistema de guiñada generalmente está determinado por la orientación del rotor (a barlovento o sotavento de la torre). Los componentes incluyen al menos un cojinete de guiñada y pueden incluir un mando de guiñada (motor de engranajes y engranaje de guiñada), freno de guiñada y amortiguador de guiñada. El bastidor principal proporciona soporte para montar los otros componentes y un medio para protegerlos de los elementos (la cubierta de la góndola). El grupo de torres incluye la propia torre, su cimiento y puede incluir los medios para la auto erección de la máquina. [9]

A continuación, se describirán los componentes principales del aerogenerador:

Rotor.

El rotor es único entre los grupos de componentes. Otros tipos de maquinaria tienen trenes de transmisión, frenos y torres, pero solo los aerogeneradores tienen rotores diseñados con el propósito de extraer una potencia significativa del viento y convertirla en movimiento rotatorio. Los rotores

---

de turbinas eólicas también son casi únicos en el sentido de que deben operar en condiciones que incluyen cargas constantes y que varían periódica y estocásticamente. [9]

Además, con se mencionó anteriormente el rotor incluye las palas, el cubo y las superficies de control aerodinámico. Los componentes más fundamentales del rotor son las palas. Son los dispositivos que convierten la fuerza del viento en el par necesario para generar energía útil. [9]

El cubo de la turbina eólica es el componente que conecta las palas con el eje principal y, en última instancia, con el resto del tren de transmisión. La junta mecánica transmite y debe soportar todas las cargas generadas por las palas. Los cubos generalmente están hechos de acero, ya sea soldados o fundidos. [9]

Una superficie de control aerodinámico es un dispositivo que se puede mover para cambiar las características aerodinámicas de un rotor. Existe una variedad de tipos de superficies de control aerodinámico que se pueden incorporar en las palas de las turbinas eólicas. [9]

Tren de transmisión

Un tren de transmisión completo de turbina eólica consta de todos los componentes giratorios: rotor, eje principal, acoplamientos, caja de cambios, frenos y generador. La figura 1 ilustra un tren de transmisión típico. [9]

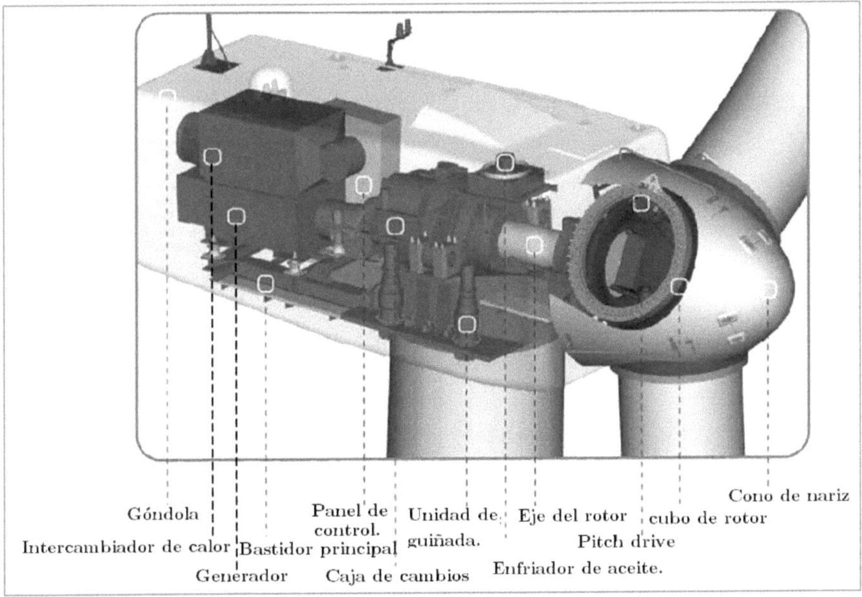

Figura 2.2: Tren de transmisión y componentes asociados. [9]

Acoplamientos

Se utilizan para conectar ejes entre sí. Hay dos ubicaciones en particular donde es probable que se utilicen acoplamientos grandes en turbinas eólicas: (1) entre el eje principal y la caja de engranajes, y (2) entre el eje de salida de la caja de engranajes y el generador. La función principal del acoplamiento es transmitir el par entre dos ejes, pero también puede tener otra función. A veces es ventajoso amortiguar las fluctuaciones de par en el eje principal antes de que la energía se convierta en electricidad. [9]

Caja de cambios

La mayoría de los trenes de transmisión de las turbinas eólicas incluyen una caja de cambios para aumentar la velocidad del eje de entrada al generador. Se necesita un aumento en la velocidad porque los rotores de las turbinas eólicas y, por lo tanto, los ejes principales giran a una velocidad mucho menor que la requerida por la mayoría de los generadores eléctricos. Los pequeños rotores de las turbinas eólicas giran a velocidades del orden de unos pocos cientos de rpm. Los aerogeneradores más grandes giran más lentamente. La mayoría de los generadores convencionales giran a 1800 rpm (60 Hz) o 1500 rpm (50 Hz). [9]

Generador

Va a ser el encargado de convertir la energía mecánica, producto del movimiento del rotor del aerogenerador, en energía eléctrica. Estos pueden ser de tipo síncrono o asíncrono. "Los generadores tienen normalmente un estator y un rotor. El estator es una carcasa fija, que tiene bobinas de alambre montadas en una cierta forma, el rotor es la parte giratoria del generador y es responsable del campo magnético del generador, un rotor puede tener un imán permanente o un electroimán, y, por ende, se genera un campo magnético en el rotor, que pasa por los bobinados del estator e inducen una tensión en los terminales del estator. Puede haber dos tipos principales de generadores utilizados en la industria que son: los generadores síncronos (SG) y los generadores asíncronos (de inducción). Cuando el campo magnético del estator sigue al campo magnético del rotor, el generador se denomina síncrono, de lo contrario se denomina asíncrono". [10]

Frenos.

Casi todas las turbinas eólicas emplean un freno mecánico en algún lugar del tren de transmisión. Normalmente, dicho freno se incluye además de cualquier freno aerodinámico. De hecho, algunos estándares de diseño (Germanischer Lloyd, 1993) requieren dos sistemas de frenado independientes, uno de los cuales suele ser aerodinámico y el otro está en el tren de transmisión. En la mayoría de los casos, el freno mecánico es capaz de detener la turbina. En otros casos, el freno mecánico se usa solo para estacionar. Es decir, evita que el rotor gire cuando la turbina no está funcionando. [9]

Sistema de guiñada.

Con muy pocas excepciones, todos los aerogeneradores de eje horizontal deben poder guiñar para orientarse en línea con la dirección del viento. Algunas turbinas también utilizan la guiñada activa como medio de regulación de potencia. En cualquier caso, debe proporcionarse un mecanismo que permita que se produzca la guiñada y que lo haga a una velocidad lo suficientemente lenta como para que se produzcan grandes fuerzas giroscópicas. [9]

2.1.1.3 Características técnicas de los aerogeneradores

Aerogeneradores de tracción directa

Son aerogeneradores que no poseen caja multiplicadora para aumentar la velocidad de rotación del rotor eólico, sino que usan un sistema de transmisión directa entre el rotor y el generador. Éste consiste en un magneto permanente que convierte directamente la energía del viento en energía eléctrica. En este caso, el rotor eólico es parte del motor eléctrico, que gira alrededor del estator. Este diseño, que tiene menos componentes móviles produce menos pérdida de energía mecánica, evita el empleo de aceite lubricante para el engranaje, reduce los gastos de mantención y disminuye las dimensiones y el peso de la góndola. [11]

Aerogeneradores de eje horizontal

El aerogenerador más utilizado es de la clase "megavatios", es decir, aquel con potencia nominal de 1 MW o superior, de eje horizontal con tres aspas (ver Figura 2.2), de velocidad variable y de regulación del cambio del ángulo de paso (permite girar las aspas en torno a su eje longitudinal) para el control de la potencia. [11]

Para el control de potencia y para evitar sobrecargas mecánicas y eléctricas en el caso de vientos fuertes, los aerogeneradores modernos usan un sistema de regulación aerodinámica que permite ajustar la potencia extraída a la nominal del generador. Los dos sistemas hoy en uso son: la regulación por pérdidas aerodinámicas y la regulación por cambio del ángulo de ataque o de paso. [11]

Los **aerogeneradores de regulación por control de pérdidas dinámicas** tienen las aspas del rotor unidas al buje en un ángulo fijo. Sin embargo, las aspas han sido diseñadas de tal forma que al aumentar la velocidad de viento el flujo alrededor del perfil del aspa se separe de la superficie por remolinos, produciendo así menor sustentación y mayores fuerzas de arrastre que actúan contra un incremento de la potencia. [11]

En los **aerogeneradores de regulación mediante control por cambio del ángulo de paso**, un controlador electrónico comprueba varias veces por segundo la potencia generada. Cuando ésta alcanza un valor mayor a la potencia nominal, el controlador, a través de motores eléctricos, inmediatamente hace girar las aspas del rotor ligeramente fuera del viento. Este cambio del ángulo de paso, es decir, del giro de las aspas a lo largo de su eje longitudinal, reduce el ángulo de ataque del viento, por lo que disminuyen las fuerzas impulsoras aerodinámicas y en consecuencia la extracción de potencia del viento. [11]

La velocidad de giro de los aerogeneradores puede ser fija y variable. Ambos conceptos han mostrado su confiabilidad y eficiencia durante años, pero la nueva generación de turbinas de megavatios tiene una fuerte tendencia a la velocidad variable del rotor combinada con el control del ángulo de paso. [11]

Aerogeneradores de velocidad fija

En este tipo de máquinas el generador está conectado directamente a la red eléctrica y la frecuencia de la red determina las revoluciones de giro del generador y las del rotor. Existen tres variantes:

Con generador asíncrono conectado directamente a la red: Este es el sistema más antiguo y simple de todos. Está constituido por un generador asíncrono de jaula de ardilla conectado a la red. Su gran desventaja es que al momento de arrancar consumen potencia reactiva de la misma manera que lo haría un motor asíncrono de la misma potencia, lo cual podría provocar inestabilidad en la red, incrementándose el problema mientras mayor es el número de máquinas instaladas. Para solventar estos problemas se instalan junto con las máquinas banco de capacitores para suplir las necesidades de potencia reactiva, además de dispositivos de arranque suave (tiristores) para reducir la corriente de arranque. [12]

Generador asíncrono de dos velocidades fijas: Para mejorar la baja eficiencia que tiene los generadores asíncronos cuando operan a bajas potencias (bajo viento), algunos fabricantes utilizan dos generadores con distintas velocidades de rotación nominal. Uno de pequeña potencia para bajas velocidades y otro más grande para la velocidad nominal de viento. En realidad, este tipo de generador tiene los dos generadores incorporados en uno solo, de tal manera que según la velocidad de viento que se tenga se conmuta entre un devanado u otro. [12]

Con generador síncrono conectado directamente a la red: Hoy en día por los avances tecnológicos en los multiplicadores de velocidad está empezando aparecer modelos de este tipo (AAER, DeWind, WikovWind). [12]

Aerogeneradores de velocidad variable

En esta configuración el generador eléctrico está conectado indirectamente a la red eléctrica, por lo que la velocidad de rotación del rotor y la del generador está desacoplado de la frecuencia de la red y pueden girar libremente. Por lo general, la conexión a la red se la realiza por medio de un convertidor de frecuencia. [12]

Con generador asíncrono y control de resistencia del rotor: Esta configuración es una mejora de bajo coste para los aerogeneradores de velocidad fija, ya que mediante la modificación de la resistencia del rotor con electrónica de potencia se modifica las características velocidad/torque del generador asíncrono, lo que permite cambiar la velocidad de rotación del rotor hasta en un 10 %. En esta configuración, la conexión a la red eléctrica sigue siendo directa. [12]

Con generador asíncrono doblemente alimentado: Este constituye un avance tecnológico del modelo antes citado y es usado ampliamente por la mayoría de fabricantes. En esta configuración, un convertidor de frecuencia alimenta el rotor del generador asíncrono de tal manera que la frecuencia mecánica de rotación y eléctrica del rotor están desacopladas y la frecuencia del estator y del rotor pueden coincidir independiente de la frecuencia mecánica de rotación. De esta manera, el rotor puede girar en un amplio rango de rpm absorbiendo las fluctuaciones del viento. Adicionalmente, con esta configuración el convertidor de frecuencia es aproximadamente un 20 % de la potencia nominal del generador eléctrico ya que solo un pequeño porcentaje de la potencia de salida necesita ser tratada con electrónica de potencia. [12]

Con generador síncrono y convertidor de frecuencia: En esta configuración, el generador síncrono está completamente desacoplado de la red mediante un rectificador/convertidor de frecuencia. La corriente alterna generada por el generador síncrono tiene frecuencia y voltaje variables debido a la velocidad variable del rotor, por lo que antes de ser entregada a la red esta corriente es rectificada y luego convertida nuevamente a corriente alterna mediante el convertidor de frecuencia. Una de las ventajas de esta configuración es que se tienen un control total del factor de potencia de la máquina a través del convertidor de frecuencia y se puede generar potencia reactiva, lo que mejora la estabilidad de la conexión del parque eólico a la red eléctrica. [12]

Con generador síncrono y accionamiento directo: Esta configuración es similar a la anterior, con la diferencia que no se utiliza multiplicadora de velocidad, ya que el generador síncrono es del tipo multipolar, el cual, por su gran cantidad de polos, no requiere girar a altas rpm. La ventaja de este tipo de aerogeneradores es su bajo mantenimiento y poco desgaste de sus partes por las bajas revoluciones a las que está sometida la máquina. [12]

Generador asíncrono y convertidor de frecuencia: se utiliza un generador asíncrono conectado a la red mediante el convertidor de frecuencia, con lo cual podemos regular su velocidad de giro (p. ej. Vergenet, Siemens). [12]

Aerogeneradores de eje vertical

Su característica principal es que el eje de rotación se encuentra en posición perpendicular al suelo. A diferencia de los aerogeneradores de eje horizontal, son menos empleados que los de eje horizontal, no necesitan un mecanismo de orientación, pueden operar con vientos de menores velocidades y requieren altos torques, es decir, fuerzas que permiten el giro. [12]

Los distintos tipos de aerogeneradores de eje vertical son los siguientes:

(a) **Anemómetro:** gira por fuerza de arrastre. Debido al pequeño tamaño de la copa, existe una relación lineal entre la frecuencia de rotación y la velocidad del viento. [6]

(b) Rotor Savonius (máquina turbo): Hay un movimiento complicado del viento a través y alrededor de las dos aspas aerodinámicas de hoja curva que gira por la fuerza de arrastre, tiene una construcción simple y es económico. En otras palabras, consta de dos o más semicilindros dispuestos de manera equidistante. [6]

(c) Rotor Darrieus: este rotor consta de dos o tres palas curvas (que giran alrededor del eje vertical); las fuerzas impulsoras son fuerzas de elevación. El par máximo se produce cuando una pala se mueve a través del viento a una velocidad mucho mayor que la velocidad del viento. El movimiento inicial puede iniciarse con el generador eléctrico utilizado como motor. [6]

(d) Rotor Musgrove: en este rotor, las palas son verticales para la generación de energía normal. Este rotor tiene la ventaja de apagarse a prueba de fallas con vientos fuertes. [6]

(e) Rotor Evans: Las palas verticales giran alrededor de una velocidad del eje vertical para control y un apagado a prueba de fallas. [6]

2.1.1.4   Aerodinámica de los Aerogeneradores

Se puede utilizar un modelo simple, generalmente atribuido a Betz (1926), para determinar la potencia de un rotor de turbina ideal, el empuje del viento en el rotor ideal y el efecto de la operación del rotor en el campo de viento local. Este modelo simple se basa en una teoría del momento lineal desarrollada hace más de 100 años para predecir el rendimiento de las hélices de los barcos. [9]

El análisis asume un volumen de control, en el que los límites del volumen de control son la superficie de un tubo de flujo y dos secciones transversales del tubo de flujo (ver Figura 2.3). El único flujo es a través de los extremos del tubo. La turbina está representada por un "disco accionador" uniforme que crea una discontinuidad de presión en el tubo de corriente de aire que fluye a través de ella. Adicional, este análisis no se limita a ningún tipo particular de turbina eólica. [9]

Este análisis utiliza los siguientes supuestos:

- El flujo de fluido se encuentra en estado estacionario, homogéneo e incompresible.
- Sin arrastre por fricción.
- Un número infinito de palas.
- Empuje uniforme sobre el disco o el área del rotor.
- Una estela no giratoria.
- La presión estática aguas arriba y aguas abajo del rotor es igual a la presión estática ambiental inalterada.

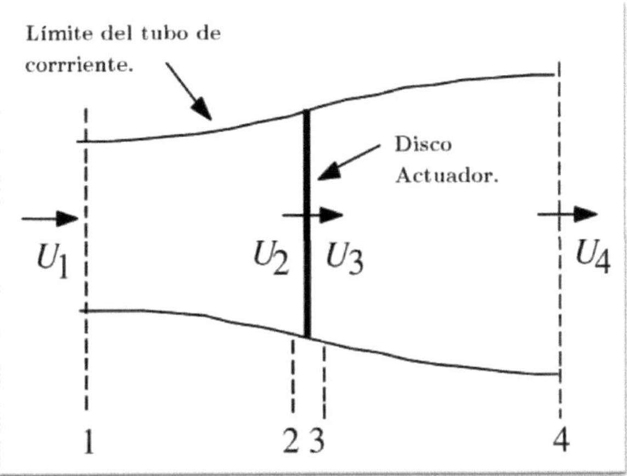

Figura 2.3: Modelo de disco actuador de una turbina eólica; U, velocidad media del aire; 1, 2, 3 y 4 indican ubicaciones. [9]

Aplicando la conservación del momento lineal al volumen de control que encierra todo el sistema, se puede encontrar la fuerza neta sobre el contenido del volumen de control. Esa fuerza es igual y opuesta al empuje, T, que es la fuerza del viento sobre la turbina eólica. Desde la conservación del momento lineal para un flujo unidimensional, incompresible e invariante en el tiempo, el empuje es igual y opuesto al cambio en el momento de la corriente de aire: [9]

$$T = U_1(\rho AU)_1 - U_4(\rho AU)_4 \qquad (2.1.1)$$

Donde ρ es la densidad del aire, A es la sección de área transversal, U es la velocidad del aire y los subíndices indican los valores de las secciones transversales numeradas.

El flujo en estado estable es:

$$(\rho AU)_1 = U_4(\rho AU)_4 = m \qquad (2.1.2)$$

Donde m es el caudal de masa. Entonces se tiene.

$$T = m(U_1 - U_4) \qquad (2.1.3)$$

El empuje es positivo, por lo que la velocidad detrás del rotor, U_4 , es menor que la velocidad de la corriente libre, U_1. No se realiza ningún trabajo en ninguno de los lados del rotor de la turbina. Por lo tanto, la función de Bernoulli se puede utilizar en los dos volúmenes de control a cada lado del disco del actuador. En el tubo de corriente aguas arriba del disco:

$$p_1 + \frac{1}{2}\rho U_1^2 = p_2 + \frac{1}{2}\rho U_2^2 \qquad (2.1.4)$$

En el tubo de corriente aguas abajo del disco se tiene:

$$p_3 + \frac{1}{2}\rho U_3^2 = p_4 + \frac{1}{2}\rho U_4^2 \qquad (2.1.5)$$

donde se asume que las presiones aguas arriba y aguas abajo son iguales ($p_1 = p_4$) y que la velocidad a través del disco sigue siendo la misma $U_2 = U_3$.

El empuje también se puede expresar como la suma neta de las fuerzas en cada lado del disco del actuador:

$$T = A_2(p_2 - p_3) \qquad (2.1.6)$$

Se resolvemos para ($p_2 - p_3$) usando la ecuación 2.1.4 y 2.1.5 y la sustituimos dentro de la ecuación 2.1.6.

$$p_2 = p_1 + \frac{1}{2}\rho U_1^2 - \frac{1}{2}\rho U_2^2 \qquad (2.1.7)$$

$$p_3 = -\frac{1}{2}\rho U_3^2 + p_4 + \frac{1}{2}\rho U_4^2 \qquad (2.1.8)$$

Considerando en 2.1.8 que ($p_1 = p_4$) y $U_2 = U_3$ se tiene:

$$p_3 = -\frac{1}{2}\rho U_2^2 + p_1 + \frac{1}{2}\rho U_4^2 \qquad (2.1.9)$$

SI resolvemos para ($p_2 - p_3$) usando la ecuación 2.1.7 y 2.1.9 y la sustituimos dentro de la ecuación 2.1.6 tenemos.

$$T = \frac{1}{2}\rho A_2(U_1^2 - U_4^2) \qquad (2.1.10)$$

Igualando los valores de empuje de las ecuaciones 2.1.3 y 2.1.10 y reconociendo que el caudal másico es $\rho A_2 U_2$, se obtiene:

$$U_2 = \frac{1}{2}(U_1 + U_4) \qquad (2.1.11)$$

Por lo tanto, la velocidad del viento en el plano del rotor, utilizando este modelo simple, es el promedio de las velocidades del viento aguas arriba y aguas abajo.

Si se define el factor de inducción axial o factor de interferencia, a, como la disminución fraccional de la velocidad del viento entre la corriente libre y el plano del rotor, entonces.

$$a = \frac{U_1 - U_2}{U_1} \qquad (2.1.12)$$

$$U_2 = U_1(1 - a) \qquad (2.1.13)$$

$$U_4 = U_1(1 - 2a) \qquad (2.1.14)$$

La cantidad, aU_1, a menudo se denomina velocidad inducida en el rotor, en cuyo caso la velocidad del viento en el rotor es una combinación de la velocidad de la corriente libre y la velocidad del viento inducida. A medida que el factor de inducción axial aumenta desde 0, la velocidad del viento detrás del rotor se ralentiza cada vez más. Si a= 1/2, el viento ha disminuido a velocidad cero detrás del rotor y la teoría simple ya no es aplicable. [9]

La potencia de salida, P, es igual al empuje multiplicado por la velocidad en el disco:

$$P = \frac{1}{2}\rho A_2(U_1^2 - U_4^2)\, U_2 = \frac{1}{2}\rho A_2 U_2\,(U_1 - U_4)\,(U_1 + U_4) \qquad (2.1.15)$$

Sustituyendo U_2 y U_4 desde la ecuación 2.1.13 y 2.1.14 se obtiene:

$$P = \frac{1}{2}\rho\,A\,U^3\,4a(1 - a)^2 \qquad (2.1.16)$$

donde el área de volumen de control en el rotor, A_2, se reemplaza por A, área del rotor, y la velocidad de la corriente libre, U_1, se reemplaza por U.

En otras literaturas la ecuación 2.1.16 puede ser definida y rescrita en términos de factor de interferencia β quedado de la siguiente manera:

$$P = \frac{1}{4}\,\rho\,A\,U^3(1 - \beta^2)(1 + \beta) \qquad (2.1.17)$$

Coeficiente de potencia

El rendimiento del rotor de los aerogeneradores generalmente se caracteriza por su coeficiente de potencia:

$$C_\rho = \frac{P}{\frac{1}{2}\rho U^3 A} = \frac{Potencia\ extraíble}{Potencia\ del\ viento\ \sin perturbacioenes} \qquad (2.1.18)$$

Que en definitiva es la relación adimensional de la potencia extraíble P a la potencia generada por la energía cinética de la corriente de viento sin perturbaciones.

De la ecuación 2.1.17 se obtiene que este factor adimensional es:

$$C_\rho = 4a(1 - a)^2 \qquad (2.1.19)$$

El máximo C_ρ se determina tomando la derivada del coeficiente de potencia (Ecuación 2.1.19) con respecto a y estableciéndolo igual a cero.

$$\frac{dC_\rho}{da} = \frac{d}{da}(4a(1 - a)^2) \qquad (2.1.20)$$

Tomando la regla de la constante $(k * f)' = k * f'$

$$\frac{dC_\rho}{da} = 4 * \frac{d}{da}(a(1 - a)^2) \qquad (2.1.21)$$

Aplicando la regla del producto $(f * g)' = f' * g + f * g'$

$$\frac{dC_\rho}{da} = 4 * \left(\frac{d}{da}(a) * (1-a)^2 + \frac{d}{da}(1-a)^2 * a\right) \qquad (2.1.22)$$

Aplicando la regla de la cadena en $\frac{d}{da}(1-a)^2$ se tiene.

$$\frac{dC_\rho}{da} = 4 * (3a^2 - 4a + 1) \qquad (2.1.23)$$

Igualando a cero $\frac{dC_\rho}{da} = 0$ *para obtener los máximos*

$$(3a - 1)(a + 1) = 0 \qquad (2.1.24)$$

La ecuación (2.1.24) tiene dos soluciones. La primera es la solución trivial:

$$(a + 1) = 0 \;\; \rightarrow \;\; a = 1 \qquad (2.1.25)$$

$$C_\rho = 4(1 - 1)^2 = 0 \qquad (2.1.26)$$

La segunda solución es la solución física:

$$(3a - 1) = 0 \;\; \rightarrow a = \frac{1}{3} \qquad (2.1.27)$$

$$C_{\rho,max} = 4 * \frac{1}{3}\left(1 - \frac{1}{3}\right)^2 = \frac{4}{3} * \frac{4}{9} = \frac{16}{27} = 0.592593 \qquad (2.1.28)$$

Este resultado indica que, si un rotor ideal fuera diseñado y operado de manera que la velocidad del viento en el rotor fuera 2/3 de la velocidad del viento de corriente libre, entonces estaría operando en el punto de máxima producción de energía.

Pero esto no sucede en la práctica los aerogeneradores funcionan con un coeficiente de rendimiento no ideal, práctico, ligeramente inferior. En el orden del 40%. [9]

$$C_{P,prac} = \frac{2}{5} = 40 \; porciento \qquad (2.1.29)$$

Coeficiente de empuje

Si se sustituye U_4 (ecuación 2.1.14) en la ecuación 2.1.10, se tiene que el eje de empuje en el disco es:

$$T = \frac{1}{2}\rho A_2 U_1^2 (4a(1 - a)) \qquad (2.1.30)$$

De manera similar a la potencia, el empuje de una turbina eólica se puede caracterizar por un coeficiente de empuje adimensional:

$$C_T = \frac{T}{\frac{1}{2}\rho U^3 A} = \frac{Fuerza\ de\ empuje}{Fuerza\ Dinámica} \qquad (2.1.31)$$

Remplazando la ecuación anterior donde el área de volumen de control en el rotor, A_2, se reemplaza por A, área del rotor, y la velocidad de la corriente libre, U_1, se reemplaza por U.

$$C_T = 4a(1 - a) \qquad (2.1.32)$$

El máximo C_T se determina tomando la derivada del coeficiente de potencia (Ecuación 2.1.32) con respecto "a" y estableciéndolo igual a cero.

$$\frac{dC_T}{da} = \frac{d}{da}\big(4a(1 - a)\big) \qquad (2.1.33)$$

Tomando la regla de la constante $(k * f)' = k * f'$

$$\frac{dC_T}{da} = 4 * \frac{d}{da}\big(a(1 - a)\big) \qquad (2.1.34)$$

Aplicando la regla del producto $(f * g)' = f' * g + f * g'$

$$\frac{dC_T}{da} = 4 * (1 - 2a) \qquad (2.1.35)$$

Igualando a cero $\frac{dC_T}{da} = 0\ para\ obtener\ los\ máximos$

$$(1 - 2a) = 0 \qquad (2.1.36)$$

Entonces la solución física:

$$(1 - 2a) = 0 \ \rightarrow a = \frac{1}{2} = 0.5 \qquad (2.1.38)$$

$$C_{T,max} = 4 * \frac{1}{2}\left(1 - \frac{1}{2}\right) = 2 * \frac{1}{2} = 1 \qquad (2.1.39)$$

En caso de la potencia de salida máxima con a=1/3

$$C_{T,P\_max} = 4 * \frac{1}{3}\left(1 - \frac{1}{3}\right) = \frac{4}{3} * \frac{2}{3} = \frac{8}{9} \qquad (2.1.40)$$

En la Figura 2.4 se ilustra un gráfico de los coeficientes de potencia y empuje para una turbina Betz ideal y la velocidad del viento aguas abajo no dimensionalizada.

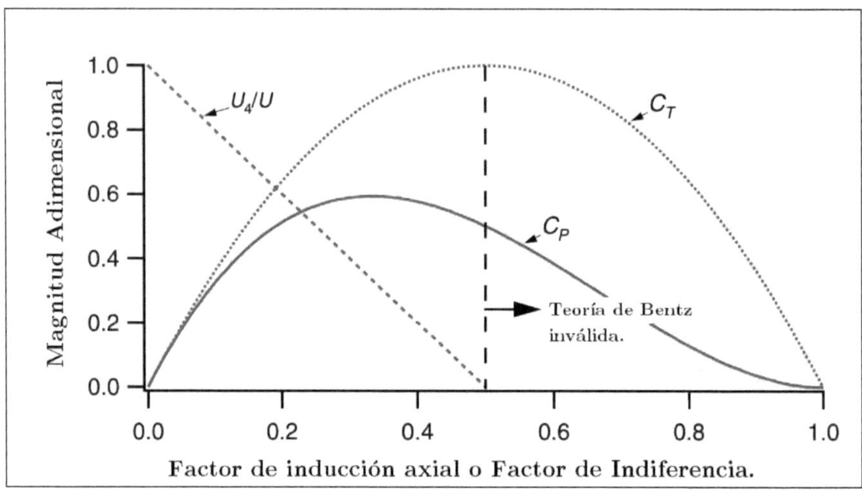

Figura 2.4: Parámetros de funcionamiento de una turbina Betz; U, velocidad del aire no perturbado; U_4, velocidad del aire detrás del rotor; C_p, coeficiente de potencia; C_T, coeficiente de empuje. [9]

2.1.2 El viento

Las masas de aire se mueven debido a las diferentes condiciones térmicas de estas masas. El movimiento de las masas de aire puede ser un fenómeno global (es decir, la corriente en chorro), así como un fenómeno regional y local. El fenómeno regional está determinado por las condiciones orográficas (por ejemplo, la estructura de la superficie del área) así como por los fenómenos globales. Las turbinas eólicas utilizan la energía eólica cerca del suelo. Las condiciones del viento en esta área, conocida como capa límite, están influenciadas por la energía transferida desde la corriente de alta energía no perturbada del viento geostrófico a las capas inferiores, así como por las condiciones regionales. Debido a la rugosidad del suelo, la corriente de viento local cerca del suelo es turbulenta. La velocidad del viento varía continuamente en función del tiempo y la altura. El pico turbulento es causado principalmente por ráfagas en el rango de un segundo a un minuto. El pico diurno depende de las variaciones diarias de la velocidad del viento (p. Ej., Brisas tierra-mar causadas por diferentes temperaturas en tierra y mar) y el pico sinóptico depende de los patrones climáticos cambiantes, que normalmente varían de día a semana, pero también incluyen ciclos estacionales. [13]

Desde la perspectiva del sistema de energía, el pico turbulento puede afectar la calidad de la producción de energía eólica. El impacto de la turbulencia en la calidad de la energía depende en gran medida de la tecnología de turbina aplicada. Las turbinas eólicas de velocidad variable, por ejemplo, pueden absorber variaciones de potencia a corto plazo mediante el almacenamiento inmediato de energía en las masas giratorias del tren de transmisión de la turbina eólica. Esto significa que la salida de energía es más suave que para las turbinas fuertemente acopladas a la red. [13]

2.1.2.1 Velocidades del viento promedio en Ecuador

La modelización del recurso eólico con resolución de 200 m sobre el territorio del Ecuador ha permitido identificar la distribución de este recurso sobre el territorio. En lo que a la circulación general terrestre respecta, Los vientos dominantes sobre el país son los alisios, provenientes del Este y que por tanto alcanzan el país tras atravesar todo el continente. Esto hace que el viento horizontal a gran escala sea más bien débil en todo el territorio continental. [14]

A continuación, se presenta un gráfico de las velocidades medias anuales del territorio ecuatoriano, modeladas para altitudes de 30, 50 y 80 metros.

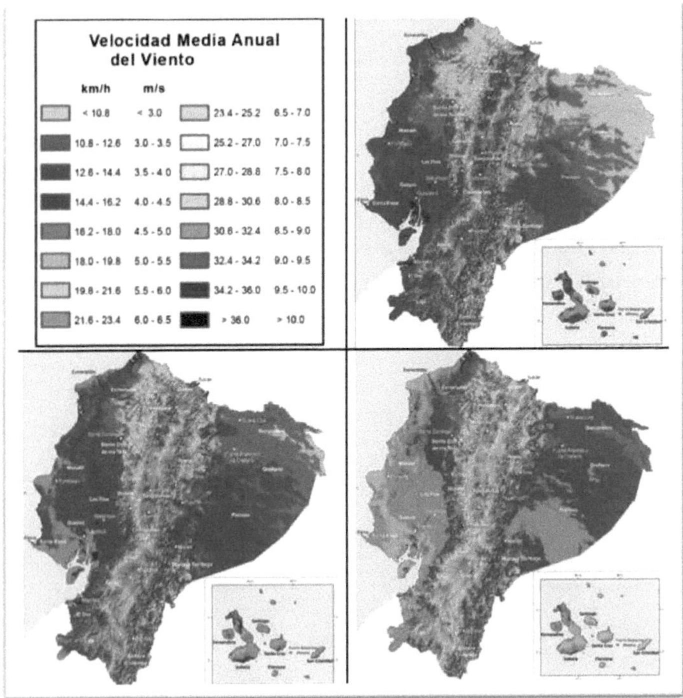

Figura 2.5: velocidades medias anuales del territorio ecuatoriano, modeladas para altitudes de 30, 50 y 80 metros. [14]

Además, se determinó que Ecuador tiene un Potencial Bruto Disponible Total de unos 1.670 MW y un Potencial Viable a Corto Plazo de 884 MW. En la provincia del Azuay se identificó un Potencial Bruto Disponible Total de unos 294,75 MW y un Potencial Viable a Corto Plazo de 101,77 MW.

2.1.3 Centrales eólicas en Ecuador

2.1.3.1   Central eólica Villonaco

La Central Eólica Villonaco de 16.5 MW de potencia se encuentra ubicado en la provincia de
Loja, cantón Loja. Es la primera Central Eólica en Ecuador Continental. La Central Eólica inició
su construcción en agosto de 2011 y se encuentra operando de forma normal y continua sobre la
base de los requerimientos del sistema eléctrico ecuatoriano desde el 2 de enero de 2013, aportando
al S.N.I. una energía neta de 652,98 GWh desde su entrada en operación a marzo de 2022. [15]

Villonaco cuenta con 11 aerogeneradores del tipo GW70/1500 de 1.5 MW cada uno, con una
velocidad promedio anual de 12.7 m/s a una altitud de 2700 msnm. La Central se desarrolla a lo
largo de la línea de cumbre del cerro Villonaco con una distancia aproximada de 2 km. La
subestación de elevación Villonaco 34.5 kV/69 kV tiene una capacidad de 25 MWA y presenta un
esquema de conexión de barra principal y transferencia. La subestación Loja, contempla la
instalación de una bahía de 69 kV, la cual recibe la energía proveniente de la subestación Villonaco
para ser conectada al S.N.I. [15]

Durante la fase de construcción generó 254 fuentes de empleo directo. Beneficia directamente a
más de 200 mil habitantes gracias a la implementación de nuevas prácticas de compensación a
través del mejoramiento de infraestructura y equipamiento de Centros Educativos, dotación de
suministro eléctrico a las parroquias de Sucre y San Sebastián, mejoramiento de vías, capacitación
a los moradores de la zona en control fitosanitario de cultivos, jardinería y mantenimiento de
áreas verdes; obras ejecutadas a través la CELEC E.P. Unidad de Negocio GENSUR. [15]

Figura 2.6: Central eólica Villonaco. [15]

2.1.3.2   Central eólica Baltra

El Proyecto Eólico Baltra de 2,25 MW, comprende la instalación de 3 aerogeneradores de 750 kW tipo full converter que permiten aprovechar el recurso eólico de isla Baltra para abastecer de energía eléctrica tanto a isla Baltra como a la población de Puerto Ayora, isla Santa Cruz. Adicionalmente para la transmisión y distribución de la energía eléctrica que se produce en el parque eólico Baltra, se construyó un sistema de interconexión eléctrica que está conformado por la subestación eléctrica en la isla Baltra y la expansión de la subestación eléctrica de Puerto Ayora. Además, se implementó una línea de transmisión de 50 km a 34,5 kV, que ha sido diseñada con el objetivo de minimizar en su totalidad el impacto ambiental de este tipo de cableado, es así que esta línea contempla tramos aéreos, soterrados, subterráneos y submarinos. [16]

Figura 2.6: Central eólica Baltra emplazamiento ubicado en las islas Galápagos. [16]

2.1.3.3   Central eólica San Cristobal

El Parque Eólico San Cristóbal, es el primero en su clase en el país ya que ha estado operando desde el 2007. Su capacidad es de 2.4 MW formado por tres aerogeneradores ubicados en el cerro el Tropezón (zona alta) y con una penetración de generación anual de 21.50 % a la demanda de la isla. [16]

Figura 2.7: Central eólica San Cristóbal emplazamiento ubicado en las islas Galápagos. [17]

2.1.3.4   Proyecto Eólico Minas de Huascachaca (PEMH) (fase de construcción)

El proyecto se encuentra en la provincia de Loja, cantón Saraguro, parroquia San Sebastián Yuluc, y sus obras se ubican en las mesetas relativamente planas orientadas de sur a norte, denominadas Uchucay y Yuluc, en las cuales se emplazarán los 15 aerogeneradores. Los resultados de los estudios realizados por ELECAUSTRO S.A., definieron que el PEMH tendrá una capacidad instalada de 50 MW, con 15 aerogeneradores de una potencia unitaria del orden de 3,3 MW y una producción bruta media anual esperada de 132,9 GWh. [18]

Para lograr el cierre financiero del PEMH, se dividió al proyecto en:

La fase UNO consiste en el mejoramiento, ampliación y rectificación de las vías de acceso, desde la intersección de la vía Girón – Pasaje hasta la Comunidad Uchucay de 6,16 km de longitud, dividida en dos tramos: 1) Tramo vía Girón, Pasaje – Puente sobre el río Jubones de 1,65 km; 2) Tramo Puente sobre río Jubones – Población de Uchucay de 4,5 km. [18]

La fase DOS A considera el suministro, construcción y puesta en operación de la subestación Uchucay y su vía de acceso; línea de transmisión a 138 kV, subestación de seccionamiento La Paz y eje vial 2. Y la fase DOS B, abarca la provisión y montaje de los 15 aerogeneradores, construcción de obras civiles restantes para el parque eólico; y, sistema colector de media tensión (34,5 kV). [18]

Además, el proyecto eólico de minas de Huascachaca se encuentra ubicada en una altura media de 1180 msnm.

Figura 2.8: Proyecto eólico Minas de Huascachaca ubicado en el cantón Saraguro. [18]

Tabla 2.1: *Comparativa de las centrales eólicas en Ecuador. [Elaboración: Propia.]*

	Central Eólica Villonaco	Central Eólica Baltra	Central Eólica San Cristóbal	Proyecto Eólico Minas Huascachaca
Potencia Total	16.5 MW	2,25 MW	2,4 MW	50 MW
Inicio operación comercial	2013	2007	2007	2023
Aerogeneradores	11 x GW 70/1500 IEC IA / S	3 x 50 /750	3 x AE-59/800	15 x DEW-400 /3300
Altura de buje	65 m	50 m	60 m	95/140 m
Altitud	2700 msnm	55 msnm	670 msnm	1180 msnm
Conexión a la red	Subestación Loja (69 kV)	35,5 kV	13,2 kV	Subestación eléctrica Uchucay (138kV)
Subestación de elevación	34.5 kV/69kV		1kV / 13,2 kV	34,5kV/ 138kV
Tipo de tecnología	Direct Drive	Full Converter		Full Converter
Tamaño de pala	35 m	28,5 m	29,5 m	76 m
Tipo de generador	Imanes permanentes		Síncrono	Síncrono de Imanes permanentes
Certificación	Clase S			Clase S
Inversión Total	US$48´356.117,05	US$26'000.000,00	US$10'000.000,00	US$90'000.000,00

2.1.3.5 Proyecto eólico Villonaco ll y Villonaco lll (proceso de concesión)

El Proyecto Villonaco ll y Villonaco lll se encuentra en la provincia de Loja, al sur del Ecuador. Cuenta con la central Villonaco ll, que corresponde al emplazamiento Membrillo Ducal, se ubica en la cordillera occidental que bordea la ciudad de Loja; mientras que la central Villonaco III, pertenece al emplazamiento Huayrapamba, y se sitúa en la parroquia de Chuquiribamba, a 49,10 kilómetros de esa misma ciudad. Ambas centrales gozarán del mismo microclima de la Central Villonaco, caracterizada por su óptimo factor de planta promedio, durante los últimos cinco años de operación que es de 53.7% con velocidades de viento promedio de 12,4 m/s [44,64 km/h]. [19]

El proyecto Villonaco II y III, será construido con una capacidad mínima instalada de 110MW, se otorgará en concesión a través de un proceso público de selección (PPS), conforme a la Ley Orgánica de Servicio Público de Energía Eléctrica (LOSPEE). Las empresas licitarán por el proyecto, y de resultar ganadora será la encargada de realizar los diseños, financiamiento, construcción, operación, mantenimiento y entrega del servicio de energía eléctrica. Una vez terminado el plazo de la concesión, que tiene una duración de 25 años desde la firma del contrato, será transferido al Estado ecuatoriano. [19]

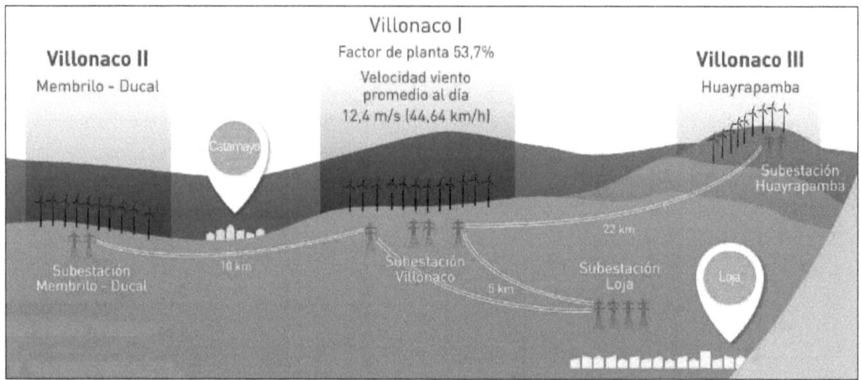

Figura 2.9 Proyecto eólico Villonaco ll y Villonaco lll ubicado en la provincia de Loja. [19]

2.2 Generación distribuida

2.2.1 Análisis de la generación distribuida en Ecuador.

La generación eléctrica en el Ecuador está constituida principalmente por grandes centrales de generación. Con el inconveniente que los lugares más alejados de las centrales eléctricas no reciban una energía de calidad y se produzcan pérdidas que afectan la eficiencia del sistema. Frente a este esquema tradicional surgió un modelo alterno denominado Generación Distribuida (GD), que consiste en la generación de electricidad en lugares próximos o muy cerca de los consumidores, donde la energía es suministrada a un menor costo y con altos niveles de eficiencia (Álvarez, Neves, López, & Zambrano, 2017). [20]

Diferentes definiciones de generación distribuida se han formulado; sin embargo, en el ámbito ecuatoriano, en el Reglamento General de la Ley Orgánica del Servicio Público de Energía Eléctrica (Asamblea Nacional, 2019) fue expedido mediante Decreto Ejecutivo No. 355 de 15 de agosto de 2019. En dicho documento regulatorio se incorporó la definición de GD como: "Pequeñas centrales de generación instaladas cerca del consumo y conectadas a la red de la distribuidora", para lo que se deben desarrollar estudios que aborden la expansión de la distribución, la inclusión de proyectos de generación distribuida que permitan mejorar las condiciones de calidad y confiabilidad del suministro de energía eléctrica (Asamblea Nacional, 2019). Sin embargo, el legislador no logra visibilizar el aporte que pueden ofrecer estas instalaciones a la eficiencia energética, dado el efecto reductor de las pérdidas. Además, que técnicamente las instalaciones de este modo de generación que aprovechan las fuentes renovables de energía, pueden conectarse directamente a la red del usuario, con la posibilidad de incorporar los excedentes a la red de distribución. Cuando se abordan los elementos contractuales el legislador no es capaz de definir el tipo de contrato para la persona natural que realiza la generación de energía para el autoconsumo en el modo de la generación distribuida, donde se especifique la relación económica asociada a la retribución de la energía excedente que se incorpora a la red de distribución y que en la práctica es comercializada por la empresa eléctrica. [20]

Los primeros pasos que se observan tomaron el estado ecuatoriano, en relación a creación de normas en el ámbito de generación distribuida, se enmarcan en regular a consumidores que tengan instalada generación fotovoltaica.

La regulación Nro. ARCONEL 003/18, Marco normativo para la participación de la generación distribuida (ARCONEL, 2020), tiene el propósito de establecer las condiciones para el desarrollo, implementación y participación de consumidores que cuenten con generación fotovoltaica de hasta 100 kW, instaladas en la arquitectura de la edificación que estén dentro del pliego tarifario de bajo o medio voltaje. La disposición transitoria primera de la Regulación dispone que hasta que se emita la regulación sobre generación distribuida, las condiciones establecidas en esta regulación para el desarrollo, implementación y participación de consumidores que cuenten con sistemas fotovoltaicos de hasta 100 kW de capacidad nominal, serán aplicables para consumidores residenciales que tengan interés en instalar sistemas fotovoltaicos de hasta 300 kW de capacidad nominal instalada y de menos de 1000 kW para consumidores comerciales o industriales". [20]

En abril de 2021 se aprobó por la Agencia de Regulación y Control de Energía y Recursos Naturales no Renovables, la regulación denominada Regulación Nro. ARCERNR 001/21 Marco normativo de la Generación Distribuida para autoabastecimiento de consumidores regulados de energía eléctrica, que tiene como propósito establecer las disposiciones para el proceso de habilitación, conexión, instalación y operación de sistemas de generación distribuida basadas en fuentes renovables para el autoabastecimiento de consumidores regulados (ARCERNR, 2021a). En el marco normativo vigente, se citan los textos constitucionales, legales, reglamentarios y regulatorios que motivan el desarrollo de una regulación sobre generación distribuida, establecen las responsabilidades generales que tienen las instituciones, empresas del sector eléctrico para el desarrollo de la actividad de generación que abordan los aspectos específicos sobre la generación distribuida. La generación distribuida es el primer paso hacia un cambio de paradigma en el sistema eléctrico ecuatoriano, debido a las ventajas que presenta como modelo complementario a la generación centralizada; sin embargo, su correcta implementación requiere de marcos jurídicos, técnicos y económicos adecuados. [20]

Adicionalmente, la Agencia de Regulación y Control de Energía y Recursos Naturales no Renovables, aprobó en abril de 2021 la resolución Nro. ARCERNNR-014/21, denominada «Marco normativo para la participación en generación distribuida de empresas habilitadas para realizar la actividad de generación». [21]

Dentro de la norma se especifica la caracterización de la Generación Distribuida en su artículo 6 (**ANEXO 1**), en la figura 2.10 se resume la caracterización de la Generación Distribuida en Ecuador definida en la resolución Nro. ARCERNNR-014/21.

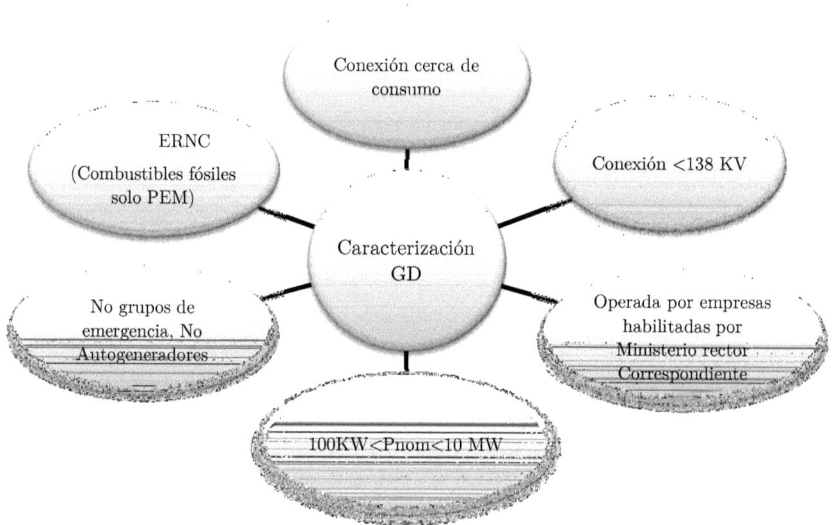

Figura 2.10: Caracterización de la Generación Distribuida en Ecuador. Fuente Propia.

2.2.2 Generalidades de GD

Generación distribuida

Si bien muchos autores, estados o países, han definido a la generación distribuida, una definición que puede llegar a tener un consenso general es la siguiente:

Generación Distribuida son todas aquellas fuentes de energía eléctricas conectadas en las redes de distribución, ya sea directamente a dichas redes o conectadas a éstas por medio de las instalaciones de los consumidores, pudiendo operar en este último caso en paralelo con la red o en forma aislada. [22]

Por otro lado, la Agencia de Regulación y Control de Energía y Recursos Naturales no Renovables, en su resolución Nro. ARCERNNR-014/21, defina a la generación distribuida como: Pequeñas centrales de generación instaladas cerca del consumo y conectadas a la red de la distribuidora. [21]

Las principales tecnologías que se suelen emplear hoy en día en aplicaciones de GD son:

- Turbinas de gas.
- Turbinas de vapor.
- Ciclos combinados.
- Motores alternativos.
- Mini-hidráulica.
- Eólica.
- Solar (fotovoltaica y térmica).
- Pilas de combustible.

Si bien es cierto que las tres primeras tecnologías son también utilizadas en centrales convencionales, en aplicaciones de GD éstas son más pequeñas, están conectadas a las redes de distribución y además suelen tener asociado un proceso de cogeneración (la cogeneración es la combinación entre un proceso de generación de energía eléctrica y la generación de energía térmica). Este tipo de proceso consigue mejorar la eficiencia de los procesos separados de generación eléctrica y térmica lo que hace que sea muy valorado y apoyado por su menor impacto medioambiental. Otras tecnologías que también se utilizan en cogeneración son los motores alternativos y las pilas de combustible. El interés del resto de tecnologías en aplicaciones de GD (mini-hidráulica, eólica y solar) radica en el hecho de que son renovables. [22]

La generación distribuida (GD) está penetrando de manera acelerada los sistemas de potencia, lo cual, unido al aumento de cargas no lineales, origina cambios en el sistema eléctrico, que a su vez exigen mantener una buena confiabilidad y calidad de energía desde el generador hasta el usuario final (Haan, Nguyen, Kling & Ribeiro, 2011). El incremento no planificado en los niveles de penetración de la GD en las redes de distribución, ha conllevado a que surjan una serie de inconvenientes de índole técnica, entre los cuales se destacan los problemas asociados a pérdidas de potencia, regulación de tensión, aumento de niveles de corriente de falla, así como problemas de calidad de energía, tales como: sobretensión, subtensión, armónicos y huecos de tensión. [22]

Las pérdidas se originan por los flujos de potencia que circulan por el alimentador para suministrar las diversas demandas que existen en los nudos. La GD es una fuente de energía por lo que su instalación en un alimentador modifica los flujos por los diversos tramos de éste con la consiguiente modificación de las pérdidas: si los flujos disminuyen, las pérdidas disminuyen mientras que, si los flujos aumentan, las pérdidas aumentan. En principio, si la producción de la GD en un determinado instante es menor que la demanda del nudo en el cual se encuentra instalada, las pérdidas globales del alimentador en ese instante disminuirán ya que el flujo que tendrá que circular por el alimentador hacia ese nudo es menor. En el caso de que la producción de la GD en un determinado instante sea mayor que la demanda del nudo en el cual se encuentra instalada, no es tan fácil deducir cuál será el comportamiento de las pérdidas globales del alimentador en ese instante ya que éste depende de muchos factores (demanda en los nudos aguas abajo del nudo en el que está instalada la GD, distribución de los flujos en el resto de ramas, impedancia del tramo por el que se exporta la energía, etc.) [22]

Además, se tiene que el impacto de la GD en las pérdidas en función de la penetración presenta un comportamiento en forma de U: inicialmente las pérdidas disminuyen hasta alcanzar un valor mínimo y luego las pérdidas incrementan llegando incluso a superar el valor existente en el caso cuando no hay GD conectada. [22]

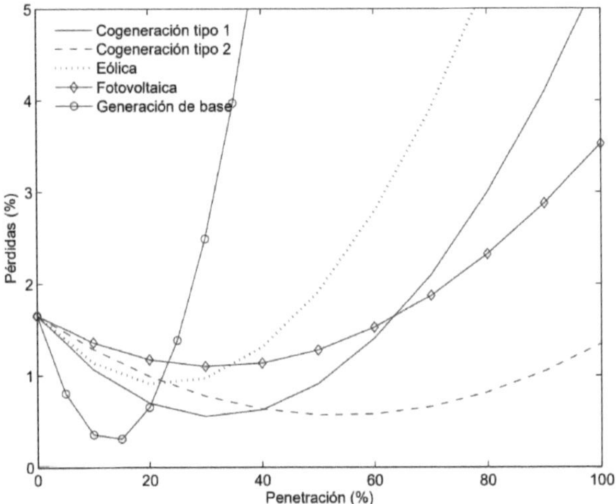

Figura 2.11: Comportamiento de las pérdidas ante diversas tecnologías de GD (escenario de dispersión ideal).

En el grafico anterior se considerarán las siguientes fórmulas.

$$factor\ de\ capacidad = \frac{Energía\ anual\ producida}{8760\ x\ Potenica\ Nominal} \qquad (2.2.1)$$

$$penetración(\%) = \frac{factor\ de\ capacidad\ x\ potencia\ instalada}{potencia\ contratada\ en\ el\ alimentador} * 100 \qquad (2.2.2)$$

En el caso de la generación mediante energía eólica en relación a las pérdidas es discreta, pues se considerará que el problema de esta tecnología es que su perfil de producción no se adapta al perfil de demanda ya que su producción depende de un recurso (el viento) que presenta variaciones de carácter aleatorio que no tienen ninguna correlación con la demanda. Por esta razón, es muy difícil que la producción de esta tecnología coincida con los requerimientos de demanda del alimentador. Sin embargo, en muchas horas del año, e.g. cuando su producción es menor a la demanda del nudo, puede contribuir a disminuir las pérdidas lo cual se refleja en la reducción de pérdidas que consigue. [22]

3. Determinación del recurso eólico

3.1 Recurso Eólico

En la mayor parte de las zonas del planeta el viento sopla más fuerte durante el día que durante la noche. Esta variación se debe sobre todo a las diferencias de temperatura. Por ejemplo, la diferencia de temperatura entre la superficie del mar y la superficie terrestre son mayores durante el día que durante la noche. El viento presenta también más turbulencias y tiende a cambiar de dirección más rápidamente durante el día que durante la noche. [23]

La variación de la velocidad del viento en un emplazamiento determinado suele describirse utilizando la función de probabilidad de Weibull (Manwell et al. (2002)]. Esta función de probabilidad se determina a su vez por su media (también se emplea el parámetro de escala) y por su parámetro de forma. Por lo tanto, conocer el valor de este parámetro de forma caracteriza la distribución de probabilidad de las distintas velocidades del viento en un emplazamiento (conocida su velocidad media). [23]

La función de densidad de probabilidad de Weibull es la siguiente:

$$f(x) = \left(\frac{b}{\theta} \left(\frac{b}{\theta} \right)^{b-1} \right) * e^{\left(-\left(\frac{x}{\theta} \right)^b \right)} \qquad (3.1.1)$$

Siendo x la variable (en este caso la velocidad), $f(x)$ la función de la densidad de probabilidad de Weibull (proporciona la probabilidad de que se dé el valor x de velocidad), b el parámetro de forma y θ el parámetro de escala que se relaciona con el valor medio x_m (velocidad media en este caso) del siguiente modo:

$$x_m = \theta * \Gamma \left(1 + \frac{1}{b} \right) \qquad (3.1.2)$$

Donde Γ es la función gamma.

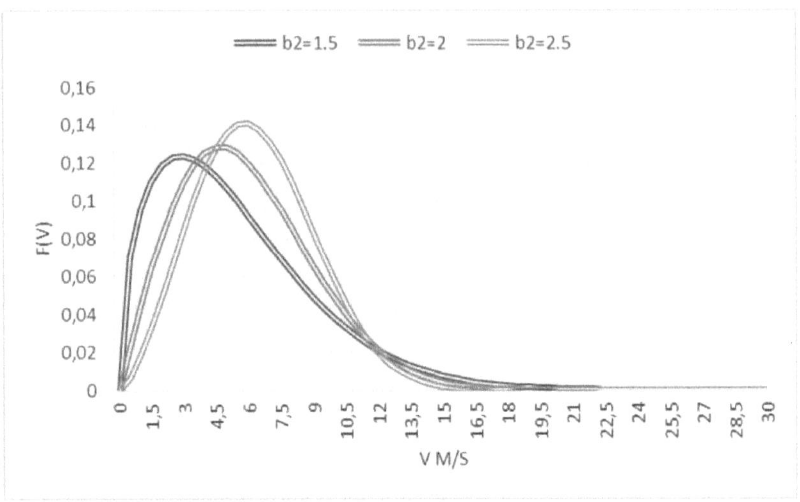

Figura 3.1: función de densidad de probabilidad de Weibull con diferentes parámetros de forma b. Elaboración: Propia.

La función de distribución acumulativa de probabilidad de Weibull es la siguiente:

$$F(x) = 1 - e^{\left(-\left(\frac{x}{\theta}\right)^{b}\right)} \qquad (3.1.3)$$

En la figura 3.2 se muestra la función de densidad acumulativa de probabilidad de Weibull para los mismos casos que en la figura 3.1.

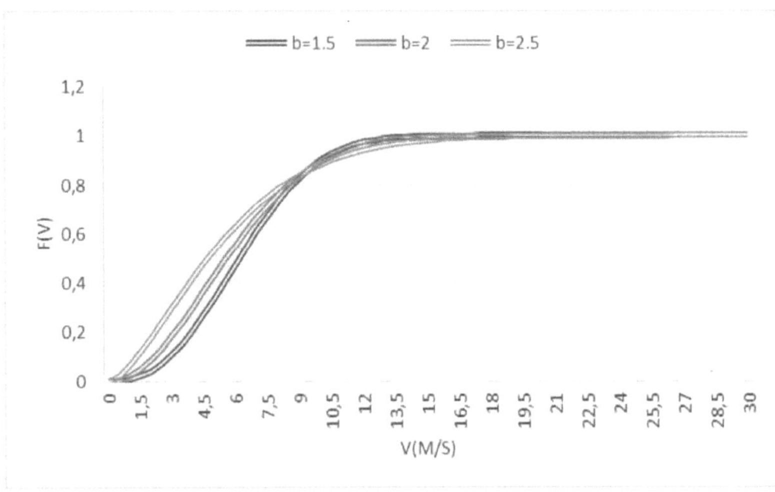

Figura 3.2: función de densidad acumulativa de probabilidad de Weibull con diferentes parámetros de forma b. Elaboración: Propia.

Los valores de velocidad del viento dependen también, en menor o mayor medida, de los valores de velocidad de horas anteriores, por ello es preciso definir el factor de correlación. El factor de correlación es una medida de la aleatoriedad del viento. Valores altos indican que la velocidad del viento en una hora determinada depende en gran medida del valor de la velocidad en la hora anterior. Por el contrario, valores más bajos indican que la velocidad del viento tiende a fluctuar de un modo más aleatorio, por lo que no hay una dependencia tan elevada entre los valores hora a hora. Este parámetro está influenciado por la topografía local. Los factores de correlación tienden a ser más bajos en zonas de topografía compleja mientras que son más altos en zonas de topografía más uniforme. [23]

3.2 Series temporales y cointegración

Series Temporales

Para el análisis de una variedad de fenómenos económicos o físicos se dispone, en general, de una cierta cantidad de observaciones, tomadas en momentos equidistantes. A una serie de observaciones de este tipo se le llama serie cronológica o temporal. Como ejemplos de tales series se pueden mencionar las siguientes: La temperatura diaria promedio tomada en un lugar específico, el volumen de ventas diario de cierto artículo, la posición en el instante t, de una partícula, el caudal promedio mensual de un río, en un sitio determinado. [24]

A continuación, se define la variable aleatoria. Sea X_t la variable aleatoria (v.a.) que se observa en el instante t. [24]

La cointegración

En este capítulo, se utilizará la cointegración para determinar por inspección si existe una evolución similar entre las curvas obtenidas de los datos medios horarios de velocidad del viento medidos con el medidor meteorológico Kestrel Meter 5500 SERIES y las conseguidas por medio de POWER. Esto se emplea así, debido a que no se consiguió instalar una estación meteorológica que se encuentre fija en el sitio donde transita el viento y por lo tanto no se alcanzaron mediciones de un mes completo o día completo durante el periodo de estudio, entonces la alternativa válida para este estudio fue emplear los conceptos de cointegración y aplicarlos en la práctica para buscar que de existir la cointegración entre las curvas antes mencionadas, se cree un modelo de viento que pueda estar acorde a la realidad constatada en campo; ya que muchas veces los medios satelitales se alejan de dicha realidad y deben ser ajustados. A continuación, se desarrollan estos conceptos ya indicados.

El análisis de cointegración fue tratado por Granger (1983) y por Engle y Granger (1987). Este concepto se considera uno de los más importantes dentro del análisis de series temporales. La cointegración aparece cuando dos o más series presentan una relación de comovimiento (tendencia) a largo plazo y las diferencias entre ellas son estables. [24]

Propiedades del orden de integración de una serie

Considere las series de los gráficos 3.3 y 3.4, de los cuales se puede decir lo siguiente:

- En el primer caso, las dos series tienen una tendencia de evolución similar en un primer lapso y después, en un segundo período, una tendencia de evolución divergente; entonces las series no están cointegradas.
- En el segundo caso, las dos series tienen una evolución similar en todo el período de análisis, se dice que las series están cointegradas si existe una evolución a largo plazo similar entre las series, aunque en la parte inicial existen diferencias en las tendencias de ellas. [24]

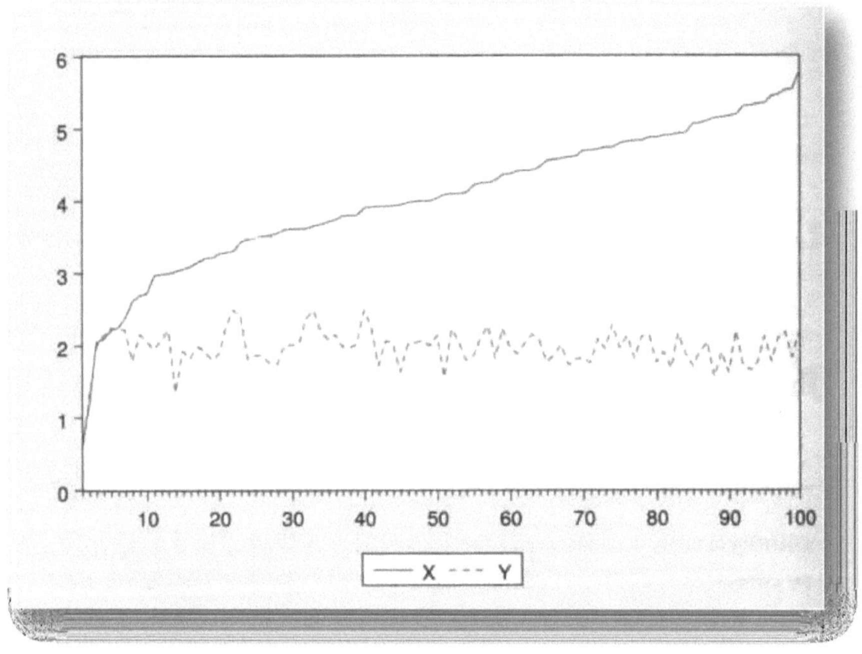

Figura 3.3: Las variables X, Y no están cointegradas. [24]

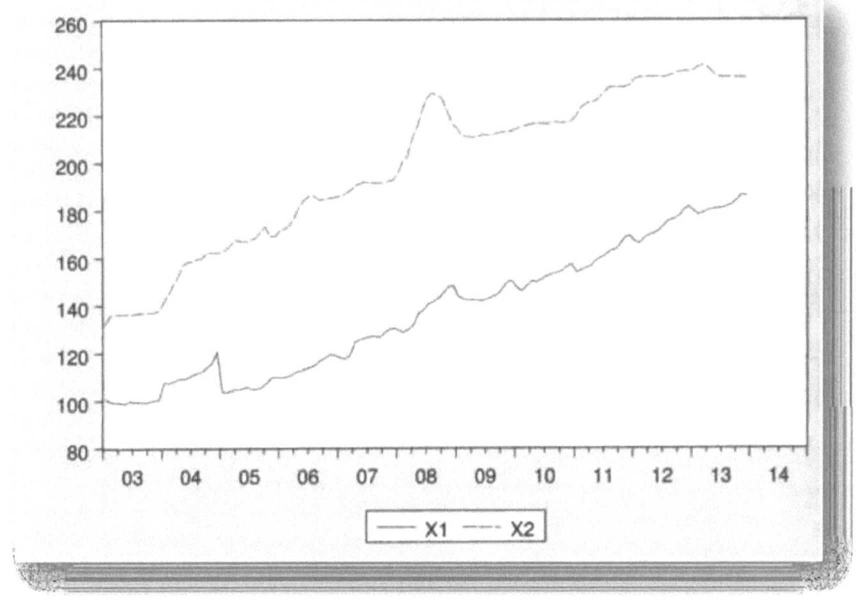

Figura 3.4: Las variables X1 y X2 están cointegradas. [24]

3.3 Obtención de datos meteorológicos

3.2.1 Obtención de datos horarios de velocidad del viento.

3.2.1.1   Datos obtenidos del proyecto de predicción de recursos energéticos (POWER)

POWER por sus siglas en inglés (The Prediction Of Worldwide Energy Resources) se inició para mejorar el actual conjunto de datos de energía renovable y para crear nuevos conjuntos de datos a partir de nuevos sistemas satelitales. El proyecto POWER se dirige a tres comunidades de usuarios: (1) Energía renovable, (2) Edificios sostenibles y (3) Agroclimatología. [25]

(1) Energía renovable: El archivo de energía renovable está diseñado para brindar acceso a parámetros específicamente diseñados para ayudar en el diseño de sistemas de energía renovable alimentados por energía solar y eólica.

(2) Edificios sostenibles: El Archivo de Edificios Sostenibles está diseñado para proporcionar parámetros amigables con la industria para la comunidad de edificios, para incluir parámetros en promedios mensuales de varios años.

(3) Agroclimatología: El archivo de agroclimatología está diseñado para proporcionar acceso basado en la web a parámetros amigables con la industria formateados para ingresar a los modelos de cultivo contenidos en DSS agrícola. [25]

Los datos obtenidos de velocidad del viento media horaria en el sector Oropamba por medio de
POWER van desde el 1 de enero al 31 diciembre del 2020, a una altura de 50m. Adicionalmente,
los datos de la velocidad del viento horaria si se los pone en la gráfica de la figura 3.5. Los datos
con los cuales se realizó esta gráfica se encuentran en el **ANEXO 2.**

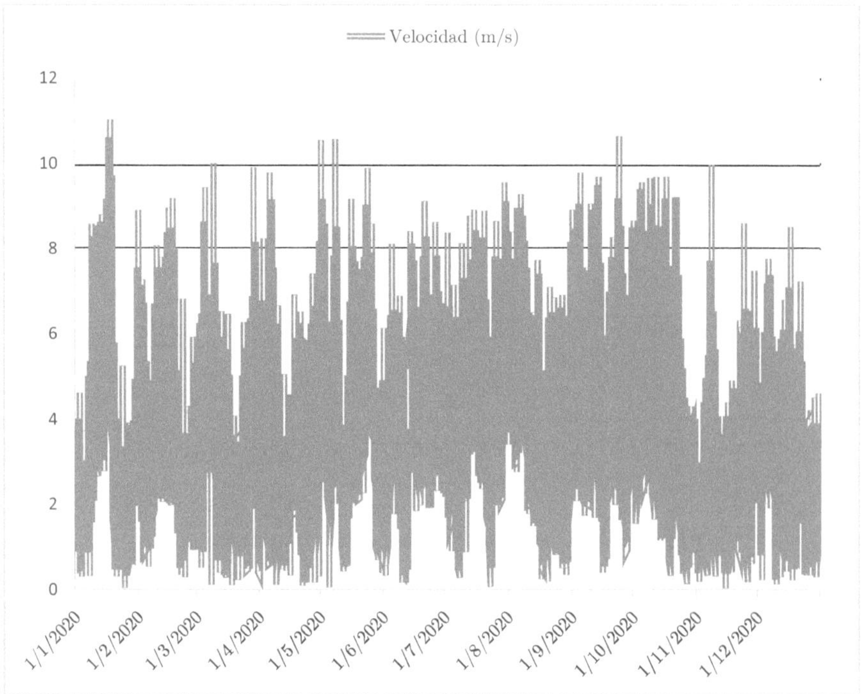

Figura 3.5: Velocidad del viento media horaria obtenidas en el sector Oropamba con POWER.
Elaboración: Propia.

Para los datos de la gráfica anterior se obtuvo una mediana de 3,98 m/s, una media aritmética
de 3,62 m/s, una varianza de 4,70.

3.2.1.2   Datos obtenidos por medio del medidor meteorológico Kestrel 5500.

Para realizar las mediciones en campo se trabajó con el medidor meteorológico Kestrel 5500. A
continuación, se da una reseña del equipo de medición.

El medidor meteorológico Kestrel 5500 (figura 3.6), mide todas las condiciones ambientales más
la dirección del viento, el viento cruzado y el viento de frente/de cola. [26]

Mediciones Ambientales

✓ Altitud (barométrica)

✓ Presión barométrica dirección de la brújula viento cruzado

✓ Altitud de densidad

✓ Temperatura de derretimiento Viento de frente/viento de cola

✓ Índice de estrés por calor Humedad relativa

✓ Presión de la estación (presión absoluta)

✓ La temperatura

✓ Temperatura de bulbo húmedo (psicrométrica)

✓ Escalofríos

✓ Velocidad del viento/Velocidad del aire [26]

Figura 3.6: Medidor meteorológico Kestrel Meter 5500. [26]

Características del medidor meteorológico Kestrel Meter 5500

❖ Temperatura del aire, el agua y la nieve °F o °C.

❖ Velocidad del aire actual, media y máxima.

❖ Resistente al agua (sellado según los estándares IP67).

❖ Hora y fecha Pantalla retroiluminada fácil de leer.

❖ Registrador de datos (automático y manual)

❖ Almacenamiento de datos personalizable: 12 000 puntos de datos Mide todos los parámetros necesarios para el software CAMEO/ALOHA y el software PEAC-WMD de Aristatek para monitorear la dispersión de la pluma.

❖ Valores mínimos, máximos y medios.

❖ Pantalla multifunción de 3 líneas

❖ El sensor de humedad se puede recalibrar en el campo con el kit de calibración de humedad relativa.

❖ Sensores exteriores de temperatura, humedad y presión para lecturas rápidas y precisas.

❖ Graficar y recordar tendencias

❖ Impulsor reemplazable por el usuario

❖ La cubierta del impulsor abatible permite el uso de otras funciones mientras protege el impulsor.

- ❖ Gráficos de datos.
- ❖ Subir a una computadora (con interfaz opcional) Mac o PC.
- ❖ Funciona con aplicaciones de Android e iPhone.
- ❖ Cinco idiomas (inglés, francés, español, alemán e italiano).
- ❖ Robusto (probado contra caídas según los estándares MIL-STD-810G) e impermeable (sellado según los estándares IP67). [26]

La precisión de cada una de sus mediciones primarias se calibró y/o validó individualmente con estándares trazables al Instituto Nacional de Estándares y Tecnología ("NIST" por sus siglas en inglés) u otros estándares calibrados de acuerdo con los métodos de prueba estándar documentados que se detallan a continuación. [26]

Estándares utilizados en las pruebas

Velocidad del viento:

El impulsor del medidor meteorológico y ambiental Kestrel instalado en esta unidad se probó individualmente en un túnel de viento subsónico que funciona a aproximadamente 300 pies por minuto (1,5 m/s) y 1200 pies por minuto (6,1 m/s) monitoreado por una luz ultrasónica de tiempo de apagado modelo 1350 de Gill Instruments anemómetro. El Gill 1350 se calibra periódicamente y se puede rastrear según NIST con una incertidumbre combinada máxima de ±1,04 % dentro del rango de velocidad aerodinámica de 3,59 a 19,93 m/s (711,4 a 3930 fpm) y de ±1,66 % dentro del rango de velocidad aerodinámica de 170 a 711,4 fpm (0,85 a 3,59 m/s). [26]

Temperatura:

La respuesta de temperatura se verifica en comparación con un indicador de temperatura digital Ametek DTI-050 y un sensor de referencia STS. El DTI-050 se calibra anualmente y es trazable al NIST con una incertidumbre expandida relativa máxima de ± 0,40C. [26]

Dirección / Rumbo:

La sensibilidad del sensor direccional magnético se verifica después del montaje orientando la unidad en las direcciones cardinales y confirmando la salida del campo magnético. La salida de la brújula tiene una precisión de ± 5 grados en comparación con una brújula de precisión Suunto KB14/360R G. [26]

Humedad relativa:

La humedad relativa se verifica en comparación con un transmisor de humedad Edgetech HT120. El HT120 se calibra anualmente y es trazable al NIST con una incertidumbre expandida relativa máxima de ±1,0 % de HR. [26]

Presión barométrica:

La respuesta de presión se verifica con un barómetro digital Vaisala PTB210A. El barómetro de Vaisala se calibra anualmente y es trazable al NIST con una incertidumbre expandida relativa máxima de ± 0,3 hPa. [26]

Las especificaciones del producto para medidores meteorológicos de la serie Kestrel 5000 se puede encontrar en resumen en la tabla 3.1. Además, información adicional y medidas calculadas se encontrarán detalladas en el **ANEXO 3.**

Tabla 3.1: *Especificaciones del producto para medidores meteorológicos/ambientales de la serie Kestrel 5.*

SENSOR	PRECISIÓN (+/-)	RESOLUCIÓN	RANGO DE ESPECIFICACIONES
Velocidad del viento / Velocidad del aire	Mayor del 3% de la lectura, dígito menos significativo o 20 pies/min	0,1 m/s 1 pie/min 0,1 km/h 0.1 mph 0,1 nudos 1B* 0,1 F/V*	0,6 a 40,0 m/s 118 a 7874 pies/min 2,2 a 144,0 km/h 1.3 a 89.5 mph 1,2 a 77,8 nudos 0 a 12B* 2-131.2*
Temperatura ambiente	0,9 °F 0,5 ºC	0,1 °F 0,1 ºC	-20,0 a 158,0 °F -29,0 a 70,0 °C
Humedad relativa	+/- 2%HR	0,1 %HR	10 a 90% 25°C sin condensación
Presión	+/-1.5 mbar en 25°C, 700-110 mbar/ +/-0.044pulgHg en 77°F 20.67-32.48pulgHg/ +/- 0.022 psi 10.15-15.95 psi	0,1 hPa/mbar 0,01 pulgHg 0,01 psi	25°C/77°F 700-1100 hPa/mbar 20,67-32,48 pulgHg 10,15-15,95 psi
Brújula	5°	1° Escala cardinal 1/16	0 a 360°

Con el medidor meteorológico Kestrel 5500 se procedió a realizar la medición en campo en el sector denominado Oropamba, entre los puntos georreferenciales 2°47'53.6"S 78°38'29.4"O y 2°47'45.6"S 78°38'39.2" ubicado a 2777 msnm. Cabe recalcar que estas mediciones se las realizó en los meses de marzo, mayo, junio, septiembre y agosto de 2020. La metodología era la siguiente: llevar el instrumento de medición al sitio mencionado, trabajar con 5 a 6 pilas de 1.5 VCC recargables y utilizarlas conforme pasen las horas, grabar los datos obtenidos en la memoria del anemómetro, luego por vía bluetooth transferirlos a un teléfono Android donde se tenía descargada la aplicación de Kestrel y finalmente el archivo se descargaba en computador para su tratamiento y análisis.

Figura 3.7: Obtención de datos en campo en el sector Oropamba, con el medidor meteorológico Kestrel 5500, se aprecia un día soleado y en día nublado con presencia de lluvia.

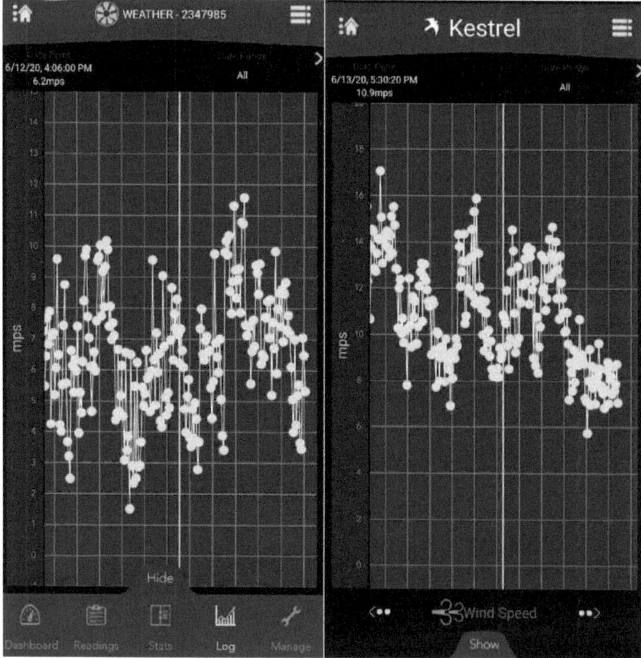

Figura 3.8: Muestra de datos en campo en el sector Oropamba, con el medidor meteorológico Kestrel 5500 en la aplicación móvil para Android, se aprecia en días obtenidos del mes de junio de 2020.

Entonces, del medidor meteorológico Kestrel 5500, modelo 5500L se extrajeron 163040 datos entre el período comprendido del 4 de marzo de 2020 (4/3/2020 12:40) al 4 de febrero de 2021 (4/2/2021 3:36) con intervalos de 10 segundo por dato. En el proceso de selección de datos se determinó para el análisis un conjunto de datos validos de 10369 comprendidos entre el 4 de marzo de 2020 (4/3/2020 17:14) al 4 de febrero de 2021 (4/2/2021 3:20) dentro de los cuales se tienen mediciones efectuadas en campo los meses de marzo, mayo, junio, septiembre, agosto de 2020, enero y febrero de 2021. Este conjunto de datos se muestra a continuación en la siguiente grafica.

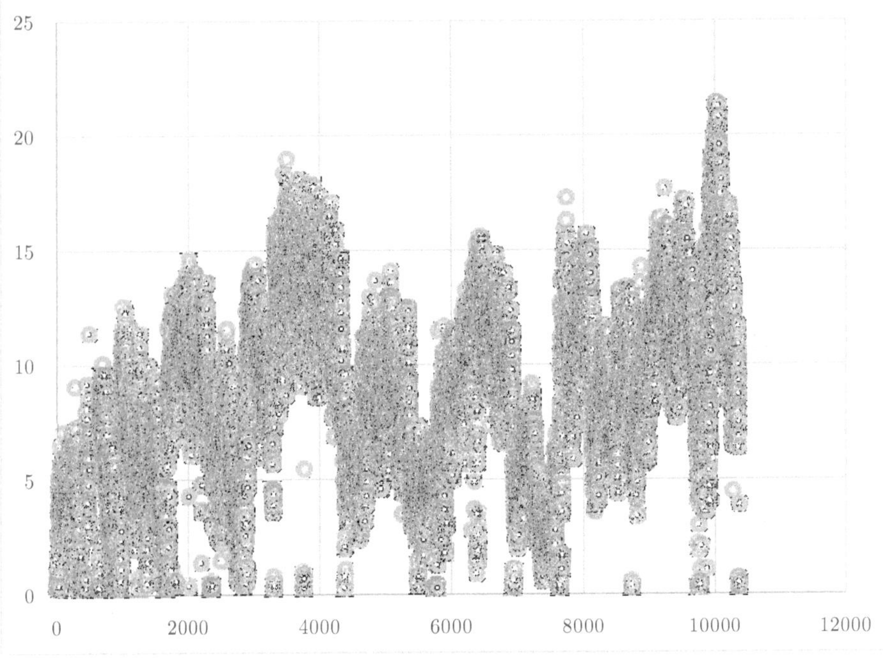

Figura 3.9: Datos de velocidad del viento (m/s) del medidor meteorológico Kestrel 5500.

3.4 Análisis de Correlación y Cointegración.

3.3.1 Análisis de correlación

El método que se utiliza con más frecuencia para completar y ampliar la información estadística sobre los fenómenos meteorológicos es la correlación y la regresión. [27]

El coeficiente de correlación determina el nivel de dependencia entre dos series de datos, por lo que es una herramienta muy útil en el análisis meteorológico. En nuestro caso, las magnitudes de interés serán los recursos energéticos asociados de la siguiente manera: viento-viento y caudal-viento. [27]

El coeficiente de correlación **r** viene determinado por la siguiente ecuación:

$$r = \frac{\sigma_{xy}}{\sigma_x \sigma_y} = \frac{\sum xy}{\sqrt{\sum x^2}\sqrt{\sum y^2}} = \frac{\text{Covarianza}}{\text{desviaciones tipicas de } x \text{ y } y} \quad (3.4.1)$$

Para encontrar el coeficiente de correlación es necesario promediar los valores de las variables a analizar (media aritmética).

$$\bar{x} = \frac{\sum x_i}{N} \quad (3.4.2)$$

$$\bar{y} = \frac{\sum y_i}{N} \quad (3.4.3)$$

Luego se calcula la covarianza

$$\sigma_{xy} = \frac{xy}{N} - \bar{x}\bar{y} \quad (3.4.4)$$

Por último, se calculan las desviaciones típicas

$$\sigma_x = \sqrt{\frac{\sum x_i{}^2}{N} - \bar{x}^2} \quad (3.4.5)$$

$$\sigma_y = \sqrt{\frac{\sum y_i{}^2}{N} - \bar{y}^2} \quad (3.4.6)$$

Los resultados se reemplazan en la ecuación 3.4.1

El coeficiente de correlación toma siempre valores entre -1 y 1.

- Si $-1 < r < 0$ existe **correlación lineal negativa o inversa** y será más fuerte cuanto más se aproxime r a -1.
- si $0 < r < 1$ existe **correlación lineal positiva o directa** y será más fuerte cuanto más se aproxime r a 1.
- Si $r = 1$ ó $r = -1$, la **correlación** es una **dependencia lineal directa** (+1) o **inversa (-1).**
- Si $r = 0$ **independencia, no existe correlación lineal,** aunque estas podrían estar relacionadas por una correlación curvilínea. [28]

Por razones prácticas, se admiten como aceptables aquellas series que presentan su coeficiente de correlación r > 0.7, para el período común de datos. [27]

Finalmente se determinó que para el análisis de correlación se examinaron 9106 datos obtenidos del anemómetro *Kestrel SERIE 5500L* correspondientes al mes de junio de 2020, estos datos se compararon con datos horarios de *POWER* y para que exista el cálculo debido de correlación, se igualaron a valores horarios, esto se logró dividiéndolos según su día y hora y finalmente calculando la media aritmética de los valores que se registraron en el anemómetro, obteniendo los siguientes valores.

Tabla 3.2: *Datos medios horarios de velocidad del viento medidos con el medidor meteorológico Kestrel Meter 5500 SERIES y comparados con los obtenidos de POWER.*

MES	DIA	HORA	POWER (m/s)	5500 SERIES (m/s)	Variación
Junio	9	17:00	3,99	5,338931298	1,348931298
Junio	9	18:00	2,58	0,912962963	-1,66703704
Junio	10	16:00	4,25	7,400392157	3,150392157
Junio	10	17:00	3,43	5,842038217	2,412038217
Junio	10	18:00	2,37	4,347959184	1,977959184
Junio	11	14:00	4,55	5,525	0,975
Junio	11	15:00	4,37	8	3,63
Junio	11	16:00	3,95	10,56764706	6,617647059
Junio	11	17:00	3,22	9,682582583	6,462582583
Junio	11	18:00	2,23	0,369565217	-1,86043478
Junio	12	15:00	3,2	6,76962963	3,56962963
Junio	12	16:00	2,92	5,15567867	2,23567867
Junio	12	17:00	2,39	10,20334262	7,813342618
Junio	12	18:00	1,41	7,127380952	5,717380952
Junio	13	14:00	5,22	12,30769231	7,087692308
Junio	13	15:00	5,07	13,9058011	8,835801105
Junio	13	16:00	4,82	12,74679666	7,926796657
Junio	13	17:00	4,16	11,30559441	7,145594406
Junio	15	17:00	5,86	5,515671642	-0,34432836
Junio	15	18:00	4,15	5,976923077	1,826923077
Junio	17	15:00	4,65	8,520670391	3,870670391
Junio	17	16:00	3,88	8,808888889	4,928888889
Junio	17	17:00	2,97	4,623743017	1,653743017
Junio	17	18:00	2,18	1,958536585	-0,22146341
Junio	18	14:00	5,86	6,584615385	0,724615385
Junio	18	15:00	5,34	7,841828255	2,501828255

Junio	18	16:00	4,74	11,15770308	6,417703081
Junio	18	17:00	4,01	10,91222222	6,902222222
Junio	18	18:00	3,13	8,182142857	5,052142857
Junio	19	16:00	5,87	5,388047809	-0,48195219
Junio	19	17:00	4,74	3,583333333	-1,15666667
Junio	19	18:00	3,39	5,068493151	1,678493151
Junio	24	14:00	4,92	10,77830189	5,858301887
Junio	24	15:00	4,5	11,42893983	6,928939828
Junio	24	16:00	3,95	8,501714286	4,551714286
Junio	24	17:00	3,13	9,207719298	6,077719298
Junio	25	15:00	5,77	7,880327869	2,110327869
Junio	25	16:00	5,24	11,5225	6,2825
Junio	25	17:00	4,29	12,13916667	7,849166667
Junio	25	18:00	3,18	1	-2,18
Junio	26	11:00	8,62	9,488732394	0,868732394
Junio	26	12:00	8,6	10,1	1,5
Totales			*177,1*	*323,6792169*	*146,57922*
Variación Promedio					*3,4899814*

Utilizando las fórmulas de correlación se obtuvo lo siguiente: Que al analizar los datos de POWER con los datos del medidor meteorológico Kestrel Meter 5500, se obtuvo una correlación de r= 0,401767359 (Existe una baja correlación). También, se encontró una variación promedio de 3,48998 m/s de velocidades de viento.

3.3.2 Análisis de cointegración

Como ya se indicó anteriormente la cointegración se utilizará la cointegración para determinar por inspección si existe una evolución similar entre las curvas obtenidas de los datos medios horarios de velocidad del viento medidos con el medidor meteorológico Kestrel Meter 5500 SERIES y las conseguidas por medio de POWER. Entones, en el análisis anterior de correlación se detectó una pobre correspondencia de los datos medidos en campo, con los datos del obtenidos del satélite. Por ende, se propuso un modelo alternativo para mejorar dicha correlación, teniendo en cuenta que se observó una cointegración de los valores, como se observa en la gráfica 3.10.

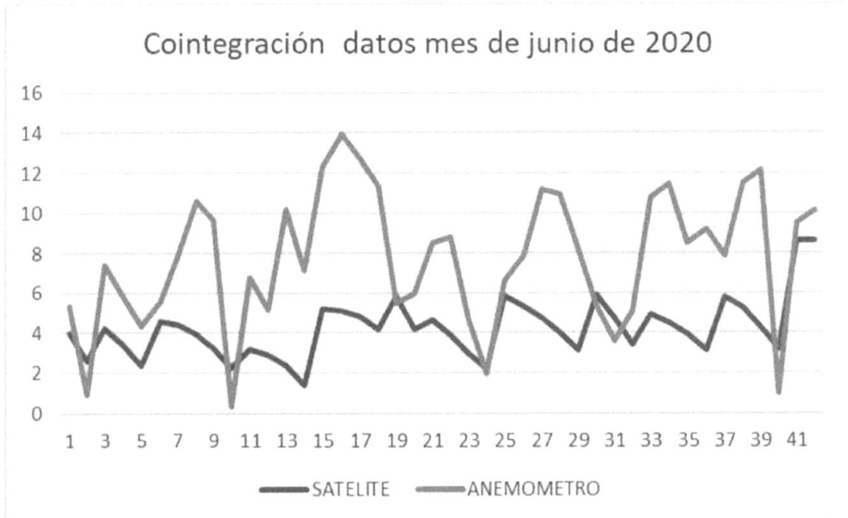

Figura 3.10: Cointegración de los datos obtenidos mediante POWER y medidor meteorológico Kestrel Meter 5500.

Para calcular el valor de corrección y obtener un mejor modelo capaz de mejorar la correlación se planteó el siguiente modelo empírico:

$$Factor\ de\ correción = \frac{\Sigma \left(\frac{valor\ medio\ medido\ en\ el\ anemómetro}{valor\ obtenido\ de\ POWER\ (satélite)}\right)}{Número\ de\ obsevaciones} \qquad (3.4.1)$$

$$Error\ relativo = valor\ medio\ medido\ en\ el\ anemómetro - valor\ obtenido\ de\ POWER\ (satélite) \qquad (3.4.2)$$

$$valor\ corregido = \begin{cases} valor\ obtenido\ de\ POWER\ (satélite) * Factor\ de\ corrección, & si\ Error\ relativo > 1{,}5 \\ valor\ obtenido\ de\ POWER\ (satélite) & si\ Error\ relativo \leq 1{,}5 \end{cases} \qquad (3.4.3)$$

Con el modelo descrito en las fórmulas anteriores se consiguió la mejor correlación posible, entonces, al analizar los datos del anemómetro con los datos corregidos se obtuvo una correlación de $r = 0{,}777404598$ (existe buena correlación). A continuación, se presenta una figura con los datos corregidos (en color plomo), datos de POWER (en azul) y la curva de datos del anemómetro (en naranja) en donde se puede apreciar cómo se acercan mejor estos datos satelitales a los obtenidos en campo y que inclusive, se mantiene la cointegración con los valores del anemómetro, considerando que el factor de corrección se lo puede aplicar a gran escala para los datos de todo el año.

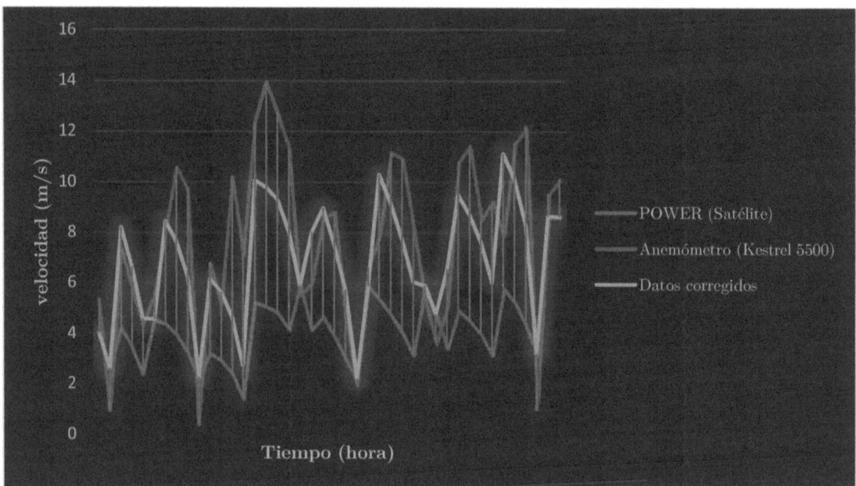

Figura 3.11: Cointegración entre datos obtenidos mediante POWER, Medidor meteorológico marca Kestrel modelo 5500 y valores corregidos.

Modelo empírico de corrección de datos horarios totales del año 2020

El primer paso fue obtener los datos horarios del 2020 por medio de la web en el modelo de POWER. Luego, se calculó un factor de corrección de 1,9221556 con los datos analizados anteriormente del mes de junio. Posteriormente, se propusieron tres modelos los cuales se describen a continuación, pero antes cabe explicar que se realizó de esta forma debido a que ya no se cuenta con el error relativo con el cual comparar y entonces se procedió a inferir los modelos y finalmente realizar un promedio de los tres modelos planteados.

Se definen las siguientes variables para todos los modelos.

$$VC = Valor\ Corregido$$

$$VPs = valor\ obtenido\ de\ POWER\ (satélite)$$

$$FC = Factor\ de\ Corrección$$

$$h = hora$$

Modelo 1

$$VC = \begin{cases} VPs * FC, & si\ 3{,}5 \leq VPs \leq 8{,}5\ y\ 7 \leq h \leq 18 \\ VPs & si\ VPs < 3{,}5\ ó\ VPS > 8{,}5\ ó\ h < 7\ ó\ h > 18 \end{cases} \qquad (3.4.4)$$

Modelo 2

$$VC = \begin{cases} VPs * FC, & si\ 1{,}5 \leq VPs \leq 8{,}5\ y\ 7 \leq h \leq 18 \\ VPs & si\ VPs < 1{,}5\ ó\ VPS > 8{,}5\ ó\ h < 7\ ó\ h > 18 \end{cases} \qquad (3.4.5)$$

Modelo 3

$$VC = \begin{cases} VPs * FC, & si\ 3{,}5 \leq VPs \leq 8{,}5 \\ VPs & si\ VPs < 3{,}5\ ó\ VPS > 8{,}5 \end{cases} \qquad (3.4.6)$$

Adicionalmente, se realizó el gráfico de un diagrama de cajas y bigotes de los tres modelos planteados más el modelo final y se observa que el modelo final es un modelo empírico adecuado para los fines de corrección de datos, los cuales serán empleados en el cálculo de los aerogeneradores en el capítulo 4.

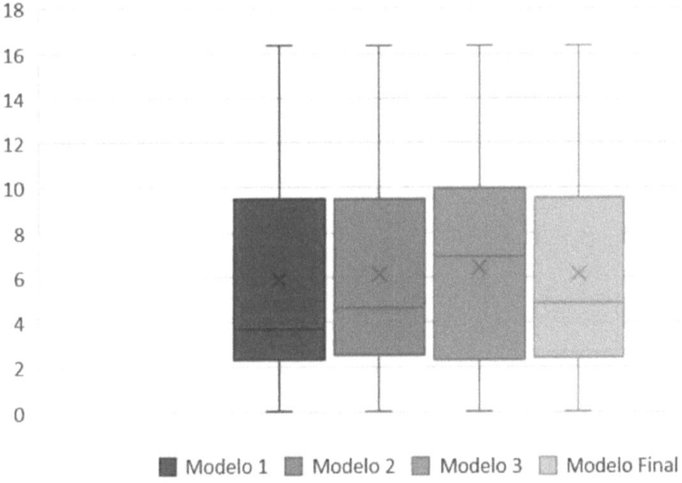

Figura 3.12: Diagrama de Cajas y bigotes para los modelos presentados.

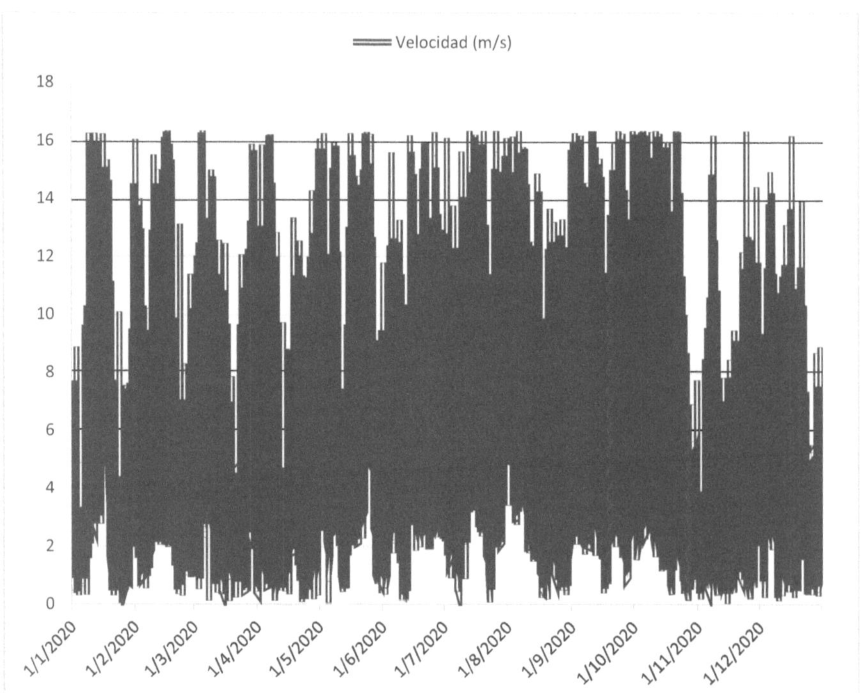

Figura 3.13: Representación de datos de la velocidad del viento horaria modelados para el año 2020.

Para los datos de la gráfica 3.21 se obtiene una mediana de 4,84 m/s, una media aritmética de 6,15 m/s, una varianza de 19,19. Los datos con los que se realizó la figura 3.13 se pueden encontrar en el **ANEXO 4.**

4. Diseño del parque eólico y descripción de la infraestructura eléctrica básica para la conexión de la central a la red como generación distribuida.

4.1 Modelamiento y diseño del parque eólico Sevilla de Oro, sector Oropamba con Wind Atlas Analysis and Application Program (WAsP).

Dentro de este capítulo se emplea la técnica denominada *Micrositing*, técnica que posibilita el emplazamiento de los aerogeneradores. Entonces, para llevar a buen término este proceso, se emplea el *Wind Atlas Analysis and Application Program* (WAsP), que es una herramienta virtual que emplea la extrapolación vertical y horizontal de datos del viento, calculando así el rendimiento energético para el diseño de parques eólicos.

Para modelar el parque eólico que se conectara mediante generación distribuida, en Sevilla de Oro sector Oropamba, se simulará y diseñará el parque, según los datos de modelamiento del software WAsP en su versión 9.1; adicionalmente los datos de viento se analizaran con WAsP Climate Analyst 3, y para la creación de mapas de contorno y rugosidad se emplea el WAsP Map Editor 12.

4.1.1 Modelamiento del parque eólico Sevilla de Oro- sector Oropamba en WAsP

Los datos de entrada necesarios para el programa son:

- Datos de velocidad y dirección del viento del sector puesto en estudio.
- Curvas de nivel de la zona
- Mapa de Rugosidad del sitio donde se emplazará los aerogeneradores.
- Detalle de Obstáculos.
- Curvas de Potencia y coeficiente de empuje de los aerogeneradores.
- Ubicación geográfica exacta del emplazamiento de los aerogeneradores.

Al momento de simular el Parque Eólico en el Software WAsP 9.1, se debe tener en cuenta lo siguiente:

1. Información meteorológica (Dirección y Velocidad de viento)
2. Mapa de orografía y rugosidad de la zona.
3. Selección de los aerogeneradores.
4. Descripción y Curva de Potencia de los Aerogeneradores.
5. Distribución de los aerogeneradores. [29]

Para la simulación se determinó una densidad del aire de 0.891 Kg/m³ debido a que el parque se encuentra a 2980 msnm.

A continuación, se describirá todos los pasos que se efectuó en el software WAsP y demás programas, para simular y obtener los datos de producción energética del parque eólico propuesto como un diseño preliminar.

4.1.2 Análisis de la Información meteorológica en WAsP Climate Analyst 3.

Los datos de viento fueron obtenidos durante un periodo de 12 meses, con un intervalo de una hora entre muestra y muestra a una altura de 50 m, es decir, son los datos que se obtuvieron de todo el proceso mencionado en el capítulo 3.

Ahora, una vez conocida la velocidad del viento horaria, vh, medida a una altura h, es necesario corregir su valor para la altura de buje del aerogenerador. La justificación de la necesidad de dicha corrección, se encuentra en que las capas altas de la atmósfera la velocidad del viento apenas sufre modificaciones a causa de la superficie terrestre, sin embargo, en las capas bajas de la atmosfera la fricción con el suelo ralentiza la velocidad del viento. A esa fricción del viento con el suelo es lo que se denomina rugosidad. [23]

En general, cuanto más pronunciada sea la rugosidad del terreno, mayor será la ralentización que experimente el viento. La rugosidad se clasifica por clases. Se define la clase de rugosidad a partir de la longitud de la rugosidad medida en metros (zo). Es decir, la altura sobre el nivel del suelo donde la velocidad del viento es teóricamente cero. La relación entre la clase de rugosidad y longitud de rugosidad es la siguiente:

$$clase\ 1 = 1,699823015 + \frac{\ln(z_0)}{\ln(150)} \qquad si\ z_0 \le 0,03 \qquad (4.1.1)$$

$$clase\ 2 = 3,912489289 + \frac{\ln(z_0)}{\ln(3,33333333333)} \qquad si\ z_0 \ge 0,03 \qquad (4.1.2)$$

Así pues, la rugosidad va a determinar la distribución de velocidades a lo largo de la altura. [23]

La fórmula que caracteriza esa distribución de velocidades es la siguiente:

$$v_z = v_h \frac{\ln\left(\frac{z}{z_0}\right)}{\ln\left(\frac{h}{z_0}\right)} \qquad (4.1.3)$$

Donde z_0 (m) es la longitud de la rugosidad, h(m) es la altura para la que se conoce una velocidad v_h (m/s) (h es la altura a la que se colocó el anemómetro que midió la velocidad v_h), z (m) es la altura a la que se quiere calcular la velocidad v_z (m/s) En este caso z sería la altura del buje. [23]

Finalmente se procede a calcular la velocidad del sitio a una altura de 85m a partir del valor de rugosidad medido en el sitio, el cual es z_0 =0.0024 m. Estos datos se guardan en un formato de archivo.txt, como se muestra en la siguiente figura.

Fecha y Hora	Velocidad	Dirección
1/1/2020 0:00:00	2.13832077828622	335.7
1/1/2020 1:00:00	2.84407197111960	326.31
1/1/2020 2:00:00	3.36021836587834	312.02
1/1/2020 3:00:00	5.01281602744696	299.87
1/1/2020 4:00:00	5.23315958909298	293.77
1/1/2020 5:00:00	4.99904455484408	292.76
1/1/2020 6:00:00	3.28648316662709	294.38
1/1/2020 7:00:00	3.26383900688168	293.35
1/1/2020 8:00:00	1.39043518588069	279.52
1/1/2020 9:00:00	0.621482393689098	267.74
1/1/2020 10:00:00	0.400276795935351	201.8
1/1/2020 11:00:00	0.800553591870702	163.97
1/1/2020 12:00:00	1.36936798609462	156.35
1/1/2020 13:00:00	2.32737886988609	157.46
1/1/2020 14:00:00	2.63035126714937	162.16
1/1/2020 15:00:00	2.64412273975224	170.15
1/1/2020 16:00:00	2.34115034248897	173.4
1/1/2020 17:00:00	1.35883438620159	165.63
1/1/2020 18:00:00	0.958557590266235	149.71
1/1/2020 19:00:00	0.653083193368204	156.33
1/1/2020 20:00:00	0.56881439422392	177.51
1/1/2020 21:00:00	0.484545595079635	203.96
1/1/2020 22:00:00	0.621482393689098	246.5
1/1/2020 23:00:00	0.905889590801057	261.65
2/1/2020 0:00:00	1.16922958812695	264.73
2/1/2020 1:00:00	1.32723358652248	266.09
2/1/2020 2:00:00	1.46417038513194	273.56
2/1/2020 3:00:00	1.62217438352748	285.87
2/1/2020 4:00:00	1.74857758224390	291.5
2/1/2020 5:00:00	1.61164078363444	291.58
2/1/2020 6:00:00	0.94802399037320	288.75
2/1/2020 7:00:00	1.00069198983838	123.56
2/1/2020 8:00:00	3.16743869866154	118.66
2/1/2020 9:00:00	3.82846938359960	117.07
2/1/2020 10:00:00	4.36555681511178	116.31
2/1/2020 11:00:00	7.32949292416588	116.29
2/1/2020 12:00:00	7.79517893868471	118.65
2/1/2020 13:00:00	8.07863999100052	125.19
2/1/2020 14:00:00	8.09888720902308	132.79
2/1/2020 15:00:00	7.67369563054936	140.44
2/1/2020 16:00:00	4.61344332196355	149.61

Figura 4.1: Datos de viento Sevilla de Oro a 85m en formato .txt.   Fuente Propia.

Usando este archivo y la herramienta WAsP Climate Analyst 3 (Figura 4.2), los datos de viento son transformados en una tabla de datos estadísticos y gráficos en donde se visualizarán la distribución de Weibull y la rosa de los vientos del lugar en donde se encontraba el anemómetro.

El primer paso es abrir el programa y crear un nuevo proyecto, luego se debe ingresar una descripción de las coordenadas y la altura del anemómetro (Figura 4.2).

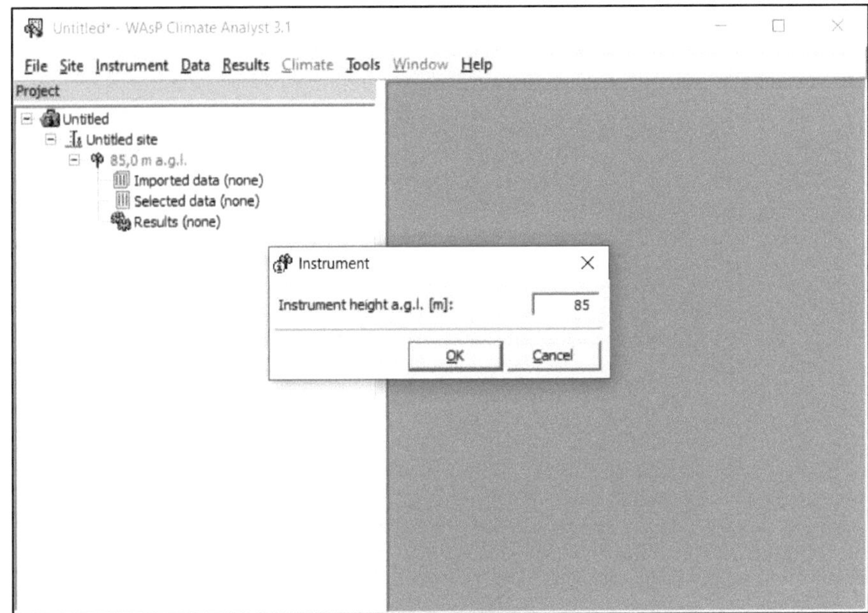

Figura 4.2: ventana de inicio de WAsP Climate Analyst 3.

Luego se da un clic derecho en el icono Imported data y aquí se ingresará el archivo .txt con los datos de viento, entonces se abre la ventana de la figura 4.3 aquí en la parte inferior en Channel type se selecciona las columnas correspondientes a velocidad (violeta) y dirección (verde) se da un clic en Next.

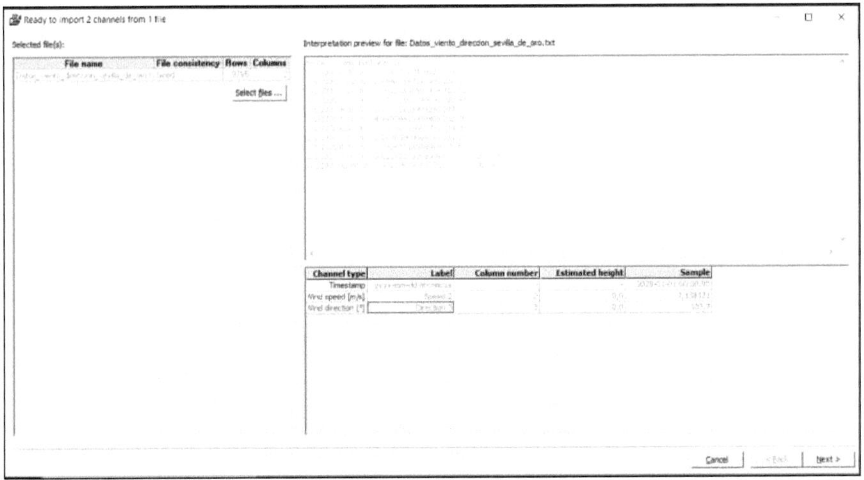

Figura 4.3: lectura de datos en WAsP Climate analyst 3

Luego de esto aparecerá la siguiente ventana (figura 4.4), entonces aquí en la parte de Insert value q sale en rojo y subrayado en amarillo se coloca cero (0). Y se da clic en siguiente.

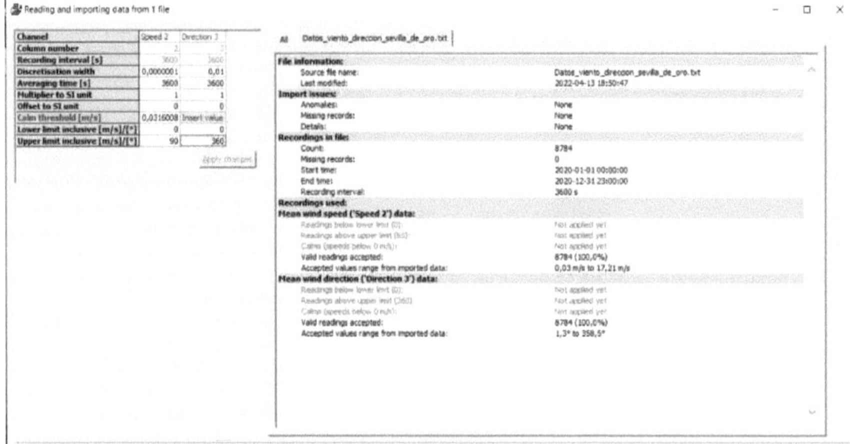

Figura 4.4: Corrección de datos en WAsP Climate analyst 3

A continuación, se asigna los canales en la parte izquierda arrastrando desde con el mouse desde Unassigned channels hasta el canal 85,0 m a.g.l tanto en direction y speed como se muestra en la siguiente figura. Una vez concluido se da clic en finish.

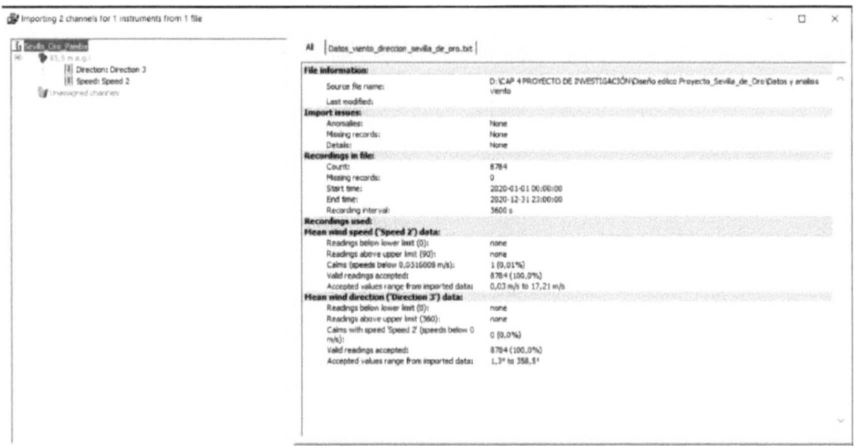

Figura 4.5: Asignación de canales en WAsP Climate analyst 3.

Cuando este proceso se ha finalizado con éxito se procede a obtener la siguiente ventana

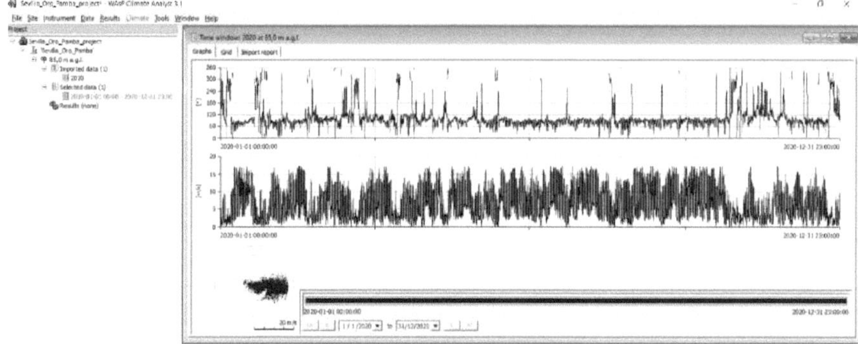

Figura 4.6: datos en serie temporal de velocidad y dirección graficados en WAsP Climate Analyst 3.1.

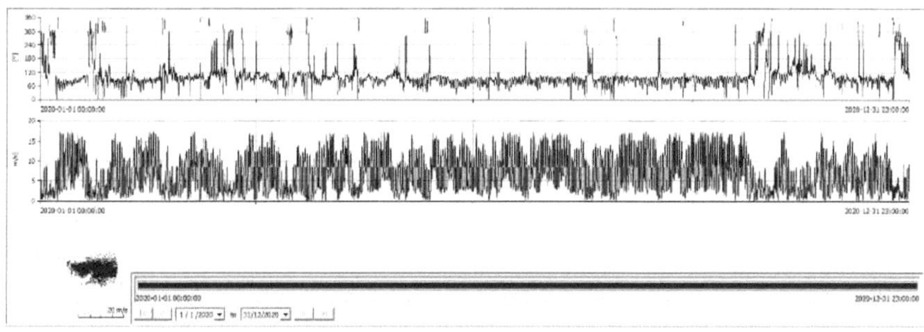

Figura 4.7: datos temporales de velocidad, dirección y rosa de los vientos graficados en WAsP Climate Analyst 3.1 desde el 1/1/2020 al 31/12/2020.

Ahora el siguiente paso será guardar los datos como archivo .tab, para ello dentro de Results se da clic derecho y se pide que se guarde el fichero de Omwc (perteneciente al software WAsP) (figura 4.8) en uno de un archivo tipo .tab.

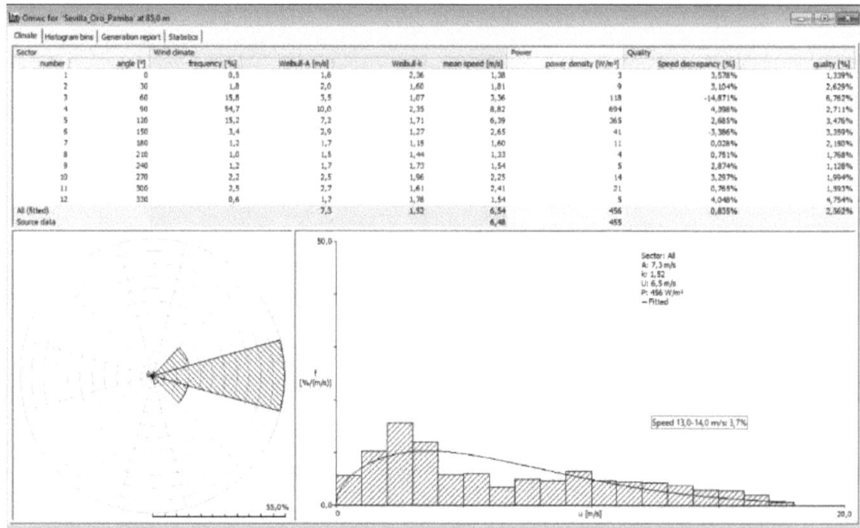

| Sector | | Wind climate | | | | Power | Quality | |
number	angle [°]	frequency [%]	Weibull A [m/s]	Weibull k	mean speed [m/s]	power density [W/m²]	Speed discrepancy [%]	quality [%]
1	0	0,3	1,6	2,36	1,38	3	3,578%	1,339%
2	30	1,8	2,0	1,60	1,81	9	3,104%	2,629%
3	60	15,8	3,5	1,07	3,36	118	-14,871%	6,782%
4	90	54,7	10,0	2,35	8,82	694	4,398%	2,711%
5	120	15,2	7,2	1,71	6,39	365	2,685%	3,476%
6	150	3,4	2,9	1,27	2,65	41	-3,386%	3,389%
7	180	1,2	1,7	1,15	1,60	11	0,028%	2,180%
8	210	1,0	1,5	1,44	1,33	4	0,751%	1,768%
9	240	1,2	1,7	1,73	1,54	5	2,874%	1,128%
10	270	2,2	2,5	1,96	2,25	14	3,297%	1,994%
11	300	2,5	2,7	1,61	2,41	21	0,765%	1,593%
12	330	0,6	1,7	1,78	1,54	5	4,048%	4,754%
All (fitted)		7,3		1,52	6,54	456	0,835%	2,562%
Source data					6,48	455		

Figura 4.8: Datos estadísticos, Distribución de Weibull, rosa de los vientos en Sevilla de Oro, sector Oropamba en la herramienta Omwc de WAsP. Fuente: Propia.

Como puede verse, la velocidad media del sitio es superior a 6,5 m/s, muy por encima del valor de 5 m/s considerado rentable. Lo mismo ocurre con la densidad media de energía ($456\ W/m^2$) la cual es superior al valor de $400\ W/m^2$ que es considerado económicamente rentable. [30]

4.1.3 Creación del mapa orográfico en WAsP Map Editor 12

Como primer paso para crear el mapa orográfico, se emplea Google Earth y se elige desde el punto donde se obtuvieron los datos en el anemómetro un área de 10 km a la redonda, obteniendo así un polígono que se guarda en formato .kmz el cual será exportado a otro programa llamado Global Mapper que permite generar y obtener curvas de nivel.

Figura 4.9: Selección del Área en Google Earth para generar curvas de nivel en Sevilla de Oro. Fuente Propia

Posteriormente se abre el archivo .kmz en el programa de Global Mapper, entonces se configura las coordenadas. En este caso, aplica las coordenadas UTM zona 17 Sur y finalmente se realiza el proceso de creación de las curvas de nivel configurándolas para una distancia de 10 m entre cada curva, la figura 4.10 que se obtiene a continuación es el producto final que se recibe del programa. Finalmente, estas curvas de nivel se guardan en un archivo con extensión .dwg, para posteriormente abrirlas en CIVIL 3D, programa de Auto CAD que permite generar los contornos de cierre, que son necesarios para ingresar en WAsP Map Editor. El archivo generado en CIVIL 3D se guarda como una extensión .DFX en formato 2004.

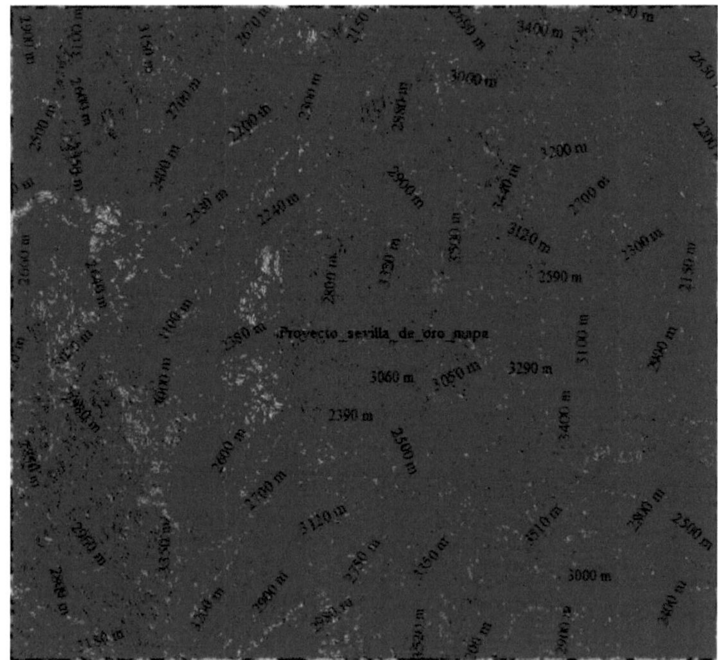

Figura 4.10: Curvas de Nivel del emplazamiento seleccionada en Sevilla de Oro, generadas en Global Mapper. Fuente Propia

Una vez finalizado el cierre de contornos abrimos la herramienta WAsP Map Editor 12.1, con la cual se genera el mapa vectorial y permite añadir valores de rugosidad en la zona de estudio del parque eólico.

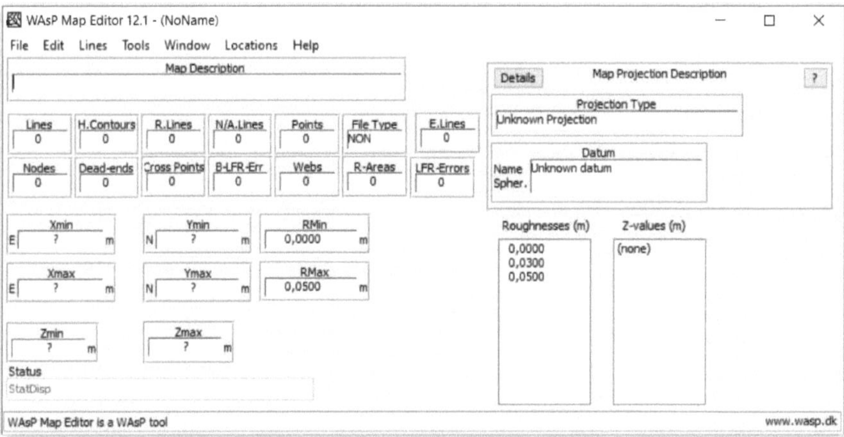

Figura 4.11: Herramienta WAsP Map Editor 12.1. Fuente Propia.

Ahora se procede a crea un nuevo mapa, cargando el archivo .DXF en el WAsP Map Editor 12.1, entonces una vez cargado se obtendrá el siguiente mapa orográfico que se muestra a continuación.

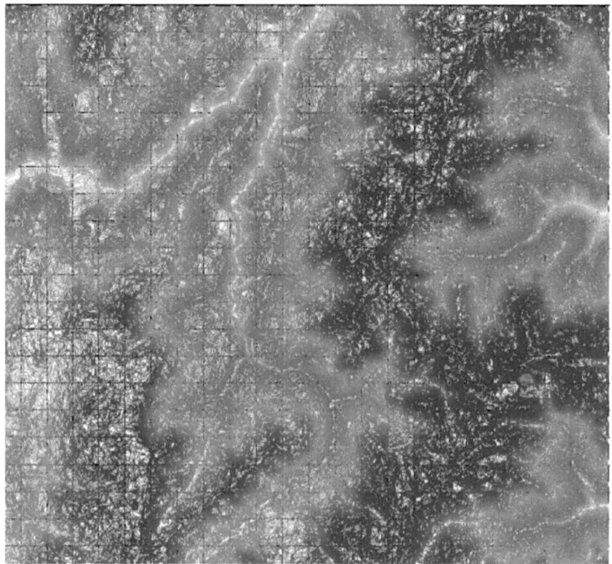

Figura 4.12: Mapa Orográfica de Oropamba creado en WAsP Map Editor 12.1

Adicionalmente, se mencionó que se podía ingresar rugosidad para el sito de estudio, para ello se determinó una rugosidad interna de 0,03m que aplica para área agrícola abierta sin cercados ni setos, con edificios muy dispersos y colinas suavemente redondeadas. También, se ingresó una rugosidad externa de 0,0024 que es, para un terreno completamente abierto con una superficie lisa. La clase de rugosidad es 0,5 y 1 respectivamente.

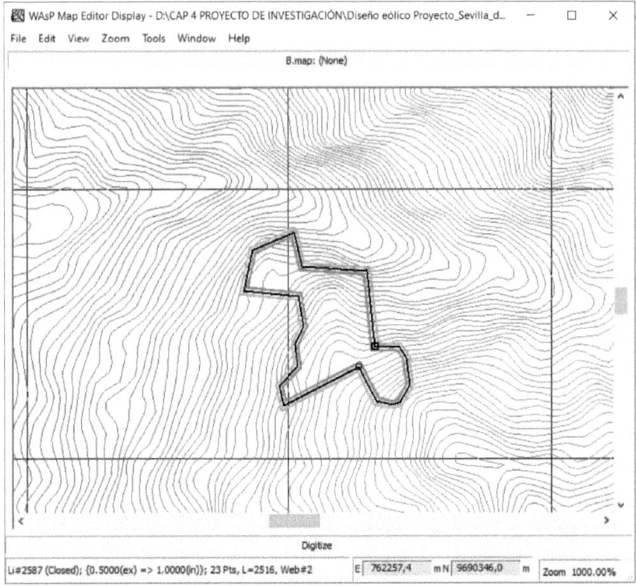

Figura 4.13: Creación de la superficie de rugosidad en WAsP Map Editor 12.1

Una vez listo el mapa con la rugosidad definida se guarda el archivo con una extensión .map la cual servirá para trabajar en el WAsP 9.1.

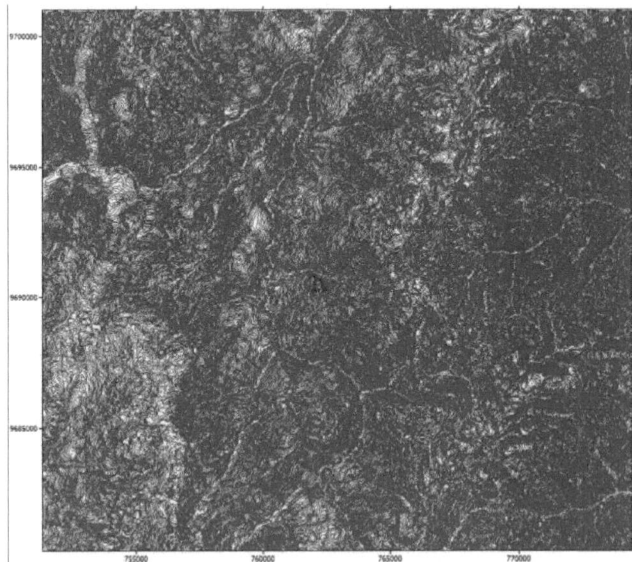

Figura 4.14: Mapa Orográfica del sector Oropamba

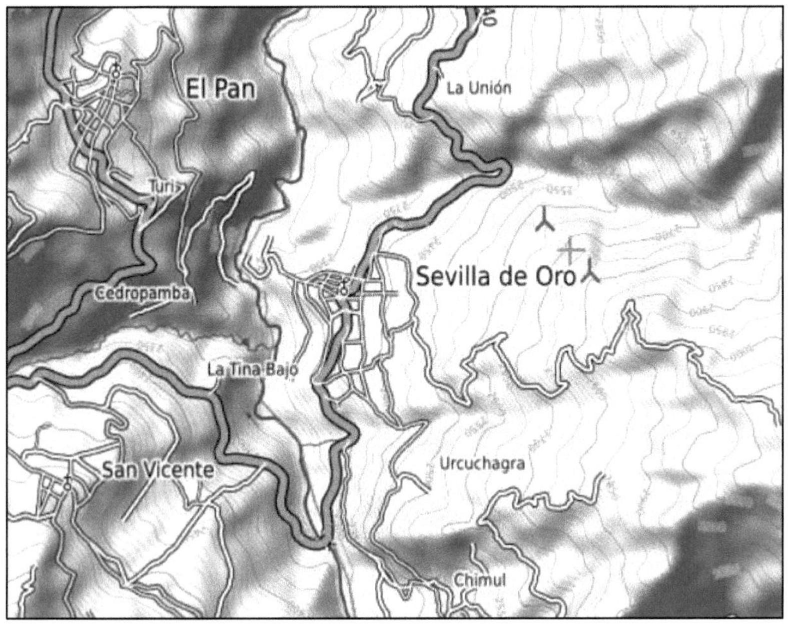

Figura 4.15: Zoom del mapa Orográfica del sector Oropamba en el software windPRO 3.5 (el signo + de la figura representa el centro del emplazamiento).

4.1.4 Selección de los Aerogeneradores

Dentro de la selección de los aerogeneradores, se debe tener en cuenta la norma IEC- 61400-1, que es un estándar aplicado en aerogeneradores con un área de barrido mayor a 40 metros cuadrados y se enfoca en la seguridad del diseño, fabricación, instalación y mantenimiento del sistema eólico. Además, de dictar parámetros de selección de un generador dependiendo del tipo de viento y turbulencia que se determine en el lugar del emplazamiento del parque eólico.

Al elegir un aerogenerador, lo primero que se debe hacer es calcular qué tipo de aerogenerador se requiere de acuerdo a la velocidad del viento en el lugar. La clase de aerogenerador es proporcionada por la norma IEC 61400-1 en función de la velocidad de referencia del sitio, tal y como se muestra en la tabla 3.1. [31]

Tabla 4. 1: Clases de aerogeneradores según Norma IEC 61400-1.
Fuente: Norma IEC 61400-1

Clase de aerogenerador	I	II	III	S
$V_{ref}(m/s)$	50	42.5	37.5	Valores especificados
A $I_{ref}(-)$		0.16		por el diseñador
B $I_{ref}(-)$		0.14		
C $I_{ref}(-)$		0.12		

La velocidad de referencia se calcula a partir de la velocidad media anual:

$$V_{ref} = \frac{Vmedia\ anual}{0.2} \qquad (4.1.4)$$

En la tabla 4.1, los parámetros se refieren a la altura del buje y

V_{ref} es la velocidad media de referencia medida durante 10 min,

A indica la categoría con características de turbulencia superiores,

B indica la categoría con características de turbulencia medias,

C indica la categoría con características de turbulencia inferiores.

I_{ref} es el valor esperado de la intensidad de turbulencia a 15 m/s. [32]

La turbulencia viene dada como el cociente entre la desviación estándar y la velocidad media del viento en el periodo de tiempo en el que se ha realizado cada media, [33] en nuestro caso el periodo de tiempo es cada 60 minutos.

$$I_m = \frac{\sigma}{V_m} \qquad (4.1.5)$$

Donde:

I_m Intensidad de turbulencia en un periodo de tiempo.

V_m Velocidad media en un periodo de tiempo.

σ desviación típica respecto a la velocidad media en dicho periodo de tiempo.

La turbulencia disminuye la posibilidad en un aerogenerador de utilizar la energía del viento de forma efectiva, aunque las variaciones más rápidas serán hasta cierto punto compensadas con la inercia del rotor. También provocan mayores roturas y desgastes en la turbina eólica, por las cargas de fatiga. Por esta razón, los aerogeneradores se diseñan para soportar mayor o menor intensidad de turbulencia y se clasifican en tres grupos como lo indica la siguiente tabla. [33]

Tabla 4. 2: Categorías de turbulencia según Norma IEC 61400-1.
Elaboración: Propia.

Grupo	Categoría del Aerogenerador
A	Para vientos severos o superiores
B	Para vientos intermedios
C	Para vientos medios o Inferiores.

De hecho, la tabla 4.1 solamente indica valores esperados de intensidad de turbulencia a 15 m/s, sin embargo, hay que señalar que la misma norma IEC- 61400-1 provee de una gráfica de intensidad de turbulencia comparándola a diferentes velocidades del viento a la altura del buje (V_{hub}), la cual se muestra a continuación.

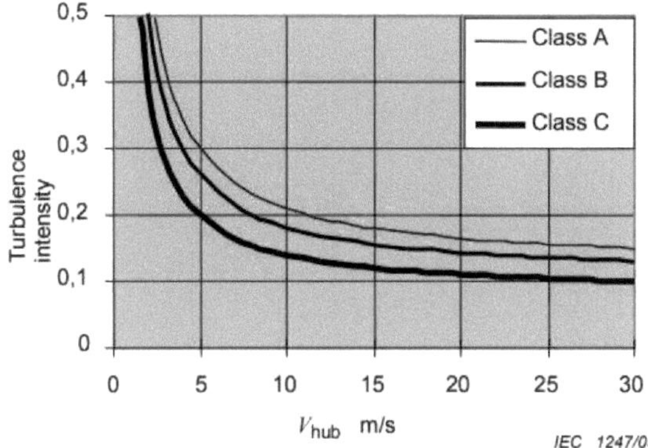

Figura 4.16: Intensidad de turbulencia para el modelo de turbulencia normal (NTM). [32]

La intensidad de turbulencia normalmente se mantiene en el rango de 0.1 a 0.4. En general valores altos de intensidad de turbulencia ocurren con bajas velocidades de viento, pero el límite inferior en un emplazamiento dado dependerá de las características específicas del terreno y las condiciones de superficie en el sitio. [34]

Con lo expuesto anteriormente se llega a la conclusión de que la velocidad media anual a 85 m en Sevilla de Oro, Sector Oropamba se sitúa en 6,47949548m/s, obteniéndose una velocidad de referencia de 32,3974774 m/s. Con esta velocidad de referencia, se elegirán modelos de aerogeneradores de Clase III. Además, la intensidad de turbulencia del lugar es de aproximadamente 0,71215494, entonces se determina que el viento en Sevilla de Oro sector Oropamba se encuentra dentro de la categoría A de turbulencia la cual indica características de turbulencia superiores.

Tabla 4. 3: *Datos de aerogeneradores seleccionados. [Fuente: Propia.]*

Marca del Fabricante	Modelo o Serie	Certificación	Diámetro del Rotor[m]	Área de Barrido de las palas [m^2]	Densidad de Potencia [W/m^2]	Potencia Nominal [MW]
General Electric	GE2.75-120	IEC IIIa.	120	11309.7	243.2	2.75
General Electric	GE 2.5-103	IEC IIIa.	103	8332	300	2.75
NORDEX	N117 Gamma	IEC IIIa.	116.8	10715	224	2.4

A continuación, en las figuras 4.17, 4.18 y 4.19 se indican las curvas de potencia, coeficientes de empuje de los Aerogeneradores descritos en la tabla 4.2. los cuales posteriormente servirán como referencia para ingresar los datos mencionados en el WAsP Turbine Editor, que se los presenta en las figuras 4.20, 4.21 y 4.22.

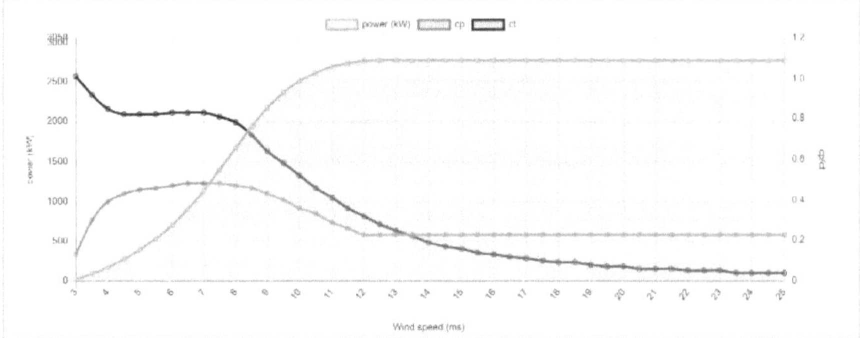

Figura 4.17: Curva de Potencia, coeficiente de empuje del Aerogenerador General Electric Modelo GE 2.75-120. [35] Fuente: **https://en.wind-turbine-models.com/turbines/983-ge-general-electric-ge-2.75-120**

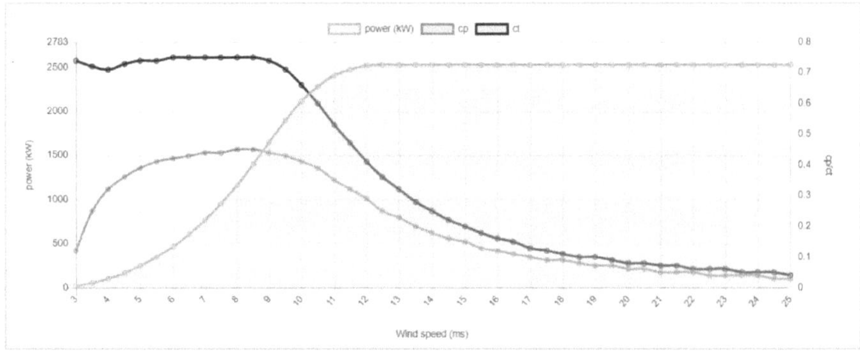

Figura 4.18: Curva de Potencia, coeficiente de empuje del Aerogenerador General Electric Modelo GE 2.5-103. [35] Fuente: **https://en.wind-turbine-models.com/turbines/1293-ge-general-electric-ge-2.5-103**

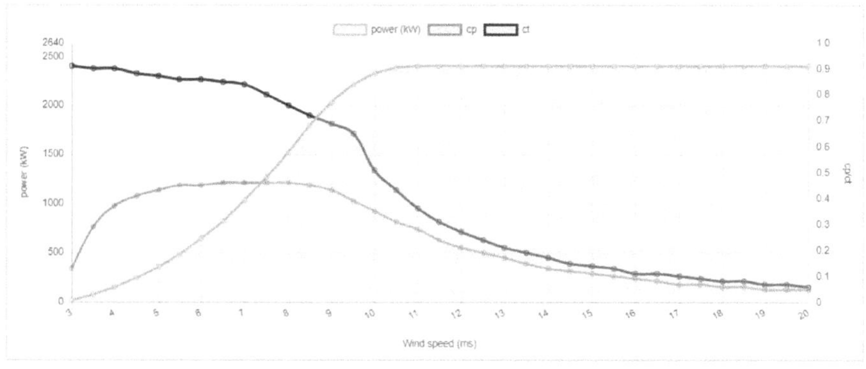

Figura 4.19: Curva de Potencia, coeficiente de empuje del Aerogenerador NORDEX Modelo 117 Gamma. [35] Fuente: **https://en.wind-turbine-models.com/turbines/96-nordex-n117-gamma**

Para elegir el modelo más adecuado, se calculará el rendimiento de cada uno de los aerogeneradores candidatos, asumiendo su operación en la zona de estudio. Con este fin, es preciso conocer cuánta potencia es posible extraer del aerogenerador de acuerdo a los valores de velocidad del viento a la altura del buje. El fabricante proporciona esta información en las ya conocidas curvas de potencia. [29]

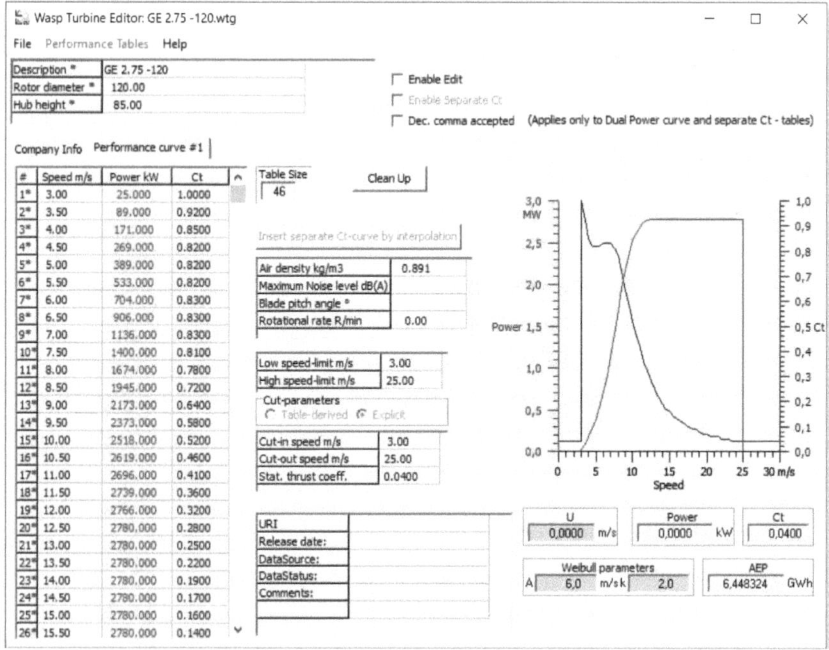

#	Speed m/s	Power kW	Ct
1*	3.00	25.000	1.0000
2*	3.50	89.000	0.9200
3*	4.00	171.000	0.8500
4*	4.50	269.000	0.8200
5*	5.00	389.000	0.8200
6*	5.50	533.000	0.8200
7*	6.00	704.000	0.8300
8*	6.50	906.000	0.8300
9*	7.00	1136.000	0.8300
10*	7.50	1400.000	0.8100
11*	8.00	1674.000	0.7800
12*	8.50	1945.000	0.7200
13*	9.00	2173.000	0.6400
14*	9.50	2373.000	0.5800
15*	10.00	2518.000	0.5200
16*	10.50	2619.000	0.4600
17*	11.00	2696.000	0.4100
18*	11.50	2739.000	0.3600
19*	12.00	2766.000	0.3200
20*	12.50	2780.000	0.2800
21*	13.00	2780.000	0.2500
22*	13.50	2780.000	0.2200
23*	14.00	2780.000	0.1900
24*	14.50	2780.000	0.1700
25*	15.00	2780.000	0.1600
26*	15.50	2780.000	0.1400

Figura 4.20: Datos del Aerogenerador General Electric Modelo GE 2.75-120. Fuente: Propia

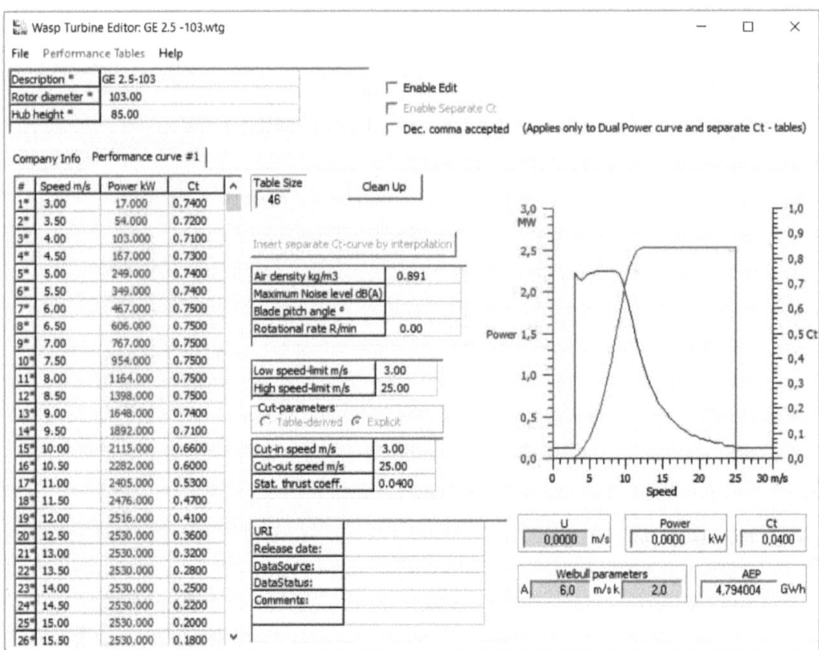

#	Speed m/s	Power kW	Ct
1*	3.00	17.000	0.7400
2*	3.50	54.000	0.7200
3*	4.00	103.000	0.7100
4*	4.50	167.000	0.7300
5*	5.00	249.000	0.7400
6*	5.50	349.000	0.7400
7*	6.00	467.000	0.7500
8*	6.50	606.000	0.7500
9*	7.00	767.000	0.7500
10*	7.50	954.000	0.7500
11*	8.00	1164.000	0.7500
12*	8.50	1398.000	0.7500
13*	9.00	1648.000	0.7400
14*	9.50	1892.000	0.7100
15*	10.00	2115.000	0.6600
16*	10.50	2282.000	0.6000
17*	11.00	2405.000	0.5300
18*	11.50	2476.000	0.4700
19*	12.00	2516.000	0.4100
20*	12.50	2530.000	0.3600
21*	13.00	2530.000	0.3200
22*	13.50	2530.000	0.2800
23*	14.00	2530.000	0.2500
24*	14.50	2530.000	0.2200
25*	15.00	2530.000	0.2000
26*	15.50	2530.000	0.1800

Figura 4.21: Datos del Aerogenerador General Electric Modelo GE 2.5-103. Fuente: Propia

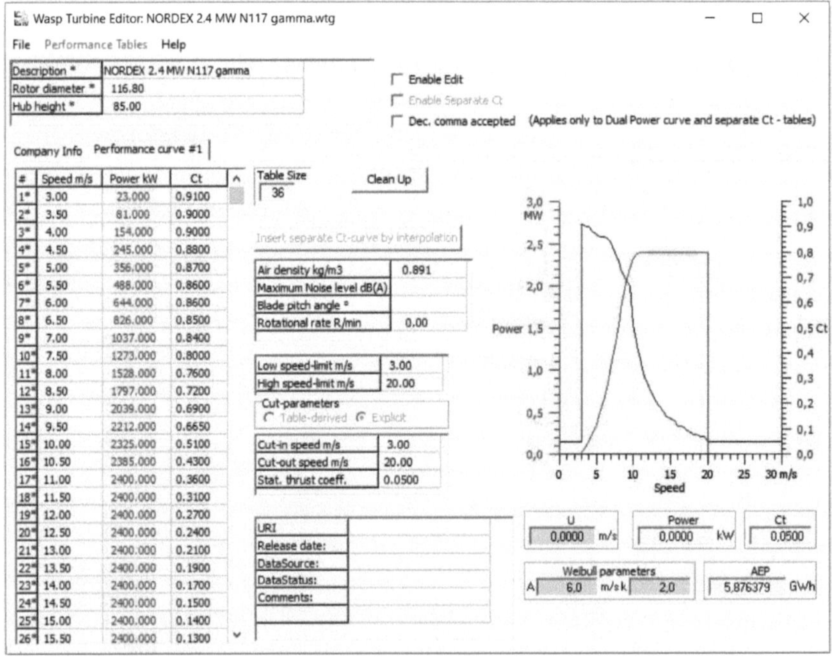

#	Speed m/s	Power kW	Ct
1*	3.00	23.000	0.9100
2*	3.50	81.000	0.9000
3*	4.00	154.000	0.9000
4*	4.50	245.000	0.8800
5*	5.00	356.000	0.8700
6*	5.50	488.000	0.8600
7*	6.00	644.000	0.8600
8*	6.50	826.000	0.8500
9*	7.00	1037.000	0.8400
10*	7.50	1273.000	0.8000
11*	8.00	1528.000	0.7600
12*	8.50	1797.000	0.7200
13*	9.00	2039.000	0.6900
14*	9.50	2212.000	0.6650
15*	10.00	2325.000	0.5100
16*	10.50	2385.000	0.4300
17*	11.00	2400.000	0.3600
18*	11.50	2400.000	0.3100
19*	12.00	2400.000	0.2700
20*	12.50	2400.000	0.2400
21*	13.00	2400.000	0.2100
22*	13.50	2400.000	0.1900
23*	14.00	2400.000	0.1700
24*	14.50	2400.000	0.1500
25*	15.00	2400.000	0.1400
26*	15.50	2400.000	0.1300

Figura 4.22: Datos del Aerogenerador Nordex Modelo N117- Gamma. Fuente: Propia

Una vez que se tenga el fichero .map (mapa orográfico), .tab (análisis de los datos del viento), .wtg (curvas de potencia de los generadores) y las coordenadas, donde posiblemente se emplazara los aerogeneradores, se procede a abrir la herramienta virtual WAsP para de esta manera simular el parque eólico.

Ahora se describirá los pasos a seguir, para crear un diseño y modelo del parque eólico propuesto. Primero se ingresa a WAsP en su versión 9.1 el cual es la versión con la cual se trabajó, entonces se crea un nuevo espacio de trabajo, acto seguido se da clic en File, aparece las opciones y se da clic en New workspace.

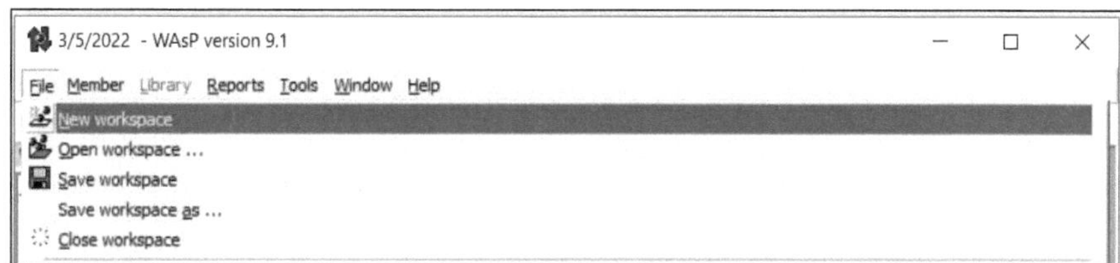

Figura 4.23: Ventana de inicio de WAsP 9.1. Fuente: Propia

Una vez listo este procedimiento aparecerá la siguiente ventana de trabajo.

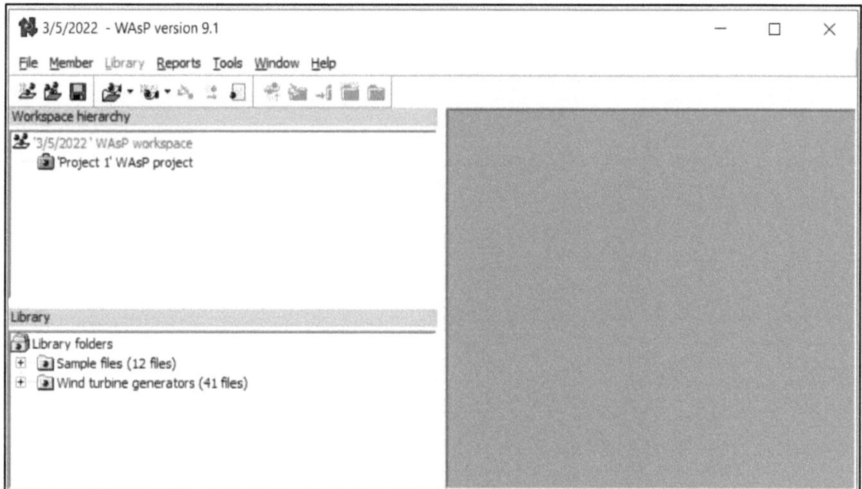

Figura 4.24: Ventana de trabajo de la herramienta WAsP 9.1. Fuente: Propia

Luego, en el icono que se crea (Project1' WAsP), se procede a renombrar el archivo creado, en nuestro caso elegimos un nombre en relación al proyecto, como paso siguiente se da un clic derecho en ese icono y se elige la opción Wind atlas.

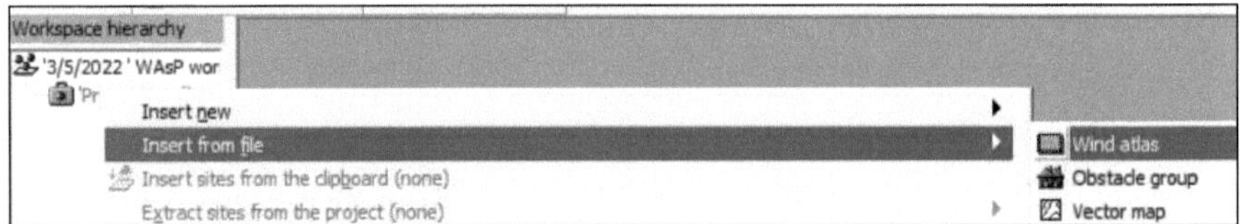

Figura 4.25: Creación de un icono secundario Wind atlas. Fuente: Propia

Una vez que se selecciona lo dicho anteriormente se crea la siguiente ventana.

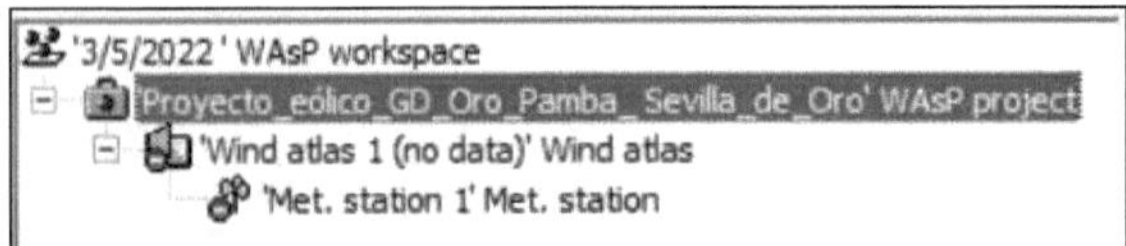

Figura 4.26: Espacio de trabajo una vez creado el Wind atlas. Fuente: Propia.

El siguiente paso es ingresar los datos obtenidos en el análisis de viento que se describieron anteriormente y se ingresara el archivo .tab, para ello se da un clic derecho en el icono Met.station, en Insert from_file y Observed wind climate, una vez seleccionado se ingresa el archivo en formato .tab

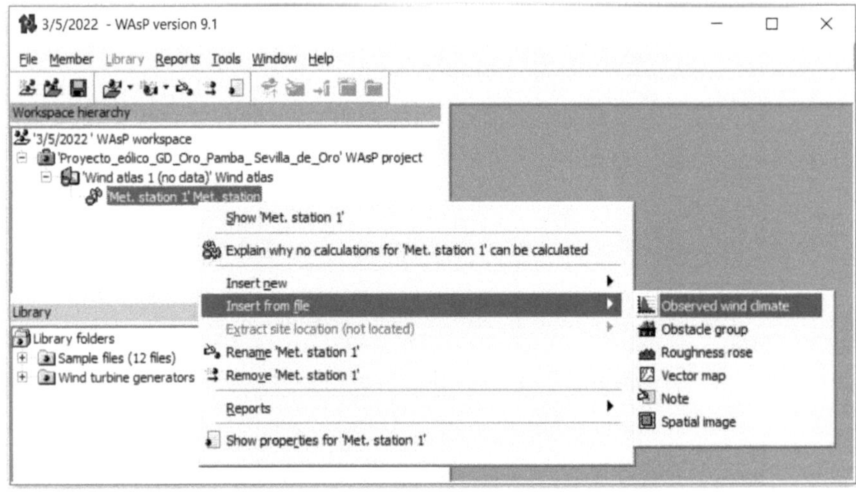

Figura 4.24: Ingreso de datos .tab en el Wind atlas. Fuente: Propia.

Ahora WAsP necesita de un mapa orográfico para poder continuar con el diseño, para ello en el primer icono en Project se da un clic derecho, se escoge la opción Insert from file y elegimos Vector map aquí se carga el fichero en el formato .map que se consiguió crear anteriormente,

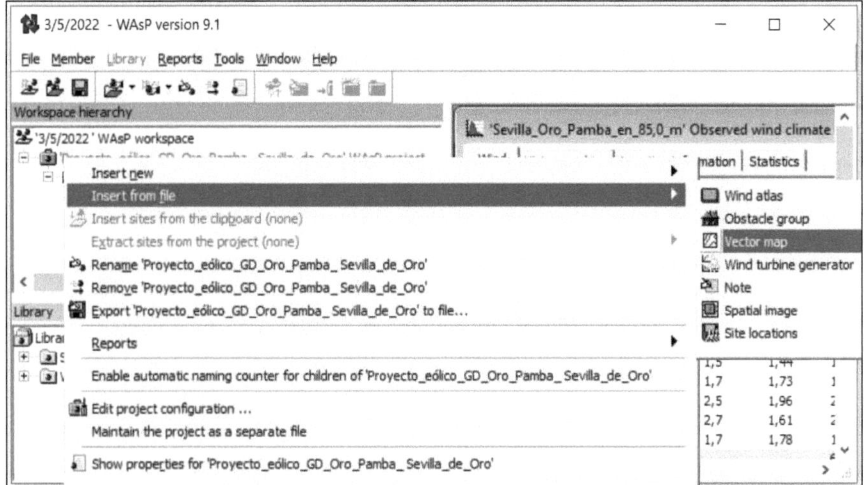

Figura 4.27: Ingreso de datos .map en WAsP 9.1. Fuente: Propia.

A continuación, se debe indicar las coordenadas de la estación meteorológica, en nuestro caso el anemómetro digital Kestrel 5500, entonces se da clic derecho en el icono Met station y en Show 'Met.station 1' se le da clic y aparecerá el siguiente cuadro de dialogo en donde se procede a ingresar las coordenadas de la ubicación del anemómetro.

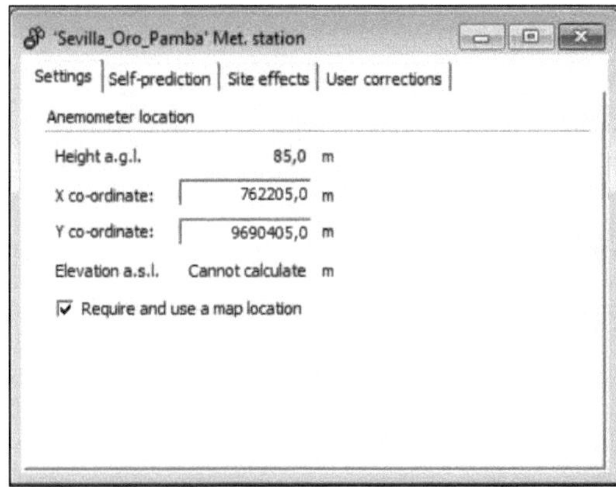

Figura 4.28: Ingreso de las coordenadas de la estación meteorológica en WAsP 9.1. Fuente: Propia.

Una vez que se culmine con éxito estos procedimientos aparecerá de la siguiente forma el espacio de trabajo.

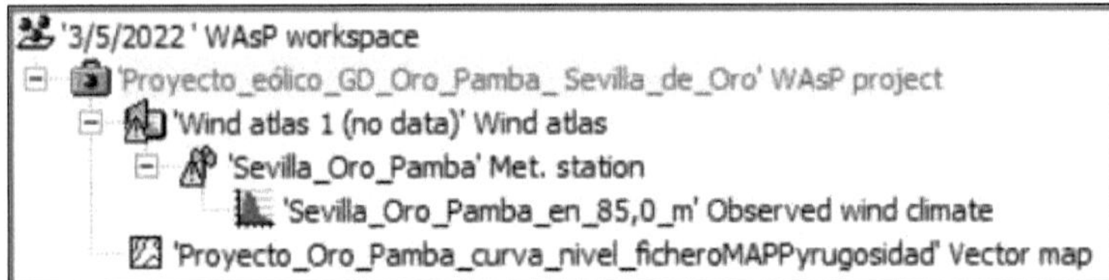

Figura 4.29: Espacio de trabajo una vez ingresado ficheros .tab y .map en WAsP 9.1. Fuente: Propia.

Ahora se tiene que calcular los datos de salida del Wind Atlas entonces esto se le ordena al software, para ello se da clic derecho en Wind atlas y se da clic en el icono de calculate the wind atlas for 'Sevilla_Oro_pamba'. Como se indica a continuación en la figura.

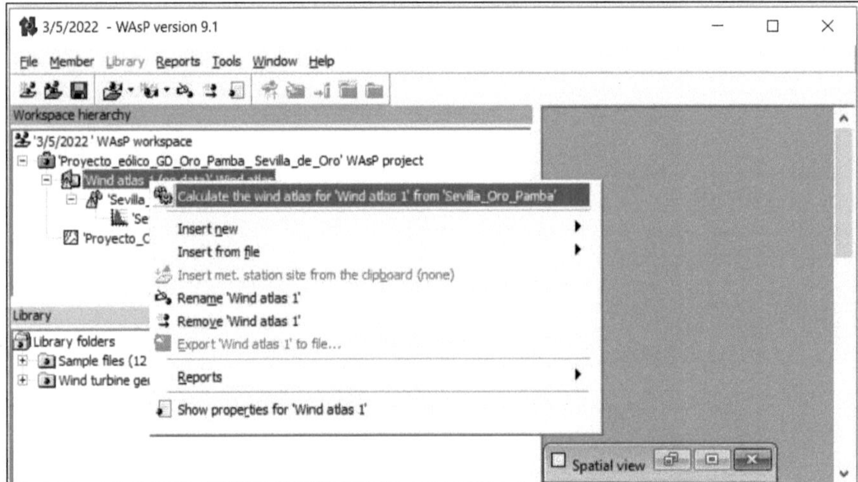

Figura 4.30: Calculo de viento en WAsP 9.1. Fuente: Propia

De los resultados se tienen la siguiente figura.

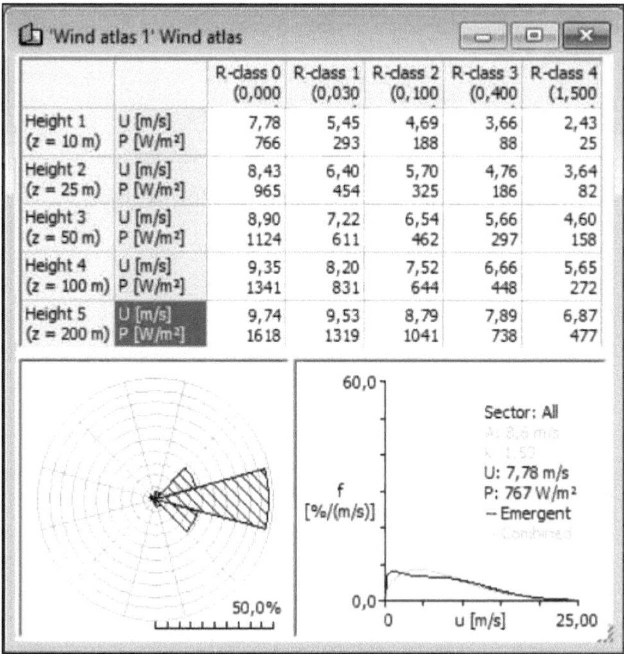

Figura 4.31: Resultados estadísticos de viento del Wind Atlas en WAsP 9.1. Fuente: Propia

Una vez generado los datos en Wind Atlas, se procede a colocar la ubicación de una turbina. Para ello, en el primer icono (Project) se da un clic derecho y desde Insert new, dando clic en Turbine site, se genera un cuadro de dialogo donde se debe de ingresar las coordenadas del sitio. En el lugar donde en primera instancia se ubicará el aerogenerador, entonces digitamos las coordenadas como se muestra en la figura 4.32.

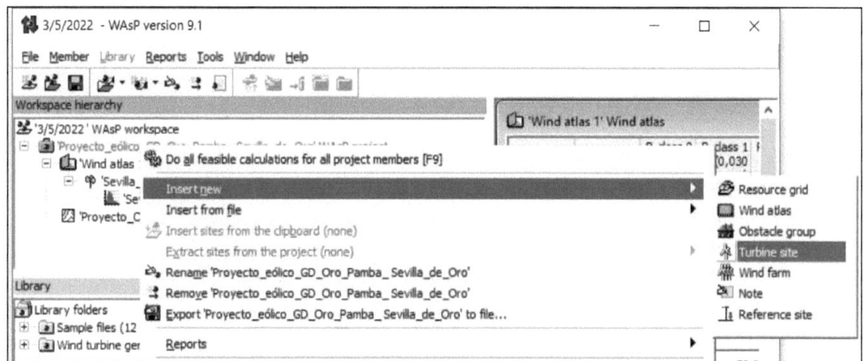

Figura 4.32: Ingreso de coordenadas para emplazar una turbina eólica en WAsP 9.1. Fuente: Propia.

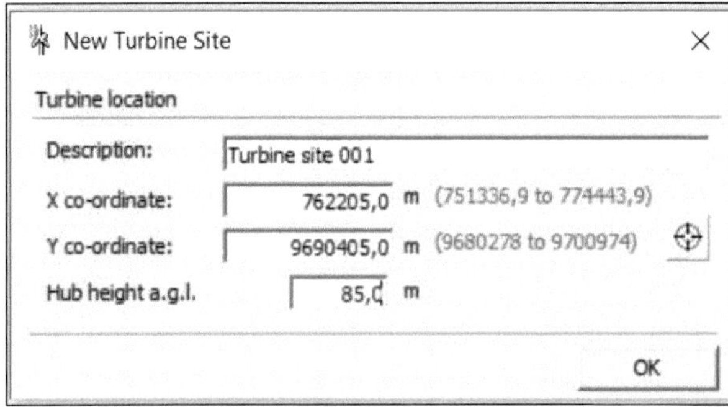

Figura 4.33: Ventana de ingreso de coordenadas para emplazar una turbina eólica en WAsP 9.1. Fuente: Propia

Entonces, creado la turbine site se da un clic derecho en su icono y desde Insert from file se le asigna una curva de potencia de un aerogenerador en el formato .wtg, como se indica a continuación en la figura.

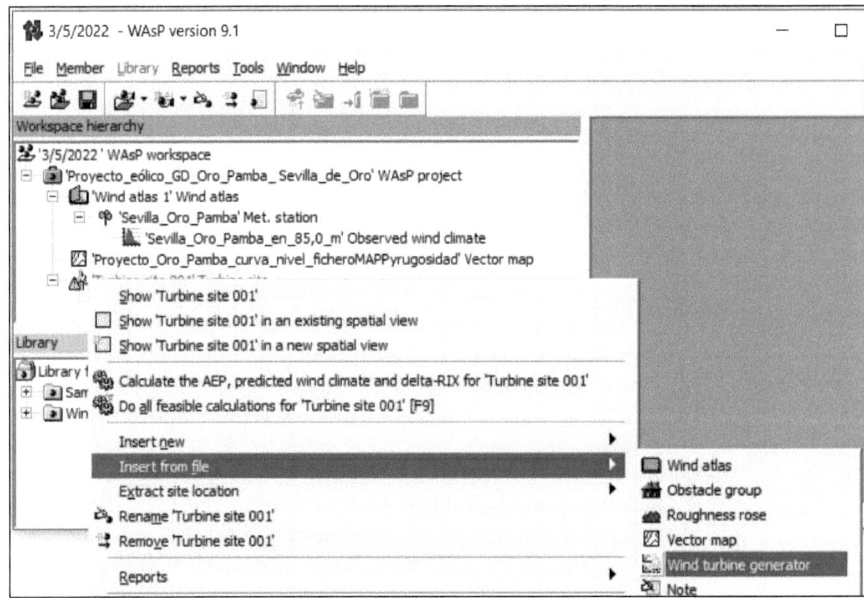

Figura 4.34: Ingreso de la curva de potencia para una turbina eólica en WAsP 9.1. Fuente: Propia.

Una vez ingresada la curva se calcula el potencial de generación del aerogenerador, dando clic derecho en calculate o aplastando la tecla F9. Entonces, nuestra pantalla de trabajo quedara como sigue:

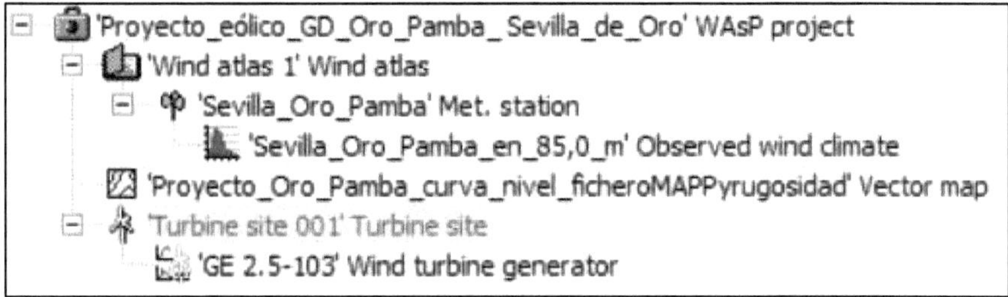

Figura 4.35: Espacio de trabajo una vez ingresados datos de viento, mapa orográfico y curva de potencia WAsP 9.1. Fuente: Propia.

Si se da un clic derecho en Wind turbine generator, se puede apreciar los resultados en una nueva ventana. Aquí se puede seleccionar datos de viento con el que trabajara la turbina y la potencia de salida que es capaz de generar el aerogenerador, esto es lo que se muestra a continuación.

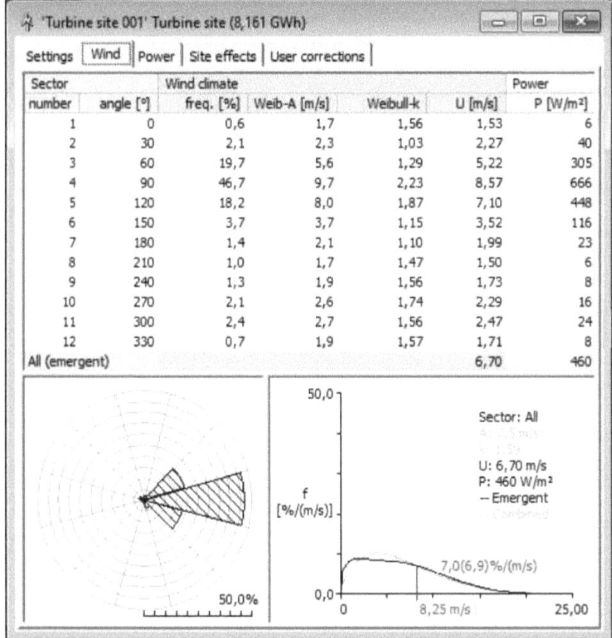

Sector		Wind climate				Power
number	angle [°]	freq. [%]	Weib-A [m/s]	Weibull-k	U [m/s]	P [W/m²]
1	0	0,6	1,7	1,56	1,53	6
2	30	2,1	2,3	1,03	2,27	40
3	60	19,7	5,6	1,29	5,22	305
4	90	46,7	9,7	2,23	8,57	666
5	120	18,2	8,0	1,87	7,10	448
6	150	3,7	3,7	1,15	3,52	116
7	180	1,4	2,1	1,10	1,99	23
8	210	1,0	1,7	1,47	1,50	6
9	240	1,3	1,9	1,56	1,73	8
10	270	2,1	2,6	1,74	2,29	16
11	300	2,4	2,7	1,56	2,47	24
12	330	0,7	1,9	1,57	1,71	8
All (emergent)					6,70	460

Figura 4.36: Resultados estadísticos de viento de la turbina eólica GE 2.5-103 en WAsP 9.1. Fuente: Propia

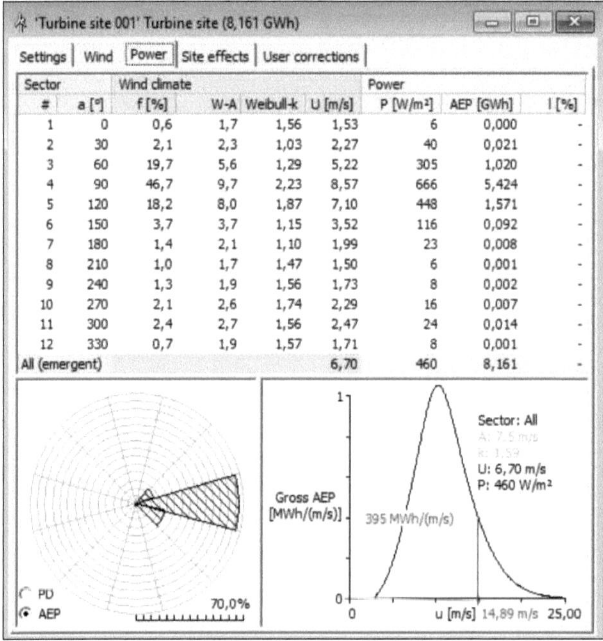

Figura 4.37: Resultados estadísticos de potencia de la turbina eólica GE 2.5-103 en WAsP 9.1.
Fuente: Propia

Para crear el parque eólico en sí o ingresar más aerogeneradores se procede a dar un clic derecho en el primer icono (Project) y desde Insert new se da clic en Wind Farm, luego se ingresa las coordenadas de los sitios donde se emplazarán los aerogeneradores.

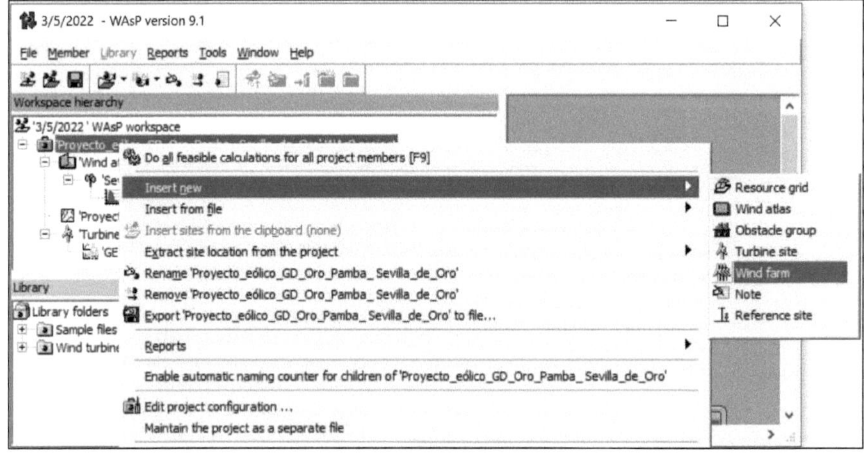

Figura 4.38: Creación de parque eólico en WAsP 9.1. Fuente: Propia.

En consecuencia, se crea el parque aerogenerador, en este caso le denominamos Parque GD Sevilla de Oro, paso siguiente es agregar las ubicaciones de las turbinas y subir la curva de potencia del aerogenerador que se desea proyectar, para que una vez terminado con este proceso se realicen los cálculos correspondientes. Finalmente, se obtiene la siguiente vista del proyecto.

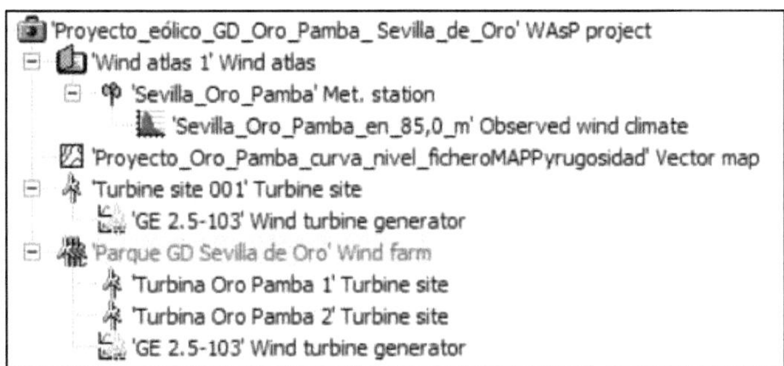

Figura 4.39: Vista del espacio de trabajo del parque eólico en WAsP 9.1. Fuente: Propia.

Una vez que se conoce la potencia que se podría obtener de cada valor de velocidad del viento, se procede a estimar la energía producida por cada aerogenerador. Para ello, la misma herramienta WAsP turbine editor se encarga de calcular la energía anual que produce cada modelo de aerogenerador en el emplazamiento.

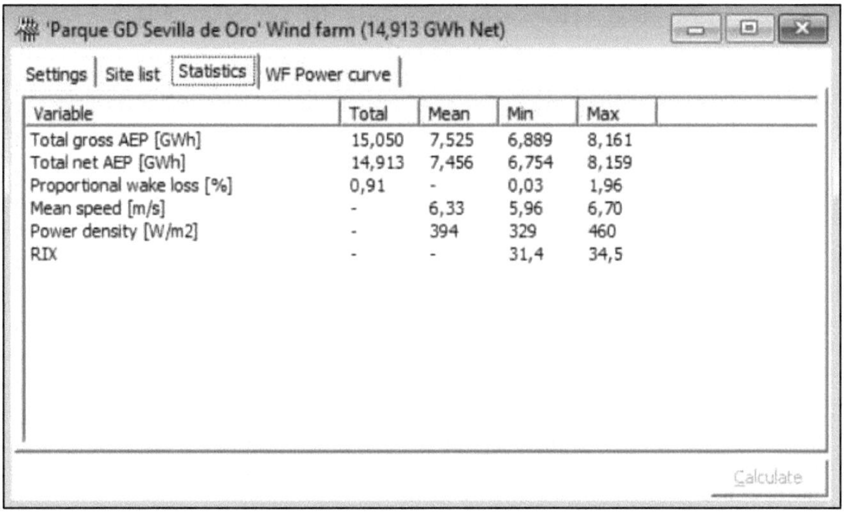

Variable	Total	Mean	Min	Max
Total gross AEP [GWh]	15,050	7,525	6,889	8,161
Total net AEP [GWh]	14,913	7,456	6,754	8,159
Proportional wake loss [%]	0,91	-	0,03	1,96
Mean speed [m/s]	-	6,33	5,96	6,70
Power density [W/m2]	-	394	329	460
RIX	-	-	31,4	34,5

Figura 4.40: Resultados estadísticos de potencia del parque eólico con una turbina eólica GE 2.5-103 en WAsP 9.1. Fuente: Propia

Luego, se calculan las horas equivalentes de funcionamiento de la turbina eólica mediante la fórmula (4.1.6). Este parámetro se define como el cociente entre la producción anual de energía

(AEP, en las figuras correspondientes) del aerogenerador y su potencia nominal. Mientras mayor sea el número de horas equivalentes, mayor es el grado de utilización del aerogenerador. [36]

$$H_{eq} = \frac{E_{turbina}[MWh]}{P_n[MW]} \qquad (4.1.6)$$

Para conocer si la implementación de un aerogenerador es viable o no, es necesario obtener el factor de carga (también llamado factor de planta) por medio de la ecuación 4.1.7 Este factor es un parámetro adimensional que indica la relación entre la energía generada por el aerogenerador en un año y la energía que se habría producido si hubiera estado operando a su potencia nominal durante ese mismo periodo de tiempo. Por lo tanto, cuanto mayor sea el factor de carga, mejor será el rendimiento del aerogenerador. [36]

$$F_C = \frac{H_{eq}}{8760} \qquad (4.1.7)$$

El factor de capacidad es una medida a dimensional entre la potencia promedio generada o energía promedio generada y la potencia nominal de la turbina o energía nominal que produciría la turbina de estar funcionando todo un año a su plena carga. La forma general lo presenta la ecuación 4.1.8 [37]:

$$F_C = \frac{P_{prom}}{P_{nom}} = \frac{E_{prom\ anual}}{E_{nominal\ anual}} \qquad (4.1.8)$$

La forma general para cálculo es [37]:

$$F_C = \left(\frac{1}{v_r^3}\right)\int_{v_c}^{v_r} v^3 * f(v)dv + \int_{v_r}^{v_f} f(v)dv \qquad (4.1.9)$$

Donde:

v_c es la es la velocidad de inicio de giro del aerogenerador;

v_r es la velocidad nominal del aerogenerador;

v_f es la velocidad de desconexión de la turbina; y

$f(v)$ es la función de densidad de Weibull.

En las referencias bibliográficas se encuentran algunas variaciones de la forma general, eso es debido al uso de diferentes formas matemáticas para modelar la curva de potencia ideal del aerogenerador. Algunas variantes se muestran en las siguientes ecuaciones. [37]

$$F_C = \frac{e^{-\left(\frac{v_c}{C}\right)} - e^{-\left(\frac{v_r}{C}\right)^k}}{\left(\frac{v_r}{C}\right)^k - \left(\frac{v_c}{C}\right)^k} - e^{-\left(\frac{v_f}{C}\right)^k} \qquad (4.1.10)$$

Donde k es el factor de forma y C es el factor de escala.

$$F_C = \frac{2*C^2}{v_r^2 - v_c^2} * \left(\frac{\Gamma\left(\frac{2}{k}\right)}{k}\right) * \left(\gamma\left(\left(\frac{v_r}{C}\right)^k,\frac{2}{k}\right) - \gamma\left(\left(\frac{v_c}{C}\right)^k,\frac{2}{k}\right)\right) - e^{-\left(\frac{v_f}{C}\right)^k} \qquad (4.1.11)$$

Como se mostró en las ecuaciones 4.1.10 y 4.1.11 el factor de capacidad está estrechamente ligado con los parámetros de la distribución de Weibull (factor de forma y escala). Por lo cual en su cálculo se ven reflejadas las propiedades energéticas eólicas del lugar; también la relación muestra cómo se afecta el valor del factor de capacidad ante variaciones de los parámetros de Weibull. [37]

Dentro de los parámetros a considerar para la selección de aerogeneradores, el común denominador en varios artículos es el factor de capacidad. Su expresión matemática varía de acuerdo con el polinomio propuesto para el modelado de la curva de potencia. Para modelar la curva de potencia es mejor usar los factores de Weibull que los modelos polinómicos; debido a que considera las características del viento imperante en la zona. Dentro de los indicadores de selección, algunos se enfocan en calcular la velocidad nominal del aerogenerador. Esta debe garantizar el máximo factor de capacidad (indica una buena relación entre la turbina y el lugar), potencia máxima de salida. Para la selección de aerogeneradores convencionales, se debe calcular una serie de parámetros para conocer el comportamiento energético más probable del aerogenerador y que este interactúe de forma eficiente con el lugar (armonía entre los parámetros constructivos del aerogenerador y las características del viento imperante en sitio de estudio). [37]

El modelo para la selección del aerogenerador está basado en realidad en las horas equivalentes de uso de la maquina eólica y que emplea el factor de carga como base de dicha elección, y como se demostró anteriormente que dicho factor se relaciona con las propiedades energéticas eólicas del lugar se tomó como medida de referencia para elegir el generador eólico apropiado de manera que este interactúe de forma eficiente con el lugar. Cabe señalar que se descarta un modelo de selección de una turbina eólica por energía generada al año pues no se encontró referencias bibliográficas que avalen este tipo de criterio para elegir un aerogenerador. Los parámetros previamente detallados en la ecuación 4.1.7 se han calculado en la Tabla 4.4 para la zona de estudio.

Tabla 4.4: Calculo del factor de carga para cada uno de los modelos de aerogenerador seleccionado. [Fuente Propia.]

Marca del Fabricante	Modelo o Serie	Potencia Nominal [MW]	Energía Anual generada [MWh]	Horas Equivalentes H_{eq} [h]	F_C
General Electric	GE 2.75-120	2.75	10012	3640.7272	0.41560814
General Electric	GE 2.5-103	2.5	8161	3264.40	0.37264840
NORDEX	N117 Gamma	2.4	8882	3700.8333	0.42246956

De la tabla anterior, se puede concluir que en términos de factor de carga se tiene un rendimiento de 0,42246956 en el caso del aerogenerador NORDEX de la serie N117 Gamma que es muy bueno y sobresale de los General Electric presentados; ahora, en caso de que se quisiera enfocar únicamente en términos energéticos está claro que la opción sería el aerogenerador de la General Electric de 2.75 MW, pero en términos de rendimiento y eficiencia se optara por el modelo de

NORDEX. Aunque, cabe mencionar que los cálculos aquí propuestos no son exactos, sino aproximaciones válidas para un modelo con enfoque de prefactibilidad y en este caso, se seguirá por el sendero que conduzca a modelos óptimos que maximicen la rentabilidad en términos energéticos. El **ANEXO 5** muestra las especificaciones técnicas del aerogenerador seleccionado.

4.1.5 Emplazamiento de los Aerogeneradores

En esta etapa debe tenerse en cuenta los siguientes criterios:

- Velocidad media del viento
- Viento laminar con el nivel de turbulencias más bajo posible
- Viento con dirección predominante
- Ausencia de calmas duraderas
- Proximidad a las redes de conexión eléctrica

Para el análisis de emplazamiento, se tuvieron en cuenta los parámetros antes mencionados. Para ello, el software WAsP con su herramienta Resource grind permite crear una simulación de las medias del viento en mapa para cada 5 km, de este análisis se desprende el siguiente mapa.

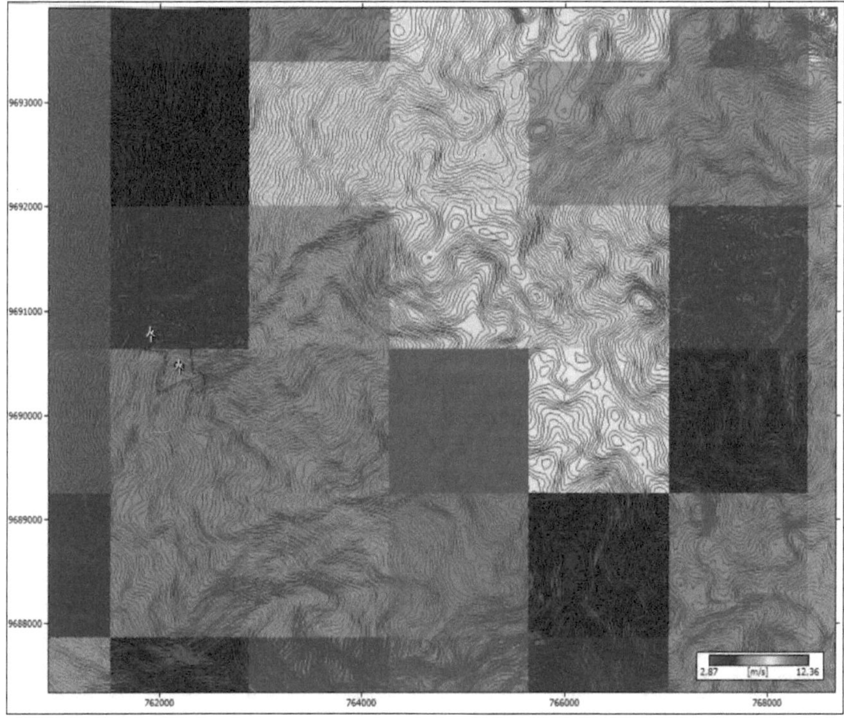

Figura 4.41: Mapa de velocidades del viento con la herramienta Resource Grind de WAsP 9.1, en la zona de influencia del parque eólico Sevilla de Oro, sector Oropamba. Fuente: Propia

Una vez obtenido el mapa de velocidades de viento, se analiza las zonas donde se observa una mayor media de viento: las franjas coloreadas en amarillo, naranja y rojo nos muestran una media alta de viento, verde y azul marino indican una zona medía y azul para una zona muy baja de viento. Según este análisis, se detectaron una zona media de viento, la ZONA 1 (figura 4.42); tres zonas con medias altas de viento, la ZONA 2, 3 y 4 (figura 4.42). Entonces, lo lógico sería emplazar los aerogeneradores en las ZONA 2, 3 y 4 (figura 4.42). Ahora, se debe considerar un detalle y es que estas zonas son consideradas zonas protegidas pertenecientes a la mancomunidad del río Collay, por lo tanto, es imposible pensar en emplazar allí alguno de los aerogeneradores. Además, que se encuentran a una altura considerable, la cual está por encima de los 3300 msnm y podrían verse afectado los aerogeneradores por el factor de densidad atmosférica que estaría en los 0,853 kg/m^3. Otro factor que también jugaría en contra son los posibles niveles de turbulencia altas por los vientos que se puedan generar en esas zonas. Considerando esto se determina más conveniente estudiar la zona 1 para emplazar ahí las turbinas de viento, debido a que también se logró determinar que es una zona con turbulencias muy bajas. De hecho, se determinó anteriormente que era un lugar para emplazar turbinas eólicas de clase C, que cumple la norma IEC 61400 -1 para turbulencias inferiores.

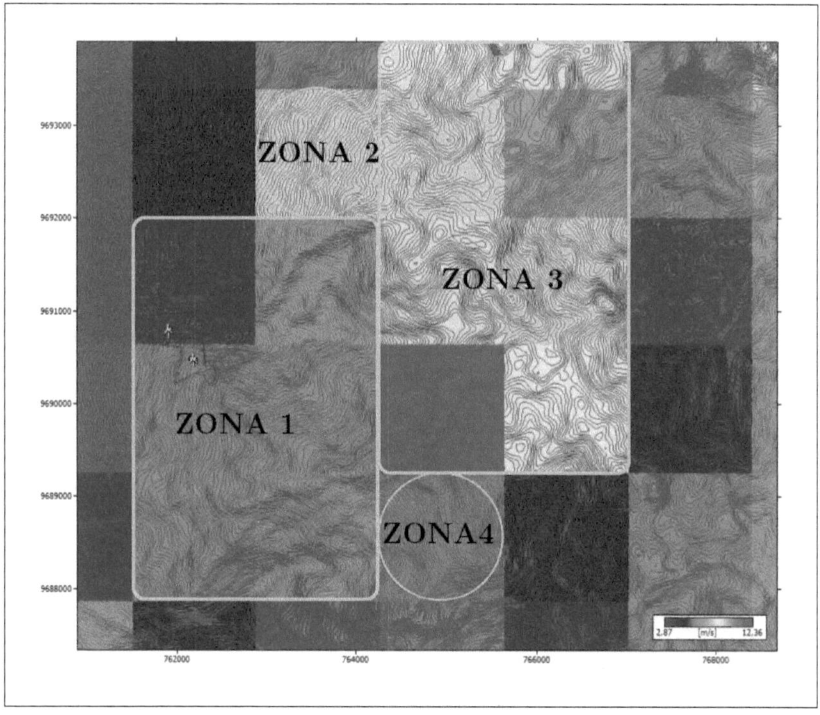

Figura 4.42: Mapa de velocidades del viento con la herramienta Resource Grind de WAsP 9.1, determinación de zonas para emplazar el parque eólico Sevilla de Oro, sector Oropamba. Fuente: Propia

Dado las limitaciones por zonas protegidas y lo antes mencionado, por lo tanto, se decidió estudiar
más a fondo el emplazamiento en la ZONA 1. Cabe mencionar que el software WAsP permite
analizar los niveles de viento por sectores, es decir, cada 30° WAsP prepara una simulación y
genera un mapa de velocidades medias de viento según se le indique, por lo tanto, se buscó la
mejor simulación y se encontró que en 150° se detectó una zona alta de viento en rojo, para el
sector Oropamba. Con esto, se tiene que otro de los factores a considerar es la dirección
predominante del viento la cual según la simulación cumple perfectamente este sector. Ahora, uno
de los factores que pueden significar un pequeño desafío, serían las calmas un tanto duraderas
durante las noches, pero que podría ser compensado por los altos niveles de ausencia de calma que
se tienen en el día, y, dicho sea de paso, no es nada de otro mundo considerar que en las noches
bajen los niveles de velocidad del viento ya que es el sol el generador primario del viento.

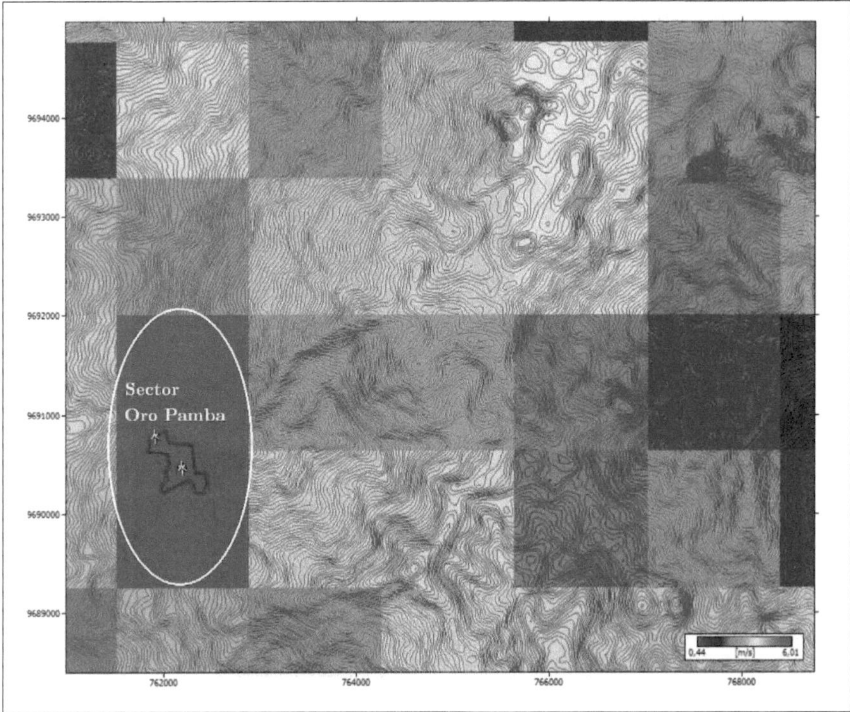

Figura 4.43: Mapa de velocidades del viento a una dirección fija de 30 grados oeste, con la
herramienta Resource Grind de WAsP 9.1, parque eólico Sevilla de Oro, sector Oropamba. Fuente:
Propia

Finalmente, se considera la proximidad de las redes eléctricas, que se van a instalar mediante
generación distribuida. En consecuencia, la distancia del primer aerogenerador a la red eléctrica

más cercana es de 1km en línea recta, mientras que el segundo aerogenerador se encuentra a 400 metros igualmente en línea recta. Con esto se puede establecer que efectivamente el sector de Oropamba perteneciente al catón Sevilla de Oro es un lugar idóneo para instalar los aerogeneradores como se muestra en la siguiente imagen.

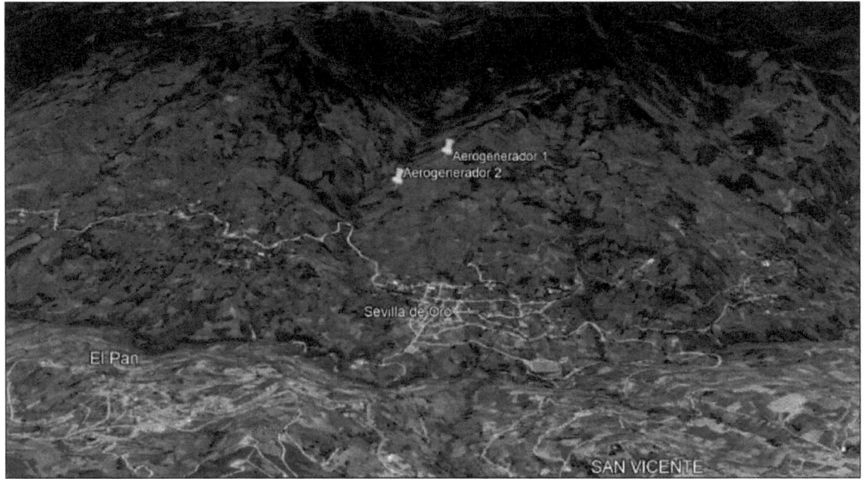

Figura 4.44: Vista de los sitios de emplazamiento de los aerogeneradores propuestos. Fuente: Propia.

4.1.6 Presentación de Resultados de la simulación con el Aerogenerador Nordex N117 Gamma.

Se procede a realizar la simulacion del parque eólico de Sevilla de Oro en el sector de Oropamba con el Aerogenerador Nordex N117 Gamma (figura 4.46), para ello se siguen todos los pasos descritos desde los enunciados 4.1.2 a 4.1.6, que son una guia metodológica que se debe seguir en el programa WAsP 9.1 para finalmente obtener los siguientes resultados que se muestran a continuación en la siguiente figura.

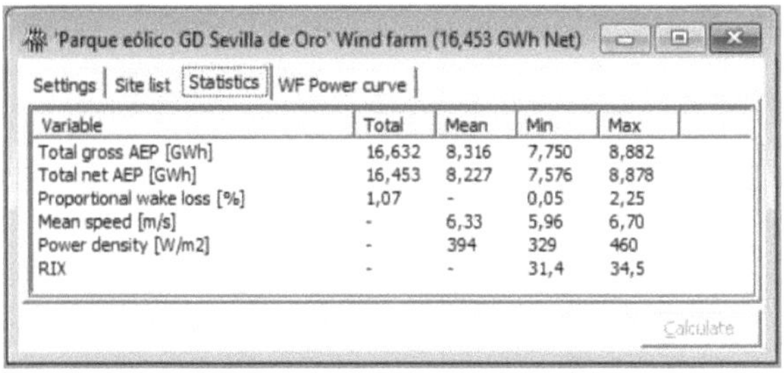

'Parque eólico GD Sevilla de Oro' Wind farm (16,453 GWh Net)

Settings | Site list | Statistics | WF Power curve

Variable	Total	Mean	Min	Max
Total gross AEP [GWh]	16,632	8,316	7,750	8,882
Total net AEP [GWh]	16,453	8,227	7,576	8,878
Proportional wake loss [%]	1,07	-	0,05	2,25
Mean speed [m/s]	-	6,33	5,96	6,70
Power density [W/m2]	-	394	329	460
RIX	-	-	31,4	34,5

Figura 4.45: Resultados estadísticos del parque eólico con el aerogenerador Nordex NN117 Gamma, en WAsP 9.1. Fuente: Propia.

Del análisis de la figura 4.45, se observa que se tiene un total de pérdidas de 1,07% en total con un máximo de 2,25% y mínimo de 0,05% de pérdidas estimadas, también se tiene una velocidad media de 6,33 m/s, una densidad media de potencia de 394 W/m^2 y que la generación neta del aerogenerador Nordex N117 Gamma es de 16,453 GWh. A continuación, se presenta la tabla de resumen por ubicación de los aerogeneradores propuestos. Teniendo en cuenta, que el Aerogenerador 1 y 2 son los que se mostraron en la figura 4.44. y haciendo notar que el aerogenerador 1 es el que menor pérdidas de potencia de salida genera.

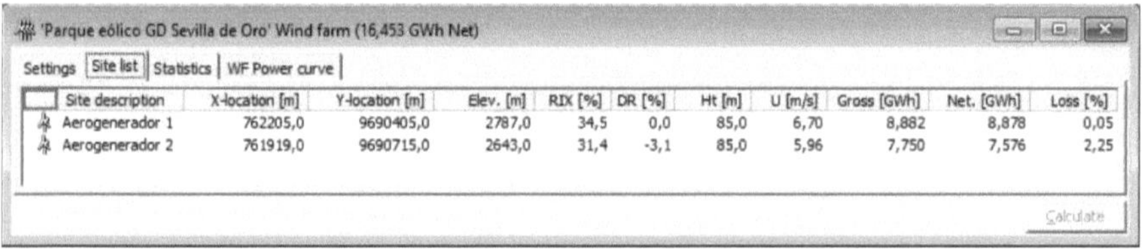

'Parque eólico GD Sevilla de Oro' Wind farm (16,453 GWh Net)

Settings | Site list | Statistics | WF Power curve

Site description	X-location [m]	Y-location [m]	Elev. [m]	RIX [%]	DR [%]	Ht [m]	U [m/s]	Gross [GWh]	Net. [GWh]	Loss [%]
Aerogenerador 1	762205,0	9690405,0	2787,0	34,5	0,0	85,0	6,70	8,882	8,878	0,05
Aerogenerador 2	761919,0	9690715,0	2643,0	31,4	-3,1	85,0	5,96	7,750	7,576	2,25

Calculate

Figura 4.46: Resultados estadísticos del parque eólico con el aerogenerador Nordex NN117 Gamma por sitio o ubicación, en WAsP 9.1. Fuente: Propia.

Figura 4.47: Aerogenerador Nordex N117 Gamma.

En el **ANEXO 5** se presenta la tablas de data sheet, caracteristicas técnicas de la turbina eólica Nordex N117 Gamma que fue la elegida para el diseño preliminar del parque eólico. Además, la figura 4.48 muestra a los aerogeneradores emplazados en el sitio seleccionado.

Figura 4.48: Vista de los aerogeneradores propuestos en el emplazamiento seleccionado. Fuente: Propia.

4.2 Infraestructura eléctrica básica

La finalidad de la generación de energía eléctrica es entregarla en óptimas condiciones a un consumidor final. Esto, se logra a través del sistema eléctrico, es por ello que en esta sección se describe básicamente la instalación eléctrica de bajo voltaje, red de medio voltaje, la toma a tierra correspondiente, la subestación eléctrica y conexión de la red de generación distribuida del parque. A continuación, en las siguientes figuras se indica la vista en campo de la infraestructura eléctrica básica y el diagrama de conexión del parque eólico.

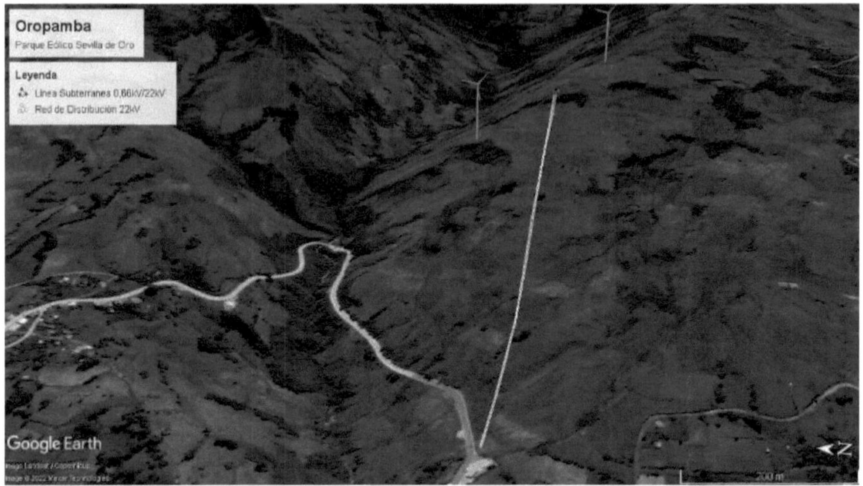

Figura 4.49: Vista en campo (Google Earth) de la infraestructura eléctrica básica parque eólico en Oropamba cantón Sevilla de Oro. Fuente: Propia.

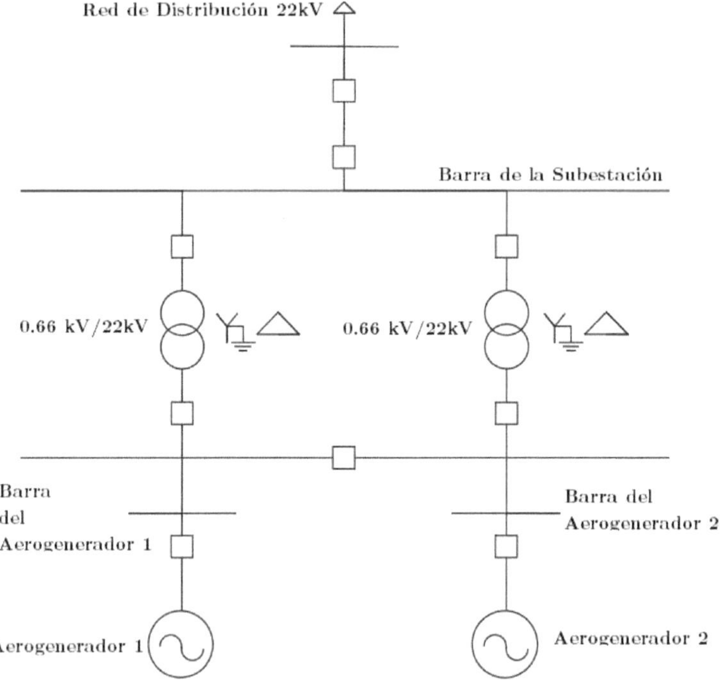

Figura 4.50: Diagrama de la infraestructura eléctrica básica parque eólico en Oropamba cantón Sevilla de Oro. Elaboración: Propia.

El tipo de diseño y trazado depende principalmente de la potencia de la instalación, número y localización de los aerogeneradores instalados, características de la red en el punto de entronque y distancia hacia el mismo. Hoy en día, con aerogeneradores de 500 kW a varios MW la configuración utilizada es la conexión en MT de aerogeneradores entre sí, por lo que cada uno de ellos debe contar con su centro de transformación. [33]

Diferenciamos en la instalación los siguientes elementos:

1. Instalación eléctrica de BT de cada aerogenerador.

2. Centro de transformación.

3. Red subterránea de MT. [33]

4.2.1 Instalación eléctrica de Baja Tensión de cada generador.

En la red de BT de un aerogenerador se pueden distinguir 2 tipos de circuitos según la función que realizan:

Circuitos de generación o de potencia que tienen por objeto conectar la salida del generador con el centro de transformación y que constan de los siguientes elementos principales:

- Equipo de generación: incluye el generador asíncrono con "optispeed" y su equipo de regulación en caso de que exista.
- Cableado hasta el centro de transformación.
- Elementos de maniobra y protección: contadores para la conexión de motores eléctricos; interruptores automáticos y/o fusibles para protección contra sobreintensidades; descargadores para protección contra sobretensiones.
- Dispositivos a MT, Intensidad, Potencia, y frecuencia.
- Equipos de compensación de potencia reactiva (necesarios o no dependiendo de la tecnología de aerogenerador).
- Circuitos de control (comunicaciones) y servicios auxiliares.
- Circuitos de alimentación a los quipos de regulación y control.
- Alimentación de motores auxiliares (motores de orientación de la góndola) y de la unidad hidráulica (frenado de góndola y rotor).
- Líneas de alumbrado y potencia para herramientas de góndola y torre.
- Elementos de maniobra y protección de los circuitos de control y auxiliares. [33]

El transformador es el que eleva la tensión habitualmente de 0.66kV a 22 kV teniendo en cuenta las características del parque. Por lo tanto, se requiere de un transformador que eleve el nivel de voltaje de 0.66kV a 22 kV.

4.2.1.1 Instalación eléctrica de BT para el generador **NORDEX N117 GAMMA.**

De acuerdo con la capacidad nominal de 2.4 MW de las turbinas Nordex N117 Gamma y considerando un factor de potencia nominal de 0.98, debido a que se tiene un sistema de compensación de energía reactiva por cada turbina, la corriente nominal de cada aerogenerador viene dada por la siguiente fórmula:

$$I_n = \frac{P_n}{\sqrt{3} \cdot V_n \cdot f_p} \qquad (4.2.1)$$

Donde:

P_n: Potencia nominal de la turbina, [W]

V_n: Voltaje nominal, [V]

f_p: Factor de potencia

Para P_n = 2.4MW, V = 22KV y f_p = 0.98, la corriente nominal de cada turbina es de 128,538 Amperios.

En la tabla 4.4 se muestra la intensidad nominal generada por circuito.

Considerando el criterio de intensidad nominal se ha decidido usar conductores EXZHELLENT DSNA- AEROGENERADORES 12/20 (24) kV con núcleo de cobre clase 5 recubierto con una capa semiconductora. Montado con relleno central extruido, diseñados para ir enterrados con o sin entubación, como se muestra en la figura 4.43. [38]

Tabla 4. 5: Intensidad nominal generada por circuito [Fuente: Propia]

Circuito	N° de Aerogeneradores	$P_n(MW)$	$V_n(KV)$	f_p	$I_n(A)$
I	2	4,8	22	0.98	128,538

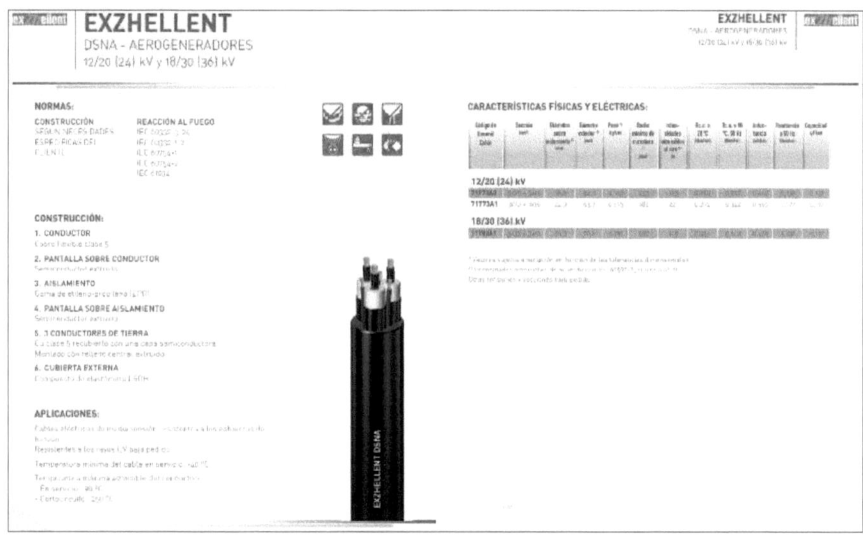

Figura 4. 51: Datos técnicos cable EXZHELLENT DSNA- AEROGENERADORES 12/20 (24) kV. Fuente: General Cable

Para interconectar los generadores se propone una red de media tensión de 22 kV. Según se observa en la tabla 4.5 para pequeños parques eólicos la potencia transmisible que va desde 2 a 5 MW, se usa un sistema de media tensión que va conectada a un alimentador de la red. [39]

Tabla 4.6: *Potencia transmisible y conexión de aerogeneradores a diferentes niveles de la red eléctrica.* [39]

Sistema de Tensión	Tamaño del aerogenerador o parque eólico	Potencia transmisible
Sistema de baja tensión	Para aerogeneradores pequeños y medianos	hasta 300kW
Alimentador del sistema de media tensión.	Para aerogeneradores medianos y grandes y pequeños parques eólicos	hasta 2 - 5MW
Sistema de media tensión, en subestación de transformación a alta tensión	Para parques eólicos terrestres medianos y grandes	hasta 10-40MW
Sistema de alta tensión	Grupos de grandes parques eólicos terrestres	hasta 100 MW
Sistema de extra alta tensión	Grandes parques eólicos marinos	Mayores a0,5 GW

4.2.2 Sistema de puesta a tierra

El objetivo de una instalación de puesta a tierra es limitar la tensión que, con respecto a tierra, pueden presentar las masas metálicas como consecuencia de corrientes de falta o sobretensiones de maniobra y atmosféricas. En el caso de parques eólicos, existe un riesgo muy elevado de descargas atmosféricas directas. Por este motivo es esencial que, además de captar y derivar la corriente de rayo, la instalación de puesta a tierra ofrezca un camino de baja impedancia a esta corriente. Se diseña una red de tierras independiente para cada aerogenerador, con cable de $1x50mm2$ desnudo. Cada aerogenerador se considera como un centro de transformación y para el cálculo de su puesta a tierra se procederá según el Método UNESA. [40]

El sistema de tierras está formado por:

• Puesta a tierra del aerogenerador: En la cimentación de cada aerogenerador se dispondrá una red de tierras con cable de cobre desnudo diámetro 50 mm2 situado a una profundidad de 0,8 metros que unirá 2 picas de 2 metros de longitud separadas 3 metros entre ellas, a la que se conectará la armadura de la zapata [40]. En este caso se buscará que la resistencia de puesta a tierra sea 10 Ω como máximo.

• Conexión de las puestas a tierra de los aerogeneradores: Red general de cable de cobre desnudo de 50 $mm2$ de sección que une las redes de tierra de todos los aerogeneradores de un circuito. Además, la pantalla del cable de media tensión que une dos aerogeneradores, se conecta en sus extremos a la instalación de puesta a tierra de cada uno de ellos, con lo que se dispone de una sección equivalente a tres veces la sección de cada pantalla. En el centro de seccionamiento se realiza la puesta común a tierra uniendo las tierras de ambos circuitos. [40]

La resistencia de puesta a tierra de toda la infraestructura eléctrica deberá basarse en los valores máximos estipulados en la tabla 4.7.

Tabla 4.7: Valores de resistencia de puesta a tierra adoptados de las normas técnicas IEC 60364-4-442, ANSI / IEEE 80, NTC 2050 y NTC 4552. [41]

APLICACIÓN	VALORES MÁXIMOS DE RESISTENCIA DE PUESTA A TIERRA
Estructuras y torrecillas metálicas de líneas o redes con cable de guarda	20 Ω
Subestaciones de alta y extra alta tensión	1 Ω
Subestaciones de media tensión	10 Ω
Protección contra rayos	10 Ω
Punto neutro de acometida en baja tensión	10 Ω
Redes para equipos electrónicos o sensibles	10 Ω

Previo a la conexión a la red general de tierras, se deben realizar mediciones de las tensiones de paso y de contacto en los aerogeneradores y, en caso de obtener valores por encima de lo permitido, se deben colocar electrodos o picas de cobre. Las conexiones de los distintos elementos a la instalación de puesta a tierra se deben realizar en una de las placas situadas en la parte inferior de la torre. Estas placas están conectadas entre sí y con la instalación de puesta a tierra del aerogenerador. [29]

4.2.3 Subestación

La subestación eléctrica se encargará de evacuar y regular la tensión en el parque eólico, para su posterior comercialización a la empresa eléctrica Centro Sur la cual es la distribuidora de electricidad de la zona austral y por ende de Sevilla de Oro. Para ello se describirá a continuación la mejor ubicación de esa subestación.

Esta ubicación será teórica. Se colocará la subestación en el centro de cargas de la instalación, que será el lugar óptimo para reducir las pérdidas de energía a través de la red de media tensión. [29]

El centro de cargas se calcula a través de las siguientes fórmulas:

$$SE(X) = \frac{\sum_{i=1}^{n} L_{xi} \cdot P_i}{P_{Total}} \qquad (4.2.2)$$

$$SE(Y) = \frac{\sum_{i=1}^{n} L_{yi} \cdot P_i}{P_{Total}} \qquad (4.2.3)$$

Donde:

n: Es el número de turbinas

L_{xi}: Distancia de cada turbina con respecto a la turbina de referencia en el eje x.

L_{yi}: Distancia de cada turbina con respecto a la turbina de referencia en el eje y.

P_i: Potencia de cada turbina

P_{Total}: Potencia total del parque eólico.

Con las fórmulas 4.2.2 y 4.2.3 se calcularán las coordenadas x e y de la subestación. Es importante tomar como referencia una turbina, la cual será puesta en la posición (0.0) y se medirán las distancias relativas horizontales (x e y) a la misma. Así, una vez determinadas las distancias de cada uno de los aerogeneradores incluido al de referencia, se realizará para cada coordenada una sumatoria de distancia por potencia de la turbina en cuestión, dividida por la potencia total del parque. [42]

Es importante recordar que las coordenadas de cada aerogenerador son proporcionadas por WAsP. Observemos la distribución de cada uno de ellos y el análisis de la ubicación de la subestación. Tomando la turbina número 1 como referencia. [29]

Aerogenerador	Posición x [m]	Lxi	(Lxi)*Pi	Posición Y [m]	Lyi	(Lyi)*Pi
1	762205	0	0	9690405	0	0
2	761919	-286	-572	9690715	310	620

De esta manera, las columnas L_x y L_y de la Tabla 4.6 muestran cada uno de los elementos que conformarían la suma del numerador de la fórmula anteriormente vista, multiplicada por 2, que es la potencia de cada uno de los aerogeneradores. [29]

Dividiendo los valores totales que se han encontrado en el aerogenerador 2 de la tabla 4.6 y dividiendo para la potencia nominal de 4.8 MW del parque eólico de Sevilla de Oro, se tiene las coordenadas relativas de la subestación:

$$SE(X) = \frac{-286}{4,8} = -119,1667 \quad ; \quad SE(Y) = \frac{310}{4,8} = 129,1667 \quad (4.5)$$

Para obtener las coordenadas UTM de la subestación se suma los valores x e y obtenidos en (4.6) con las respectivas coordenadas UTM x e y de la turbina de referencia, es decir la turbina 1. [29]

Finalmente, la posición de la subestación eléctrica se indica en la tabla 4.7.

Tabla 4. 9: *Posición final de la subestación eléctrica del parque eólico. [Fuente: Propia]*

	X(m)	Y(m)
SE	762085,833	9690534,17

Figura 4.52: Vista en campo (Google Earth) de la conexión de la subestación con los aerogeneradores del parque eólico en Oropamba cantón Sevilla de Oro. Fuente: Propia.

4.2.4 Conexión del parque eólico a la red eléctrica de la empresa eléctrica por medio de generación distribuida.

En este caso en particular la generación distribuida se refiere al hecho de que los aerogeneradores se conectan al sistema de distribución por medio de la subestación. Luego, al alimentador de la empresa de servicios públicos por medio de la red de media tensión. Por ende, en el país existe una normativa que regula la interconexión del parque generador con las líneas de distribución, que están establecidas en la RESOLUCIÓN Nro. ARCERNNR-014/21 de la REGULACIÓN Nro. ARCERNNR-002/21 en su apartado 3 "Condiciones previas a la instalación y operación de CGDS" en su Artículo 9: "Procedimiento para obtener la factibilidad de conexión" [21].

El **ANEXO 6** muestra el articulo 9 aquí citado y las hojas de solicitud que deben presentarse a la empresa distribuidora que corresponda.

El paso final de este capítulo, por ende, es determinar el punto de la red eléctrica donde se propone conectar a la futura central de generación distribuida. Para ello, se ha recurrido al Geovisor Público de la CentroSur, que se encuentra disponible en línea; dicho esto, se encontró que un punto aceptable de conexión entre subestación y red, puede darse en la línea de media tensión de 22kV que se conecta al alimentador 1223, en el punto donde está ubicado el transformador 161. Como se indica en la siguiente imagen.

Figura 4. 53: Punto de conexión de la red eléctrica donde se propone conectar a la futura central de generación distribuida Sevilla de Oro. Fuente: CentroSur.

En retrospectiva, un análisis general de las redes de distribución se concluyó que de la red de media tensión, existen 3 alimentadores que abastecen al cantón Sevilla de Oro los numerados con 1223, 1222 y 2212:

- El alimentador 1223 abastece a los cantones Sevilla de Oro (toda la parroquia Sevilla de Oro y parte de la parroquia Palmas), el Pan y Guachapala y parte del Cantón Paute en la parroquia de Chicán.

- El alimentador 1222 en cambio abastece de energía al cantón Sevilla de Oro desde la comunidad de Chalacay y Osuyacu las cuales estás ubicadas en la parroquia Palmas hasta la comunidad de Guarumales ubicada en la parroquia Amaluza y también se encontró que este alimentador provee de electricidad a las parroquias Guarainag, Tomebamba, Dug Dug, perteneciente al cantón Paute.

- El alimentador 2212 abastece de electricidad desde Guarumales e inclusive al cantón Méndez ubicado en la provincia de Morona Santiago.

Cabe resaltar que el análisis aquí planteado no tiene como objetivo la determinación de pérdidas y simulaciones de flujos de carga en estos alimentadores, sin embargo, se deja una puerta abierta para que los futuros investigadores puedan realizar las corridas de flujos de potencia y pérdidas con información que se la puede solicitar a la CentroSur, sean los Equivalente Thévenin del segmento de la red en los que tendrá incidencia la central, e inclusive los listado de CGDs y SGDAs que se encuentran operando, conectadas al segmento de la red de distribución en el que tendrá incidencia la nueva central y la información aquí contenida en este estudio de prefactibilidad preliminar.

5. Análisis económico preliminar del parque eólico.

En el capítulo cinco se realizará el análisis preliminar de costo-beneficio, valor actual neto (VAN) y la tasa interna de retorno (TIR) de la implementación de los sistemas de generación eólicos propuestos.

5.1 Análisis de costos

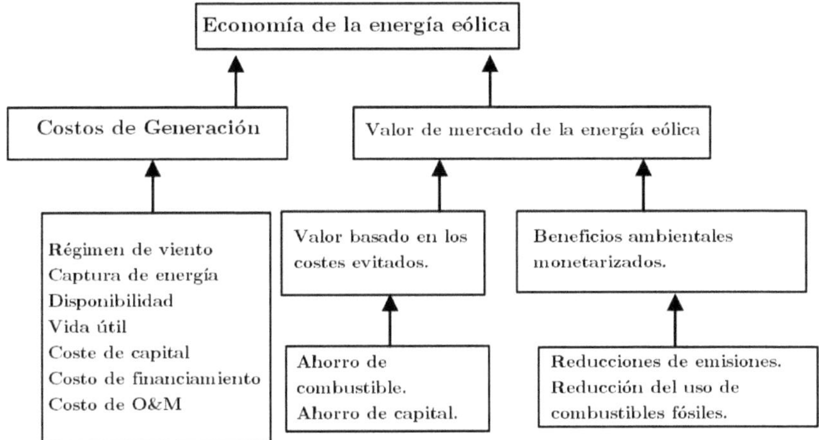

Figura 5.1: Componentes económicos de la energía eólica. [43]

Del diagrama anterior se partirá desde el análisis de los conceptos generales que parte de la visión económica de la energía eólica, dicho esto se definen los siguientes conceptos:

Disponibilidad

La disponibilidad es la fracción del tiempo que el aerogenerador es capaz de generar electricidad. Los momentos en que un aerogenerador no está disponible incluyen el tiempo de inactividad para mantenimiento periódico o reparaciones no programadas. Los números confiables para la disponibilidad pueden determinarse solo si se dispone de datos para una gran cantidad de turbinas durante un período de operación de muchos años. Los datos indican que la disponibilidad ahora es del orden del 97-99% (EWEA, 2004). [43]

Vida útil del sistema

Es una práctica común equiparar la vida útil de diseño con la vida útil económica de un sistema de energía eólica. En Europa, a menudo se asume un período de 20 años para la evaluación económica de los sistemas de energía eólica (WEC, 1993). Esto sigue las recomendaciones de la Danish Wind Industry Association (2006), que establece que una vida útil de diseño de 20 años es un compromiso económico útil que se utiliza para guiar a los ingenieros que desarrollan componentes para turbinas eólicas. [43]

Tras las mejoras en el diseño de las turbinas eólicas, se utilizó una vida útil de 30 años para estudios económicos detallados en EE. UU. (DOE/EPRI, 1997). Esta suposición requiere que se realice un mantenimiento anual adecuado en las turbinas eólicas y que se realicen revisiones de mantenimiento mayor cada diez años para reemplazar las piezas clave. [43]

Específicamente, doce fuentes citaron 30 años, tres citaron 25-30 años (un promedio de 29.6 años en la Figura 5.2), tres citaron 25 años, una citó 35 años y otra citó 40 años. Ninguno de los encuestados utiliza un supuesto de vida del proyecto de 20 años; varios de los encuestados también señalaron que no conocen a otros en la industria eólica que sigan utilizando una suposición de 20 años. Las expectativas para la vida útil de los proyectos eólicos varían según la fuente, pero han aumentado constantemente con el tiempo, desde un valor típico de 20 años a principios de la década de 2000 y antes, a 25 años a mediados de la década de 2010 y luego a 30 años. más recientemente. El promedio entre los encuestados para 2019 es de 29,6 años. [44]

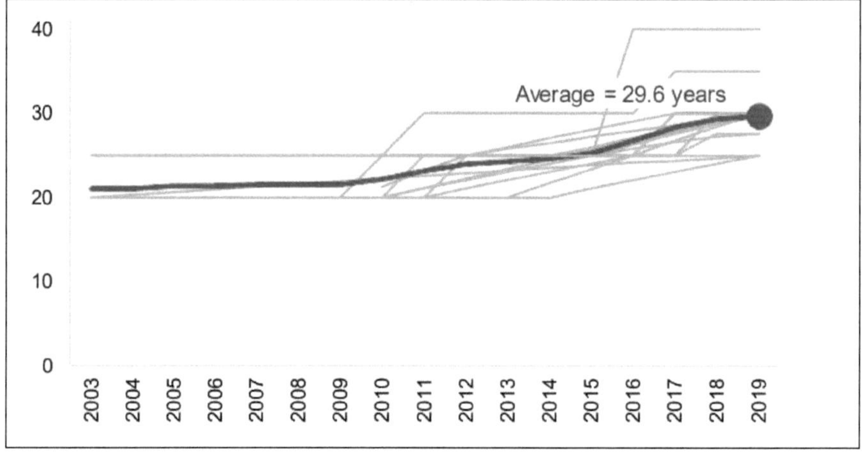

Figura 5.2: Expectativas de vida útil para turbinas eólicas, a lo largo del tiempo. [44]

Para el 2019 el Grupo Nordex mejora continuamente su gama de servicios, también en términos de la diversidad de sus prestaciones. Los conceptos clave aquí incluyen el uso y mantenimiento

---

óptimos de las turbinas con una vida útil de 25 años, el mantenimiento predictivo, la mejora del rendimiento de las turbinas y la reducción de los costos de generación de electricidad. [45]

En consecuencia, para el caso de la turbina eólica Nordex N117 Gamma que se pretende emplear, para cálculos posteriores se considerará la vida útil de 25 años.

Coste de Capital.

La determinación de los costos de capital (o inversión total) generalmente involucra el costo de la(s) turbina(s) eólica(s) y el costo de la instalación restante. Los costos de las turbinas eólicas pueden variar significativamente. Estos costos varían significativamente para cada tamaño de generador nominal (...). Esto puede deberse a las diferentes alturas de la torre y/o al diámetro del rotor. En estudios económicos generalmente, los costos de instalación de turbinas eólicas a menudo se normalizan al costo por unidad de área del rotor o al costo por kW nominal. [43]

Los costos de instalación de un parque eólico incluyen costos más allá de los propios aerogeneradores. Por ejemplo, en los países desarrollados del mundo, la turbina eólica representa solo aproximadamente del 65% al 75% de los costos totales de inversión. Los costos de los parques eólicos también incluyen los costos de infraestructura e instalación, así como los costos de conexión a la red eléctrica. Los costos por kW de las instalaciones de una sola turbina eólica son generalmente mucho más altos, que es la razón del desarrollo de parques eólicos en primer lugar. [43]

Costo de Financiamiento

Los proyectos de energía eólica son intensivos en capital y la mayoría de los costos deben asumirse al principio. Por esa razón, los costos de compra e instalación se financian en gran parte. El comprador o desarrollador pagará un pago inicial limitado (quizás del 10% al 20%) y financiará (tomará prestado) el resto. La fuente de capital puede ser un banco o inversores. En cualquier caso, los prestamistas esperarán un rendimiento del préstamo. El rendimiento en el caso de un banco se denomina interés. Durante la vida del proyecto, el interés acumulativo puede sumar una cantidad significativa de los costos totales. [43]

Costo de operación y mantenimiento (O&M)

La Asociación Danesa de la Industria Eólica (2006) establece que los costos anuales de operación y mantenimiento (O&M) de las turbinas eólicas generalmente oscilan entre el 1,5 % y el 3 % del costo original de la turbina. Esta organización también señala que el servicio regular a la turbina constituye la mayor parte del costo de mantenimiento. Muchos autores prefieren usar un costo fijo por kWh de producción para sus estimaciones de costos de operación y mantenimiento. [43]

Análisis de costos de energía

El costo de la energía, COE, se define como el costo unitario de producir energía (en $/kWh) a partir del sistema de energía eólica. Es decir:

<hr>

$$Costo\ de\ energía = \frac{Costos\ Totales}{Energía\ Producida} \qquad (5.1.1)$$

$$COE = \frac{[(C_C * FCR) + C_{O\&M}]}{E_a} \qquad (5.1.2)$$

Donde $C_{O\&M}$ es la media anual de los costos de operación y mantenimiento y FCR es la tasa de carga fija. La tasa de cargo fijo es un término que refleja el interés que se paga o el valor del interés recibido si se desplazara dinero de los ahorros. Para los servicios públicos, el FCR es un cargo anual promedio que se utiliza para contabilizar la deuda, los costos de capital, los impuestos, etc. [43]

Métodos de costeo del ciclo de vida

El costeo de ciclo de vida (LCC) es un método de uso común para la evaluación económica de los sistemas de producción de energía basado en los principios del "valor del dinero en el tiempo". El método LCC resume los gastos y los ingresos que se producen a lo largo del tiempo en un único parámetro (o número) para que se pueda realizar una elección económica. [43]

El concepto de análisis LCC se basa en principios contables utilizados por organizaciones para analizar oportunidades de inversión. La organización busca maximizar su retorno de la inversión (ROI) al emitir un juicio informado sobre los costos y beneficios que se obtendrán mediante el uso de sus recursos de capital. Una forma de lograr esto es a través de un cálculo basado en LCC del ROI de las diversas oportunidades de inversión disponibles para la organización. [43]

Para determinar el valor de una inversión en un sistema de energía eólica, se pueden aplicar los principios de costeo de LCC a sus costos y beneficios; es decir, sus flujos de efectivo esperados. Los costos incluyen los gastos asociados con la compra, instalación y operación del sistema eólico. Los beneficios económicos de un sistema eólico incluyen el uso o venta de la electricidad generada, así como ahorros fiscales u otros incentivos financieros. Tanto los costos como los beneficios también pueden variar con el tiempo. Los principios del costeo del ciclo de vida pueden tener en cuenta los flujos de efectivo variables en el tiempo y referirlos a un punto común en el tiempo. El resultado será que el sistema eólico se podrá comparar con otros sistemas productores de energía de manera internamente consistente. [43]

En el análisis LCC, algunos conceptos y parámetros clave incluyen:

- El valor del dinero en el tiempo y el factor de valor actual;
- Nivelación;
- Factor de recuperación de capital;
- Valor actual neto.

El valor del dinero en el tiempo y el factor de valor actual;

Una unidad monetaria que se pague (o gaste) en el futuro no tendrá el mismo valor que una disponible hoy. Esto es cierto incluso si no hay inflación, ya que una unidad monetaria puede invertirse y devengar intereses. Así su valor se incrementa por el interés. Por ejemplo, suponga que una cantidad con un valor presente PV (a veces llamado valor presente) se invierte a una tasa de interés (o descuento) r (expresada como una fracción) con interés compuesto anual. (Tenga en cuenta que, en el análisis económico, la tasa de descuento se define como el costo de oportunidad del dinero. Esta es la siguiente mejor tasa de rendimiento que uno podría esperar obtener). Al final del primer año, el valor ha aumentado a $PV(1 + r)$, después del segundo año a $PV(1 + r)^2$, etc. Así, el valor futuro, FV, después de N años es: [43]

$$FV = PV(1 + r)^N \qquad (5.1.3)$$

El cociente PV/FV se define como el factor de valor actual PWF, y viene dado por:

$$PWF = PV/FV = (1 + r)^{-N} \qquad (5.1.4)$$

Nivelación

La nivelación es un método para expresar los costos o los ingresos que ocurren una vez o en intervalos irregulares como pagos equivalentes iguales en intervalos regulares.

$$PV = \frac{A}{1 + r} + \frac{A}{(1 + r)^2} + \ldots + \frac{A}{(1 + r)^N} = A \sum_{j=1}^{N} \frac{A}{(1 + r)^j} \qquad (5.1.5)$$

Resolviendo la serie geométrica tenemos

$$PV = A[1 - (1 + r)^{-N}]/r \qquad (5.1.6)$$

Cabe señalar que esta ecuación es perfectamente general y relaciona cualquier valor presente único, PV, a una serie de pagos anuales iguales A, dada la tasa de interés o descuento, r, y el número de pagos (o años), N. [43]

Factor de recuperación de capital

El factor de recuperación de capital, CRF, se utiliza para determinar el monto de cada pago futuro requerido para acumular un valor presente dado cuando se conoce la tasa de descuento y el número de pagos. El factor de recuperación de capital se define como la relación entre A y PV y, utilizando la ecuación que viene dada por:

$$CRF = \begin{cases} \dfrac{r}{[1 - (1 + r)^{-N}]}, & si\ r \neq 0 \\ \dfrac{1}{N}, & si\ r = 0 \end{cases} \qquad (5.1.7)$$

El inverso del factor de recuperación de capital a veces se define como el factor de valor presente de la serie, SPW. [43]

Valor actual neto

El valor actual neto (VAN) se define como la suma de todos los valores actuales relevantes. De la ecuación (5.1.3), el valor presente de un costo futuro, C, evaluado en el año j es:

$$PV = C/(1+r)^j \qquad (5.1.8)$$

Por lo tanto, el VAN de un costo C a pagar cada año durante N años es

$$VAN = \sum_{j=1}^{N} PV_i = \sum_{j=1}^{N} \frac{C}{(1+r)^j} \qquad (5.1.9)$$

Si el costo C se infla a una tasa anual i, el costo Cj en el año j se convierte en:

$$C_j = C(1+i)^j \qquad (5.1.10)$$

Por lo tanto, el valor actual neto, VAN, se convierte en:

$$VAN = \sum_{j=1}^{N} \left(\frac{1+i}{1+r}\right)^j C \qquad (5.1.11)$$

El VAN puede usarse como una medida del valor económico al comparar opciones de inversión. [43]

Criterios de evaluación del análisis de costos del ciclo de vida

Con el análisis LCC, se pueden aplicar una serie de otras figuras económicas de mérito o parámetros para evaluar la viabilidad de un sistema de energía eólica. Entre otros, estos incluyen el valor presente neto de costo o ahorro y el costo nivelado de energía. [43]

Valor actual neto del costo o ahorro

El valor presente neto de un parámetro en particular se usa generalmente como una medida del valor económico cuando se comparan diferentes opciones de inversión en un análisis del costo del ciclo de vida. Tenga en cuenta que es importante definir claramente el VPN, ya que varios autores han utilizado el término "valor actual neto" para definir una amplia variedad de parámetros de análisis de costos del ciclo de vida. Primero, se puede definir la versión de ahorro del valor presente neto, NPVs, como sigue:

$$VAN_s = \sum_{j=1}^{N} \left(\frac{1+i}{1+r}\right)^j (S-C) \qquad (5.1.12)$$

donde S y C representan los ahorros y costos brutos anuales durante la vida útil de un proyecto (S-C es el ahorro neto anual). [43]

Como ejemplo de costos para los sistemas de energía eólica, el valor actual neto de los costos se puede encontrar calculando los costos totales de un sistema para cada año de vida útil. Luego, los costos anuales deben nivelarse al año inicial y luego resumirse. Si se supone que las tasas de inflación general y de energía son constantes durante la vida del sistema y que el préstamo del sistema se paga en cuotas iguales, el NPVC se puede encontrar a partir de la siguiente: [43]

$$VAN_C = P_d + P_a Y\left(\frac{1}{1+r}, N\right) + C_c f_{OM} Y\left(\frac{1+i}{1+r}, L\right) \qquad 5.1.13$$

Donde:

P_d = Pago inicial de los costos del sistema

P_a = Pago anual de los costos del sistema = $(C_c - P_d)CRF$

CRF = Factor de recuperación de capital, basada en la tasa de interés del préstamo b, en lugar de r

b = tasa de interés del préstamo

r = tasa de descuento

i = tasa de inflación general

N = período de préstamo

L = Vida útil del sistema

C_c = Costo de capital del sistema

f_{OM} = racción del costo anual de operación y mantenimiento (del costo de capital del sistema)

La variable $Y(k, l)$ es una función utilizada para obtener el valor presente de una serie de pagos. Se determina a partir de:

$$Y(k, l) = \sum_{j=1}^{l} k^j = \begin{cases} \dfrac{k - k^{l+1}}{1 - k}, & si \ \ k \neq 1 \\ l, & si \ \ \ k = 1 \end{cases} \qquad (5.1.14)$$

Costo nivelado de energía

En su forma más básica, el costo nivelado de energía, COEL, viene dado por la suma de los costos nivelados anuales para un sistema de energía eólica dividido por la producción anual de energía. Por lo tanto:

$$COE_L = \frac{\sum(Costos\ nivelados\ anuales)}{Producción\ anual\ de\ energía} \qquad (5.1.15)$$

Este tipo de definición se usa generalmente en un cálculo basado en la utilidad para el costo de la energía. [43]

A veces, el costo nivelado de la energía se define como el valor de la energía (unidades de \$/kWh) que, si se mantuviera constante durante la vida útil del sistema, daría como resultado un valor

---

actual neto basado en el costo (como el valor calculado a través de Ecuación (5.1.13)). Sobre esta base, el COEL viene dado por:

$$COE_L = \frac{(VAN_C)(CRF)}{Producción\ Anual\ de\ energía} \qquad (5.1.16)$$

Tenga en cuenta que el factor de recuperación de capital, CRF, se basa aquí en la vida útil del sistema, L, y la tasa de descuento, r. Sobre esta base, el costo nivelado de la energía multiplicado por la producción anual de energía sería igual al pago anual del préstamo necesario para amortizar el valor actual neto del costo del sistema energético. [43]

La tasa interna de retorno (TIR) y la relación costo-beneficio (B/C)

Hay una serie de factores de rendimiento económico que se pueden utilizar para evaluar el rendimiento basado en el ciclo de vida de un sistema de energía. Dos de los parámetros más comunes son la tasa interna de retorno (TIR) y la relación costo-beneficio (B/C). Se definen por:

$$TIR = Valor\ de\ la\ tasa\ de\ descuentp\ para\ VAN_S\ igual\ a\ cero \qquad (5.1.17)$$

$$B/C = \frac{Valor\ presente\ de\ todos\ los\ beneficios}{Valore\ presente\ de\ todos\ los\ costos} \qquad (\ 5.1.18)$$

Las empresas de servicios públicos o las empresas suelen utilizar la TIR para evaluar las inversiones y es una medida de la rentabilidad. Cuanto mayor sea la TIR, mejor será el rendimiento económico del sistema de energía eólica en cuestión. En general, los sistemas con una relación costo-beneficio mayor que uno son aceptables y se desean valores más altos del valor B/C. [43]

5.1.1 Costos de la turbina

Se determino un costo de la turbina Nordex de 828,125$/kW, tomando los precios de referencia de turbina para el año 2020 según *Berkeley Lab*, como se puede observar en la siguiente imagen.

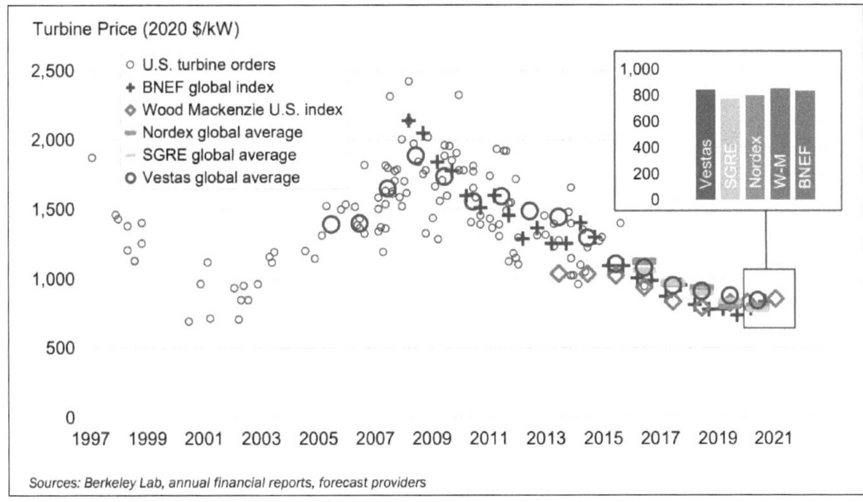

Figura 5.3: Precios de transacción de turbinas eólicas por unidad de capacidad informados a lo largo del tiempo. [46]

Con estos datos se procede a calcular el costo de la turbina que incluye, torre, palas, góndola y entrega en sitio. Entonces, se multiplica los 828,125$/kW por los 2400kW y se tiene el precio unitario de $1.987.500,00 siendo el costo total de $3.975.000,00 debido a que son dos turbinas. Lo anterior se presenta en la siguiente tabla.

Tabla 5.1: *Costos Totales de la Turbina Nordex N117 Gamma. [Fuente: Propia.]*

Precio Unitario por $/kW Instalado	Capacidad Nominal de la turbina (kW)	Costo Unitario de la turbina	Número de turbinas	Costo total de las turbinas
828,125$/kW	2400kW	$1.987.500,00	2	*$3.975.000,00*

Costo de capital de la energía eólica basada en tierra del parque eólico propuesto

Para conseguir los costos de capital del parque eólico, se decidió tomar como guía los porcentajes obtenidos del reporte de costos de energía eólica del año 2020 de la National Renewable Energy Laboratory.

Los datos y costos de proyectos de energía eólica terrestre instalados en 2020 se obtienen principalmente de Wiser y Bolinger (2021). Estos datos se complementan con los resultados de los modelos de costos del Laboratorio Nacional de Energía Renovable (NREL) para obtener detalles de los costos de los componentes de la turbina eólica y el equilibrio del sistema. [47]

El DOE publica anualmente los datos de CapEx promedio ponderado (Wiser y Bolinger 2021). Usamos el CSM de NREL 2015 para determinar el desglose del costo de los componentes dadas las estimaciones de costos totales de CapEx informadas por Wiser y Bolinger (2021). El NREL 2015 CSM utiliza ajustes de curvas del diseño de componentes de turbinas eólicas comerciales y datos de costos al tiempo que brinda la capacidad de ajustar entradas, como gastos generales, ganancias y transporte. [47]

La figura 5.4 ilustra el desglose del costo de capital (CapEx) para el proyecto eólico de referencia terrestre. En la figura, los porcentajes de los componentes CapEx resaltados en tonos verdes capturan el costo de capital de la turbina, los porcentajes resaltados en azul capturan la participación del Balance del sistema (BOS) en los costos de capital y los componentes resaltados en púrpura capturan el CapEx financiero. [47]

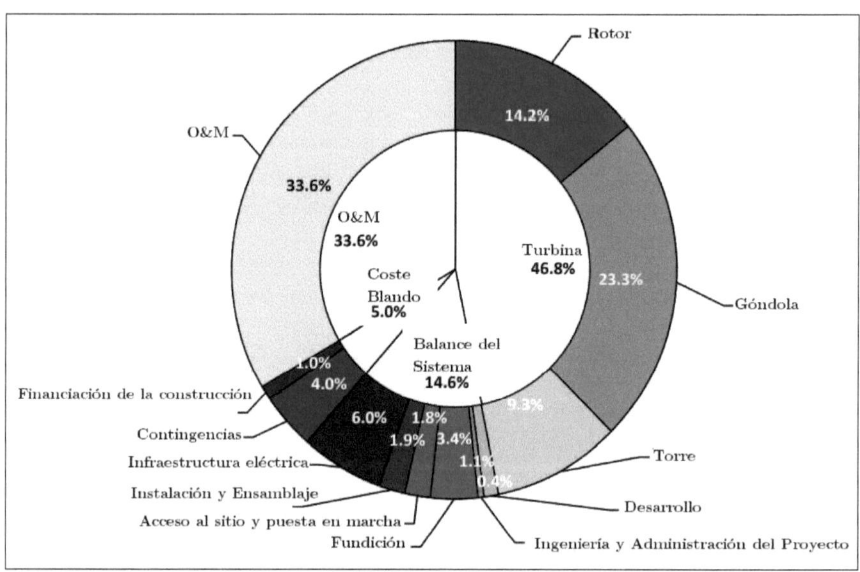

Figura 5.4: Costo de capital (CapEx) para el proyecto eólico onshore.

En la tabla 5.2, se presenta los costos calculados en relación a los porcentajes definidos en la figura 5.4, tomando como base el costo calculado anteriormente de la turbina y por medio de una regla de tres simple se procede a calcular los valores de costo mencionados.

Tabla 5.2: *Costos Totales del Proyecto eólico con generación distribuida de Sevilla de Oro, sector Oropamba. [Elaboración: Propia.]*

Costo	Porcentaje	Valor
Turbina	46,8%	$3.977.000,00
Operación y Mantenimiento	33,6%	$2.853.846,15
Balance del Sistema	14,6%	$1.240.064,10
Coste Blando	5%	$424.679,49
Total	**100%**	**$8.493.589,74**

Tabla 5.3: *Costos Totales desglosados del Proyecto eólico con generación distribuida de Sevilla de Oro, sector Oropamba. [Elaboración: Propia.]*

Costo Total	Porcentaje	Valor
Rotor	14,20%	$1.206.089,74
Góndola	23,30%	$1.979.006,41
Torre	9,30%	$ 789.903,85
Desarrollo	0,40%	$ 33.974,36
Ingeniería y Administración del Proyecto	1,10%	$ 93.429,49
Fundición	3,40%	$ 288.782,05
Acceso al sitio y puesta en Marcha	1,80%	$ 152.884,62
Instalación y Ensamblaje	1,90%	$ 161.378,21
Infraestructura eléctrica	6,00%	$ 509.615,38
Contingencias	4,00%	$ 339.743,59
Financiación de la Construcción	1,00%	$ 84.935,90
O&M	33,60%	$2.853.846,15
Costo Total	**100,00%**	**$8.493.589,74**

5.1.2 Metodología del análisis económico

Para el análisis propuesto, es necesario determinar diferentes indicadores de viabilidad del proyecto como son el costo nivelado de energía (LCOE por sus siglas en inglés), flujo de caja, flujo de caja neto, valor actual neto (VAN), tasa interna de retorno (TIR).

Los escenarios son:

- Autofinanciamiento considerando la venta de energía a precios de LCOE.
- Con financiamiento del 60% considerando la venta de energía a precios de LCOE.
- Autofinanciamiento considerando la venta de energía a precios de distribuidor.

5.1.2.1   Determinación del costo nivelado de energía (LCOE)

Este indicador permite establecer el costo mínimo de venta de la energía que cubre con todos los gastos de inversión, operación y mantenimiento del SFV. Además, con este valor se puede comparar el precio de producción de energía con sistemas de generación de otras tecnologías. [48]

El cálculo se lo realiza mediante la ecuación (5.3) que relaciona la sumatoria de la inversión realizada y los costos con la energía generada a tiempo actual. [49]

$$LCOE = \frac{\sum_{j=0}^{n}\left(\frac{Egresos_j}{(1+i)^j}\right)}{\sum_{j=0}^{n}\left(\frac{Producción_j}{(1+i)^j}\right)} \qquad (5.2.1)$$

Donde,

i : es la tasa de descuento

j : año en cuestión

n : cantidad de años de vida útil del sistema

5.1.2.2   Flujo de caja

Este análisis permite conocer la utilidad neta y los flujos netos de efectivo referentes al proyecto en cuestión. Además, se representa el beneficio real de la operación de la planta que se obtiene al restar a los ingresos los costos que tienen la planta durante su vida útil. Los valores que se incluyen se detallan a continuación [50]:

- Ingresos
    - ✓ Venta de energía anual (+)
- Egresos
    - ✓ Operación y Mantenimiento (-)
    - ✓ Intereses (-)
    - ✓ Depreciación (-)
- Utilidad Bruta (=)
    - ✓ Utilidad destinada a trabajadores (-)
- Utilidad previa a impuestos (=)
    - ✓ Impuesto a la Renta (-)
- Utilidad Neta (=)
    - ✓ Depreciación (+)
    - ✓ Amortización del capital (-)
- Flujo neto (=)

El valor de tributación con respecto al Impuesto a la renta para una empresa normada por la Superintendencias de Compañías en Ecuador paga el valor de 25% sobre su base imponible.

Respecto a las utilidades, el artículo 97 del código de trabajo establece que el empleador o empresa reconocerá en beneficio de sus trabajadores el 15% de las utilidades líquidas[1].Para el cálculo de la depreciación de activos fijos se usa el método lineal o en base al tiempo, el cual considera que el activo fijo se deteriora uniformemente con el paso del tiempo. Para su cálculo de divide el valor del bien para el número de años de vida útil[2]. [51]

5.1.2.3 Valor Actual Neto (VAN)

Es un indicador financiero que permite conocer la rentabilidad de una inversión. Representa el valor presente de un determinado número de flujos de caja a futuro, se lo calcula al restar la suma de flujos netos a la inversión inicial. El valor del VAN establece si los beneficios de la inversión son positivos o negativos tomando en cuenta que, si el valor es mayor que cero entonces la inversión trae consigo beneficios favorables, si el valor es negativo entonces el proyecto produce pérdidas por lo que se rechaza y si el valor es igual a cero no hay ni beneficios ni pérdidas de la inversión. La ecuación (5.4) permite el cálculo de este indicador. [51]

$$VAN = \sum_{t=1}^{n}\left(\frac{V_t}{(1+k)^t}\right) - I_0 \qquad (5.1.2)$$

V_t : flujos de caja en el período t.

I_0: inversión inicial.

n : es el número de períodos.

k : es el interés

5.1.2.4 Tasa Interna de Retorno (TIR)

Este indicador ofrece una perspectiva económica para los inversionistas. Si se cumple que el interés esperado por los inversionistas deberá ser menor al TIR, entonces el proyecto es considerado económicamente viable. Esta tasa referencial mínima se determina cuando el VAN tiene un valor de cero y luego se realiza la comparación con la tasa de interés esperada. Para el análisis de viabilidad se considera los siguientes aspectos. [51]

- TIR > tasa de interés esperada, el proyecto es rentable económicamente.
- TIR < tasa de interés esperada, el proyecto no es rentable económicamente.

---

[1] https://www.trabajo.gob.ec/wp-content/uploads/downloads/2012/11/C%C3%B3digo-de-Tabajo-PDF.pdf
[2] https://www.asesorapyme.org/2019/06/12/que-es-la-depreciacion-y-que-importancia-tiene/

Análisis económico para el parque eólico Sevilla de Oro, sector Oropamba.

Tabla 5.4: Definición de datos de entrada para el análisis económico. [Elaboración: Propia.]

Datos de Entrada	Valor
Generación	16,453 GWh
CapEx	$5.639.743,59
Costo de la Turbina	$3.975.000,00
O&M	1,50%
Vida Útil	25 años
tasa de descuento r	12%
tasa de inflación i	2,10%
Impuesto a la Renta	25%
Participación a trabajadores	15%

En el **ANEXO 7** se detalla los valores que se emplearon para calcular el LCOE que se indica en la tabla 5.5. Adicionalmente, la metodología empleada para el cálculo fue la presentada en el apartado 5.1.2.1.

Tabla 5.5: Estimación del LCOE para la central de generación distribuida de energía eólica en Sevilla de Oro, sector Oropamba. [Elaboración: Propia.]

Número de Aerogeneradores	Potencia nominal inversores (MW)	Inversión Inicial	Años de vida útil	Potencia Total Generada anual (GW/h)	Egresos Nivelados	Energía Nivelada (GW/h)	LCOE ($kW/h)	LCOE $cUSD/kWh
2	2,4	5.639.743,59	25	16,453	$6.409.740,13	129,0431678	0,049671286	4,9671286

Se encontró que el precio nivelado LCOE para el sector Oropamba es de 4,9671286 cUSD/kWh esto comparado con el precio establecido por la regulación CONELEC 004/11 para el territorio continental es de 9.13 cUSD/kWh, es inferior en un 1,838 veces, esto resulta ventajoso debido a que los precios de generación están muy por debajo de los precios referenciales establecido en el país. Además, se entiendo que con el precio LCOE calculado se estarían cubriendo los costos y llegando a un punto de equilibrio económico y financiero. Pero por otro lado comparado con los precios internacionales que se encuentra por encima pues LCOE promedio de Estados Unidos de los proyectos eólicos de nueva construcción se sitúan en $0,033/kWh, esto es 1,49 veces superior al precio internacional.

En la RESOLUCIÓN Nro. ARCERNNR-014/21 de la REGULACIÓN Nro. ARCERNNR-002/21 en su apartado de "Aspectos comerciales" en su Artículo 9: "Transacciones comerciales permitidas y liquidación" se señala que: "Las transacciones comerciales de electricidad que una EGDH podrá realizar en el mercado eléctrico, y los aspectos a considerarse sobre la liquidación de la energía generada, en relación a Centrales de propiedad de EGDHs privadas, de economía popular y solidaria, o de economía mixta que obtengan un Título Habilitante resultado de un PPS para desarrollar proyectos contemplados en el PME. La EGDH venderá la energía generada a todas las Distribuidoras, en proporción a su demanda regulada, a través de contratos regulados. b) En el Título Habilitante de la EGDH se estipulará la energía anual que se compromete a entregar a la demanda regulada. c) En los contratos regulados que la EGDH suscriba con las Distribuidoras se considerará el precio unitario que resulte del PPS, en USD/MWh, con el cual se determinará los valores que las Distribuidoras deberán pagar a la EGDH por la energía a ellas entregada" [21].

Por lo tanto, para la determinación del precio de venta de la energía por empresa distribuidora, se tomó de referencia el precio normado por la ARCERNNR.

El Directorio de la Agencia de Regulación y Control de Energía y Recursos Naturales No Renovables (ARCERNNR), mediante **resolución ARCERNNR-009/2022** del 14 de abril (2022), determinó que la tarifa nacional promedio del servicio eléctrico se mantenga en **9,2 centavos de dólar por cada Kilovatio-hora (¢USD/kWh)**. [52]

5.2. Análisis económico Financiero

En la figura 5.6 se indica el flujo neto y acumulado resultante del cálculo de flujos de caja para el primer escenario correspondiente al autofinanciamiento considerando la venta de energía a precios de LCOE. Adicionalmente, el **ANEXO 8** detalla la tabla de datos que se creó para la obtención de los valores aquí presentados.

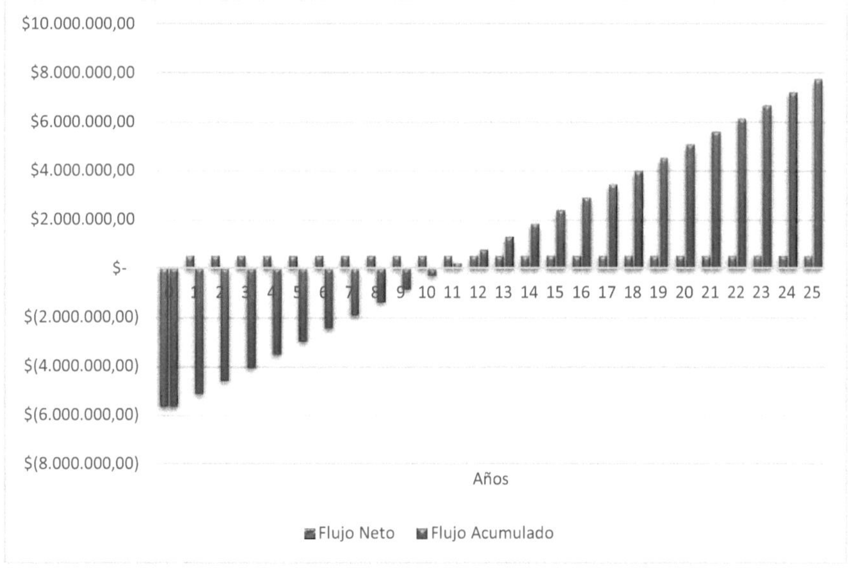

Figura 5.5: Flujo neto y acumulado, escenario de autofinanciamiento considerando la venta de energía a precios de LCOE.

A partir de estos flujos se calculan los valores de VAN y TIR, lo que da como resultado los valores de \$-1.442.029,49 y 8,15216826% respectivamente. Asimismo, el grafico proyecta flujos acumulados positivos a partir del año 11, considerando que el proyecto estaría operativo y en fase de comercialización.

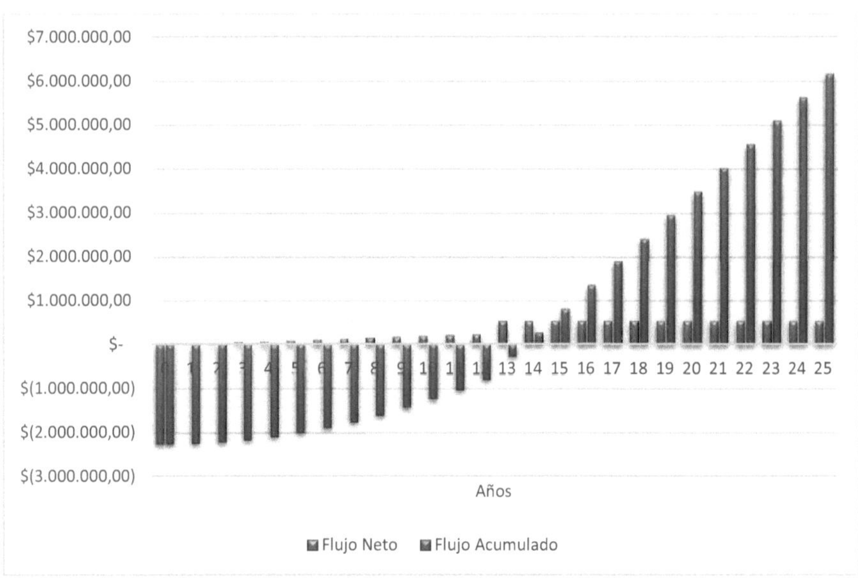

Figura 5.6: Flujo neto y acumulado, escenario de financiamiento del 60% sobre el valor de la inversión y considerando la venta de energía a precios de LCOE.

La figura anterior (figura 5.6) muestra el flujo neto y acumulado resultante del cálculo de flujos de caja en el escenario de financiamiento del 60% sobre el valor de la inversión y considerando la venta de energía a precios de LCOE. Entonces, a partir de estos flujos se calcularon los valores de VAN y TIR, lo que dio como resultado los valores de \$-784.217,41 y 8,63694687% respectivamente. También hay que señalar que el grafico proyecta flujos acumulados positivos a partir del año 14, esto teniendo en cuenta que el proyecto estaría operativo y en fase de comercialización. El **ANEXO 8** detalla la tabla de datos que se creó para la obtención de los valores aquí presentados.

Con respecto al escenario de Autofinanciamiento considerando la venta de energía a precios de distribuidor (\$0,092 kW/h [52]), la figura 5.7 muestra el flujo neto y acumulado resultante del cálculo de flujos de caja.

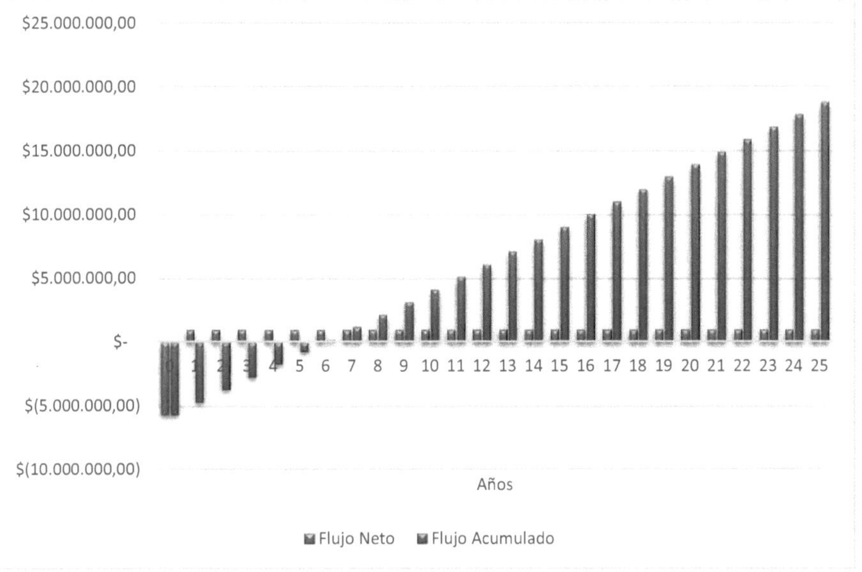

Figura 5.7: Flujo neto y acumulado, escenario de autofinanciamiento considerando la venta de energía a precios de LCOE.

Así mismo, a partir de estos flujos se calculan los valores de VAN y TIR, lo que da como resultado los valores de $2.040.142,96 y 17,02103215% respectivamente. Además, el grafico proyecta flujos acumulados positivos a partir del año 6, considerando que el proyecto estaría operativo y en fase de comercialización. Adicionalmente, en el **ANEXO 8** se detalla la tabla de datos que se creó para la obtención de los valores aquí presentados.

Tabla 5.6: Resumen de los resultados del análisis económico-financiero para los escenarios planteados, de la central eólica de generación distribuida de Sevilla de Oro, sector Oropamba.

Indicador	Autofinanciamiento a precio de LCOE	Financiamiento del 60% de la inversión a precio LCOE	Autofinanciamiento a precio de Distribuidor
VAN	$-1.442.029,49	$-784.217,4	$2.040.142,96
TIR	8,15216826%	8,63694687%	17,02103215%
Precio de venta	$0,049671286kW/h	$0,049671286kW/h	$0,0920$kW/h

Conforme se ha expuesto en la tabla 5.6, se presentan los 3 escenarios propuestos: el primero tomando el supuesto que se autofinancie el proyecto y se venda la energía a precios de LCOE, el segundo escenario es el financiamiento del 60% sobre el valor de la inversión y considerando la venta de energía a precios de LCOE y el tercero es el caso en el que se busca autofinanciar el

proyecto y con la diferencia de que se venda la energía a precios de distribuidor (($0,092 kW/h),
Los resultados del VAN, en el primer y segundo escenario fueron negativos, mientras que en el
tercero se observó un resultado positivo. Luego se considera la tasa interna de retorno (TIR), en
el primer y segundo caso se tiene un valor menor a la tasa de referencia de 12% planteada, en el
tercer caso se tiene una diferencia de 5,02103215% positiva con respecto a la tasa de referencia
teniendo un TIR de 17,02103215% que es realmente interesante y podría ser vista con buenos ojos
por inversores que se planten diseñar y construir el proyecto. Por lo tanto, el proyecto se considera
viable desde el punto de vista financiero en el tercer caso, donde se venda la energía a precios de
distribuidor y de hecho esto es factible dado que se conectaría la planta eólica como generación
distribuida.

6. Conclusiones y Recomendaciones

CONCLUSIONES

I. Se determinó que la normativa aplicable para trabajar con generación distribuida es relativamente nueva en el país, pues el 5 Abril de 2021, se aprobó por la Agencia de Regulación y Control de Energía y Recursos Naturales no Renovables, la regulación denominada: Regulación Nro. ARCERNR 002/21 «Marco normativo para la participación en generación distribuida de empresas habilitadas para realizar la actividad de generación», que tiene como propósito establecer las condiciones técnicas y comerciales a cumplirse con respecto al desarrollo y operación de centrales de generación distribuida, de propiedad de empresas que sean habilitadas por el Ministerio Rector para ejecutar la actividad de generación. Entonces, se procedió con el análisis de la normativa y se encontró que la norma es acorde a la aplicabilidad del parque eólico propuesto en el sector de Oropamba, debido a que cae dentro del artículo 6 de la regulación, cumpliendo con los requisitos de caracterización para ser considerada una central de generación de energía eléctrica distribuida que vaya a ser desarrollada en un futuro. Pues dentro de los puntos a tomar en cuenta para la caracterización es que cumpla la condición de que la central tenga una capacidad nominal igual o mayor a 100KW y menor a 10 MW, que se conecte cerca del consumo y se conecte a las redes de medio voltaje o de alto voltaje menores a 138 kV, de un sistema de distribución. Entonces, se comprobó que el parque eólico en el sector Oropamba cantón Sevilla de Oro, cumple a cabalidad con los criterios de caracterización antes mencionados y que por el lado de la norma tiene luz verde para pensarlo seriamente como un proyecto de generación distribuida que se pueda diseñar y construir, de tal manera que, aporte con energía limpia a la red local de energía eléctrica.

II. Debido a que no se consiguió instalar una estación meteorológica que se encuentre fija en el sitio donde transita el viento y por lo tanto no se alcanzaron mediciones de un año, mes o días completos, se buscó que en el proceso de la determinación del recurso eólico, se aproveché la cointegración para determinar por inspección, si existe una evolución similar entre las curvas obtenidas de los datos medios horarios de velocidad del viento medidos con el medidor meteorológico Kestrel Meter 5500 SERIES y las conseguidas por medio satelital de la herramienta de la NASA el proyecto POWER. Entonces, se consideró necesario que para este estudio de prefactibilidad se utilicen los conceptos de cointegración y se apliquen en la práctica para buscar que, de existir la cointegración entre las curvas antes mencionadas, se cree un modelo de viento que pueda estar acorde a la realidad constatada en campo.

III. Partiendo del análisis estacionario de las curvas de velocidad de viento anuales y con un modelo empírico de corrección de datos de viento, se destaca que se pueden generar modelos que tengan una cointegración entre las curvas de los datos obtenidos por satélites y curvas obtenidas en mediciones de campo, aplicando antes un análisis riguroso de correlación entre los datos que se vayan a ingresar para generar las curvas estacionarias de viento. Por lo tanto, se pudo generar un modelo de perfil de viento válido, aplicable en un análisis de prefactibilidad para implementar un parque eólico. Cabe señalar que este modelo de perfil de viento nunca sustituirá a una medición de una torre meteorológica in situ, debido a que si se quiere hacer un análisis de factibilidad será necesario implementar dicho sistema de medición, que a la larga es beneficioso y permitirá obtener un diseño más preciso de un parque eólico. Sin embargo, por las necesidades de implementar proyectos con energías renovables no convencionales, debido a las necesidades ecológicas que tiene el planeta, el modelo aquí propuesto sigue siendo válido, ya que se observó que fue consistente con lo observado en campo.

IV. Con la herramienta de software WAsP de la DTU, que emplea la técnica de *micrositing,* se realizó el análisis de emplazamiento de los aerogeneradores y se determinó que el parque eólico en el sector Oropamba estará conformado por 2 turbinas eólicas de 2,4 MW cada una de la marca comercial y fabricante de aerogeneradores NORDEX, obteniendo como resultado un potencial energético de 16.453 GWh por año con pérdidas de 1,07%, considerando que se tiene pérdidas muy bajas en contraposición con otros parques semejantes instalados en otras regiones. Adicionalmente, se calculó que el factor de planta es de 39,13%, por lo que, el sitio es aceptable desde el punto de vista energético para instalar de generación. Sin embargo, en términos de eficiencia energética para las redes de distribución en media tensión, sería altamente rentable debido a que ayudaría a disminuir perdidas en la red y trabajaría como un compensador de reactivos instalándola como se prevé con generación distribuida.

V. El proyecto se considera viable desde el punto de vista financiero y económico, en el escenario donde se consideró autofinanciar al proyecto y vender la energía a precios de distribuidor, la que se encuentra en los **9,2 centavos de dólar por cada Kilovatio-hora (¢USD/kWh)**. Entonces, se tomó en cuenta que esto es factible, dado que, se conectaría la planta eólica como generación distribuida. En el escenario donde se venda la energía a precio de LCOE y se autofinancie el proyecto o en el caso de que se analizó financiar el proyecto un 60% del total de la inversión y vender la energía a precio LCOE, se encontró que no resulta rentable en términos financieros, por factores como su baja tasa interna de retorno y valor negativo del VAN, pero hay que tomar en cuenta que en términos económicos puede ser viable el proyecto en los dos casos, si lo desarrollase ya sean empresas públicas interesadas en generación o distribución, estas últimas podrían beneficiarse con el equilibrio de pérdidas que se dan en la red. Por otro lado, en el supuesto que el GAD Municipal de Sevilla de Oro quisiera desarrollar este parque eólico, se beneficiaría al cantón por el hecho que se podría autoabastecer de energía a la población sevillana, sin ser ellos dependientes del recurso energético proveniente del Sistema Nacional Interconectado de Electricidad.

RECOMENDACIONES

I.   Se recomienda tanto empresas públicas (Centro Sur, GAD Municipal de Sevilla de Oro) como empresas privadas interesadas en desarrollar proyectos de generación distribuida, implementar una torre meteorológica para que se recojan datos in situ, según los estándares internacionales. También señalar que como mínimo, se debe de contar con un registro de datos meteorológicos de 5 años para conocer el perfil de viento, según sean las diferentes estaciones del año.

II.   Una vez realizadas las mediciones, con los datos obtenidos de la torre meteorológica dentro del primero al segundo año, se insta a realizar un estudio de factibilidad, debido a los resultados prominentes obtenidos en este análisis de prefactibilidad, con el fin de tener en cuenta una posible implementación del parque eólico con un sistema de generación distribuida. Sean los proponentes inversionistas públicos, privados o una combinación de los mismos, pues el marco normativo que aquí aplica es muy amplio y permite varias opciones de fusión para trabajar en el diseño e implementación del proyecto de la central eólica.

III.   En consideración que el análisis aquí planteado no tiene como objetivo la determinación de pérdidas y simulaciones de flujos de carga en los alimentadores a los cuales se conecta la energía generada por este parque eólico, se deja una puerta abierta para que futuras investigaciones puedan realizar las corridas de flujos de potencia y pérdidas con información que se puede solicitar a CentroSur, sean estos los Equivalente Thévenin del segmento de la red en los que tendrá incidencia la central, e inclusive los listado de CGDs y SGDAs que se encuentran operando y estén conectadas al segmento de la red de distribución en el que tendrá incidencia la nueva central. Finalmente, tomando en consideración la información aquí contenida en este análisis de prefactibilidad.

7. Referencias

[1] Global Wind Energy Council, Global Wind Report 2022, GWEC.NET, 2022.

[2] U.S. Department of Energy Office of Energy Efficiency & Renewable Energy, «Land-Based Wind Market Report: 2021 Edition,» U.S. Department of Energy (DOE), Washington D.C., 2022.

[3] Agencia de Regulación y Control de Energía y Recursos Naturales No Renovables, ATLAS del sector eléctrico ecuatoriano 2021, Quito: ARCERNNR, 2022.

[4] Agencia de Regulación y Control de Energía y Recursos Naturales No Renovables, «Evolución histórica de potencia nominal por tipo de fuente (MW), 2012 – abril 2022,» *Panorama Eléctrico* , vol. I, nº 3, p. 63, 2022.

[5] A. Barragán Escandón, «Generación Eólica en Ecuador: Análisis del Entorno y Perspectivas de Desarrollo.,» *Revista Enería,* vol. I, 2014.

[6] R. K. Mishra y G. N. Tiwari, Advanced renewable energy sources, Royal Society of Chemistry, 2012.

[7] T. Perales Benito, El universo de las energías renovables, Barcelona: Marcombo, 2012.

[8] I. Mártil, «Energía eólica (II): de la Segunda Guerra Mundial hasta hoy,» OpenMind BBVA, [En línea]. Available: https://www.bbvaopenmind.com/ciencia/medioambiente/energia-eolica-ii-de-la-segunda-guerra-mundial-hasta-hoy/. [Último acceso: 07 07 2022].

[9] J. F. Manwell, J. C. McGowan y A. L. Rogers, Wind Energy Explained- Theory, Desing and Application, Jhon Wiley & Sons Ltda, 2002.

[10] T. M. Letcher, Wind energy engineering: a handbook for onshore and offshore wind turbines, Academic Press, 2017.

[11] J. C. Vega de Kuyper y S. Ramírez Morales, Fuentes de Energía Renovables y No Renovables Aplicaciones, Alfaomega S.A., 2014.

[12] J. L. Espinoza Abad y M. R. Peláez Samaniego, Energías Renovables en el Ecuador: Situación Actual, Tendencias y Perspectivas, Universidad de Cuenca, 2015.

[13] T. Ackermann, Wind power in power systems, Jhon Wiley & Sons, Ltda., 2012.

[14] Ministerio de Electricidad y Energía Renovable, *ATLAS EÓLICO ECUADOR MEER 2013*, 2013.

[15] «Ministerio de Energía y Minas,» [En línea]. Available: https://www.recursosyenergia.gob.ec/central-eolica-villonaco/. [Último acceso: 15 Mayo 2022].

[16] «CIER Galápagos,» [En línea]. Available: https://ciergalapagos.wordpress.com/renovables/energia-eolica/. [Último acceso: 16 Mayo 2022].

[17] «ELECGALAPAGOS S.A.,» [En línea]. Available: https://www.elecgalapagos.com.ec/generacion-renovable/. [Último acceso: 17 Mayo 2022].

[18] «ElecAustro,» [En línea]. Available: https://www.elecaustro.gob.ec/proyectos/proyecto-eolico-minas-de-huascachaca/. [Último acceso: 25 Mayo 2022].

[19] «Proyecto eólico Villonaco II Menbrillo- Ducal y Villonaco III Huayrapamba,» *Ministerio de Energía y Recursos No Renovables,* 2021.

[20] D. F. García Pinargote, G. J. Benítez Sornoza, A. Vázquez Pérez y M. Rodríguez Gámez, «La generación distribuida y su regulación en el Ecuador.,» [En línea]. Available: https://www.brazilianjournals.com/index.php/BJB/article/viewFile/32711/25644. [Último acceso: 4 Abril 2022].

[21] Agencia de Regualción y Cotrol de Electricidad, Resolución Nro ARCERNNR-014/21 "Marco normativo para la participación en generación distribuida de empresas habilitadas para realizar la actividad de generación", Quito, 2021.

[22] V. H. Méndez Quezada, Generación Distribuida: Aspectos técnicos y su tratamiento regulatorio, Madrid: Universidad Pontificia Comillas de Madrid, 2005.

[23] R. Dufo López y J. L. Bernal Agustín, Generación de energía eléctrica con fuentes renovables, Alemania: Saarbrucken, 2007.

[24] H. Capa Santos, Series Temporales: La ciencia y el arte de la modelación y los pronósticos., Quito: Escuela Politécnica Nacional, 2017.

[25] The Prediction Of Worldwide Energy Resources , «POWER,» [En línea]. Available: https://power.larc.nasa.gov/#team. [Último acceso: 22 Enero 2022].

[26] Kestrel, «Kestrelmeters.com,» [En línea]. Available: https://kestrelmeters.com/products/kestrel-5500-weather-meter. [Último acceso: 24 Noviembre 2021].

[27] M. J. Rosales Gonzáles, Análisis Básico Sobre la Posible Variación de la Precipitación y de la Temperatura Bajo la Influencia del Cambio Climático en la Ciudad De Quito, Quito: Universidad Central del Ecuador, 2013.

[28] «Calculo.cc,» [En línea]. Available:
http://calculo.cc/temas/temas_estadistica/estadistica_bi/teoria/correlacion_lineal.html.
[Último acceso: 2022 Marzo 2022].

[29] I. I. Ordóñez Valdivieso y R. L. Luna Romero, «Estudio Preliminar De Un Parque Eólico
Complementario En Ecuador: Caso Pimo Provincia Del Azuay.,» Cuenca, Universidad de
Cuenca .

[30] J. V. Cabrera Salazar y C. F. Ruiz Asanza, Validación del Software especializado WAsP
para el dimensionado de parques eólicos de altura ubicado en terrenos complejos., Cuenca:
Universidad Politécnica Salesiana, 2014.

[31] L. Hernández Pérez, «Diseño de un parque eólico de 50MW en el municipio de Salvacañete
(Cuenca). Consideraciones medioambientales y viabilidad ecónomica.,» Valencia,
Univesidad Politécnica de Valencia, 2015.

[32] International Electrotechnical Commission, IEC 61400-1, International Electrotechnical
Commission, 2005.

[33] R. Bayón Gómez, L. Cebadera Miranda y R. Del Castillo Gómez, «Diseño de un parque
eólico de 6MW en Malpica de Bergantiños, La Coruña,» Andalucía Sevilla, Escuela de
Organización Industrial EIO-Escuela de Negocios..

[34] R. Vidal Herrera, Evaluación del recurso eólico en la Universidad Tecnológica de ciudad
Juárez., Chihuahua: Cimau, 2014.

[35] «Wind-Turbine-models.com,» [En línea]. Available: https://en.wind-turbine-models.com.
[Último acceso: 2022 Abril 4].

[36] J. Á. Narbona Acevedo, Mejoras en la Implantación de Instalaciones Eólicas en Tierra
Firme, Sevilla: Escuela Técnica Superior De Ingeniería De Sevilla , 2014.

[37] J. D. Benavides Vallejos, Metodología para la selección de aerogeneradores
convencionales., Universidad del Valle, 2019.

[38] General Cable, «Cabletel Andalucía,» [En línea]. Available:
http://www.cabletelandalucia.com/assets/cables-de-media-tension.pdf. [Último acceso:
2022 Mayo 9].

[39] Deutsches Windenerergie-Institut, [En línea]. Available:
https://ec.europa.eu/energy/sites/ener/files/documents/2001_fp5_brochure_energy_env.
pdf. [Último acceso: 2022 Mayo 12].

[40] J. R. Rodríguez Arcila, Estudio del potencial eólico en Colombia, viabilidad de un parque
eólico, Cartagena: Universidad Politécnica de Cartagena, 2019.

[41] Ministerio de Minas y Energía, Reglamento Técnico de Instalaciones Eléctricas RETIE., Sueperintendecia de Industria y Comercio, 2013.

[42] R. Noel Rodríguez, Diseño de un Parque Eólico de 50 MW, Sevilla: Universidad de Sevilla, 2017.

[43] J. F. Manwell, J. G. McGowan y A. L. Rogers, Wind Energy Explained: Theory, Design and Aplication, Jhon Wiley & Sons Ltda., 2009.

[44] R. H. Wiser y M. Bolinger, «BERKELEY LAB ELECTRICITY MARKETS & POLICY,» Septiembre 2019. [En línea]. Available: https://emp.lbl.gov/publications/benchmarking-anticipated-wind-project. [Último acceso: 2022 Junio 2].

[45] Grupo Nordex, Nordex Group Annual Report 2019, Nordex Group & Acciona Wind Power, 2020.

[46] R. H. Wiser, M. Bolinger, B. Hoen, D. Millstein, J. Rand, G. L. Barbose, N. R. Darghouth, W. Gorman, S. Jeong, A. D. Mills y B. Paulos, «Wind Energy Technology Data Update: 2021 Edition,» USE DEPARTMENT OF ENERGY, OFFICE OF ENERGY EFFICENCY & RENEWABLE ENERGY, 2021.

[47] T. Sthely y P. Duffy, «2020 Cost of Wind Energy Review,» National Renewable Energy Laboratory, 2021.

[48] International Renewable Energy Agency, «Renewable Power Generation Costs in 2019,» IRENA, Abu Dhabi , 2019.

[49] C. J. Tituana, «Estudio de pre-factibilidad para la integración de generación fotovoltaica en el alimentador S-0427 dentro del complejo hidroeléctrico Machángara por parte de la Empresa Electro Generadora del Austro ELECAUSTRO S.A.,» [En línea]. Available: http://dspace.ucuenca.edu.ec/handle/123456789/33569.. [Último acceso: 2022 Junio 12].

[50] S. M. Herrera Molina, «Metodología para determinar el precio de comercialización de la energía producida por una central fotovoltaica conectada a la red,» [En línea]. Available: http://dspace.ucuenca.edu.ec/handle/123456789/24341. [Último acceso: 12 Junio 2022].

[51] W. S. Illescas Barreto y J. A. Aguilar Ramón, Análisis técnico y económico para la implementación de sistemas de generación solar fotovoltaica para autoabastecimiento en la planta industrial y granja porcícola de la Empresa Italimentos CIA. LTDA, Cuenca: Universidad de Cuenca, 2021.

[52] Ministerio de Energía y Minas, «Ministerio de Energía y Minas,» [En línea]. Available: https://www.recursosyenergia.gob.ec/las-tarifas-de-energia-electrica-no-se-incrementaran-en-el-2022/. [Último acceso: 2022 Junio 15].

8. ANEXOS

ANEXO 2: Artículo 6.- del Marco normativo para la participación en generación distribuida de empresas habilitadas para realizar la actividad de generación.

Caracterización de la generación distribuida a ser desarrollada por EGDH (Empresa de Generación Distribuida Habilitada), el artículo define que:

Una central de generación de energía eléctrica que sea desarrollada por EGDHs es considerada como central de generación distribuida si cumple las siguientes condiciones:

a) Tiene una capacidad nominal igual o mayor a 100 kW y menor a 10 MW.

b) Se conecta cerca del consumo.

c) Se conecta a las redes de medio voltaje o de alto voltaje menores a 138 kV, de un sistema de distribución.

d) Utiliza una fuente de energía renovable no convencional. Las centrales que se incluyan en el PME (Plan Maestro de Electrificación) podrán también usar combustibles fósiles como fuente primaria de energía.

e) Es construida, operada, mantenida y administrada por EGDHs, de acuerdo a los términos establecidos en esta Regulación.

f) No incluye a las centrales de propiedad de autogeneradores ni a los grupos electrógenos de emergencia. El tratamiento normativo de autogeneradores se aborda en una Regulación específica. La capacidad nominal de una CGD que requiera de un sistema de inversores para.

NASA/POWER CERES/MERRA2 Native Resolution Hourly Data

Dates (month/day/year): 01/01/2020 through 12/31/2020

Location: Latitude -2.7992   Longitude -78.6414

Elevation from MERRA-2: Average for 0.5 x 0.625 degree lat/lon region = 2496.1 meters

Fecha	V (m/s)	Fecha	V (m/s)	Fecha	V (m/s)	Fecha	V (m/s)
1/1/2020 0:00	2,03	1/4/2020 12:00	5,62	2/7/2020 0:00	3,34	1/10/2020 12:00	8,54
1/1/2020 1:00	2,7	1/4/2020 13:00	6,02	2/7/2020 1:00	3,31	1/10/2020 13:00	8,34
1/1/2020 2:00	3,19	1/4/2020 14:00	6,28	2/7/2020 2:00	3,59	1/10/2020 14:00	8,06
1/1/2020 3:00	3,64	1/4/2020 15:00	6,42	2/7/2020 3:00	4,02	1/10/2020 15:00	7,68
1/1/2020 4:00	3,8	1/4/2020 16:00	6,22	2/7/2020 4:00	4,48	1/10/2020 16:00	7,48
1/1/2020 5:00	3,63	1/4/2020 17:00	5,34	2/7/2020 5:00	4,84	1/10/2020 17:00	7,12
1/1/2020 6:00	3,12	1/4/2020 18:00	3,77	2/7/2020 6:00	5,14	1/10/2020 18:00	5,91
1/1/2020 7:00	2,37	1/4/2020 19:00	3,51	2/7/2020 7:00	6	1/10/2020 19:00	5,61
1/1/2020 8:00	1,32	1/4/2020 20:00	3,66	2/7/2020 8:00	7,66	1/10/2020 20:00	5,63
1/1/2020 9:00	0,59	1/4/2020 21:00	4,24	2/7/2020 9:00	8,28	1/10/2020 21:00	5,42
1/1/2020 10:00	0,38	1/4/2020 22:00	3,9	2/7/2020 10:00	8,37	1/10/2020 22:00	4,74
1/1/2020 11:00	0,76	1/4/2020 23:00	3,62	2/7/2020 11:00	8,27	1/10/2020 23:00	3,93
1/1/2020 12:00	1,3	2/4/2020 0:00	3,56	2/7/2020 12:00	8,11	2/10/2020 0:00	3,2
1/1/2020 13:00	1,69	2/4/2020 1:00	3,31	2/7/2020 13:00	7,74	2/10/2020 1:00	2,47
1/1/2020 14:00	1,91	2/4/2020 2:00	2,96	2/7/2020 14:00	6,99	2/10/2020 2:00	2,08
1/1/2020 15:00	1,92	2/4/2020 3:00	2,72	2/7/2020 15:00	6,05	2/10/2020 3:00	2,01
1/1/2020 16:00	1,7	2/4/2020 4:00	2,47	2/7/2020 16:00	4,95	2/10/2020 4:00	2,14
1/1/2020 17:00	1,29	2/4/2020 5:00	2,13	2/7/2020 17:00	3,61	2/10/2020 5:00	2,25
1/1/2020 18:00	0,91	2/4/2020 6:00	2,08	2/7/2020 18:00	2,49	2/10/2020 6:00	2,28
1/1/2020 19:00	0,62	2/4/2020 7:00	3,01	2/7/2020 19:00	1,94	2/10/2020 7:00	3,58
1/1/2020 20:00	0,54	2/4/2020 8:00	4,65	2/7/2020 20:00	1,69	2/10/2020 8:00	5,14
1/1/2020 21:00	0,46	2/4/2020 9:00	5,65	2/7/2020 21:00	1,83	2/10/2020 9:00	5,92
1/1/2020 22:00	0,59	2/4/2020 10:00	6,17	2/7/2020 22:00	2,12	2/10/2020 10:00	6,71
1/1/2020 23:00	0,86	2/4/2020 11:00	6,42	2/7/2020 23:00	2,15	2/10/2020 11:00	7,12
2/1/2020 0:00	1,11	2/4/2020 12:00	6,61	3/7/2020 0:00	1,96	2/10/2020 12:00	7,16
2/1/2020 1:00	1,26	2/4/2020 13:00	6,78	3/7/2020 1:00	1,73	2/10/2020 13:00	7,08
2/1/2020 2:00	1,39	2/4/2020 14:00	6,75	3/7/2020 2:00	1,74	2/10/2020 14:00	6,95
2/1/2020 3:00	1,54	2/4/2020 15:00	6,51	3/7/2020 3:00	2,2	2/10/2020 15:00	6,64
2/1/2020 4:00	1,66	2/4/2020 16:00	5,98	3/7/2020 4:00	2,85	2/10/2020 16:00	6,26
2/1/2020 5:00	1,53	2/4/2020 17:00	4,96	3/7/2020 5:00	3,03	2/10/2020 17:00	5,64
2/1/2020 6:00	0,9	2/4/2020 18:00	3,73	3/7/2020 6:00	3,13	2/10/2020 18:00	4,5

2/1/2020 7:00	0,95	2/4/2020 19:00	3,63	3/7/2020 7:00	3,53	2/10/2020 19:00	3,9
2/1/2020 8:00	2,3	2/4/2020 20:00	3,82	3/7/2020 8:00	4,97	2/10/2020 20:00	3,25
2/1/2020 9:00	2,78	2/4/2020 21:00	3,79	3/7/2020 9:00	6,1	2/10/2020 21:00	2,79
2/1/2020 10:00	3,17	2/4/2020 22:00	3,99	3/7/2020 10:00	6,56	2/10/2020 22:00	1,98
2/1/2020 11:00	3,62	2/4/2020 23:00	3,94	3/7/2020 11:00	6,56	2/10/2020 23:00	1,55
2/1/2020 12:00	3,85	3/4/2020 0:00	4,08	3/7/2020 12:00	6,6	3/10/2020 0:00	2,16
2/1/2020 13:00	3,99	3/4/2020 1:00	4,38	3/7/2020 13:00	6,65	3/10/2020 1:00	2,78
2/1/2020 14:00	4	3/4/2020 2:00	4,57	3/7/2020 14:00	6,6	3/10/2020 2:00	2,7
2/1/2020 15:00	3,79	3/4/2020 3:00	4,88	3/7/2020 15:00	6,35	3/10/2020 3:00	2,96
2/1/2020 16:00	3,35	3/4/2020 4:00	5,05	3/7/2020 16:00	5,92	3/10/2020 4:00	2,78
2/1/2020 17:00	2,69	3/4/2020 5:00	4,92	3/7/2020 17:00	4,81	3/10/2020 5:00	2,69
2/1/2020 18:00	2,13	3/4/2020 6:00	4,31	3/7/2020 18:00	3,23	3/10/2020 6:00	2,89
2/1/2020 19:00	1,94	3/4/2020 7:00	5,3	3/7/2020 19:00	2,57	3/10/2020 7:00	4,73
2/1/2020 20:00	1,77	3/4/2020 8:00	6,72	3/7/2020 20:00	2,28	3/10/2020 8:00	6,38
2/1/2020 21:00	1,76	3/4/2020 9:00	7,67	3/7/2020 21:00	1,94	3/10/2020 9:00	7,27
2/1/2020 22:00	1,75	3/4/2020 10:00	8,11	3/7/2020 22:00	1,51	3/10/2020 10:00	7,73
2/1/2020 23:00	1,52	3/4/2020 11:00	8,24	3/7/2020 23:00	1,44	3/10/2020 11:00	7,76
3/1/2020 0:00	1,28	3/4/2020 12:00	8,05	4/7/2020 0:00	1,6	3/10/2020 12:00	7,54
3/1/2020 1:00	0,89	3/4/2020 13:00	7,7	4/7/2020 1:00	1,74	3/10/2020 13:00	7,17
3/1/2020 2:00	0,43	3/4/2020 14.00	7,4	4/7/2020 2.00	1,79	3/10/2020 14:00	6,72
3/1/2020 3:00	0,72	3/4/2020 15:00	7	4/7/2020 3:00	1,77	3/10/2020 15:00	6,28
3/1/2020 4:00	1,13	3/4/2020 16:00	6,31	4/7/2020 4:00	2,01	3/10/2020 16:00	5,93
3/1/2020 5:00	1,44	3/4/2020 17:00	5,04	4/7/2020 5:00	2,22	3/10/2020 17:00	5,33
3/1/2020 6:00	1,73	3/4/2020 18:00	3,23	4/7/2020 6:00	2,32	3/10/2020 18:00	4,16
3/1/2020 7:00	2,19	3/4/2020 19:00	2,36	4/7/2020 7:00	3,36	3/10/2020 19:00	3,8
3/1/2020 8:00	2,89	3/4/2020 20:00	1,95	4/7/2020 8:00	5,16	3/10/2020 20:00	3,79
3/1/2020 9:00	3,59	3/4/2020 21:00	1,55	4/7/2020 9:00	5,94	3/10/2020 21:00	3,74
3/1/2020 10:00	4,29	3/4/2020 22:00	1,29	4/7/2020 10:00	6,14	3/10/2020 22:00	3,57
3/1/2020 11:00	4,61	3/4/2020 23:00	1,33	4/7/2020 11:00	5,97	3/10/2020 23:00	3,3
3/1/2020 12:00	4,47	4/4/2020 0:00	1,39	4/7/2020 12:00	5,81	4/10/2020 0:00	3,15
3/1/2020 13:00	4,05	4/4/2020 1:00	1,49	4/7/2020 13:00	5,7	4/10/2020 1:00	2,99
3/1/2020 14:00	3,62	4/4/2020 2:00	1,73	4/7/2020 14:00	5,52	4/10/2020 2:00	2,98
3/1/2020 15:00	3,2	4/4/2020 3:00	1,99	4/7/2020 15:00	5,05	4/10/2020 3:00	3,27
3/1/2020 16:00	2,74	4/4/2020 4:00	2,08	4/7/2020 16:00	4,4	4/10/2020 4:00	3,58
3/1/2020 17:00	2,16	4/4/2020 5:00	2,19	4/7/2020 17:00	3,31	4/10/2020 5:00	3,74
3/1/2020 18:00	1,62	4/4/2020 6:00	2,22	4/7/2020 18:00	2,35	4/10/2020 6:00	3,87
3/1/2020 19:00	1,46	4/4/2020 7:00	3,38	4/7/2020 19:00	1,81	4/10/2020 7:00	5,33
3/1/2020 20:00	1,46	4/4/2020 8:00	4,8	4/7/2020 20:00	1,28	4/10/2020 8:00	7,31
3/1/2020 21:00	1,56	4/4/2020 9:00	5,86	4/7/2020 21:00	0,91	4/10/2020 9:00	8,44
3/1/2020 22:00	1,72	4/4/2020 10:00	6,49	4/7/2020 22:00	1,04	4/10/2020 10:00	9,04
3/1/2020 23:00	1,9	4/4/2020 11:00	6,72	4/7/2020 23:00	1,49	4/10/2020 11:00	9,38
4/1/2020 0:00	1,97	4/4/2020 12:00	6,68	5/7/2020 0:00	1,9	4/10/2020 12:00	9,4
4/1/2020 1:00	1,88	4/4/2020 13:00	6,53	5/7/2020 1:00	2,22	4/10/2020 13:00	9,04
4/1/2020 2:00	1,49	4/4/2020 14:00	6,34	5/7/2020 2:00	2,43	4/10/2020 14:00	8,48
4/1/2020 3:00	1	4/4/2020 15:00	5,96	5/7/2020 3:00	2,5	4/10/2020 15:00	7,86

4/1/2020 4:00	0,4	4/4/2020 16:00	5,22	5/7/2020 4:00	2,29	4/10/2020 16:00	7,28
4/1/2020 5:00	0,3	4/4/2020 17:00	4,14	5/7/2020 5:00	2,08	4/10/2020 17:00	6,56
4/1/2020 6:00	0,7	4/4/2020 18:00	3,02	5/7/2020 6:00	2,09	4/10/2020 18:00	5,24
4/1/2020 7:00	0,37	4/4/2020 19:00	2,63	5/7/2020 7:00	2,75	4/10/2020 19:00	4,77
4/1/2020 8:00	0,84	4/4/2020 20:00	2,59	5/7/2020 8:00	4,51	4/10/2020 20:00	4,64
4/1/2020 9:00	1,26	4/4/2020 21:00	2,33	5/7/2020 9:00	5,75	4/10/2020 21:00	4,57
4/1/2020 10:00	1,56	4/4/2020 22:00	1,72	5/7/2020 10:00	6,68	4/10/2020 22:00	4,23
4/1/2020 11:00	1,69	4/4/2020 23:00	1,21	5/7/2020 11:00	7,15	4/10/2020 23:00	3,96
4/1/2020 12:00	1,59	5/4/2020 0:00	1,03	5/7/2020 12:00	7,09	5/10/2020 0:00	3,58
4/1/2020 13:00	1,42	5/4/2020 1:00	0,77	5/7/2020 13:00	6,66	5/10/2020 1:00	3,31
4/1/2020 14:00	1,24	5/4/2020 2:00	0,54	5/7/2020 14:00	6,09	5/10/2020 2:00	3,33
4/1/2020 15:00	1,09	5/4/2020 3:00	0,71	5/7/2020 15:00	5,58	5/10/2020 3:00	3,59
4/1/2020 16:00	1,08	5/4/2020 4:00	1,08	5/7/2020 16:00	4,96	5/10/2020 4:00	3,77
4/1/2020 17:00	0,97	5/4/2020 5:00	1,45	5/7/2020 17:00	3,91	5/10/2020 5:00	3,84
4/1/2020 18:00	0,37	5/4/2020 6:00	1,73	5/7/2020 18:00	2,94	5/10/2020 6:00	3,97
4/1/2020 19:00	0,63	5/4/2020 7:00	2,45	5/7/2020 19:00	2,79	5/10/2020 7:00	5,94
4/1/2020 20:00	1,08	5/4/2020 8:00	3,71	5/7/2020 20:00	2,89	5/10/2020 8:00	7,16
4/1/2020 21:00	1,28	5/4/2020 9:00	4,5	5/7/2020 21:00	3,21	5/10/2020 9:00	7,87
4/1/2020 22:00	1,64	5/4/2020 10:00	5,12	5/7/2020 22:00	3,58	5/10/2020 10:00	8,72
4/1/2020 23:00	2,19	5/4/2020 11:00	5,7	5/7/2020 23:00	3,67	5/10/2020 11:00	9,39
5/1/2020 0:00	2,63	5/4/2020 12:00	6,09	6/7/2020 0:00	3,38	5/10/2020 12:00	9,55
5/1/2020 1:00	2,88	5/4/2020 13:00	6,47	6/7/2020 1:00	3,36	5/10/2020 13:00	9,31
5/1/2020 2:00	3,08	5/4/2020 14:00	7,08	6/7/2020 2:00	3,66	5/10/2020 14:00	8,94
5/1/2020 3:00	3,38	5/4/2020 15:00	7,27	6/7/2020 3:00	3,79	5/10/2020 15:00	8,49
5/1/2020 4:00	3,65	5/4/2020 16:00	6,61	6/7/2020 4:00	4,29	5/10/2020 16:00	7,91
5/1/2020 5:00	3,73	5/4/2020 17:00	5,01	6/7/2020 5:00	4,48	5/10/2020 17:00	7,18
5/1/2020 6:00	3,58	5/4/2020 18:00	3,62	6/7/2020 6:00	4,32	5/10/2020 18:00	5,78
5/1/2020 7:00	2,9	5/4/2020 19:00	3,09	6/7/2020 7:00	4,96	5/10/2020 19:00	5,35
5/1/2020 8:00	2,1	5/4/2020 20:00	2,44	6/7/2020 8:00	5,83	5/10/2020 20:00	4,67
5/1/2020 9:00	1,41	5/4/2020 21:00	1,65	6/7/2020 9:00	6,39	5/10/2020 21:00	3,78
5/1/2020 10:00	1,31	5/4/2020 22:00	1,07	6/7/2020 10:00	6,32	5/10/2020 22:00	3,09
5/1/2020 11:00	1,26	5/4/2020 23:00	0,58	6/7/2020 11:00	6,08	5/10/2020 23:00	2,85
5/1/2020 12:00	1,12	6/4/2020 0:00	0,62	6/7/2020 12:00	5,83	6/10/2020 0:00	2,85
5/1/2020 13:00	1,29	6/4/2020 1:00	0,98	6/7/2020 13:00	5,56	6/10/2020 1:00	2,76
5/1/2020 14:00	1,58	6/4/2020 2:00	1,57	6/7/2020 14:00	5,16	6/10/2020 2:00	2,64
5/1/2020 15:00	1,86	6/4/2020 3:00	1,98	6/7/2020 15:00	4,47	6/10/2020 3:00	2,58
5/1/2020 16:00	1,91	6/4/2020 4:00	2,49	6/7/2020 16:00	3,54	6/10/2020 4:00	2,48
5/1/2020 17:00	1,78	6/4/2020 5:00	3,22	6/7/2020 17:00	2,46	6/10/2020 5:00	2,32
5/1/2020 18:00	1,59	6/4/2020 6:00	3,97	6/7/2020 18:00	1,75	6/10/2020 6:00	2,26
5/1/2020 19:00	1,34	6/4/2020 7:00	4,44	6/7/2020 19:00	1,87	6/10/2020 7:00	4,07
5/1/2020 20:00	1,37	6/4/2020 8:00	6,61	6/7/2020 20:00	2,09	6/10/2020 8:00	6,2
5/1/2020 21:00	1,67	6/4/2020 9:00	8,63	6/7/2020 21:00	2,33	6/10/2020 9:00	7,14
5/1/2020 22:00	2,08	6/4/2020 10:00	9,33	6/7/2020 22:00	3,07	6/10/2020 10:00	7,89
5/1/2020 23:00	2,51	6/4/2020 11:00	9,58	6/7/2020 23:00	3,36	6/10/2020 11:00	8,37
6/1/2020 0:00	2,71	6/4/2020 12:00	9,71	7/7/2020 0:00	3,05	6/10/2020 12:00	8,42

6/1/2020 1:00	2,75	6/4/2020 13:00	9,79	7/7/2020 1:00	2,69	6/10/2020 13:00	8,07
6/1/2020 2:00	2,73	6/4/2020 14:00	9,66	7/7/2020 2:00	2,47	6/10/2020 14:00	7,65
6/1/2020 3:00	2,85	6/4/2020 15:00	9,23	7/7/2020 3:00	2,77	6/10/2020 15:00	7,31
6/1/2020 4:00	3,03	6/4/2020 16:00	8,41	7/7/2020 4:00	3,28	6/10/2020 16:00	7,22
6/1/2020 5:00	3	6/4/2020 17:00	6,71	7/7/2020 5:00	3,08	6/10/2020 17:00	6,78
6/1/2020 6:00	2,73	6/4/2020 18:00	4,61	7/7/2020 6:00	2,95	6/10/2020 18:00	4,83
6/1/2020 7:00	2,29	6/4/2020 19:00	4,66	7/7/2020 7:00	3,36	6/10/2020 19:00	3,47
6/1/2020 8:00	1,24	6/4/2020 20:00	4,38	7/7/2020 8:00	4,2	6/10/2020 20:00	2,81
6/1/2020 9:00	0,69	6/4/2020 21:00	3,92	7/7/2020 9:00	5,05	6/10/2020 21:00	2,56
6/1/2020 10:00	1,33	6/4/2020 22:00	3,43	7/7/2020 10:00	5,54	6/10/2020 22:00	2,44
6/1/2020 11:00	1,77	6/4/2020 23:00	3,21	7/7/2020 11:00	5,59	6/10/2020 23:00	2,4
6/1/2020 12:00	2,01	7/4/2020 0:00	3,02	7/7/2020 12:00	5,28	7/10/2020 0:00	2,56
6/1/2020 13:00	2,23	7/4/2020 1:00	2,37	7/7/2020 13:00	4,79	7/10/2020 1:00	2,82
6/1/2020 14:00	2,42	7/4/2020 2:00	2,09	7/7/2020 14:00	4,26	7/10/2020 2:00	2,97
6/1/2020 15:00	2,54	7/4/2020 3:00	2,22	7/7/2020 15:00	3,64	7/10/2020 3:00	3,02
6/1/2020 16:00	2,38	7/4/2020 4:00	2,56	7/7/2020 16:00	3,22	7/10/2020 4:00	2,96
6/1/2020 17:00	1,9	7/4/2020 5:00	3,04	7/7/2020 17:00	2,85	7/10/2020 5:00	2,94
6/1/2020 18:00	1,41	7/4/2020 6:00	3,86	7/7/2020 18:00	2,19	7/10/2020 6:00	2,96
6/1/2020 19:00	1,07	7/4/2020 7:00	4,77	7/7/2020 19:00	1,34	7/10/2020 7:00	4,06
6/1/2020 20:00	0,66	7/4/2020 8:00	6,82	7/7/2020 20:00	0,45	7/10/2020 8:00	6,04
6/1/2020 21:00	0,61	7/4/2020 9:00	7,92	7/7/2020 21:00	0,54	7/10/2020 9:00	6,88
6/1/2020 22:00	1,43	7/4/2020 10:00	8,54	7/7/2020 22:00	0,84	7/10/2020 10:00	7,57
6/1/2020 23:00	2,02	7/4/2020 11:00	9,06	7/7/2020 23:00	0,55	7/10/2020 11:00	8,06
7/1/2020 0:00	2,31	7/4/2020 12:00	9,15	8/7/2020 0:00	0,28	7/10/2020 12:00	8,18
7/1/2020 1:00	2,51	7/4/2020 13:00	8,95	8/7/2020 1:00	0,94	7/10/2020 13:00	8,1
7/1/2020 2:00	2,16	7/4/2020 14:00	8,43	8/7/2020 2:00	1,1	7/10/2020 14:00	8,01
7/1/2020 3:00	1,04	7/4/2020 15:00	7,76	8/7/2020 3:00	1,16	7/10/2020 15:00	7,89
7/1/2020 4:00	0,87	7/4/2020 16:00	6,67	8/7/2020 4:00	1,4	7/10/2020 16:00	7,5
7/1/2020 5:00	1,55	7/4/2020 17:00	4,86	8/7/2020 5:00	1,77	7/10/2020 17:00	6,49
7/1/2020 6:00	1,77	7/4/2020 18:00	3,27	8/7/2020 6:00	1,96	7/10/2020 18:00	5,28
7/1/2020 7:00	2,62	7/4/2020 19:00	3,02	8/7/2020 7:00	2,73	7/10/2020 19:00	4,57
7/1/2020 8:00	3,95	7/4/2020 20:00	3,08	8/7/2020 8:00	3,65	7/10/2020 20:00	3,84
7/1/2020 9:00	4,46	7/4/2020 21:00	3,26	8/7/2020 9:00	4,31	7/10/2020 21:00	3,21
7/1/2020 10:00	4,64	7/4/2020 22:00	3,29	8/7/2020 10:00	4,93	7/10/2020 22:00	2,97
7/1/2020 11:00	4,68	7/4/2020 23:00	3,13	8/7/2020 11:00	5,38	7/10/2020 23:00	3,05
7/1/2020 12:00	4,83	8/4/2020 0:00	3,19	8/7/2020 12:00	5,46	8/10/2020 0:00	3,3
7/1/2020 13:00	5,01	8/4/2020 1:00	4,09	8/7/2020 13:00	5,22	8/10/2020 1:00	3,6
7/1/2020 14:00	4,84	8/4/2020 2:00	3,94	8/7/2020 14:00	4,89	8/10/2020 2:00	3,53
7/1/2020 15:00	4,69	8/4/2020 3:00	3,69	8/7/2020 15:00	4,62	8/10/2020 3:00	3,5
7/1/2020 16:00	4,52	8/4/2020 4:00	3,57	8/7/2020 16:00	4,16	8/10/2020 4:00	3,46
7/1/2020 17:00	3,85	8/4/2020 5:00	3,36	8/7/2020 17:00	3,43	8/10/2020 5:00	3,47
7/1/2020 18:00	3,07	8/4/2020 6:00	3,36	8/7/2020 18:00	2,78	8/10/2020 6:00	3,51
7/1/2020 19:00	3,62	8/4/2020 7:00	3,77	8/7/2020 19:00	2,68	8/10/2020 7:00	4,63
7/1/2020 20:00	4,34	8/4/2020 8:00	5,17	8/7/2020 20:00	2,95	8/10/2020 8:00	6,02
7/1/2020 21:00	4,32	8/4/2020 9:00	6,59	8/7/2020 21:00	3,37	8/10/2020 9:00	6,17

Fecha/Hora	Valor	Fecha/Hora	Valor	Fecha/Hora	Valor	Fecha/Hora	Valor
7/1/2020 22:00	4,13	8/4/2020 10:00	7,03	8/7/2020 22:00	3,69	8/10/2020 10:00	6,08
7/1/2020 23:00	3,76	8/4/2020 11:00	6,89	8/7/2020 23:00	3,9	8/10/2020 11:00	6,07
8/1/2020 0:00	3,1	8/4/2020 12:00	6,86	9/7/2020 0:00	3,78	8/10/2020 12:00	6,57
8/1/2020 1:00	2,38	8/4/2020 13:00	6,98	9/7/2020 1:00	3,73	8/10/2020 13:00	7,16
8/1/2020 2:00	1,65	8/4/2020 14:00	7,31	9/7/2020 2:00	3,65	8/10/2020 14:00	7,32
8/1/2020 3:00	1,31	8/4/2020 15:00	7,56	9/7/2020 3:00	3,65	8/10/2020 15:00	6,98
8/1/2020 4:00	1,06	8/4/2020 16:00	7,17	9/7/2020 4:00	3,74	8/10/2020 16:00	6,45
8/1/2020 5:00	0,57	8/4/2020 17:00	5,72	9/7/2020 5:00	3,86	8/10/2020 17:00	5,72
8/1/2020 6:00	0,32	8/4/2020 18:00	3,84	9/7/2020 6:00	3,93	8/10/2020 18:00	4,62
8/1/2020 7:00	2,61	8/4/2020 19:00	3,06	9/7/2020 7:00	4,82	8/10/2020 19:00	4,52
8/1/2020 8:00	4,53	8/4/2020 20:00	2,87	9/7/2020 8:00	7,13	8/10/2020 20:00	4,47
8/1/2020 9:00	5,23	8/4/2020 21:00	2,95	9/7/2020 9:00	7,98	8/10/2020 21:00	4,92
8/1/2020 10:00	5,35	8/4/2020 22:00	2,91	9/7/2020 10:00	8,13	8/10/2020 22:00	5,33
8/1/2020 11:00	5,29	8/4/2020 23:00	2,88	9/7/2020 11:00	8,08	8/10/2020 23:00	5,2
8/1/2020 12:00	5,34	9/4/2020 0:00	3,26	9/7/2020 12:00	7,95	9/10/2020 0:00	4,76
8/1/2020 13:00	5,25	9/4/2020 1:00	3,15	9/7/2020 13:00	7,7	9/10/2020 1:00	4,43
8/1/2020 14:00	5,2	9/4/2020 2:00	2,73	9/7/2020 14:00	7,31	9/10/2020 2:00	4,12
8/1/2020 15:00	4,99	9/4/2020 3:00	2,39	9/7/2020 15:00	6,83	9/10/2020 3:00	4,11
8/1/2020 16:00	4,92	9/4/2020 4:00	2,36	9/7/2020 16:00	6,09	9/10/2020 4:00	3,77
8/1/2020 17:00	4,67	9/4/2020 5:00	2,5	9/7/2020 17:00	4,86	9/10/2020 5:00	3,37
8/1/2020 18:00	3,55	9/4/2020 6:00	2,61	9/7/2020 18:00	3,84	9/10/2020 6:00	2,84
8/1/2020 19:00	2,83	9/4/2020 7:00	3,05	9/7/2020 19:00	4,14	9/10/2020 7:00	3,8
8/1/2020 20:00	2,78	9/4/2020 8:00	4,22	9/7/2020 20:00	3,97	9/10/2020 8:00	5,9
8/1/2020 21:00	3,07	9/4/2020 9:00	5,06	9/7/2020 21:00	3,76	9/10/2020 9:00	6,98
8/1/2020 22:00	3,12	9/4/2020 10:00	5,65	9/7/2020 22:00	3,61	9/10/2020 10:00	7,67
8/1/2020 23:00	2,9	9/4/2020 11:00	5,92	9/7/2020 23:00	3,33	9/10/2020 11:00	8,48
9/1/2020 0:00	2,37	9/4/2020 12:00	6,13	10/7/2020 0:00	3,24	9/10/2020 12:00	9,27
9/1/2020 1:00	2,2	9/4/2020 13:00	6,23	10/7/2020 1:00	3,27	9/10/2020 13:00	9,66
9/1/2020 2:00	1,82	9/4/2020 14:00	6,19	10/7/2020 2:00	3,29	9/10/2020 14:00	9,6
9/1/2020 3:00	1,58	9/4/2020 15:00	5,96	10/7/2020 3:00	4,04	9/10/2020 15:00	9,31
9/1/2020 4:00	1,74	9/4/2020 16:00	5,36	10/7/2020 4:00	4,29	9/10/2020 16:00	8,9
9/1/2020 5:00	2,22	9/4/2020 17:00	4,24	10/7/2020 5:00	4,36	9/10/2020 17:00	7,89
9/1/2020 6:00	2,84	9/4/2020 18:00	2,91	10/7/2020 6:00	4,34	9/10/2020 18:00	6,04
9/1/2020 7:00	5,54	9/4/2020 19:00	1,93	10/7/2020 7:00	4,67	9/10/2020 19:00	5,94
9/1/2020 8:00	7,7	9/4/2020 20:00	1,07	10/7/2020 8:00	6,51	9/10/2020 20:00	5,57
9/1/2020 9:00	8,45	9/4/2020 21:00	0,4	10/7/2020 9:00	7,17	9/10/2020 21:00	5,49
9/1/2020 10:00	8,57	9/4/2020 22:00	0,12	10/7/2020 10:00	7,31	9/10/2020 22:00	4,79
9/1/2020 11:00	8,32	9/4/2020 23:00	0,33	10/7/2020 11:00	7,04	9/10/2020 23:00	4,24
9/1/2020 12:00	8,16	10/4/2020 0:00	0,71	10/7/2020 12:00	6,55	10/10/2020 0:00	3,85
9/1/2020 13:00	7,82	10/4/2020 1:00	1,07	10/7/2020 13:00	6,16	10/10/2020 1:00	3,37
9/1/2020 14:00	7,41	10/4/2020 2:00	1,38	10/7/2020 14:00	5,84	10/10/2020 2:00	2,78
9/1/2020 15:00	6,81	10/4/2020 3:00	1,59	10/7/2020 15:00	5,46	10/10/2020 3:00	2,71
9/1/2020 16:00	6,24	10/4/2020 4:00	1,63	10/7/2020 16:00	4,84	10/10/2020 4:00	2,9
9/1/2020 17:00	5,41	10/4/2020 5:00	1,67	10/7/2020 17:00	3,88	10/10/2020 5:00	3,03
9/1/2020 18:00	3,88	10/4/2020 6:00	1,79	10/7/2020 18:00	3,08	10/10/2020 6:00	3,14

9/1/2020 19:00	3,03	10/4/2020 7:00	2,62	10/7/2020 19:00	3,03	10/10/2020 7:00	4,85
9/1/2020 20:00	2,55	10/4/2020 8:00	4,42	10/7/2020 20:00	3,18	10/10/2020 8:00	6,5
9/1/2020 21:00	2,34	10/4/2020 9:00	5,73	10/7/2020 21:00	2,98	10/10/2020 9:00	7,36
9/1/2020 22:00	2,44	10/4/2020 10:00	6,4	10/7/2020 22:00	2,69	10/10/2020 10:00	8,02
9/1/2020 23:00	2,45	10/4/2020 11:00	6,67	10/7/2020 23:00	2,44	10/10/2020 11:00	8,62
10/1/2020 0:00	2,23	10/4/2020 12:00	6,64	11/7/2020 0:00	2,23	10/10/2020 12:00	8,94
10/1/2020 1:00	2,08	10/4/2020 13:00	6,54	11/7/2020 1:00	2,08	10/10/2020 13:00	9,04
10/1/2020 2:00	2,21	10/4/2020 14:00	6,41	11/7/2020 2:00	2,09	10/10/2020 14:00	9,02
10/1/2020 3:00	2,28	10/4/2020 15:00	6,17	11/7/2020 3:00	2	10/10/2020 15:00	8,8
10/1/2020 4:00	2,43	10/4/2020 16:00	5,68	11/7/2020 4:00	1,67	10/10/2020 16:00	8,56
10/1/2020 5:00	2,86	10/4/2020 17:00	4,85	11/7/2020 5:00	1,26	10/10/2020 17:00	7,89
10/1/2020 6:00	3,4	10/4/2020 18:00	3,64	11/7/2020 6:00	0,88	10/10/2020 18:00	6,51
10/1/2020 7:00	4,71	10/4/2020 19:00	3,32	11/7/2020 7:00	1,41	10/10/2020 19:00	5,86
10/1/2020 8:00	6,37	10/4/2020 20:00	3,3	11/7/2020 8:00	2,99	10/10/2020 20:00	5,04
10/1/2020 9:00	7,06	10/4/2020 21:00	3,03	11/7/2020 9:00	3,77	10/10/2020 21:00	4,01
10/1/2020 10:00	7,61	10/4/2020 22:00	2,55	11/7/2020 10:00	4,59	10/10/2020 22:00	3,17
10/1/2020 11:00	8,28	10/4/2020 23:00	2,14	11/7/2020 11:00	5,35	10/10/2020 23:00	2,26
10/1/2020 12:00	8,26	11/4/2020 0:00	1,66	11/7/2020 12:00	5,66	11/10/2020 0:00	1,78
10/1/2020 13:00	7,79	11/4/2020 1:00	1,13	11/7/2020 13:00	5,57	11/10/2020 1:00	1,65
10/1/2020 14:00	7,33	11/4/2020 2:00	1,11	11/7/2020 14:00	5,26	11/10/2020 2:00	1,94
10/1/2020 15:00	6,88	11/4/2020 3:00	1,29	11/7/2020 15:00	4,89	11/10/2020 3:00	2,35
10/1/2020 16:00	6,33	11/4/2020 4:00	1,41	11/7/2020 16:00	4,33	11/10/2020 4:00	2,56
10/1/2020 17:00	5,45	11/4/2020 5:00	1,52	11/7/2020 17:00	3,49	11/10/2020 5:00	2,65
10/1/2020 18:00	3,96	11/4/2020 6:00	1,81	11/7/2020 18:00	2,55	11/10/2020 6:00	2,8
10/1/2020 19:00	3,43	11/4/2020 7:00	2,08	11/7/2020 19:00	2,16	11/10/2020 7:00	4,83
10/1/2020 20:00	3,57	11/4/2020 8:00	2,48	11/7/2020 20:00	2,24	11/10/2020 8:00	6,84
10/1/2020 21:00	3,77	11/4/2020 9:00	2,85	11/7/2020 21:00	2,29	11/10/2020 9:00	7,95
10/1/2020 22:00	3,61	11/4/2020 10:00	3,09	11/7/2020 22:00	2,33	11/10/2020 10:00	8,5
10/1/2020 23:00	3,16	11/4/2020 11:00	3,12	11/7/2020 23:00	2,32	11/10/2020 11:00	8,55
11/1/2020 0:00	2,85	11/4/2020 12:00	3,02	12/7/2020 0:00	2,2	11/10/2020 12:00	8,49
11/1/2020 1:00	2,82	11/4/2020 13:00	3,01	12/7/2020 1:00	2,13	11/10/2020 13:00	8,41
11/1/2020 2:00	3,5	11/4/2020 14:00	3,08	12/7/2020 2:00	2,33	11/10/2020 14:00	8,23
11/1/2020 3:00	3,74	11/4/2020 15:00	3,29	12/7/2020 3:00	2,62	11/10/2020 15:00	8,05
11/1/2020 4:00	3,72	11/4/2020 16:00	3,6	12/7/2020 4:00	2,69	11/10/2020 16:00	7,78
11/1/2020 5:00	4,05	11/4/2020 17:00	3,21	12/7/2020 5:00	2,7	11/10/2020 17:00	7,15
11/1/2020 6:00	4,34	11/4/2020 18:00	2,55	12/7/2020 6:00	2,81	11/10/2020 18:00	5,49
11/1/2020 7:00	5,15	11/4/2020 19:00	2,69	12/7/2020 7:00	3,4	11/10/2020 19:00	4,92
11/1/2020 8:00	6,8	11/4/2020 20:00	3,16	12/7/2020 8:00	4,21	11/10/2020 20:00	4,66
11/1/2020 9:00	7,71	11/4/2020 21:00	3,43	12/7/2020 9:00	4,8	11/10/2020 21:00	4,24
11/1/2020 10:00	7,83	11/4/2020 22:00	3,13	12/7/2020 10:00	5,26	11/10/2020 22:00	3,36
11/1/2020 11:00	7,53	11/4/2020 23:00	2,69	12/7/2020 11:00	5,74	11/10/2020 23:00	2,47
11/1/2020 12:00	7,06	12/4/2020 0:00	2,05	12/7/2020 12:00	6,11	12/10/2020 0:00	2,18
11/1/2020 13:00	6,62	12/4/2020 1:00	1,46	12/7/2020 13:00	6,36	12/10/2020 1:00	2,41
11/1/2020 14:00	6,23	12/4/2020 2:00	0,98	12/7/2020 14:00	6,25	12/10/2020 2:00	2,51
11/1/2020 15:00	5,99	12/4/2020 3:00	0,67	12/7/2020 15:00	5,96	12/10/2020 3:00	3,06

11/1/2020 16:00	5,86	12/4/2020 4:00	0,57	12/7/2020 16:00	5,42	12/10/2020 4:00	3,37
11/1/2020 17:00	5,31	12/4/2020 5:00	0,48	12/7/2020 17:00	4,35	12/10/2020 5:00	3,82
11/1/2020 18:00	3,89	12/4/2020 6:00	0,54	12/7/2020 18:00	3,31	12/10/2020 6:00	3,98
11/1/2020 19:00	3,41	12/4/2020 7:00	1,06	12/7/2020 19:00	3,42	12/10/2020 7:00	4,32
11/1/2020 20:00	3,28	12/4/2020 8:00	2,22	12/7/2020 20:00	3,71	12/10/2020 8:00	5,92
11/1/2020 21:00	3,21	12/4/2020 9:00	2,82	12/7/2020 21:00	3,75	12/10/2020 9:00	7,95
11/1/2020 22:00	3,1	12/4/2020 10:00	3,05	12/7/2020 22:00	3,68	12/10/2020 10:00	9,31
11/1/2020 23:00	2,87	12/4/2020 11:00	3,09	12/7/2020 23:00	3,41	12/10/2020 11:00	9,68
12/1/2020 0:00	2,66	12/4/2020 12:00	3,11	13/7/2020 0:00	3,29	12/10/2020 12:00	9,67
12/1/2020 1:00	3,06	12/4/2020 13:00	3,09	13/7/2020 1:00	3,18	12/10/2020 13:00	9,47
12/1/2020 2:00	3,11	12/4/2020 14:00	3,16	13/7/2020 2:00	3,67	12/10/2020 14:00	9,24
12/1/2020 3:00	3,14	12/4/2020 15:00	3,36	13/7/2020 3:00	4,03	12/10/2020 15:00	8,9
12/1/2020 4:00	3,56	12/4/2020 16:00	3,41	13/7/2020 4:00	4,13	12/10/2020 16:00	8,4
12/1/2020 5:00	4,11	12/4/2020 17:00	3,04	13/7/2020 5:00	3,9	12/10/2020 17:00	7,43
12/1/2020 6:00	4,58	12/4/2020 18:00	2,91	13/7/2020 6:00	3,76	12/10/2020 18:00	5,9
12/1/2020 7:00	5,5	12/4/2020 19:00	3	13/7/2020 7:00	4,05	12/10/2020 19:00	5,81
12/1/2020 8:00	7,44	12/4/2020 20:00	2,92	13/7/2020 8:00	5,45	12/10/2020 20:00	5,69
12/1/2020 9:00	8,27	12/4/2020 21:00	2,68	13/7/2020 9:00	6,71	12/10/2020 21:00	5,08
12/1/2020 10:00	8,54	12/4/2020 22:00	2,32	13/7/2020 10:00	7,86	12/10/2020 22:00	4,74
12/1/2020 11:00	8,45	12/4/2020 23:00	2,1	13/7/2020 11:00	8,61	12/10/2020 23:00	4,85
12/1/2020 12:00	8,22	13/4/2020 0:00	1,93	13/7/2020 12:00	8,77	13/10/2020 0:00	4,84
12/1/2020 13:00	7,92	13/4/2020 1:00	1,81	13/7/2020 13:00	8,49	13/10/2020 1:00	4,53
12/1/2020 14:00	7,62	13/4/2020 2:00	1,47	13/7/2020 14:00	8,2	13/10/2020 2:00	4,7
12/1/2020 15:00	7,42	13/4/2020 3:00	1,12	13/7/2020 15:00	7,75	13/10/2020 3:00	4,39
12/1/2020 16:00	7,19	13/4/2020 4:00	0,93	13/7/2020 16:00	7,16	13/10/2020 4:00	4,3
12/1/2020 17:00	6,34	13/4/2020 5:00	0,82	13/7/2020 17:00	5,86	13/10/2020 5:00	3,97
12/1/2020 18:00	4,41	13/4/2020 6:00	0,64	13/7/2020 18:00	4,42	13/10/2020 6:00	3,83
12/1/2020 19:00	3,94	13/4/2020 7:00	1,38	13/7/2020 19:00	4,59	13/10/2020 7:00	4,57
12/1/2020 20:00	4,09	13/4/2020 8:00	2,43	13/7/2020 20:00	4,51	13/10/2020 8:00	5,97
12/1/2020 21:00	4,41	13/4/2020 9:00	3,18	13/7/2020 21:00	4,45	13/10/2020 9:00	6,96
12/1/2020 22:00	4,65	13/4/2020 10:00	3,94	13/7/2020 22:00	4,32	13/10/2020 10:00	7,75
12/1/2020 23:00	4,7	13/4/2020 11:00	4,65	13/7/2020 23:00	4,11	13/10/2020 11:00	8,29
13/1/2020 0:00	4,72	13/4/2020 12:00	5,05	14/7/2020 0:00	4,06	13/10/2020 12:00	8,52
13/1/2020 1:00	4,68	13/4/2020 13:00	5,03	14/7/2020 1:00	4,14	13/10/2020 13:00	8,45
13/1/2020 2:00	4,7	13/4/2020 14:00	4,7	14/7/2020 2:00	5,27	13/10/2020 14:00	8,1
13/1/2020 3:00	4,66	13/4/2020 15:00	4,23	14/7/2020 3:00	5,14	13/10/2020 15:00	7,66
13/1/2020 4:00	4,82	13/4/2020 16:00	3,56	14/7/2020 4:00	5,04	13/10/2020 16:00	7,09
13/1/2020 5:00	4,96	13/4/2020 17:00	2,54	14/7/2020 5:00	5,3	13/10/2020 17:00	6,19
13/1/2020 6:00	4,99	13/4/2020 18:00	1,37	14/7/2020 6:00	4,81	13/10/2020 18:00	4,51
13/1/2020 7:00	6,23	13/4/2020 19:00	0,57	14/7/2020 7:00	4,87	13/10/2020 19:00	3,85
13/1/2020 8:00	7,81	13/4/2020 20:00	0,74	14/7/2020 8:00	5,98	13/10/2020 20:00	3,77
13/1/2020 9:00	8,56	13/4/2020 21:00	1,81	14/7/2020 9:00	6,9	13/10/2020 21:00	3,47
13/1/2020 10:00	8,62	13/4/2020 22:00	2,63	14/7/2020 10:00	7,56	13/10/2020 22:00	3,29
13/1/2020 11:00	8,28	13/4/2020 23:00	3,1	14/7/2020 11:00	7,75	13/10/2020 23:00	2,66
13/1/2020 12:00	7,84	14/4/2020 0:00	3,43	14/7/2020 12:00	7,72	14/10/2020 0:00	1,77

13/1/2020 13:00	7,43	14/4/2020 1:00	3,6	14/7/2020 13:00	7,56	14/10/2020 1:00	1,27
13/1/2020 14:00	7,05	14/4/2020 2:00	3,45	14/7/2020 14:00	7,22	14/10/2020 2:00	1,16
13/1/2020 15:00	6,56	14/4/2020 3:00	3,18	14/7/2020 15:00	6,57	14/10/2020 3:00	1,45
13/1/2020 16:00	5,92	14/4/2020 4:00	2,85	14/7/2020 16:00	5,61	14/10/2020 4:00	1,6
13/1/2020 17:00	5,02	14/4/2020 5:00	2,73	14/7/2020 17:00	4,5	14/10/2020 5:00	1,7
13/1/2020 18:00	3,55	14/4/2020 6:00	2,58	14/7/2020 18:00	3,67	14/10/2020 6:00	1,95
13/1/2020 19:00	2,78	14/4/2020 7:00	2,1	14/7/2020 19:00	4,09	14/10/2020 7:00	3,23
13/1/2020 20:00	2,81	14/4/2020 8:00	1,63	14/7/2020 20:00	4,98	14/10/2020 8:00	5,06
13/1/2020 21:00	2,77	14/4/2020 9:00	1,67	14/7/2020 21:00	5,37	14/10/2020 9:00	6,06
13/1/2020 22:00	2,82	14/4/2020 10:00	1,78	14/7/2020 22:00	5,43	14/10/2020 10:00	6,87
13/1/2020 23:00	3,09	14/4/2020 11:00	1,86	14/7/2020 23:00	5,14	14/10/2020 11:00	7,38
14/1/2020 0:00	3,29	14/4/2020 12:00	1,95	15/7/2020 0:00	5,02	14/10/2020 12:00	7,37
14/1/2020 1:00	3,51	14/4/2020 13:00	1,88	15/7/2020 1:00	4,91	14/10/2020 13:00	7,15
14/1/2020 2:00	3,49	14/4/2020 14:00	1,71	15/7/2020 2:00	5,05	14/10/2020 14:00	6,89
14/1/2020 3:00	3,24	14/4/2020 15:00	1,48	15/7/2020 3:00	5,29	14/10/2020 15:00	6,68
14/1/2020 4:00	3,03	14/4/2020 16:00	1,12	15/7/2020 4:00	5,29	14/10/2020 16:00	6,51
14/1/2020 5:00	3,36	14/4/2020 17:00	0,57	15/7/2020 5:00	5,46	14/10/2020 17:00	6,14
14/1/2020 6:00	3,77	14/4/2020 18:00	0,45	15/7/2020 6:00	5,09	14/10/2020 18:00	4,92
14/1/2020 7:00	6,01	14/4/2020 19:00	1,13	15/7/2020 7:00	5,38	14/10/2020 19:00	4,43
14/1/2020 8:00	7,54	14/4/2020 20:00	1,54	15/7/2020 8:00	6,6	14/10/2020 20:00	4,13
14/1/2020 9:00	8,35	14/4/2020 21:00	1,58	15/7/2020 9:00	7,41	14/10/2020 21:00	3,97
14/1/2020 10:00	8,68	14/4/2020 22:00	1,57	15/7/2020 10:00	8,04	14/10/2020 22:00	3,83
14/1/2020 11:00	8,8	14/4/2020 23:00	1,87	15/7/2020 11:00	8,39	14/10/2020 23:00	3,07
14/1/2020 12:00	8,68	15/4/2020 0:00	2,18	15/7/2020 12:00	8,6	15/10/2020 0:00	2,15
14/1/2020 13:00	8,19	15/4/2020 1:00	2,56	15/7/2020 13:00	8,91	15/10/2020 1:00	1,45
14/1/2020 14:00	7,47	15/4/2020 2:00	2,89	15/7/2020 14:00	8,8	15/10/2020 2:00	1,28
14/1/2020 15:00	6,63	15/4/2020 3:00	3,14	15/7/2020 15:00	8,16	15/10/2020 3:00	1,21
14/1/2020 16:00	5,84	15/4/2020 4:00	3,13	15/7/2020 16:00	7,44	15/10/2020 4:00	1,35
14/1/2020 17:00	5,18	15/4/2020 5:00	2,92	15/7/2020 17:00	6,41	15/10/2020 5:00	1,94
14/1/2020 18:00	3,85	15/4/2020 6:00	2,69	15/7/2020 18:00	5,57	15/10/2020 6:00	2,35
14/1/2020 19:00	3,56	15/4/2020 7:00	2,93	15/7/2020 19:00	5,45	15/10/2020 7:00	4,03
14/1/2020 20:00	3,68	15/4/2020 8:00	2,92	15/7/2020 20:00	5,29	15/10/2020 8:00	5,62
14/1/2020 21:00	3,87	15/4/2020 9:00	2,48	15/7/2020 21:00	5,02	15/10/2020 9:00	6,46
14/1/2020 22:00	3,63	15/4/2020 10:00	1,84	15/7/2020 22:00	4,76	15/10/2020 10:00	6,85
14/1/2020 23:00	3,27	15/4/2020 11:00	1,3	15/7/2020 23:00	4,68	15/10/2020 11:00	7,08
15/1/2020 0:00	3,19	15/4/2020 12:00	1,08	16/7/2020 0:00	4,58	15/10/2020 12:00	7,17
15/1/2020 1:00	3,09	15/4/2020 13:00	1,26	16/7/2020 1:00	4,48	15/10/2020 13:00	7,09
15/1/2020 2:00	2,77	15/4/2020 14:00	1,68	16/7/2020 2:00	4,32	15/10/2020 14:00	7
15/1/2020 3:00	2,83	15/4/2020 15:00	2	16/7/2020 3:00	4,13	15/10/2020 15:00	6,97
15/1/2020 4:00	3,38	15/4/2020 16:00	2,28	16/7/2020 4:00	4,09	15/10/2020 16:00	7,12
15/1/2020 5:00	3,81	15/4/2020 17:00	2,32	16/7/2020 5:00	3,92	15/10/2020 17:00	6,96
15/1/2020 6:00	3,42	15/4/2020 18:00	1,97	16/7/2020 6:00	3,6	15/10/2020 18:00	5,85
15/1/2020 7:00	5,05	15/4/2020 19:00	2,03	16/7/2020 7:00	3,62	15/10/2020 19:00	5,62
15/1/2020 8:00	6,57	15/4/2020 20:00	2,25	16/7/2020 8:00	5,39	15/10/2020 20:00	5,81
15/1/2020 9:00	7,19	15/4/2020 21:00	2,52	16/7/2020 9:00	7,03	15/10/2020 21:00	6,1

15/1/2020 10:00	7,39	15/4/2020 22:00	2,53	16/7/2020 10:00	8,11	15/10/2020 22:00	5,86
15/1/2020 11:00	7,44	15/4/2020 23:00	2,39	16/7/2020 11:00	8,43	15/10/2020 23:00	5,31
15/1/2020 12:00	7,36	16/4/2020 0:00	2,1	16/7/2020 12:00	8,24	16/10/2020 0:00	4,83
15/1/2020 13:00	7,27	16/4/2020 1:00	1,72	16/7/2020 13:00	7,83	16/10/2020 1:00	4,24
15/1/2020 14:00	7,09	16/4/2020 2:00	1,41	16/7/2020 14:00	7,3	16/10/2020 2:00	4,1
15/1/2020 15:00	6,79	16/4/2020 3:00	1,09	16/7/2020 15:00	6,66	16/10/2020 3:00	4,07
15/1/2020 16:00	6,22	16/4/2020 4:00	0,65	16/7/2020 16:00	6	16/10/2020 4:00	4,05
15/1/2020 17:00	5,48	16/4/2020 5:00	0,34	16/7/2020 17:00	4,99	16/10/2020 5:00	4,19
15/1/2020 18:00	4,09	16/4/2020 6:00	0,84	16/7/2020 18:00	4,03	16/10/2020 6:00	4,44
15/1/2020 19:00	3,78	16/4/2020 7:00	1,69	16/7/2020 19:00	3,78	16/10/2020 7:00	6,05
15/1/2020 20:00	4,14	16/4/2020 8:00	2,57	16/7/2020 20:00	3,45	16/10/2020 8:00	7,43
15/1/2020 21:00	5,09	16/4/2020 9:00	3,2	16/7/2020 21:00	3,29	16/10/2020 9:00	8,21
15/1/2020 22:00	5,69	16/4/2020 10:00	3,67	16/7/2020 22:00	3,24	16/10/2020 10:00	8,8
15/1/2020 23:00	5,92	16/4/2020 11:00	3,79	16/7/2020 23:00	3,24	16/10/2020 11:00	9,14
16/1/2020 0:00	5,41	16/4/2020 12:00	4,01	17/7/2020 0:00	3,54	16/10/2020 12:00	9,18
16/1/2020 1:00	5,08	16/4/2020 13:00	4,23	17/7/2020 1:00	3,37	16/10/2020 13:00	9,09
16/1/2020 2:00	4,99	16/4/2020 14:00	4,46	17/7/2020 2:00	3,54	16/10/2020 14:00	8,94
16/1/2020 3:00	4,91	16/4/2020 15:00	4,57	17/7/2020 3:00	3,64	16/10/2020 15:00	8,61
16/1/2020 4:00	4,95	16/4/2020 16:00	4,37	17/7/2020 4:00	3,83	16/10/2020 16:00	8,2
16/1/2020 5:00	5,31	16/4/2020 17:00	3,6	17/7/2020 5:00	4,33	16/10/2020 17:00	7,41
16/1/2020 6:00	5,42	16/4/2020 18:00	3,3	17/7/2020 6:00	4,53	16/10/2020 18:00	5,83
16/1/2020 7:00	7,12	16/4/2020 19:00	3,47	17/7/2020 7:00	5,13	16/10/2020 19:00	5,39
16/1/2020 8:00	8,61	16/4/2020 20:00	3,2	17/7/2020 8:00	6,61	16/10/2020 20:00	5,58
16/1/2020 9:00	9,15	16/4/2020 21:00	2,79	17/7/2020 9:00	7,62	16/10/2020 21:00	5,91
16/1/2020 10:00	9,17	16/4/2020 22:00	2,44	17/7/2020 10:00	8,04	16/10/2020 22:00	5,84
16/1/2020 11:00	8,92	16/4/2020 23:00	2,25	17/7/2020 11:00	7,99	16/10/2020 23:00	5,63
16/1/2020 12:00	8,67	17/4/2020 0:00	2,19	17/7/2020 12:00	7,62	17/10/2020 0:00	5,46
16/1/2020 13:00	8,44	17/4/2020 1:00	2,22	17/7/2020 13:00	7,22	17/10/2020 1:00	5,14
16/1/2020 14:00	8,01	17/4/2020 2:00	2,18	17/7/2020 14:00	6,76	17/10/2020 2:00	4,74
16/1/2020 15:00	7,6	17/4/2020 3:00	2,24	17/7/2020 15:00	6,22	17/10/2020 3:00	4,39
16/1/2020 16:00	7,08	17/4/2020 4:00	2,22	17/7/2020 16:00	5,58	17/10/2020 4:00	4,04
16/1/2020 17:00	6,26	17/4/2020 5:00	2,16	17/7/2020 17:00	4,67	17/10/2020 5:00	3,72
16/1/2020 18:00	4,49	17/4/2020 6:00	2,2	17/7/2020 18:00	3,87	17/10/2020 6:00	3,69
16/1/2020 19:00	4,09	17/4/2020 7:00	2,52	17/7/2020 19:00	3,92	17/10/2020 7:00	5,15
16/1/2020 20:00	4,51	17/4/2020 8:00	3,52	17/7/2020 20:00	3,92	17/10/2020 8:00	7,09
16/1/2020 21:00	4,74	17/4/2020 9:00	4,23	17/7/2020 21:00	3,53	17/10/2020 9:00	8,3
16/1/2020 22:00	4,63	17/4/2020 10:00	4,49	17/7/2020 22:00	2,99	17/10/2020 10:00	9,19
16/1/2020 23:00	4,54	17/4/2020 11:00	4,39	17/7/2020 23:00	2,67	17/10/2020 11:00	9,64
17/1/2020 0:00	4,5	17/4/2020 12:00	4,34	18/7/2020 0:00	2,95	17/10/2020 12:00	9,68
17/1/2020 1:00	4,57	17/4/2020 13:00	4,45	18/7/2020 1:00	3,32	17/10/2020 13:00	9,38
17/1/2020 2:00	4,85	17/4/2020 14:00	4,56	18/7/2020 2:00	3,42	17/10/2020 14:00	8,83
17/1/2020 3:00	5,21	17/4/2020 15:00	4,5	18/7/2020 3:00	3,61	17/10/2020 15:00	8,25
17/1/2020 4:00	5,67	17/4/2020 16:00	4,22	18/7/2020 4:00	3,85	17/10/2020 16:00	7,77
17/1/2020 5:00	6,07	17/4/2020 17:00	3,54	18/7/2020 5:00	4,11	17/10/2020 17:00	7,06
17/1/2020 6:00	6,34	17/4/2020 18:00	2,76	18/7/2020 6:00	4,4	17/10/2020 18:00	5,49

Fecha	Valor	Fecha	Valor	Fecha	Valor	Fecha	Valor
17/1/2020 7:00	7,62	17/4/2020 19:00	2,57	18/7/2020 7:00	5,96	17/10/2020 19:00	4,56
17/1/2020 8:00	9,09	17/4/2020 20:00	2,45	18/7/2020 8:00	7,46	17/10/2020 20:00	4,32
17/1/2020 9:00	9,7	17/4/2020 21:00	2,11	18/7/2020 9:00	8,12	17/10/2020 21:00	4,41
17/1/2020 10:00	10	17/4/2020 22:00	1,8	18/7/2020 10:00	8,04	17/10/2020 22:00	4,06
17/1/2020 11:00	10,43	17/4/2020 23:00	1,74	18/7/2020 11:00	7,73	17/10/2020 23:00	3,79
17/1/2020 12:00	10,54	18/4/2020 0:00	1,77	18/7/2020 12:00	7,46	18/10/2020 0:00	3,56
17/1/2020 13:00	10,61	18/4/2020 1:00	2,18	18/7/2020 13:00	7,27	18/10/2020 1:00	2,98
17/1/2020 14:00	10,58	18/4/2020 2:00	2,6	18/7/2020 14:00	7,08	18/10/2020 2:00	2,57
17/1/2020 15:00	10,32	18/4/2020 3:00	3,12	18/7/2020 15:00	6,86	18/10/2020 3:00	2,24
17/1/2020 16:00	9,54	18/4/2020 4:00	3,63	18/7/2020 16:00	6,3	18/10/2020 4:00	1,95
17/1/2020 17:00	7,84	18/4/2020 5:00	3,77	18/7/2020 17:00	5,13	18/10/2020 5:00	1,86
17/1/2020 18:00	5,34	18/4/2020 6:00	3,77	18/7/2020 18:00	3,95	18/10/2020 6:00	1,93
17/1/2020 19:00	4,85	18/4/2020 7:00	4,37	18/7/2020 19:00	3,7	18/10/2020 7:00	3,65
17/1/2020 20:00	5,7	18/4/2020 8:00	5,72	18/7/2020 20:00	3,36	18/10/2020 8:00	5
17/1/2020 21:00	6,8	18/4/2020 9:00	6,53	18/7/2020 21:00	2,82	18/10/2020 9:00	5,91
17/1/2020 22:00	7,33	18/4/2020 10:00	6,91	18/7/2020 22:00	2,5	18/10/2020 10:00	6,6
17/1/2020 23:00	7,56	18/4/2020 11:00	6,93	18/7/2020 23:00	2,63	18/10/2020 11:00	6,9
18/1/2020 0:00	7,77	18/4/2020 12:00	6,87	19/7/2020 0:00	2,79	18/10/2020 12:00	6,82
18/1/2020 1:00	7,62	18/4/2020 13:00	6,86	19/7/2020 1:00	2,81	18/10/2020 13:00	6,47
18/1/2020 2:00	7,3	18/4/2020 14:00	6,88	19/7/2020 2:00	2,08	18/10/2020 14:00	6
18/1/2020 3:00	7,09	18/4/2020 15:00	6,91	19/7/2020 3:00	2,59	18/10/2020 15:00	5,61
18/1/2020 4:00	7,16	18/4/2020 16:00	6,66	19/7/2020 4:00	2,52	18/10/2020 16:00	5,46
18/1/2020 5:00	7,34	18/4/2020 17:00	5,69	19/7/2020 5:00	2,48	18/10/2020 17:00	5,18
18/1/2020 6:00	7,55	18/4/2020 18:00	4,21	19/7/2020 6:00	2,7	18/10/2020 18:00	4,41
18/1/2020 7:00	8,83	18/4/2020 19:00	4,04	19/7/2020 7:00	3,97	18/10/2020 19:00	3,93
18/1/2020 8:00	10,07	18/4/2020 20:00	3,92	19/7/2020 8:00	5,84	18/10/2020 20:00	3,46
18/1/2020 9:00	10,63	18/4/2020 21:00	3,43	19/7/2020 9:00	7,1	18/10/2020 21:00	2,65
18/1/2020 10:00	10,92	18/4/2020 22:00	3,04	19/7/2020 10:00	7,89	18/10/2020 22:00	1,54
18/1/2020 11:00	11,03	18/4/2020 23:00	2,74	19/7/2020 11:00	8,26	18/10/2020 23:00	0,68
18/1/2020 12:00	10,74	19/4/2020 0:00	2,5	19/7/2020 12:00	8,15	19/10/2020 0:00	0,34
18/1/2020 13:00	10,19	19/4/2020 1:00	2,27	19/7/2020 13:00	7,88	19/10/2020 1:00	0,59
18/1/2020 14:00	9,49	19/4/2020 2:00	2,11	19/7/2020 14:00	7,5	19/10/2020 2:00	0,67
18/1/2020 15:00	8,74	19/4/2020 3:00	2,26	19/7/2020 15:00	7,08	19/10/2020 3:00	0,89
18/1/2020 16:00	7,97	19/4/2020 4:00	2,66	19/7/2020 16:00	6,52	19/10/2020 4:00	1,2
18/1/2020 17:00	7,08	19/4/2020 5:00	2,93	19/7/2020 17:00	5,32	19/10/2020 5:00	1,52
18/1/2020 18:00	5,27	19/4/2020 6:00	3,16	19/7/2020 18:00	3,77	19/10/2020 6:00	1,64
18/1/2020 19:00	4,68	19/4/2020 7:00	4,31	19/7/2020 19:00	3,5	19/10/2020 7:00	2,73
18/1/2020 20:00	4,93	19/4/2020 8:00	5,39	19/7/2020 20:00	3,04	19/10/2020 8:00	3,9
18/1/2020 21:00	4,77	19/4/2020 9:00	5,82	19/7/2020 21:00	2,36	19/10/2020 9:00	4,68
18/1/2020 22:00	4,46	19/4/2020 10:00	5,9	19/7/2020 22:00	3,05	19/10/2020 10:00	5,29
18/1/2020 23:00	3,91	19/4/2020 11:00	5,76	19/7/2020 23:00	3,29	19/10/2020 11:00	5,6
19/1/2020 0:00	3,38	19/4/2020 12:00	5,57	20/7/2020 0:00	3,36	19/10/2020 12:00	5,62
19/1/2020 1:00	3,07	19/4/2020 13:00	5,49	20/7/2020 1:00	3,44	19/10/2020 13:00	5,44
19/1/2020 2:00	3,13	19/4/2020 14:00	5,56	20/7/2020 2:00	3,45	19/10/2020 14:00	5,2
19/1/2020 3:00	3,38	19/4/2020 15:00	5,59	20/7/2020 3:00	3,49	19/10/2020 15:00	4,85

19/1/2020 4:00	3,77	19/4/2020 16:00	5,37	20/7/2020 4:00	3,38	19/10/2020 16:00	4,8
19/1/2020 5:00	4,16	19/4/2020 17:00	4,7	20/7/2020 5:00	3,22	19/10/2020 17:00	4,51
19/1/2020 6:00	4,19	19/4/2020 18:00	3,55	20/7/2020 6:00	3,19	19/10/2020 18:00	4
19/1/2020 7:00	5,83	19/4/2020 19:00	3,15	20/7/2020 7:00	3,67	19/10/2020 19:00	3,8
19/1/2020 8:00	7,54	19/4/2020 20:00	3,04	20/7/2020 8:00	5,22	19/10/2020 20:00	3,66
19/1/2020 9:00	8,54	19/4/2020 21:00	2,87	20/7/2020 9:00	6,58	19/10/2020 21:00	3,48
19/1/2020 10:00	9,05	19/4/2020 22:00	2,7	20/7/2020 10:00	7,88	19/10/2020 22:00	3,1
19/1/2020 11:00	9,33	19/4/2020 23:00	2,54	20/7/2020 11:00	8,77	19/10/2020 23:00	2,8
19/1/2020 12:00	9,62	20/4/2020 0:00	2,32	20/7/2020 12:00	8,89	20/10/2020 0:00	2,61
19/1/2020 13:00	9,72	20/4/2020 1:00	1,98	20/7/2020 13:00	8,49	20/10/2020 1:00	2,26
19/1/2020 14:00	9,4	20/4/2020 2:00	1,56	20/7/2020 14:00	7,97	20/10/2020 2:00	1,71
19/1/2020 15:00	8,63	20/4/2020 3:00	1,39	20/7/2020 15:00	7,35	20/10/2020 3:00	1,27
19/1/2020 16:00	7,6	20/4/2020 4:00	1,34	20/7/2020 16:00	6,79	20/10/2020 4:00	1,2
19/1/2020 17:00	6,26	20/4/2020 5:00	1,38	20/7/2020 17:00	5,59	20/10/2020 5:00	1,31
19/1/2020 18:00	4,38	20/4/2020 6:00	1,35	20/7/2020 18:00	4,31	20/10/2020 6:00	1,34
19/1/2020 19:00	3,82	20/4/2020 7:00	2,98	20/7/2020 19:00	4,31	20/10/2020 7:00	3,14
19/1/2020 20:00	3,68	20/4/2020 8:00	4,84	20/7/2020 20:00	4,01	20/10/2020 8:00	4,5
19/1/2020 21:00	3,27	20/4/2020 9:00	5,66	20/7/2020 21:00	3,62	20/10/2020 9:00	5,2
19/1/2020 22:00	2,62	20/4/2020 10:00	6,16	20/7/2020 22:00	3,12	20/10/2020 10:00	5,89
19/1/2020 23:00	1,66	20/4/2020 11:00	6,25	20/7/2020 23:00	2,72	20/10/2020 11:00	6,29
20/1/2020 0:00	1,05	20/4/2020 12:00	6,14	21/7/2020 0:00	2,42	20/10/2020 12:00	6,31
20/1/2020 1:00	0,69	20/4/2020 13:00	5,94	21/7/2020 1:00	2,3	20/10/2020 13:00	6,29
20/1/2020 2:00	0,96	20/4/2020 14:00	5,73	21/7/2020 2:00	2,24	20/10/2020 14:00	6,48
20/1/2020 3:00	1,69	20/4/2020 15:00	5,5	21/7/2020 3:00	2,23	20/10/2020 15:00	6,84
20/1/2020 4:00	2,31	20/4/2020 16:00	5,12	21/7/2020 4:00	2,27	20/10/2020 16:00	7,05
20/1/2020 5:00	2,98	20/4/2020 17:00	4,38	21/7/2020 5:00	2,51	20/10/2020 17:00	6,94
20/1/2020 6:00	3,18	20/4/2020 18:00	3,32	21/7/2020 6:00	2,45	20/10/2020 18:00	6,22
20/1/2020 7:00	3,92	20/4/2020 19:00	2,74	21/7/2020 7:00	3,14	20/10/2020 19:00	6,34
20/1/2020 8:00	4,84	20/4/2020 20:00	2,22	21/7/2020 8:00	4,9	20/10/2020 20:00	6,68
20/1/2020 9:00	5,48	20/4/2020 21:00	1,83	21/7/2020 9:00	5,93	20/10/2020 21:00	7,6
20/1/2020 10:00	5,77	20/4/2020 22:00	1,64	21/7/2020 10:00	6,58	20/10/2020 22:00	7,24
20/1/2020 11:00	5,79	20/4/2020 23:00	1,5	21/7/2020 11:00	6,81	20/10/2020 23:00	6,9
20/1/2020 12:00	5,75	21/4/2020 0:00	1,44	21/7/2020 12:00	6,79	21/10/2020 0:00	6,61
20/1/2020 13:00	5,69	21/4/2020 1:00	1,33	21/7/2020 13:00	6,68	21/10/2020 1:00	5,76
20/1/2020 14:00	5,49	21/4/2020 2:00	1,19	21/7/2020 14:00	6,44	21/10/2020 2:00	4,57
20/1/2020 15:00	5,11	21/4/2020 3:00	1,08	21/7/2020 15:00	6,05	21/10/2020 3:00	4,08
20/1/2020 16:00	4,6	21/4/2020 4:00	1,03	21/7/2020 16:00	5,28	21/10/2020 4:00	3,73
20/1/2020 17:00	3,78	21/4/2020 5:00	1,08	21/7/2020 17:00	4,07	21/10/2020 5:00	3,6
20/1/2020 18:00	2,77	21/4/2020 6:00	1,36	21/7/2020 18:00	2,99	21/10/2020 6:00	3,74
20/1/2020 19:00	2,37	21/4/2020 7:00	2,37	21/7/2020 19:00	3,03	21/10/2020 7:00	5,31
20/1/2020 20:00	2,2	21/4/2020 8:00	4,67	21/7/2020 20:00	2,99	21/10/2020 8:00	6,95
20/1/2020 21:00	1,72	21/4/2020 9:00	6,02	21/7/2020 21:00	2,63	21/10/2020 9:00	8,06
20/1/2020 22:00	0,74	21/4/2020 10:00	6,52	21/7/2020 22:00	2,15	21/10/2020 10:00	8,8
20/1/2020 23:00	0,47	21/4/2020 11:00	6,5	21/7/2020 23:00	1,69	21/10/2020 11:00	9,16
21/1/2020 0:00	1,1	21/4/2020 12:00	6,16	22/7/2020 0:00	1,46	21/10/2020 12:00	9,2

21/1/2020 1:00	1,72	21/4/2020 13:00	5,63	22/7/2020 1:00	1,3	21/10/2020 13:00	9,08
21/1/2020 2:00	2,1	21/4/2020 14:00	5,14	22/7/2020 2:00	1,27	21/10/2020 14:00	8,88
21/1/2020 3:00	2,08	21/4/2020 15:00	4,69	22/7/2020 3:00	1,53	21/10/2020 15:00	8,65
21/1/2020 4:00	1,76	21/4/2020 16:00	4,11	22/7/2020 4:00	1,89	21/10/2020 16:00	8,49
21/1/2020 5:00	1,66	21/4/2020 17:00	3,26	22/7/2020 5:00	1,86	21/10/2020 17:00	7,86
21/1/2020 6:00	1,6	21/4/2020 18:00	2,21	22/7/2020 6:00	1,69	21/10/2020 18:00	5,84
21/1/2020 7:00	1,07	21/4/2020 19:00	1,54	22/7/2020 7:00	2,74	21/10/2020 19:00	5,37
21/1/2020 8:00	2,01	21/4/2020 20:00	0,98	22/7/2020 8:00	4,13	21/10/2020 20:00	5,28
21/1/2020 9:00	2,96	21/4/2020 21:00	0,81	22/7/2020 9:00	5,01	21/10/2020 21:00	4,71
21/1/2020 10:00	3,52	21/4/2020 22:00	1,35	22/7/2020 10:00	5,55	21/10/2020 22:00	4,64
21/1/2020 11:00	3,78	21/4/2020 23:00	1,35	22/7/2020 11:00	5,87	21/10/2020 23:00	4,57
21/1/2020 12:00	3,95	22/4/2020 0:00	0,89	22/7/2020 12:00	5,93	22/10/2020 0:00	4,58
21/1/2020 13:00	4,01	22/4/2020 1:00	0,62	22/7/2020 13:00	5,73	22/10/2020 1:00	4,66
21/1/2020 14:00	3,91	22/4/2020 2:00	0,37	22/7/2020 14:00	5,34	22/10/2020 2:00	5,22
21/1/2020 15:00	3,5	22/4/2020 3:00	0,17	22/7/2020 15:00	4,95	22/10/2020 3:00	5,5
21/1/2020 16:00	2,75	22/4/2020 4:00	0,09	22/7/2020 16:00	4,61	22/10/2020 4:00	5,74
21/1/2020 17:00	1,76	22/4/2020 5:00	0,75	22/7/2020 17:00	3,86	22/10/2020 5:00	6,02
21/1/2020 18:00	0,74	22/4/2020 6:00	1,35	22/7/2020 18:00	2,94	22/10/2020 6:00	6,31
21/1/2020 19:00	0,3	22/4/2020 7:00	2,25	22/7/2020 19:00	2,63	22/10/2020 7:00	7,03
21/1/2020 20:00	1,15	22/4/2020 8:00	4,14	22/7/2020 20:00	2,62	22/10/2020 8:00	8,64
21/1/2020 21:00	1,71	22/4/2020 9:00	5,32	22/7/2020 21:00	2,59	22/10/2020 9:00	9,12
21/1/2020 22:00	2,2	22/4/2020 10:00	5,88	22/7/2020 22:00	1,97	22/10/2020 10:00	9,21
21/1/2020 23:00	3,06	22/4/2020 11:00	5,89	22/7/2020 23:00	1,11	22/10/2020 11:00	9,04
22/1/2020 0:00	3,7	22/4/2020 12:00	5,52	23/7/2020 0:00	0,07	22/10/2020 12:00	8,72
22/1/2020 1:00	3,78	22/4/2020 13:00	5,01	23/7/2020 1:00	0,77	22/10/2020 13:00	8,48
22/1/2020 2:00	3,94	22/4/2020 14:00	4,45	23/7/2020 2:00	0,94	22/10/2020 14:00	8,31
22/1/2020 3:00	3,91	22/4/2020 15:00	3,89	23/7/2020 3:00	0,9	22/10/2020 15:00	8,13
22/1/2020 4:00	3,93	22/4/2020 16:00	3,3	23/7/2020 4:00	0,96	22/10/2020 16:00	8,08
22/1/2020 5:00	4,15	22/4/2020 17:00	2,61	23/7/2020 5:00	1,29	22/10/2020 17:00	7,71
22/1/2020 6:00	4,03	22/4/2020 18:00	2,05	23/7/2020 6:00	1,8	22/10/2020 18:00	6,53
22/1/2020 7:00	3,25	22/4/2020 19:00	1,62	23/7/2020 7:00	2,68	22/10/2020 19:00	6,04
22/1/2020 8:00	1,32	22/4/2020 20:00	1,12	23/7/2020 8:00	4,29	22/10/2020 20:00	5,99
22/1/2020 9:00	0,82	22/4/2020 21:00	0,37	23/7/2020 9:00	5,53	22/10/2020 21:00	5,6
22/1/2020 10:00	1,22	22/4/2020 22:00	0,39	23/7/2020 10:00	5,91	22/10/2020 22:00	5,62
22/1/2020 11:00	1,31	22/4/2020 23:00	0,84	23/7/2020 11:00	5,89	22/10/2020 23:00	5,5
22/1/2020 12:00	1,3	23/4/2020 0:00	0,95	23/7/2020 12:00	5,75	23/10/2020 0:00	5,32
22/1/2020 13:00	1,25	23/4/2020 1:00	0,82	23/7/2020 13:00	5,5	23/10/2020 1:00	4,71
22/1/2020 14:00	0,98	23/4/2020 2:00	0,55	23/7/2020 14:00	5,19	23/10/2020 2:00	4,06
22/1/2020 15:00	0,59	23/4/2020 3:00	0,17	23/7/2020 15:00	4,8	23/10/2020 3:00	3,68
22/1/2020 16:00	0,58	23/4/2020 4:00	0,54	23/7/2020 16:00	4,41	23/10/2020 4:00	3,33
22/1/2020 17:00	0,46	23/4/2020 5:00	0,65	23/7/2020 17:00	3,82	23/10/2020 5:00	2,9
22/1/2020 18:00	0,55	23/4/2020 6:00	0,67	23/7/2020 18:00	3,16	23/10/2020 6:00	2,9
22/1/2020 19:00	1,29	23/4/2020 7:00	1,82	23/7/2020 19:00	2,98	23/10/2020 7:00	4,55
22/1/2020 20:00	1,95	23/4/2020 8:00	3,45	23/7/2020 20:00	2,9	23/10/2020 8:00	6,18
22/1/2020 21:00	2,53	23/4/2020 9:00	4,41	23/7/2020 21:00	2,7	23/10/2020 9:00	7

22/1/2020 22:00	3	23/4/2020 10:00	5,02	23/7/2020 22:00	2,31	23/10/2020 10:00	7,37
22/1/2020 23:00	3,17	23/4/2020 11:00	5,46	23/7/2020 23:00	1,82	23/10/2020 11:00	7,39
23/1/2020 0:00	3,14	23/4/2020 12:00	5,68	24/7/2020 0:00	1,16	23/10/2020 12:00	7,25
23/1/2020 1:00	2,86	23/4/2020 13:00	5,83	24/7/2020 1:00	0,76	23/10/2020 13:00	7,08
23/1/2020 2:00	2,5	23/4/2020 14:00	5,86	24/7/2020 2:00	0,52	23/10/2020 14:00	6,96
23/1/2020 3:00	2,32	23/4/2020 15:00	5,68	24/7/2020 3:00	0,58	23/10/2020 15:00	6,86
23/1/2020 4:00	2,26	23/4/2020 16:00	5,25	24/7/2020 4:00	1,26	23/10/2020 16:00	6,82
23/1/2020 5:00	2,49	23/4/2020 17:00	4,5	24/7/2020 5:00	1,66	23/10/2020 17:00	6,56
23/1/2020 6:00	2,53	23/4/2020 18:00	3,3	24/7/2020 6:00	1,27	23/10/2020 18:00	5,51
23/1/2020 7:00	2,02	23/4/2020 19:00	2,88	24/7/2020 7:00	1,53	23/10/2020 19:00	4,69
23/1/2020 8:00	1,12	23/4/2020 20:00	2,81	24/7/2020 8:00	2,56	23/10/2020 20:00	3,97
23/1/2020 9:00	0,69	23/4/2020 21:00	2,81	24/7/2020 9:00	3,21	23/10/2020 21:00	3,04
23/1/2020 10:00	1,57	23/4/2020 22:00	2,58	24/7/2020 10:00	3,72	23/10/2020 22:00	2,15
23/1/2020 11:00	2,02	23/4/2020 23:00	2,17	24/7/2020 11:00	4,15	23/10/2020 23:00	1,68
23/1/2020 12:00	2,1	24/4/2020 0:00	1,74	24/7/2020 12:00	4,37	24/10/2020 0:00	1,33
23/1/2020 13:00	1,98	24/4/2020 1:00	1,15	24/7/2020 13:00	4,44	24/10/2020 1:00	1,08
23/1/2020 14:00	1,69	24/4/2020 2:00	0,62	24/7/2020 14:00	4,35	24/10/2020 2:00	0,82
23/1/2020 15:00	1,57	24/4/2020 3:00	0,21	24/7/2020 15:00	4,13	24/10/2020 3:00	0,83
23/1/2020 16:00	1,53	24/4/2020 4:00	0,17	24/7/2020 16:00	3,97	24/10/2020 4:00	1,19
23/1/2020 17:00	1,5	24/4/2020 5:00	0,21	24/7/2020 17:00	3,55	24/10/2020 5:00	1,57
23/1/2020 18:00	1,29	24/4/2020 6:00	0,53	24/7/2020 18:00	3,18	24/10/2020 6:00	1,36
23/1/2020 19:00	0,93	24/4/2020 7:00	0,98	24/7/2020 19:00	3,16	24/10/2020 7:00	2,7
23/1/2020 20:00	0,87	24/4/2020 8:00	2,94	24/7/2020 20:00	3,31	24/10/2020 8:00	3,74
23/1/2020 21:00	1,18	24/4/2020 9:00	3,92	24/7/2020 21:00	3,48	24/10/2020 9:00	4,47
23/1/2020 22:00	1,77	24/4/2020 10:00	4,29	24/7/2020 22:00	3,39	24/10/2020 10:00	5,31
23/1/2020 23:00	2,15	24/4/2020 11:00	4,38	24/7/2020 23:00	3,32	24/10/2020 11:00	5,82
24/1/2020 0:00	2,3	24/4/2020 12:00	4,34	25/7/2020 0:00	3,12	24/10/2020 12:00	5,89
24/1/2020 1:00	2,4	24/4/2020 13:00	4,19	25/7/2020 1:00	3,11	24/10/2020 13:00	5,73
24/1/2020 2:00	2,31	24/4/2020 14:00	4,03	25/7/2020 2:00	3,21	24/10/2020 14:00	5,39
24/1/2020 3:00	1,99	24/4/2020 15:00	3,73	25/7/2020 3:00	3,09	24/10/2020 15:00	4,82
24/1/2020 4:00	1,49	24/4/2020 16:00	3,45	25/7/2020 4:00	3,14	24/10/2020 16:00	4,23
24/1/2020 5:00	1,26	24/4/2020 17:00	3,1	25/7/2020 5:00	2,92	24/10/2020 17:00	3,65
24/1/2020 6:00	1,1	24/4/2020 18:00	2,56	25/7/2020 6:00	3,37	24/10/2020 18:00	3,32
24/1/2020 7:00	0,69	24/4/2020 19:00	2,19	25/7/2020 7:00	4,37	24/10/2020 19:00	3,11
24/1/2020 8:00	1,59	24/4/2020 20:00	1,89	25/7/2020 8:00	5,95	24/10/2020 20:00	2,92
24/1/2020 9:00	2,37	24/4/2020 21:00	1,64	25/7/2020 9:00	6,92	24/10/2020 21:00	2,64
24/1/2020 10:00	3,44	24/4/2020 22:00	1,53	25/7/2020 10:00	7,47	24/10/2020 22:00	2
24/1/2020 11:00	4,39	24/4/2020 23:00	1,53	25/7/2020 11:00	7,75	24/10/2020 23:00	1,35
24/1/2020 12:00	4,89	25/4/2020 0:00	1,47	25/7/2020 12:00	7,82	25/10/2020 0:00	0,6
24/1/2020 13:00	5,14	25/4/2020 1:00	1,16	25/7/2020 13:00	7,63	25/10/2020 1:00	0,38
24/1/2020 14:00	5,24	25/4/2020 2:00	0,85	25/7/2020 14:00	7,31	25/10/2020 2:00	1,01
24/1/2020 15:00	5,18	25/4/2020 3:00	0,7	25/7/2020 15:00	6,95	25/10/2020 3:00	1,34
24/1/2020 16:00	4,91	25/4/2020 4:00	0,54	25/7/2020 16:00	6,37	25/10/2020 4:00	1,3
24/1/2020 17:00	4,01	25/4/2020 5:00	0,51	25/7/2020 17:00	5,33	25/10/2020 5:00	1,12
24/1/2020 18:00	2,81	25/4/2020 6:00	0,58	25/7/2020 18:00	3,96	25/10/2020 6:00	0,96

Fecha/Hora	Valor	Fecha/Hora	Valor	Fecha/Hora	Valor	Fecha/Hora	Valor
24/1/2020 19:00	2,49	25/4/2020 7:00	1,19	25/7/2020 19:00	3,96	25/10/2020 7:00	1,45
24/1/2020 20:00	2,52	25/4/2020 8:00	2,98	25/7/2020 20:00	4,26	25/10/2020 8:00	2,4
24/1/2020 21:00	2,44	25/4/2020 9:00	4,29	25/7/2020 21:00	4,52	25/10/2020 9:00	3,39
24/1/2020 22:00	2,07	25/4/2020 10:00	4,98	25/7/2020 22:00	5,45	25/10/2020 10:00	4,23
24/1/2020 23:00	1,48	25/4/2020 11:00	5,28	25/7/2020 23:00	5,75	25/10/2020 11:00	4,75
25/1/2020 0:00	0,67	25/4/2020 12:00	5,19	26/7/2020 0:00	5,6	25/10/2020 12:00	5,11
25/1/2020 1:00	0,2	25/4/2020 13:00	4,88	26/7/2020 1:00	5,25	25/10/2020 13:00	5,2
25/1/2020 2:00	0,54	25/4/2020 14:00	4,45	26/7/2020 2:00	4,88	25/10/2020 14:00	5,03
25/1/2020 3:00	0,51	25/4/2020 15:00	3,88	26/7/2020 3:00	4,55	25/10/2020 15:00	4,85
25/1/2020 4:00	0,04	25/4/2020 16:00	3,34	26/7/2020 4:00	4,29	25/10/2020 16:00	4,43
25/1/2020 5:00	0,77	25/4/2020 17:00	2,77	26/7/2020 5:00	4,13	25/10/2020 17:00	3,65
25/1/2020 6:00	1,55	25/4/2020 18:00	2,23	26/7/2020 6:00	4,14	25/10/2020 18:00	2,99
25/1/2020 7:00	2,07	25/4/2020 19:00	1,92	26/7/2020 7:00	5,19	25/10/2020 19:00	2,83
25/1/2020 8:00	2,77	25/4/2020 20:00	1,76	26/7/2020 8:00	7,11	25/10/2020 20:00	2,82
25/1/2020 9:00	3,36	25/4/2020 21:00	1,77	26/7/2020 9:00	8,12	25/10/2020 21:00	2,87
25/1/2020 10:00	3,33	25/4/2020 22:00	1,84	26/7/2020 10:00	8,58	25/10/2020 22:00	2,75
25/1/2020 11:00	3,23	25/4/2020 23:00	1,96	26/7/2020 11:00	8,64	25/10/2020 23:00	2,48
25/1/2020 12:00	3,26	26/4/2020 0:00	2,03	26/7/2020 12:00	8,5	26/10/2020 0:00	2,33
25/1/2020 13:00	3,29	26/4/2020 1:00	2,09	26/7/2020 13:00	8,29	26/10/2020 1:00	2,13
25/1/2020 14:00	3,33	26/4/2020 2:00	2,17	26/7/2020 14:00	7,9	26/10/2020 2:00	1,99
25/1/2020 15:00	3,33	26/4/2020 3:00	2,42	26/7/2020 15:00	7,37	26/10/2020 3:00	1,95
25/1/2020 16:00	3,14	26/4/2020 4:00	2,66	26/7/2020 16:00	6,87	26/10/2020 4:00	2,15
25/1/2020 17:00	2,63	26/4/2020 5:00	2,72	26/7/2020 17:00	5,89	26/10/2020 5:00	2,23
25/1/2020 18:00	2,3	26/4/2020 6:00	2,62	26/7/2020 18:00	4,2	26/10/2020 6:00	2,23
25/1/2020 19:00	2,36	26/4/2020 7:00	3,34	26/7/2020 19:00	4,05	26/10/2020 7:00	2,65
25/1/2020 20:00	2,49	26/4/2020 8:00	4,61	26/7/2020 20:00	4,15	26/10/2020 8:00	3,25
25/1/2020 21:00	2,45	26/4/2020 9:00	5,75	26/7/2020 21:00	3,91	26/10/2020 9:00	3,55
25/1/2020 22:00	2,17	26/4/2020 10:00	6,03	26/7/2020 22:00	3,66	26/10/2020 10:00	3,82
25/1/2020 23:00	1,8	26/4/2020 11:00	6,04	26/7/2020 23:00	3,41	26/10/2020 11:00	4,14
26/1/2020 0:00	1,28	26/4/2020 12:00	6,13	27/7/2020 0:00	3,27	26/10/2020 12:00	4,4
26/1/2020 1:00	0,63	26/4/2020 13:00	6,23	27/7/2020 1:00	3,18	26/10/2020 13:00	4,48
26/1/2020 2:00	0,32	26/4/2020 14:00	6,2	27/7/2020 2:00	3,16	26/10/2020 14:00	4,51
26/1/2020 3:00	0,69	26/4/2020 15:00	5,99	27/7/2020 3:00	3,18	26/10/2020 15:00	4,33
26/1/2020 4:00	0,79	26/4/2020 16:00	5,59	27/7/2020 4:00	3,06	26/10/2020 16:00	3,95
26/1/2020 5:00	0,67	26/4/2020 17:00	4,64	27/7/2020 5:00	2,82	26/10/2020 17:00	3,3
26/1/2020 6:00	0,49	26/4/2020 18:00	3,34	27/7/2020 6:00	2,54	26/10/2020 18:00	2,63
26/1/2020 7:00	1,08	26/4/2020 19:00	3,32	27/7/2020 7:00	3	26/10/2020 19:00	2,33
26/1/2020 8:00	2,4	26/4/2020 20:00	3,95	27/7/2020 8:00	4,28	26/10/2020 20:00	1,92
26/1/2020 9:00	3,2	26/4/2020 21:00	3,99	27/7/2020 9:00	5,25	26/10/2020 21:00	1,43
26/1/2020 10:00	3,46	26/4/2020 22:00	4,3	27/7/2020 10:00	6,2	26/10/2020 22:00	0,93
26/1/2020 11:00	3,53	26/4/2020 23:00	4,02	27/7/2020 11:00	6,92	26/10/2020 23:00	0,52
26/1/2020 12:00	3,74	27/4/2020 0:00	3,5	27/7/2020 12:00	7,14	27/10/2020 0:00	0,15
26/1/2020 13:00	3,86	27/4/2020 1:00	3,37	27/7/2020 13:00	6,96	27/10/2020 1:00	0,19
26/1/2020 14:00	3,67	27/4/2020 2:00	3,29	27/7/2020 14:00	6,44	27/10/2020 2:00	0,35
26/1/2020 15:00	3,24	27/4/2020 3:00	3,14	27/7/2020 15:00	5,74	27/10/2020 3:00	0,46

Fecha/Hora	Valor	Fecha/Hora	Valor	Fecha/Hora	Valor	Fecha/Hora	Valor
26/1/2020 16:00	2,92	27/4/2020 4:00	3,13	27/7/2020 16:00	4,94	27/10/2020 4:00	0,62
26/1/2020 17:00	2,64	27/4/2020 5:00	3,17	27/7/2020 17:00	3,97	27/10/2020 5:00	0,82
26/1/2020 18:00	2,2	27/4/2020 6:00	3,12	27/7/2020 18:00	2,91	27/10/2020 6:00	1,05
26/1/2020 19:00	2	27/4/2020 7:00	3,98	27/7/2020 19:00	2,51	27/10/2020 7:00	1,64
26/1/2020 20:00	1,75	27/4/2020 8:00	5,67	27/7/2020 20:00	2,21	27/10/2020 8:00	2,51
26/1/2020 21:00	1,45	27/4/2020 9:00	6,56	27/7/2020 21:00	1,98	27/10/2020 9:00	3,19
26/1/2020 22:00	0,76	27/4/2020 10:00	7,05	27/7/2020 22:00	2,35	27/10/2020 10:00	3,5
26/1/2020 23:00	0,33	27/4/2020 11:00	7,34	27/7/2020 23:00	2,39	27/10/2020 11:00	3,47
27/1/2020 0:00	0,59	27/4/2020 12:00	7,42	28/7/2020 0:00	2,37	27/10/2020 12:00	3,39
27/1/2020 1:00	0,77	27/4/2020 13:00	7,42	28/7/2020 1:00	2,29	27/10/2020 13:00	3,42
27/1/2020 2:00	0,67	27/4/2020 14:00	7,25	28/7/2020 2:00	2,2	27/10/2020 14:00	3,38
27/1/2020 3:00	0,49	27/4/2020 15:00	6,91	28/7/2020 3:00	2,25	27/10/2020 15:00	3,28
27/1/2020 4:00	0,63	27/4/2020 16:00	6,23	28/7/2020 4:00	2,27	27/10/2020 16:00	3,15
27/1/2020 5:00	0,85	27/4/2020 17:00	4,86	28/7/2020 5:00	2,17	27/10/2020 17:00	2,73
27/1/2020 6:00	1,16	27/4/2020 18:00	3,2	28/7/2020 6:00	2,15	27/10/2020 18:00	2,2
27/1/2020 7:00	2	27/4/2020 19:00	2,97	28/7/2020 7:00	2,59	27/10/2020 19:00	1,87
27/1/2020 8:00	3,07	27/4/2020 20:00	2,95	28/7/2020 8:00	4,14	27/10/2020 20:00	1,45
27/1/2020 9:00	3,67	27/4/2020 21:00	2,97	28/7/2020 9:00	5,32	27/10/2020 21:00	0,82
27/1/2020 10:00	3,88	27/4/2020 22:00	3,33	28/7/2020 10:00	6,04	27/10/2020 22:00	0,14
27/1/2020 11:00	3,91	27/4/2020 23:00	3,34	28/7/2020 11:00	6,54	27/10/2020 23:00	1,32
27/1/2020 12:00	3,89	28/4/2020 0:00	3,3	28/7/2020 12:00	6,83	28/10/2020 0:00	2
27/1/2020 13:00	3,92	28/4/2020 1:00	3,47	28/7/2020 13:00	6,9	28/10/2020 1:00	2,15
27/1/2020 14:00	3,89	28/4/2020 2:00	3,2	28/7/2020 14:00	6,71	28/10/2020 2:00	1,95
27/1/2020 15:00	3,65	28/4/2020 3:00	2,8	28/7/2020 15:00	6,37	28/10/2020 3:00	1,59
27/1/2020 16:00	3,44	28/4/2020 4:00	2,83	28/7/2020 16:00	5,72	28/10/2020 4:00	1,03
27/1/2020 17:00	2,99	28/4/2020 5:00	3,11	28/7/2020 17:00	4,65	28/10/2020 5:00	0,59
27/1/2020 18:00	2,02	28/4/2020 6:00	3,45	28/7/2020 18:00	3,32	28/10/2020 6:00	0,53
27/1/2020 19:00	1,49	28/4/2020 7:00	4,24	28/7/2020 19:00	2,98	28/10/2020 7:00	0,93
27/1/2020 20:00	1,25	28/4/2020 8:00	5,56	28/7/2020 20:00	2,97	28/10/2020 8:00	1,57
27/1/2020 21:00	1,12	28/4/2020 9:00	6,28	28/7/2020 21:00	2,81	28/10/2020 9:00	2,16
27/1/2020 22:00	0,92	28/4/2020 10:00	6,53	28/7/2020 22:00	2,31	28/10/2020 10:00	2,13
27/1/2020 23:00	0,83	28/4/2020 11:00	6,66	28/7/2020 23:00	2,03	28/10/2020 11:00	1,51
28/1/2020 0:00	0,98	28/4/2020 12:00	6,66	29/7/2020 0:00	2,12	28/10/2020 12:00	1,94
28/1/2020 1:00	1,08	28/4/2020 13:00	6,53	29/7/2020 1:00	2,27	28/10/2020 13:00	2,47
28/1/2020 2:00	1,07	28/4/2020 14:00	6,27	29/7/2020 2:00	2,41	28/10/2020 14:00	2,72
28/1/2020 3:00	0,99	28/4/2020 15:00	5,82	29/7/2020 3:00	2,51	28/10/2020 15:00	2,77
28/1/2020 4:00	0,95	28/4/2020 16:00	4,92	29/7/2020 4:00	2,76	28/10/2020 16:00	2,74
28/1/2020 5:00	1,19	28/4/2020 17:00	3,57	29/7/2020 5:00	3,36	28/10/2020 17:00	2,88
28/1/2020 6:00	1,33	28/4/2020 18:00	2,23	29/7/2020 6:00	3,61	28/10/2020 18:00	2,95
28/1/2020 7:00	0,59	28/4/2020 19:00	1,21	29/7/2020 7:00	4,52	28/10/2020 19:00	3,14
28/1/2020 8:00	1,25	28/4/2020 20:00	0,35	29/7/2020 8:00	6,05	28/10/2020 20:00	3,46
28/1/2020 9:00	2,5	28/4/2020 21:00	0,17	29/7/2020 9:00	7,15	28/10/2020 21:00	3,62
28/1/2020 10:00	2,76	28/4/2020 22:00	0,28	29/7/2020 10:00	7,7	28/10/2020 22:00	3,87
28/1/2020 11:00	2,66	28/4/2020 23:00	0,82	29/7/2020 11:00	7,77	28/10/2020 23:00	4,07
28/1/2020 12:00	2,69	29/4/2020 0:00	1,28	29/7/2020 12:00	7,64	29/10/2020 0:00	4,19

28/1/2020 13:00	2,74	29/4/2020 1:00	2,07	29/7/2020 13:00	7,42	29/10/2020 1:00	4,31
28/1/2020 14:00	2,62	29/4/2020 2:00	2,1	29/7/2020 14:00	7,05	29/10/2020 2:00	4,25
28/1/2020 15:00	2,59	29/4/2020 3:00	1,87	29/7/2020 15:00	6,63	29/10/2020 3:00	4,05
28/1/2020 16:00	2,82	29/4/2020 4:00	1,82	29/7/2020 16:00	6,1	29/10/2020 4:00	3,75
28/1/2020 17:00	2,78	29/4/2020 5:00	1,8	29/7/2020 17:00	5,31	29/10/2020 5:00	3,56
28/1/2020 18:00	1,88	29/4/2020 6:00	2,03	29/7/2020 18:00	4,26	29/10/2020 6:00	3,57
28/1/2020 19:00	0,96	29/4/2020 7:00	3,47	29/7/2020 19:00	4,24	29/10/2020 7:00	3,59
28/1/2020 20:00	0,67	29/4/2020 8:00	5,36	29/7/2020 20:00	4,13	29/10/2020 8:00	3,52
28/1/2020 21:00	0,8	29/4/2020 9:00	6,58	29/7/2020 21:00	3,76	29/10/2020 9:00	3,04
28/1/2020 22:00	0,82	29/4/2020 10:00	6,94	29/7/2020 22:00	3,53	29/10/2020 10:00	2,39
28/1/2020 23:00	0,78	29/4/2020 11:00	6,75	29/7/2020 23:00	3,71	29/10/2020 11:00	2,16
29/1/2020 0:00	0,73	29/4/2020 12:00	6,48	30/7/2020 0:00	3,94	29/10/2020 12:00	2,14
29/1/2020 1:00	0,77	29/4/2020 13:00	6,11	30/7/2020 1:00	3,97	29/10/2020 13:00	1,87
29/1/2020 2:00	0,72	29/4/2020 14:00	5,67	30/7/2020 2:00	4,29	29/10/2020 14:00	1,53
29/1/2020 3:00	0,71	29/4/2020 15:00	5,13	30/7/2020 3:00	4,59	29/10/2020 15:00	1,27
29/1/2020 4:00	0,74	29/4/2020 16:00	4,53	30/7/2020 4:00	5,09	29/10/2020 16:00	1,09
29/1/2020 5:00	0,83	29/4/2020 17:00	3,68	30/7/2020 5:00	5,88	29/10/2020 17:00	0,95
29/1/2020 6:00	0,97	29/4/2020 18:00	2,68	30/7/2020 6:00	6,35	29/10/2020 18:00	0,87
29/1/2020 7:00	1	29/4/2020 19:00	2,37	30/7/2020 7:00	6,74	29/10/2020 19:00	1,26
29/1/2020 8:00	1,82	29/4/2020 20:00	2,41	30/7/2020 8:00	8,05	29/10/2020 20:00	1,91
29/1/2020 9:00	2,61	29/4/2020 21:00	2,34	30/7/2020 9:00	9,36	29/10/2020 21:00	2,45
29/1/2020 10:00	3,25	29/4/2020 22:00	2,26	30/7/2020 10:00	9,56	29/10/2020 22:00	3,18
29/1/2020 11:00	3,65	29/4/2020 23:00	2,15	30/7/2020 11:00	9,15	29/10/2020 23:00	3,73
29/1/2020 12:00	3,87	30/4/2020 0:00	1,77	30/7/2020 12:00	8,59	30/10/2020 0:00	3,93
29/1/2020 13:00	3,96	30/4/2020 1:00	1,27	30/7/2020 13:00	7,96	30/10/2020 1:00	3,9
29/1/2020 14:00	3,87	30/4/2020 2:00	0,7	30/7/2020 14:00	7,41	30/10/2020 2:00	3,8
29/1/2020 15:00	3,48	30/4/2020 3:00	0,31	30/7/2020 15:00	6,94	30/10/2020 3:00	3,6
29/1/2020 16:00	3,02	30/4/2020 4:00	0,37	30/7/2020 16:00	6,62	30/10/2020 4:00	3,44
29/1/2020 17:00	2,2	30/4/2020 5:00	0,77	30/7/2020 17:00	5,87	30/10/2020 5:00	3,29
29/1/2020 18:00	1,89	30/4/2020 6:00	2,17	30/7/2020 18:00	4,7	30/10/2020 6:00	3,18
29/1/2020 19:00	1,86	30/4/2020 7:00	3,48	30/7/2020 19:00	5	30/10/2020 7:00	2,99
29/1/2020 20:00	1,73	30/4/2020 8:00	5,26	30/7/2020 20:00	4,98	30/10/2020 8:00	3,12
29/1/2020 21:00	1,73	30/4/2020 9:00	6,48	30/7/2020 21:00	5,04	30/10/2020 9:00	2,65
29/1/2020 22:00	2,03	30/4/2020 10:00	7,11	30/7/2020 22:00	4,92	30/10/2020 10:00	2,14
29/1/2020 23:00	2,33	30/4/2020 11:00	7,4	30/7/2020 23:00	4,69	30/10/2020 11:00	1,54
30/1/2020 0:00	2,51	30/4/2020 12:00	7,63	31/7/2020 0:00	4,6	30/10/2020 12:00	1
30/1/2020 1:00	2,56	30/4/2020 13:00	7,88	31/7/2020 1:00	4,65	30/10/2020 13:00	0,81
30/1/2020 2:00	2,65	30/4/2020 14:00	8,12	31/7/2020 2:00	4,75	30/10/2020 14:00	0,86
30/1/2020 3:00	2,87	30/4/2020 15:00	8,17	31/7/2020 3:00	4,87	30/10/2020 15:00	0,94
30/1/2020 4:00	3,17	30/4/2020 16:00	7,91	31/7/2020 4:00	4,98	30/10/2020 16:00	0,83
30/1/2020 5:00	3,55	30/4/2020 17:00	6,94	31/7/2020 5:00	5,11	30/10/2020 17:00	0,62
30/1/2020 6:00	3,94	30/4/2020 18:00	5,79	31/7/2020 6:00	5,3	30/10/2020 18:00	0,67
30/1/2020 7:00	4,2	30/4/2020 19:00	6,34	31/7/2020 7:00	5,93	30/10/2020 19:00	1,17
30/1/2020 8:00	4,72	30/4/2020 20:00	6,89	31/7/2020 8:00	7,82	30/10/2020 20:00	1,53
30/1/2020 9:00	4,93	30/4/2020 21:00	6,94	31/7/2020 9:00	8,72	30/10/2020 21:00	1,92

30/1/2020 10:00	4,94	30/4/2020 22:00	6,4	31/7/2020 10:00	9,11	30/10/2020 22:00	2,45
30/1/2020 11:00	4,89	30/4/2020 23:00	5,9	31/7/2020 11:00	9,05	30/10/2020 23:00	2,9
30/1/2020 12:00	4,74	1/5/2020 0:00	5,32	31/7/2020 12:00	8,82	31/10/2020 0:00	3,19
30/1/2020 13:00	4,67	1/5/2020 1:00	4,51	31/7/2020 13:00	8,59	31/10/2020 1:00	3,19
30/1/2020 14:00	4,6	1/5/2020 2:00	4,13	31/7/2020 14:00	8,37	31/10/2020 2:00	2,99
30/1/2020 15:00	4,43	1/5/2020 3:00	4,08	31/7/2020 15:00	8,05	31/10/2020 3:00	2,82
30/1/2020 16:00	3,95	1/5/2020 4:00	4,49	31/7/2020 16:00	7,77	31/10/2020 4:00	2,75
30/1/2020 17:00	3,32	1/5/2020 5:00	4,92	31/7/2020 17:00	6,9	31/10/2020 5:00	2,74
30/1/2020 18:00	2,66	1/5/2020 6:00	5,35	31/7/2020 18:00	5,65	31/10/2020 6:00	2,68
30/1/2020 19:00	2,64	1/5/2020 7:00	6,4	31/7/2020 19:00	5,78	31/10/2020 7:00	2,02
30/1/2020 20:00	2,98	1/5/2020 8:00	8,61	31/7/2020 20:00	5,79	31/10/2020 8:00	1,6
30/1/2020 21:00	3,34	1/5/2020 9:00	10,17	31/7/2020 21:00	5,65	31/10/2020 9:00	2,14
30/1/2020 22:00	3,54	1/5/2020 10:00	10,55	31/7/2020 22:00	5,36	31/10/2020 10:00	2,89
30/1/2020 23:00	3,88	1/5/2020 11:00	10,5	31/7/2020 23:00	5,11	31/10/2020 11:00	3,39
31/1/2020 0:00	3,92	1/5/2020 12:00	10,26	1/8/2020 0:00	4,81	31/10/2020 12:00	3,6
31/1/2020 1:00	3,99	1/5/2020 13:00	9,94	1/8/2020 1:00	4,79	31/10/2020 13:00	3,9
31/1/2020 2:00	3,93	1/5/2020 14:00	9,54	1/8/2020 2:00	4,74	31/10/2020 14:00	4,02
31/1/2020 3:00	4,7	1/5/2020 15:00	9,1	1/8/2020 3:00	4,72	31/10/2020 15:00	3,74
31/1/2020 4:00	5,51	1/5/2020 16:00	8,35	1/8/2020 4:00	4,32	31/10/2020 16:00	3,24
31/1/2020 5:00	6,42	1/5/2020 17:00	6,6	1/8/2020 5:00	3,91	31/10/2020 17:00	2,4
31/1/2020 6:00	6,72	1/5/2020 18:00	4,87	1/8/2020 6:00	3,41	31/10/2020 18:00	1,51
31/1/2020 7:00	7,33	1/5/2020 19:00	5,14	1/8/2020 7:00	4,34	31/10/2020 19:00	1,35
31/1/2020 8:00	7,55	1/5/2020 20:00	5,33	1/8/2020 8:00	5,8	31/10/2020 20:00	1,65
31/1/2020 9:00	7,54	1/5/2020 21:00	5,03	1/8/2020 9:00	6,89	31/10/2020 21:00	1,69
31/1/2020 10:00	7,42	1/5/2020 22:00	4,77	1/8/2020 10:00	7,46	31/10/2020 22:00	1,55
31/1/2020 11:00	7,27	1/5/2020 23:00	4,9	1/8/2020 11:00	7,76	31/10/2020 23:00	1,39
31/1/2020 12:00	7,07	2/5/2020 0:00	4,73	1/8/2020 12:00	7,75	1/11/2020 0:00	1,21
31/1/2020 13:00	6,82	2/5/2020 1:00	4,51	1/8/2020 13:00	7,67	1/11/2020 1:00	1,02
31/1/2020 14:00	6,37	2/5/2020 2:00	4,33	1/8/2020 14:00	7,55	1/11/2020 2:00	0,42
31/1/2020 15:00	5,88	2/5/2020 3:00	4,32	1/8/2020 15:00	7,27	1/11/2020 3:00	0,39
31/1/2020 16:00	5,32	2/5/2020 4:00	4,68	1/8/2020 16:00	6,91	1/11/2020 4:00	0,97
31/1/2020 17:00	4,37	2/5/2020 5:00	5,17	1/8/2020 17:00	6,31	1/11/2020 5:00	1,55
31/1/2020 18:00	3,13	2/5/2020 6:00	5,62	1/8/2020 18:00	5,18	1/11/2020 6:00	1,83
31/1/2020 19:00	2,75	2/5/2020 7:00	6,9	1/8/2020 19:00	5,19	1/11/2020 7:00	2,21
31/1/2020 20:00	2,81	2/5/2020 8:00	8,17	1/8/2020 20:00	5,22	1/11/2020 8:00	2,83
31/1/2020 21:00	3,01	2/5/2020 9:00	8,85	1/8/2020 21:00	4,73	1/11/2020 9:00	2,88
31/1/2020 22:00	3,02	2/5/2020 10:00	9,17	1/8/2020 22:00	4,15	1/11/2020 10:00	2,74
31/1/2020 23:00	2,74	2/5/2020 11:00	9,16	1/8/2020 23:00	4,15	1/11/2020 11:00	2,65
1/2/2020 0:00	2,21	2/5/2020 12:00	8,89	2/8/2020 0:00	3,83	1/11/2020 12:00	2,7
1/2/2020 1:00	1,97	2/5/2020 13:00	8,53	2/8/2020 1:00	3,74	1/11/2020 13:00	2,88
1/2/2020 2:00	1,98	2/5/2020 14:00	7,99	2/8/2020 2:00	3,73	1/11/2020 14:00	2,97
1/2/2020 3:00	2,07	2/5/2020 15:00	7,28	2/8/2020 3:00	3,78	1/11/2020 15:00	2,98
1/2/2020 4:00	2,36	2/5/2020 16:00	6,74	2/8/2020 4:00	3,77	1/11/2020 16:00	2,94
1/2/2020 5:00	2,54	2/5/2020 17:00	5,64	2/8/2020 5:00	3,78	1/11/2020 17:00	2,51
1/2/2020 6:00	2,69	2/5/2020 18:00	4,87	2/8/2020 6:00	3,85	1/11/2020 18:00	1,79

1/2/2020 7:00	3,52	2/5/2020 19:00	5,13	2/8/2020 7:00	4,66	1/11/2020 19:00	1,36
1/2/2020 8:00	5,53	2/5/2020 20:00	4,85	2/8/2020 8:00	5,95	1/11/2020 20:00	1,34
1/2/2020 9:00	7,18	2/5/2020 21:00	3,97	2/8/2020 9:00	6,57	1/11/2020 21:00	1,33
1/2/2020 10:00	8,34	2/5/2020 22:00	3,41	2/8/2020 10:00	6,81	1/11/2020 22:00	1,23
1/2/2020 11:00	8,85	2/5/2020 23:00	3,21	2/8/2020 11:00	6,8	1/11/2020 23:00	1,35
1/2/2020 12:00	8,9	3/5/2020 0:00	3,18	2/8/2020 12:00	6,59	2/11/2020 0:00	1,48
1/2/2020 13:00	8,62	3/5/2020 1:00	2,96	2/8/2020 13:00	6,33	2/11/2020 1:00	1,53
1/2/2020 14:00	8,17	3/5/2020 2:00	3	2/8/2020 14:00	6,14	2/11/2020 2:00	1,37
1/2/2020 15:00	7,43	3/5/2020 3:00	3,53	2/8/2020 15:00	5,94	2/11/2020 3:00	1,1
1/2/2020 16:00	6,37	3/5/2020 4:00	4,14	2/8/2020 16:00	5,64	2/11/2020 4:00	0,63
1/2/2020 17:00	4,84	3/5/2020 5:00	4,77	2/8/2020 17:00	5,13	2/11/2020 5:00	0,2
1/2/2020 18:00	3,36	3/5/2020 6:00	5,25	2/8/2020 18:00	4,36	2/11/2020 6:00	0,72
1/2/2020 19:00	3,16	3/5/2020 7:00	6,01	2/8/2020 19:00	4,37	2/11/2020 7:00	1,41
1/2/2020 20:00	3,18	3/5/2020 8:00	8,24	2/8/2020 20:00	4,66	2/11/2020 8:00	1,63
1/2/2020 21:00	3,09	3/5/2020 9:00	8,59	2/8/2020 21:00	4,51	2/11/2020 9:00	1,92
1/2/2020 22:00	2,94	3/5/2020 10:00	8,45	2/8/2020 22:00	3,99	2/11/2020 10:00	2,31
1/2/2020 23:00	2,89	3/5/2020 11:00	7,97	2/8/2020 23:00	3,69	2/11/2020 11:00	2,58
2/2/2020 0:00	2,86	3/5/2020 12:00	7,35	3/8/2020 0:00	3,94	2/11/2020 12:00	2,65
2/2/2020 1:00	2,6	3/5/2020 13:00	6,62	3/8/2020 1:00	4,08	2/11/2020 13:00	2,55
2/2/2020 2:00	2,19	3/5/2020 14:00	5,88	3/8/2020 2:00	4,13	2/11/2020 14:00	2,45
2/2/2020 3:00	1,71	3/5/2020 15:00	5,18	3/8/2020 3:00	4,21	2/11/2020 15:00	2,51
2/2/2020 4:00	1,59	3/5/2020 16:00	4,39	3/8/2020 4:00	4,16	2/11/2020 16:00	2,56
2/2/2020 5:00	1,74	3/5/2020 17:00	3,37	3/8/2020 5:00	4,1	2/11/2020 17:00	2,5
2/2/2020 6:00	1,98	3/5/2020 18:00	2,51	3/8/2020 6:00	4,02	2/11/2020 18:00	1,78
2/2/2020 7:00	3,31	3/5/2020 19:00	2,54	3/8/2020 7:00	5,03	2/11/2020 19:00	0,9
2/2/2020 8:00	4,8	3/5/2020 20:00	2,96	3/8/2020 8:00	6,34	2/11/2020 20:00	1,01
2/2/2020 9:00	6,26	3/5/2020 21:00	3,35	3/8/2020 9:00	7,18	2/11/2020 21:00	1,32
2/2/2020 10:00	7,05	3/5/2020 22:00	3,71	3/8/2020 10:00	7,92	2/11/2020 22:00	1,69
2/2/2020 11:00	7,15	3/5/2020 23:00	3,85	3/8/2020 11:00	8,32	2/11/2020 23:00	2,05
2/2/2020 12:00	7,03	4/5/2020 0:00	3,77	3/8/2020 12:00	8,4	3/11/2020 0:00	2,35
2/2/2020 13:00	6,57	4/5/2020 1:00	3,46	3/8/2020 13:00	8,19	3/11/2020 1:00	2,36
2/2/2020 14:00	5,91	4/5/2020 2:00	3,25	3/8/2020 14:00	7,78	3/11/2020 2:00	2,18
2/2/2020 15:00	5,19	4/5/2020 3:00	3,06	3/8/2020 15:00	7,36	3/11/2020 3:00	2,14
2/2/2020 16:00	4,51	4/5/2020 4:00	3,03	3/8/2020 16:00	6,92	3/11/2020 4:00	2,17
2/2/2020 17:00	3,54	4/5/2020 5:00	2,88	3/8/2020 17:00	6,25	3/11/2020 5:00	2,12
2/2/2020 18:00	2,66	4/5/2020 6:00	2,82	3/8/2020 18:00	4,79	3/11/2020 6:00	1,92
2/2/2020 19:00	2,56	4/5/2020 7:00	3,17	3/8/2020 19:00	4,83	3/11/2020 7:00	1,77
2/2/2020 20:00	2,69	4/5/2020 8:00	4,22	3/8/2020 20:00	5,25	3/11/2020 8:00	1,92
2/2/2020 21:00	2,73	4/5/2020 9:00	5,15	3/8/2020 21:00	5,25	3/11/2020 9:00	1,86
2/2/2020 22:00	2,65	4/5/2020 10:00	5,85	3/8/2020 22:00	5,38	3/11/2020 10:00	1,75
2/2/2020 23:00	2,3	4/5/2020 11:00	6,19	3/8/2020 23:00	5,39	3/11/2020 11:00	1,64
3/2/2020 0:00	2,11	4/5/2020 12:00	6,16	4/8/2020 0:00	4,92	3/11/2020 12:00	1,48
3/2/2020 1:00	2,02	4/5/2020 13:00	6,11	4/8/2020 1:00	4,35	3/11/2020 13:00	1,31
3/2/2020 2:00	1,91	4/5/2020 14:00	5,98	4/8/2020 2:00	3,88	3/11/2020 14:00	1,49
3/2/2020 3:00	2,06	4/5/2020 15:00	5,84	4/8/2020 3:00	3,51	3/11/2020 15:00	1,86

3/2/2020 4:00	2,16	4/5/2020 16:00	5,38	4/8/2020 4:00	3,27	3/11/2020 16:00	2,36
3/2/2020 5:00	2,09	4/5/2020 17:00	4,37	4/8/2020 5:00	3,4	3/11/2020 17:00	2,66
3/2/2020 6:00	2,01	4/5/2020 18:00	3,23	4/8/2020 6:00	3,57	3/11/2020 18:00	2,27
3/2/2020 7:00	3,4	4/5/2020 19:00	3,12	4/8/2020 7:00	4,52	3/11/2020 19:00	1,93
3/2/2020 8:00	5,16	4/5/2020 20:00	2,87	4/8/2020 8:00	6,57	3/11/2020 20:00	2,22
3/2/2020 9:00	6,32	4/5/2020 21:00	2,55	4/8/2020 9:00	7,46	3/11/2020 21:00	2,39
3/2/2020 10:00	6,91	4/5/2020 22:00	2,45	4/8/2020 10:00	7,71	3/11/2020 22:00	1,96
3/2/2020 11:00	7,17	4/5/2020 23:00	2,16	4/8/2020 11:00	7,76	3/11/2020 23:00	1,46
3/2/2020 12:00	7,28	5/5/2020 0:00	1,72	4/8/2020 12:00	7,59	4/11/2020 0:00	1,05
3/2/2020 13:00	7,25	5/5/2020 1:00	1,11	4/8/2020 13:00	7,4	4/11/2020 1:00	0,76
3/2/2020 14:00	6,99	5/5/2020 2:00	0,55	4/8/2020 14:00	7,14	4/11/2020 2:00	0,62
3/2/2020 15:00	6,51	5/5/2020 3:00	0,16	4/8/2020 15:00	6,74	4/11/2020 3:00	0,67
3/2/2020 16:00	5,82	5/5/2020 4:00	0,06	4/8/2020 16:00	6,26	4/11/2020 4:00	0,79
3/2/2020 17:00	4,78	5/5/2020 5:00	0,14	4/8/2020 17:00	5,63	4/11/2020 5:00	0,87
3/2/2020 18:00	3,26	5/5/2020 6:00	0,49	4/8/2020 18:00	4,76	4/11/2020 6:00	1,01
3/2/2020 19:00	2,34	5/5/2020 7:00	1,9	4/8/2020 19:00	4,7	4/11/2020 7:00	1,56
3/2/2020 20:00	1,87	5/5/2020 8:00	3,71	4/8/2020 20:00	4,47	4/11/2020 8:00	2,64
3/2/2020 21:00	1,54	5/5/2020 9:00	4,7	4/8/2020 21:00	3,72	4/11/2020 9:00	3,3
3/2/2020 22:00	1,13	5/5/2020 10:00	5,12	4/8/2020 22:00	3,16	4/11/2020 10:00	3,49
3/2/2020 23:00	0,82	5/5/2020 11:00	5,2	4/8/2020 23:00	2,94	4/11/2020 11:00	3,42
4/2/2020 0:00	0,88	5/5/2020 12:00	5,17	5/8/2020 0:00	2,96	4/11/2020 12:00	3,4
4/2/2020 1:00	1,03	5/5/2020 13:00	5,04	5/8/2020 1:00	3,07	4/11/2020 13:00	3,64
4/2/2020 2:00	1,03	5/5/2020 14:00	4,97	5/8/2020 2:00	3,25	4/11/2020 14:00	3,99
4/2/2020 3:00	1,43	5/5/2020 15:00	5,02	5/8/2020 3:00	3,33	4/11/2020 15:00	4,3
4/2/2020 4:00	1,73	5/5/2020 16:00	4,89	5/8/2020 4:00	3,04	4/11/2020 16:00	4,4
4/2/2020 5:00	2,13	5/5/2020 17:00	4,04	5/8/2020 5:00	2,86	4/11/2020 17:00	3,88
4/2/2020 6:00	2,5	5/5/2020 18:00	2,78	5/8/2020 6:00	2,76	4/11/2020 18:00	3,16
4/2/2020 7:00	4,11	5/5/2020 19:00	2,37	5/8/2020 7:00	3,66	4/11/2020 19:00	3,25
4/2/2020 8:00	5,6	5/5/2020 20:00	2,03	5/8/2020 8:00	5,45	4/11/2020 20:00	3,44
4/2/2020 9:00	6,32	5/5/2020 21:00	1,39	5/8/2020 9:00	6,69	4/11/2020 21:00	3,18
4/2/2020 10:00	6,56	5/5/2020 22:00	0,79	5/8/2020 10:00	7,94	4/11/2020 22:00	2,81
4/2/2020 11:00	6,73	5/5/2020 23:00	0,96	5/8/2020 11:00	8,73	4/11/2020 23:00	3,17
4/2/2020 12:00	6,65	6/5/2020 0:00	1,66	5/8/2020 12:00	8,95	5/11/2020 0:00	3,76
4/2/2020 13:00	6,34	6/5/2020 1:00	1,99	5/8/2020 13:00	8,93	5/11/2020 1:00	4,38
4/2/2020 14:00	5,79	6/5/2020 2:00	1,94	5/8/2020 14:00	8,8	5/11/2020 2:00	4,97
4/2/2020 15:00	5,05	6/5/2020 3:00	1,92	5/8/2020 15:00	8,53	5/11/2020 3:00	4,89
4/2/2020 16:00	4,17	6/5/2020 4:00	1,82	5/8/2020 16:00	8,11	5/11/2020 4:00	4,18
4/2/2020 17:00	3,24	6/5/2020 5:00	1,71	5/8/2020 17:00	7,13	5/11/2020 5:00	3,2
4/2/2020 18:00	2,44	6/5/2020 6:00	1,66	5/8/2020 18:00	5,52	5/11/2020 6:00	2,19
4/2/2020 19:00	1,95	6/5/2020 7:00	2,78	5/8/2020 19:00	5,19	5/11/2020 7:00	2,38
4/2/2020 20:00	1,63	6/5/2020 8:00	4,38	5/8/2020 20:00	4,88	5/11/2020 8:00	3,95
4/2/2020 21:00	1,38	6/5/2020 9:00	5,34	5/8/2020 21:00	4,05	5/11/2020 9:00	4,64
4/2/2020 22:00	1,02	6/5/2020 10:00	5,92	5/8/2020 22:00	3,66	5/11/2020 10:00	4,79
4/2/2020 23:00	0,85	6/5/2020 11:00	6,22	5/8/2020 23:00	3,38	5/11/2020 11:00	4,91
5/2/2020 0:00	0,95	6/5/2020 12:00	6,28	6/8/2020 0:00	3,23	5/11/2020 12:00	4,96

Fecha/Hora	Valor	Fecha/Hora	Valor	Fecha/Hora	Valor	Fecha/Hora	Valor
5/2/2020 1:00	1,06	6/5/2020 13:00	6,23	6/8/2020 1:00	3,21	5/11/2020 13:00	4,84
5/2/2020 2:00	1,07	6/5/2020 14:00	5,98	6/8/2020 2:00	3,27	5/11/2020 14:00	4,58
5/2/2020 3:00	1,06	6/5/2020 15:00	5,49	6/8/2020 3:00	3,36	5/11/2020 15:00	4,32
5/2/2020 4:00	1,13	6/5/2020 16:00	4,71	6/8/2020 4:00	3,72	5/11/2020 16:00	4,2
5/2/2020 5:00	1,22	6/5/2020 17:00	3,53	6/8/2020 5:00	4,08	5/11/2020 17:00	3,89
5/2/2020 6:00	1,58	6/5/2020 18:00	2,49	6/8/2020 6:00	4,49	5/11/2020 18:00	3,19
5/2/2020 7:00	2,9	6/5/2020 19:00	2,23	6/8/2020 7:00	5,81	5/11/2020 19:00	2,86
5/2/2020 8:00	4,38	6/5/2020 20:00	2,23	6/8/2020 8:00	7,6	5/11/2020 20:00	2,56
5/2/2020 9:00	5,01	6/5/2020 21:00	2,19	6/8/2020 9:00	8,49	5/11/2020 21:00	2,09
5/2/2020 10:00	5,35	6/5/2020 22:00	2,26	6/8/2020 10:00	8,84	5/11/2020 22:00	1,31
5/2/2020 11:00	5,34	6/5/2020 23:00	2,39	6/8/2020 11:00	8,95	5/11/2020 23:00	0,57
5/2/2020 12:00	5,16	7/5/2020 0:00	2,46	6/8/2020 12:00	8,93	6/11/2020 0:00	0,35
5/2/2020 13:00	4,96	7/5/2020 1:00	2,59	6/8/2020 13:00	8,86	6/11/2020 1:00	0,59
5/2/2020 14:00	4,73	7/5/2020 2:00	2,49	6/8/2020 14:00	8,67	6/11/2020 2:00	0,76
5/2/2020 15:00	4,44	7/5/2020 3:00	2,58	6/8/2020 15:00	8,28	6/11/2020 3:00	0,6
5/2/2020 16:00	4,01	7/5/2020 4:00	2,79	6/8/2020 16:00	7,84	6/11/2020 4:00	0,79
5/2/2020 17:00	3,47	7/5/2020 5:00	3,16	6/8/2020 17:00	6,99	6/11/2020 5:00	1,2
5/2/2020 18:00	2,76	7/5/2020 6:00	3,55	6/8/2020 18:00	5,46	6/11/2020 6:00	1,28
5/2/2020 19:00	2,31	7/5/2020 7:00	4,23	6/8/2020 19:00	5,28	6/11/2020 7:00	1,93
5/2/2020 20:00	2,16	7/5/2020 8:00	6,05	6/8/2020 20:00	4,96	6/11/2020 8:00	3,42
5/2/2020 21:00	2,11	7/5/2020 9:00	7,14	6/8/2020 21:00	4,2	6/11/2020 9:00	4,42
5/2/2020 22:00	2,04	7/5/2020 10:00	7,6	6/8/2020 22:00	3,63	6/11/2020 10:00	5,19
5/2/2020 23:00	1,76	7/5/2020 11:00	7,83	6/8/2020 23:00	3,56	6/11/2020 11:00	5,51
6/2/2020 0:00	1,31	7/5/2020 12:00	7,72	7/8/2020 0:00	3,57	6/11/2020 12:00	5,39
6/2/2020 1:00	0,98	7/5/2020 13:00	7,33	7/8/2020 1:00	3,67	6/11/2020 13:00	5
6/2/2020 2:00	0,68	7/5/2020 14:00	6,79	7/8/2020 2:00	3,77	6/11/2020 14:00	4,54
6/2/2020 3:00	0,54	7/5/2020 15:00	6,24	7/8/2020 3:00	4,1	6/11/2020 15:00	4,18
6/2/2020 4:00	0,61	7/5/2020 16:00	5,7	7/8/2020 4:00	4,5	6/11/2020 16:00	3,96
6/2/2020 5:00	1,01	7/5/2020 17:00	4,75	7/8/2020 5:00	5	6/11/2020 17:00	3,62
6/2/2020 6:00	1,57	7/5/2020 18:00	3,61	7/8/2020 6:00	5,22	6/11/2020 18:00	2,96
6/2/2020 7:00	2,1	7/5/2020 19:00	3,55	7/8/2020 7:00	6,24	6/11/2020 19:00	2,92
6/2/2020 8:00	2,58	7/5/2020 20:00	3,74	7/8/2020 8:00	8,11	6/11/2020 20:00	2,73
6/2/2020 9:00	3,23	7/5/2020 21:00	3,71	7/8/2020 9:00	8,99	6/11/2020 21:00	2,75
6/2/2020 10:00	3,97	7/5/2020 22:00	3,7	7/8/2020 10:00	9,28	6/11/2020 22:00	2,69
6/2/2020 11:00	4,46	7/5/2020 23:00	3,58	7/8/2020 11:00	9,13	6/11/2020 23:00	2,72
6/2/2020 12:00	4,73	8/5/2020 0:00	3,34	7/8/2020 12:00	8,94	7/11/2020 0:00	2,67
6/2/2020 13:00	4,82	8/5/2020 1:00	3,18	7/8/2020 13:00	8,83	7/11/2020 1:00	2,5
6/2/2020 14:00	4,91	8/5/2020 2:00	3,41	7/8/2020 14:00	8,52	7/11/2020 2:00	2,85
6/2/2020 15:00	4,88	8/5/2020 3:00	4,05	7/8/2020 15:00	8,04	7/11/2020 3:00	3,04
6/2/2020 16:00	4,71	8/5/2020 4:00	3,88	7/8/2020 16:00	7,39	7/11/2020 4:00	3,57
6/2/2020 17:00	4,25	8/5/2020 5:00	3,58	7/8/2020 17:00	6,31	7/11/2020 5:00	3,21
6/2/2020 18:00	3,19	8/5/2020 6:00	3,77	7/8/2020 18:00	4,87	7/11/2020 6:00	2,78
6/2/2020 19:00	2,56	8/5/2020 7:00	4,28	7/8/2020 19:00	4,79	7/11/2020 7:00	2,93
6/2/2020 20:00	2,45	8/5/2020 8:00	6,8	7/8/2020 20:00	4,77	7/11/2020 8:00	4,23
6/2/2020 21:00	2,41	8/5/2020 9:00	8,81	7/8/2020 21:00	4,6	7/11/2020 9:00	5,42

6/2/2020 22:00	2,1	8/5/2020 10:00	10,08	7/8/2020 22:00	4,66	7/11/2020 10:00	6,43
6/2/2020 23:00	1,67	8/5/2020 11:00	10,57	7/8/2020 23:00	4,54	7/11/2020 11:00	7,11
7/2/2020 0:00	1,37	8/5/2020 12:00	10,42	8/8/2020 0:00	4,5	7/11/2020 12:00	7,57
7/2/2020 1:00	1,06	8/5/2020 13:00	9,75	8/8/2020 1:00	4,59	7/11/2020 13:00	7,72
7/2/2020 2:00	0,96	8/5/2020 14:00	9,02	8/8/2020 2:00	4,81	7/11/2020 14:00	7,53
7/2/2020 3:00	1,24	8/5/2020 15:00	8,28	8/8/2020 3:00	4,79	7/11/2020 15:00	7,1
7/2/2020 4:00	1,85	8/5/2020 16:00	7,73	8/8/2020 4:00	4,72	7/11/2020 16:00	6,41
7/2/2020 5:00	2,39	8/5/2020 17:00	6,6	8/8/2020 5:00	4,76	7/11/2020 17:00	5,52
7/2/2020 6:00	2,54	8/5/2020 18:00	6,57	8/8/2020 6:00	4,84	7/11/2020 18:00	4,23
7/2/2020 7:00	3,03	8/5/2020 19:00	6,9	8/8/2020 7:00	5,83	7/11/2020 19:00	3,74
7/2/2020 8:00	3,73	8/5/2020 20:00	7,26	8/8/2020 8:00	7,17	7/11/2020 20:00	3,42
7/2/2020 9:00	3,89	8/5/2020 21:00	7,8	8/8/2020 9:00	7,79	7/11/2020 21:00	3,04
7/2/2020 10:00	3,91	8/5/2020 22:00	8,16	8/8/2020 10:00	8,21	7/11/2020 22:00	2,35
7/2/2020 11:00	4,21	8/5/2020 23:00	8,25	8/8/2020 11:00	8,6	7/11/2020 23:00	1,79
7/2/2020 12:00	4,79	9/5/2020 0:00	8,51	8/8/2020 12:00	8,76	8/11/2020 0:00	1,57
7/2/2020 13:00	5,24	9/5/2020 1:00	8,29	8/8/2020 13:00	8,77	8/11/2020 1:00	1,58
7/2/2020 14:00	5,31	9/5/2020 2:00	7,97	8/8/2020 14:00	8,51	8/11/2020 2:00	1,75
7/2/2020 15:00	4,99	9/5/2020 3:00	7,56	8/8/2020 15:00	7,97	8/11/2020 3:00	2,14
7/2/2020 16:00	4,72	9/5/2020 4:00	7,03	8/8/2020 16:00	7,17	8/11/2020 4:00	2,64
7/2/2020 17:00	4,27	9/5/2020 5:00	6,56	8/8/2020 17:00	6,01	8/11/2020 5:00	3,41
7/2/2020 18:00	3,18	9/5/2020 6:00	6,31	8/8/2020 18:00	4,51	8/11/2020 6:00	3,92
7/2/2020 19:00	2,68	9/5/2020 7:00	6,48	8/8/2020 19:00	3,99	8/11/2020 7:00	4,94
7/2/2020 20:00	2,76	9/5/2020 8:00	7,32	8/8/2020 20:00	3,83	8/11/2020 8:00	7
7/2/2020 21:00	2,95	9/5/2020 9:00	7,93	8/8/2020 21:00	3,67	8/11/2020 9:00	8,42
7/2/2020 22:00	3,09	9/5/2020 10:00	8,23	8/8/2020 22:00	3,37	8/11/2020 10:00	9,41
7/2/2020 23:00	3,09	9/5/2020 11:00	8,21	8/8/2020 23:00	3,47	8/11/2020 11:00	9,97
8/2/2020 0:00	2,85	9/5/2020 12:00	8,05	9/8/2020 0:00	3,52	8/11/2020 12:00	9,96
8/2/2020 1:00	2,4	9/5/2020 13:00	7,76	9/8/2020 1:00	3,58	8/11/2020 13:00	9,55
8/2/2020 2:00	1,95	9/5/2020 14:00	7,37	9/8/2020 2:00	3,77	8/11/2020 14:00	8,97
8/2/2020 3:00	1,57	9/5/2020 15:00	6,79	9/8/2020 3:00	4,08	8/11/2020 15:00	8,42
8/2/2020 4:00	1,33	9/5/2020 16:00	5,94	9/8/2020 4:00	4,44	8/11/2020 16:00	7,48
8/2/2020 5:00	1,32	9/5/2020 17:00	4,55	9/8/2020 5:00	4,77	8/11/2020 17:00	6,13
8/2/2020 6:00	1,24	9/5/2020 18:00	3,28	9/8/2020 6:00	4,9	8/11/2020 18:00	4,37
8/2/2020 7:00	1,79	9/5/2020 19:00	3,2	9/8/2020 7:00	5,68	8/11/2020 19:00	3,97
8/2/2020 8:00	2,95	9/5/2020 20:00	3,41	9/8/2020 8:00	7,33	8/11/2020 20:00	3,57
8/2/2020 9:00	3,64	9/5/2020 21:00	3,45	9/8/2020 9:00	8,06	8/11/2020 21:00	3,09
8/2/2020 10:00	4,04	9/5/2020 22:00	3,13	9/8/2020 10:00	8,18	8/11/2020 22:00	2,95
8/2/2020 11:00	4,22	9/5/2020 23:00	2,68	9/8/2020 11:00	8,08	8/11/2020 23:00	2,82
8/2/2020 12:00	4,05	10/5/2020 0:00	2,55	9/8/2020 12:00	7,89	9/11/2020 0:00	2,43
8/2/2020 13:00	3,85	10/5/2020 1:00	2,47	9/8/2020 13:00	7,68	9/11/2020 1:00	2,24
8/2/2020 14:00	3,52	10/5/2020 2:00	2,24	9/8/2020 14:00	7,45	9/11/2020 2:00	2,17
8/2/2020 15:00	3,2	10/5/2020 3:00	2,01	9/8/2020 15:00	7,23	9/11/2020 3:00	2,53
8/2/2020 16:00	3,02	10/5/2020 4:00	2,33	9/8/2020 16:00	6,99	9/11/2020 4:00	2,78
8/2/2020 17:00	2,74	10/5/2020 5:00	2,65	9/8/2020 17:00	6,35	9/11/2020 5:00	2,87
8/2/2020 18:00	2,21	10/5/2020 6:00	2,56	9/8/2020 18:00	5,14	9/11/2020 6:00	2,98

8/2/2020 19:00	1,73	10/5/2020 7:00	3,59	9/8/2020 19:00	4,79	9/11/2020 7:00	4,65
8/2/2020 20:00	1,5	10/5/2020 8:00	5,13	9/8/2020 20:00	4,63	9/11/2020 8:00	5,78
8/2/2020 21:00	1,47	10/5/2020 9:00	5,99	9/8/2020 21:00	4,26	9/11/2020 9:00	6,09
8/2/2020 22:00	1,52	10/5/2020 10:00	6,32	9/8/2020 22:00	3,88	9/11/2020 10:00	6,32
8/2/2020 23:00	1,69	10/5/2020 11:00	6,27	9/8/2020 23:00	3,47	9/11/2020 11:00	6,54
9/2/2020 0:00	1,86	10/5/2020 12:00	6,16	10/8/2020 0:00	3,09	9/11/2020 12:00	6,41
9/2/2020 1:00	2,06	10/5/2020 13:00	6,13	10/8/2020 1:00	2,88	9/11/2020 13:00	5,97
9/2/2020 2:00	2,25	10/5/2020 14:00	6,03	10/8/2020 2:00	2,71	9/11/2020 14:00	5,48
9/2/2020 3:00	2,49	10/5/2020 15:00	5,78	10/8/2020 3:00	2,74	9/11/2020 15:00	5,18
9/2/2020 4:00	2,71	10/5/2020 16:00	5,27	10/8/2020 4:00	2,9	9/11/2020 16:00	4,78
9/2/2020 5:00	3,13	10/5/2020 17:00	4,38	10/8/2020 5:00	2,71	9/11/2020 17:00	3,92
9/2/2020 6:00	3,5	10/5/2020 18:00	3,18	10/8/2020 6:00	2,53	9/11/2020 18:00	3,06
9/2/2020 7:00	4,43	10/5/2020 19:00	2,89	10/8/2020 7:00	3,36	9/11/2020 19:00	2,81
9/2/2020 8:00	6,21	10/5/2020 20:00	3,02	10/8/2020 8:00	4,95	9/11/2020 20:00	2,49
9/2/2020 9:00	6,65	10/5/2020 21:00	2,92	10/8/2020 9:00	6,02	9/11/2020 21:00	1,99
9/2/2020 10:00	6,71	10/5/2020 22:00	2,68	10/8/2020 10:00	6,91	9/11/2020 22:00	1,42
9/2/2020 11:00	6,4	10/5/2020 23:00	2,36	10/8/2020 11:00	7,5	9/11/2020 23:00	0,85
9/2/2020 12:00	5,85	11/5/2020 0:00	2,16	10/8/2020 12:00	7,55	10/11/2020 0:00	0,33
9/2/2020 13:00	5,22	11/5/2020 1:00	1,77	10/8/2020 13:00	7,33	10/11/2020 1:00	0,42
9/2/2020 14:00	4,82	11/5/2020 2:00	1,41	10/8/2020 14:00	6,96	10/11/2020 2:00	0,81
9/2/2020 15:00	4,65	11/5/2020 3:00	1,03	10/8/2020 15:00	6,5	10/11/2020 3:00	0,8
9/2/2020 16:00	4,42	11/5/2020 4:00	0,93	10/8/2020 16:00	6,04	10/11/2020 4:00	0,44
9/2/2020 17:00	3,92	11/5/2020 5:00	1,08	10/8/2020 17:00	5,26	10/11/2020 5:00	0,32
9/2/2020 18:00	3,26	11/5/2020 6:00	1,21	10/8/2020 18:00	3,98	10/11/2020 6:00	0,45
9/2/2020 19:00	3,29	11/5/2020 7:00	2,16	10/8/2020 19:00	3,3	10/11/2020 7:00	0,98
9/2/2020 20:00	3,44	11/5/2020 8:00	3,49	10/8/2020 20:00	2,77	10/11/2020 8:00	2,62
9/2/2020 21:00	3,45	11/5/2020 9:00	3,86	10/8/2020 21:00	2,46	10/11/2020 9:00	3,72
9/2/2020 22:00	3,28	11/5/2020 10:00	3,69	10/8/2020 22:00	2,18	10/11/2020 10:00	4,62
9/2/2020 23:00	3,13	11/5/2020 11:00	3,5	10/8/2020 23:00	1,95	10/11/2020 11:00	5,23
10/2/2020 0:00	2,99	11/5/2020 12:00	3,38	11/8/2020 0:00	1,97	10/11/2020 12:00	5,45
10/2/2020 1:00	2,7	11/5/2020 13:00	3,45	11/8/2020 1:00	2,14	10/11/2020 13:00	5,5
10/2/2020 2:00	2,87	11/5/2020 14:00	3,56	11/8/2020 2:00	2,13	10/11/2020 14:00	5,64
10/2/2020 3:00	3,3	11/5/2020 15:00	3,34	11/8/2020 3:00	1,97	10/11/2020 15:00	5,57
10/2/2020 4:00	4	11/5/2020 16:00	2,94	11/8/2020 4:00	2,04	10/11/2020 16:00	5,18
10/2/2020 5:00	4,33	11/5/2020 17:00	2,45	11/8/2020 5:00	2,01	10/11/2020 17:00	4
10/2/2020 6:00	4,69	11/5/2020 18:00	2,07	11/8/2020 6:00	1,78	10/11/2020 18:00	2,66
10/2/2020 7:00	5,81	11/5/2020 19:00	2	11/8/2020 7:00	2,23	10/11/2020 19:00	2,45
10/2/2020 8:00	7,69	11/5/2020 20:00	2,03	11/8/2020 8:00	3,32	10/11/2020 20:00	2,74
10/2/2020 9:00	8,03	11/5/2020 21:00	1,99	11/8/2020 9:00	3,85	10/11/2020 21:00	2,7
10/2/2020 10:00	8,07	11/5/2020 22:00	1,61	11/8/2020 10:00	4,4	10/11/2020 22:00	2,46
10/2/2020 11:00	8,06	11/5/2020 23:00	1,05	11/8/2020 11:00	4,94	10/11/2020 23:00	2,1
10/2/2020 12:00	7,96	12/5/2020 0:00	0,43	11/8/2020 12:00	5,29	11/11/2020 0:00	1,69
10/2/2020 13:00	7,76	12/5/2020 1:00	0,65	11/8/2020 13:00	5,52	11/11/2020 1:00	1,29
10/2/2020 14:00	7,53	12/5/2020 2:00	1,63	11/8/2020 14:00	5,48	11/11/2020 2:00	1,17
10/2/2020 15:00	7,09	12/5/2020 3:00	2,11	11/8/2020 15:00	5,11	11/11/2020 3:00	1,65

10/2/2020 16:00	6,52	12/5/2020 4:00	2,01	11/8/2020 16:00	4,86	11/11/2020 4:00	2,2
10/2/2020 17:00	5,8	12/5/2020 5:00	1,6	11/8/2020 17:00	4,47	11/11/2020 5:00	2,23
10/2/2020 18:00	4,52	12/5/2020 6:00	1,19	11/8/2020 18:00	3,72	11/11/2020 6:00	2,13
10/2/2020 19:00	3,92	12/5/2020 7:00	1,25	11/8/2020 19:00	3,35	11/11/2020 7:00	2,27
10/2/2020 20:00	3,82	12/5/2020 8:00	2,16	11/8/2020 20:00	2,9	11/11/2020 8:00	2,55
10/2/2020 21:00	4,55	12/5/2020 9:00	2,94	11/8/2020 21:00	2,3	11/11/2020 9:00	2,76
10/2/2020 22:00	4,93	12/5/2020 10:00	3,23	11/8/2020 22:00	2,06	11/11/2020 10:00	3,12
10/2/2020 23:00	4,78	12/5/2020 11:00	3,12	11/8/2020 23:00	2,08	11/11/2020 11:00	3,49
11/2/2020 0:00	4,61	12/5/2020 12:00	2,78	12/8/2020 0:00	2,26	11/11/2020 12:00	3,61
11/2/2020 1:00	4,25	12/5/2020 13:00	2,42	12/8/2020 1:00	2,68	11/11/2020 13:00	3,63
11/2/2020 2:00	3,65	12/5/2020 14:00	2,59	12/8/2020 2:00	3,06	11/11/2020 14:00	3,63
11/2/2020 3:00	3,26	12/5/2020 15:00	2,69	12/8/2020 3:00	3,48	11/11/2020 15:00	3,53
11/2/2020 4:00	3,25	12/5/2020 16:00	2,8	12/8/2020 4:00	3,17	11/11/2020 16:00	3,28
11/2/2020 5:00	3,42	12/5/2020 17:00	2,49	12/8/2020 5:00	2,83	11/11/2020 17:00	2,81
11/2/2020 6:00	3,56	12/5/2020 18:00	2	12/8/2020 6:00	2,36	11/11/2020 18:00	2,28
11/2/2020 7:00	5,01	12/5/2020 19:00	1,8	12/8/2020 7:00	3,03	11/11/2020 19:00	2,04
11/2/2020 8:00	6,8	12/5/2020 20:00	1,82	12/8/2020 8:00	4,05	11/11/2020 20:00	2
11/2/2020 9:00	7,33	12/5/2020 21:00	1,89	12/8/2020 9:00	4,66	11/11/2020 21:00	1,94
11/2/2020 10:00	7,48	12/5/2020 22:00	1,88	12/8/2020 10:00	5,33	11/11/2020 22:00	1,7
11/2/2020 11:00	7,55	12/5/2020 23:00	1,78	12/8/2020 11:00	5,99	11/11/2020 23:00	1,52
11/2/2020 12:00	7,42	13/5/2020 0:00	1,51	12/8/2020 12:00	6,31	12/11/2020 0:00	1,46
11/2/2020 13:00	7,04	13/5/2020 1:00	1,14	12/8/2020 13:00	6,39	12/11/2020 1:00	1,69
11/2/2020 14:00	6,53	13/5/2020 2:00	0,97	12/8/2020 14:00	6,26	12/11/2020 2:00	2,05
11/2/2020 15:00	6,01	13/5/2020 3:00	1,16	12/8/2020 15:00	6,03	12/11/2020 3:00	2,42
11/2/2020 16:00	5,39	13/5/2020 4:00	1,56	12/8/2020 16:00	5,53	12/11/2020 4:00	2,58
11/2/2020 17:00	4,53	13/5/2020 5:00	2,03	12/8/2020 17:00	4,75	12/11/2020 5:00	2,56
11/2/2020 18:00	3,4	13/5/2020 6:00	2,42	12/8/2020 18:00	3,72	12/11/2020 6:00	2,46
11/2/2020 19:00	2,97	13/5/2020 7:00	2,63	12/8/2020 19:00	3,37	12/11/2020 7:00	2,47
11/2/2020 20:00	2,89	13/5/2020 8:00	2,62	12/8/2020 20:00	3	12/11/2020 8:00	2,54
11/2/2020 21:00	2,84	13/5/2020 9:00	2,28	12/8/2020 21:00	2,69	12/11/2020 9:00	2,34
11/2/2020 22:00	2,92	13/5/2020 10:00	2,11	12/8/2020 22:00	2,46	12/11/2020 10:00	2,43
11/2/2020 23:00	3,11	13/5/2020 11:00	2,06	12/8/2020 23:00	2,16	12/11/2020 11:00	2,64
12/2/2020 0:00	2,73	13/5/2020 12:00	2,11	13/8/2020 0:00	1,75	12/11/2020 12:00	2,95
12/2/2020 1:00	2,51	13/5/2020 13:00	2,27	13/8/2020 1:00	1,58	12/11/2020 13:00	3,29
12/2/2020 2:00	2,39	13/5/2020 14:00	2,46	13/8/2020 2:00	1,49	12/11/2020 14:00	3,52
12/2/2020 3:00	2,13	13/5/2020 15:00	2,47	13/8/2020 3:00	1,59	12/11/2020 15:00	3,65
12/2/2020 4:00	2,31	13/5/2020 16:00	2,26	13/8/2020 4:00	1,98	12/11/2020 16:00	3,57
12/2/2020 5:00	2,59	13/5/2020 17:00	1,71	13/8/2020 5:00	2,03	12/11/2020 17:00	3,11
12/2/2020 6:00	3,26	13/5/2020 18:00	1	13/8/2020 6:00	2,11	12/11/2020 18:00	2,53
12/2/2020 7:00	4,72	13/5/2020 19:00	0,65	13/8/2020 7:00	3,37	12/11/2020 19:00	2,12
12/2/2020 8:00	6,44	13/5/2020 20:00	0,54	13/8/2020 8:00	4,75	12/11/2020 20:00	1,61
12/2/2020 9:00	7,45	13/5/2020 21:00	0,69	13/8/2020 9:00	5,61	12/11/2020 21:00	1,09
12/2/2020 10:00	7,8	13/5/2020 22:00	0,97	13/8/2020 10:00	6,17	12/11/2020 22:00	1,22
12/2/2020 11:00	7,8	13/5/2020 23:00	0,85	13/8/2020 11:00	6,45	12/11/2020 23:00	1,75
12/2/2020 12:00	7,7	14/5/2020 0:00	0,56	13/8/2020 12:00	6,51	13/11/2020 0:00	2,12

12/2/2020 13:00	7,51	14/5/2020 1:00	0,73	13/8/2020 13:00	6,4	13/11/2020 1:00	2,51
12/2/2020 14:00	7,15	14/5/2020 2:00	1,09	13/8/2020 14:00	6,14	13/11/2020 2:00	2,7
12/2/2020 15:00	6,55	14/5/2020 3:00	1,58	13/8/2020 15:00	5,81	13/11/2020 3:00	2,68
12/2/2020 16:00	5,81	14/5/2020 4:00	2,04	13/8/2020 16:00	5,54	13/11/2020 4:00	2,54
12/2/2020 17:00	4,89	14/5/2020 5:00	2,43	13/8/2020 17:00	5,12	13/11/2020 5:00	2,55
12/2/2020 18:00	3,44	14/5/2020 6:00	2,5	13/8/2020 18:00	4,35	13/11/2020 6:00	2,33
12/2/2020 19:00	3,14	14/5/2020 7:00	2,49	13/8/2020 19:00	4,19	13/11/2020 7:00	1,85
12/2/2020 20:00	3,2	14/5/2020 8:00	3,47	13/8/2020 20:00	4,22	13/11/2020 8:00	2,05
12/2/2020 21:00	3,39	14/5/2020 9:00	4,47	13/8/2020 21:00	3,98	13/11/2020 9:00	2,56
12/2/2020 22:00	3,47	14/5/2020 10:00	5,02	13/8/2020 22:00	3,84	13/11/2020 10:00	3,08
12/2/2020 23:00	3,36	14/5/2020 11:00	5,02	13/8/2020 23:00	3,57	13/11/2020 11:00	3,43
13/2/2020 0:00	3,16	14/5/2020 12:00	4,84	14/8/2020 0:00	3,19	13/11/2020 12:00	3,63
13/2/2020 1:00	2,89	14/5/2020 13:00	4,61	14/8/2020 1:00	2,84	13/11/2020 13:00	3,79
13/2/2020 2:00	2,7	14/5/2020 14:00	4,38	14/8/2020 2:00	2,58	13/11/2020 14:00	3,95
13/2/2020 3:00	2,49	14/5/2020 15:00	4,1	14/8/2020 3:00	2,16	13/11/2020 15:00	4,07
13/2/2020 4:00	2,27	14/5/2020 16:00	3,83	14/8/2020 4:00	1,8	13/11/2020 16:00	4,07
13/2/2020 5:00	2,05	14/5/2020 17:00	3,43	14/8/2020 5:00	1,56	13/11/2020 17:00	3,58
13/2/2020 6:00	2,08	14/5/2020 18:00	2,69	14/8/2020 6:00	1,6	13/11/2020 18:00	2,8
13/2/2020 7:00	3,17	14/5/2020 19:00	2,27	14/8/2020 7:00	2,75	13/11/2020 19:00	2,12
13/2/2020 8:00	4,87	14/5/2020 20:00	2,25	14/8/2020 8:00	3,91	13/11/2020 20:00	1,62
13/2/2020 9:00	5,75	14/5/2020 21:00	2,26	14/8/2020 9:00	4,86	13/11/2020 21:00	1,16
13/2/2020 10:00	6,12	14/5/2020 22:00	2,13	14/8/2020 10:00	5,67	13/11/2020 22:00	0,82
13/2/2020 11:00	6,41	14/5/2020 23:00	2,13	14/8/2020 11:00	6,19	13/11/2020 23:00	0,81
13/2/2020 12:00	6,62	15/5/2020 0:00	2,09	14/8/2020 12:00	6,41	14/11/2020 0:00	1,05
13/2/2020 13:00	6,65	15/5/2020 1:00	1,94	14/8/2020 13:00	6,44	14/11/2020 1:00	1,26
13/2/2020 14:00	6,5	15/5/2020 2:00	1,8	14/8/2020 14:00	6,38	14/11/2020 2:00	1,18
13/2/2020 15:00	6,25	15/5/2020 3:00	1,68	14/8/2020 15:00	6,26	14/11/2020 3:00	0,98
13/2/2020 16:00	5,93	15/5/2020 4:00	1,99	14/8/2020 16:00	5,95	14/11/2020 4:00	0,62
13/2/2020 17:00	5,15	15/5/2020 5:00	2,67	14/8/2020 17:00	5,23	14/11/2020 5:00	0,39
13/2/2020 18:00	3,78	15/5/2020 6:00	3,46	14/8/2020 18:00	4,27	14/11/2020 6:00	0,62
13/2/2020 19:00	3,82	15/5/2020 7:00	4,22	14/8/2020 19:00	3,89	14/11/2020 7:00	0,75
13/2/2020 20:00	4,22	15/5/2020 8:00	5,83	14/8/2020 20:00	3,55	14/11/2020 8:00	0,77
13/2/2020 21:00	4,12	15/5/2020 9:00	6,66	14/8/2020 21:00	3,56	14/11/2020 9:00	1,32
13/2/2020 22:00	3,96	15/5/2020 10:00	6,76	14/8/2020 22:00	3,5	14/11/2020 10:00	2,02
13/2/2020 23:00	4,17	15/5/2020 11:00	6,53	14/8/2020 23:00	3,65	14/11/2020 11:00	2,4
14/2/2020 0:00	4,16	15/5/2020 12:00	6,17	15/8/2020 0:00	3,32	14/11/2020 12:00	2,41
14/2/2020 1:00	4,33	15/5/2020 13:00	5,73	15/8/2020 1:00	2,93	14/11/2020 13:00	2,32
14/2/2020 2:00	4,17	15/5/2020 14:00	5,03	15/8/2020 2:00	2,79	14/11/2020 14:00	2,35
14/2/2020 3:00	3,79	15/5/2020 15:00	4,3	15/8/2020 3:00	2,94	14/11/2020 15:00	2,43
14/2/2020 4:00	3,78	15/5/2020 16:00	3,6	15/8/2020 4:00	3,46	14/11/2020 16:00	2,44
14/2/2020 5:00	3,68	15/5/2020 17:00	2,85	15/8/2020 5:00	3,39	14/11/2020 17:00	2,39
14/2/2020 6:00	3,24	15/5/2020 18:00	2,18	15/8/2020 6:00	3,13	14/11/2020 18:00	2,37
14/2/2020 7:00	4,82	15/5/2020 19:00	2,25	15/8/2020 7:00	3,75	14/11/2020 19:00	2,05
14/2/2020 8:00	6,52	15/5/2020 20:00	2,6	15/8/2020 8:00	5,83	14/11/2020 20:00	1,58
14/2/2020 9:00	7,26	15/5/2020 21:00	3,09	15/8/2020 9:00	7,15	14/11/2020 21:00	1,06

14/2/2020 10:00	7,37	15/5/2020 22:00	3,33	15/8/2020 10:00	7,72	14/11/2020 22:00	0,64
14/2/2020 11:00	7,18	15/5/2020 23:00	3,58	15/8/2020 11:00	7,74	14/11/2020 23:00	0,74
14/2/2020 12:00	6,9	16/5/2020 0:00	3,92	15/8/2020 12:00	7,38	15/11/2020 0:00	1,31
14/2/2020 13:00	6,71	16/5/2020 1:00	4,16	15/8/2020 13:00	6,8	15/11/2020 1:00	1,82
14/2/2020 14:00	6,64	16/5/2020 2:00	4,32	15/8/2020 14:00	6,3	15/11/2020 2:00	1,82
14/2/2020 15:00	6,42	16/5/2020 3:00	4,91	15/8/2020 15:00	5,94	15/11/2020 3:00	1,49
14/2/2020 16:00	6,11	16/5/2020 4:00	5,31	15/8/2020 16:00	5,55	15/11/2020 4:00	0,91
14/2/2020 17:00	5,36	16/5/2020 5:00	5,6	15/8/2020 17:00	4,77	15/11/2020 5:00	0,52
14/2/2020 18:00	4,05	16/5/2020 6:00	5,88	15/8/2020 18:00	3,7	15/11/2020 6:00	0,03
14/2/2020 19:00	4,1	16/5/2020 7:00	6,83	15/8/2020 19:00	3,44	15/11/2020 7:00	1,09
14/2/2020 20:00	4,63	16/5/2020 8:00	8,45	15/8/2020 20:00	3,38	15/11/2020 8:00	2,46
14/2/2020 21:00	4,89	16/5/2020 9:00	9,02	15/8/2020 21:00	3,18	15/11/2020 9:00	3,13
14/2/2020 22:00	4,84	16/5/2020 10:00	9,17	15/8/2020 22:00	2,66	15/11/2020 10:00	3,58
14/2/2020 23:00	4,99	16/5/2020 11:00	9,09	15/8/2020 23:00	2,16	15/11/2020 11:00	3,73
15/2/2020 0:00	4,91	16/5/2020 12:00	8,9	16/8/2020 0:00	1,67	15/11/2020 12:00	3,75
15/2/2020 1:00	4,73	16/5/2020 13:00	8,66	16/8/2020 1:00	1,73	15/11/2020 13:00	3,79
15/2/2020 2:00	4,82	16/5/2020 14:00	8,28	16/8/2020 2:00	1,99	15/11/2020 14:00	3,91
15/2/2020 3:00	5,15	16/5/2020 15:00	7,85	16/8/2020 3:00	2,24	15/11/2020 15:00	3,91
15/2/2020 4:00	5,47	16/5/2020 16:00	7,43	16/8/2020 4:00	2,5	15/11/2020 16:00	3,78
15/2/2020 5:00	5,22	16/5/2020 17:00	6,64	16/8/2020 5:00	2,76	15/11/2020 17:00	3,36
15/2/2020 6:00	5,18	16/5/2020 18:00	5,17	16/8/2020 6:00	2,91	15/11/2020 18:00	2,94
15/2/2020 7:00	5,72	16/5/2020 19:00	5,48	16/8/2020 7:00	3,82	15/11/2020 19:00	2,9
15/2/2020 8:00	6,8	16/5/2020 20:00	6,1	16/8/2020 8:00	5,92	15/11/2020 20:00	2,87
15/2/2020 9:00	7,62	16/5/2020 21:00	6,12	16/8/2020 9:00	7,05	15/11/2020 21:00	2,8
15/2/2020 10:00	8,1	16/5/2020 22:00	5,98	16/8/2020 10:00	7,41	15/11/2020 22:00	2,58
15/2/2020 11:00	8,38	16/5/2020 23:00	5,66	16/8/2020 11:00	7,2	15/11/2020 23:00	2,31
15/2/2020 12:00	8,26	17/5/2020 0:00	5,44	16/8/2020 12:00	6,91	16/11/2020 0:00	2,04
15/2/2020 13:00	8,02	17/5/2020 1:00	5,13	16/8/2020 13:00	6,68	16/11/2020 1:00	1,7
15/2/2020 14:00	7,72	17/5/2020 2:00	4,94	16/8/2020 14:00	6,48	16/11/2020 2:00	1,19
15/2/2020 15:00	7,36	17/5/2020 3:00	4,9	16/8/2020 15:00	6,16	16/11/2020 3:00	0,65
15/2/2020 16:00	6,85	17/5/2020 4:00	5,08	16/8/2020 16:00	5,79	16/11/2020 4:00	0,43
15/2/2020 17:00	6,13	17/5/2020 5:00	5,24	16/8/2020 17:00	4,84	16/11/2020 5:00	0,59
15/2/2020 18:00	4,52	17/5/2020 6:00	5,27	16/8/2020 18:00	3,52	16/11/2020 6:00	0,81
15/2/2020 19:00	4,57	17/5/2020 7:00	5,2	16/8/2020 19:00	3,03	16/11/2020 7:00	1,22
15/2/2020 20:00	5,01	17/5/2020 8:00	6,37	16/8/2020 20:00	2,63	16/11/2020 8:00	1,96
15/2/2020 21:00	4,76	17/5/2020 9:00	7,47	16/8/2020 21:00	2,15	16/11/2020 9:00	2,63
15/2/2020 22:00	4,06	17/5/2020 10:00	8,06	16/8/2020 22:00	1,45	16/11/2020 10:00	3,29
15/2/2020 23:00	3,45	17/5/2020 11:00	8,01	16/8/2020 23:00	1,1	16/11/2020 11:00	3,91
16/2/2020 0:00	2,78	17/5/2020 12:00	7,58	17/8/2020 0:00	1,02	16/11/2020 12:00	4,29
16/2/2020 1:00	2,27	17/5/2020 13:00	7,23	17/8/2020 1:00	0,98	16/11/2020 13:00	4,39
16/2/2020 2:00	2,03	17/5/2020 14:00	6,96	17/8/2020 2:00	0,85	16/11/2020 14:00	4,35
16/2/2020 3:00	2,06	17/5/2020 15:00	6,47	17/8/2020 3:00	0,38	16/11/2020 15:00	4,21
16/2/2020 4:00	2,17	17/5/2020 16:00	5,88	17/8/2020 4:00	0,25	16/11/2020 16:00	3,89
16/2/2020 5:00	2,46	17/5/2020 17:00	4,94	17/8/2020 5:00	0,68	16/11/2020 17:00	3,28
16/2/2020 6:00	3,28	17/5/2020 18:00	3,51	17/8/2020 6:00	0,89	16/11/2020 18:00	2,64

16/2/2020 7:00	4,31	17/5/2020 19:00	3,3	17/8/2020 7:00	1,34	16/11/2020 19:00	2,13
16/2/2020 8:00	6,74	17/5/2020 20:00	3,32	17/8/2020 8:00	2,52	16/11/2020 20:00	1,62
16/2/2020 9:00	8,48	17/5/2020 21:00	3,29	17/8/2020 9:00	3,42	16/11/2020 21:00	1,06
16/2/2020 10:00	8,96	17/5/2020 22:00	2,97	17/8/2020 10:00	4,19	16/11/2020 22:00	0,38
16/2/2020 11:00	8,63	17/5/2020 23:00	2,76	17/8/2020 11:00	4,85	16/11/2020 23:00	0,39
16/2/2020 12:00	8,22	18/5/2020 0:00	2,7	17/8/2020 12:00	5,14	17/11/2020 0:00	0,63
16/2/2020 13:00	7,82	18/5/2020 1:00	2,55	17/8/2020 13:00	5,1	17/11/2020 1:00	0,89
16/2/2020 14:00	7,25	18/5/2020 2:00	2,31	17/8/2020 14:00	5,05	17/11/2020 2:00	1
16/2/2020 15:00	6,74	18/5/2020 3:00	2,22	17/8/2020 15:00	5,05	17/11/2020 3:00	0,96
16/2/2020 16:00	6,32	18/5/2020 4:00	2,2	17/8/2020 16:00	4,78	17/11/2020 4:00	0,96
16/2/2020 17:00	5,51	18/5/2020 5:00	2,32	17/8/2020 17:00	4,02	17/11/2020 5:00	0,98
16/2/2020 18:00	3,82	18/5/2020 6:00	2,44	17/8/2020 18:00	3,14	17/11/2020 6:00	1
16/2/2020 19:00	3,16	18/5/2020 7:00	3,51	17/8/2020 19:00	2,63	17/11/2020 7:00	1,31
16/2/2020 20:00	3,02	18/5/2020 8:00	4,99	17/8/2020 20:00	2,09	17/11/2020 8:00	1,97
16/2/2020 21:00	2,96	18/5/2020 9:00	5,74	17/8/2020 21:00	1,48	17/11/2020 9:00	2,7
16/2/2020 22:00	2,77	18/5/2020 10:00	6,01	17/8/2020 22:00	0,73	17/11/2020 10:00	3,35
16/2/2020 23:00	2,33	18/5/2020 11:00	6,09	17/8/2020 23:00	0,49	17/11/2020 11:00	3,76
17/2/2020 0:00	1,98	18/5/2020 12:00	6,05	18/8/2020 0:00	0,4	17/11/2020 12:00	3,98
17/2/2020 1:00	2,04	18/5/2020 13:00	5,88	18/8/2020 1:00	0,57	17/11/2020 13:00	4,08
17/2/2020 2:00	2,18	18/5/2020 14:00	5,6	18/8/2020 2:00	0,77	17/11/2020 14:00	4,08
17/2/2020 3:00	2,46	18/5/2020 15:00	5,25	18/8/2020 3:00	0,87	17/11/2020 15:00	3,84
17/2/2020 4:00	2,76	18/5/2020 16:00	4,7	18/8/2020 4:00	0,78	17/11/2020 16:00	3,48
17/2/2020 5:00	3,47	18/5/2020 17:00	3,72	18/8/2020 5:00	0,69	17/11/2020 17:00	2,93
17/2/2020 6:00	3,92	18/5/2020 18:00	2,66	18/8/2020 6:00	0,58	17/11/2020 18:00	2,27
17/2/2020 7:00	5,03	18/5/2020 19:00	2,22	18/8/2020 7:00	0,84	17/11/2020 19:00	1,91
17/2/2020 8:00	6,64	18/5/2020 20:00	2,03	18/8/2020 8:00	1,75	17/11/2020 20:00	1,71
17/2/2020 9:00	7,69	18/5/2020 21:00	2,08	18/8/2020 9:00	2,63	17/11/2020 21:00	1,35
17/2/2020 10:00	8,24	18/5/2020 22:00	2,24	18/8/2020 10:00	3,21	17/11/2020 22:00	0,84
17/2/2020 11:00	8,49	18/5/2020 23:00	2,62	18/8/2020 11:00	3,66	17/11/2020 23:00	0,94
17/2/2020 12:00	8,41	19/5/2020 0:00	3,03	18/8/2020 12:00	4,29	18/11/2020 0:00	1,53
17/2/2020 13:00	8,13	19/5/2020 1:00	3,02	18/8/2020 13:00	4,71	18/11/2020 1:00	1,93
17/2/2020 14:00	7,83	19/5/2020 2:00	3,08	18/8/2020 14:00	4,42	18/11/2020 2:00	1,97
17/2/2020 15:00	7,51	19/5/2020 3:00	3,19	18/8/2020 15:00	3,79	18/11/2020 3:00	1,66
17/2/2020 16:00	7,17	19/5/2020 4:00	3,46	18/8/2020 16:00	3,12	18/11/2020 4:00	1,1
17/2/2020 17:00	6,46	19/5/2020 5:00	3,73	18/8/2020 17:00	2,35	18/11/2020 5:00	0,66
17/2/2020 18:00	4,7	19/5/2020 6:00	3,92	18/8/2020 18:00	1,63	18/11/2020 6:00	0,42
17/2/2020 19:00	4,09	19/5/2020 7:00	4,86	18/8/2020 19:00	1,15	18/11/2020 7:00	0,55
17/2/2020 20:00	4,29	19/5/2020 8:00	6,37	18/8/2020 20:00	0,91	18/11/2020 8:00	1,74
17/2/2020 21:00	4,15	19/5/2020 9:00	7,3	18/8/2020 21:00	0,97	18/11/2020 9:00	2,86
17/2/2020 22:00	4,31	19/5/2020 10:00	7,52	18/8/2020 22:00	1,17	18/11/2020 10:00	3,69
17/2/2020 23:00	4,33	19/5/2020 11:00	7,29	18/8/2020 23:00	1,16	18/11/2020 11:00	4,37
18/2/2020 0:00	4,52	19/5/2020 12:00	7,08	19/8/2020 0:00	1,04	18/11/2020 12:00	4,8
18/2/2020 1:00	4,61	19/5/2020 13:00	6,91	19/8/2020 1:00	0,89	18/11/2020 13:00	4,91
18/2/2020 2:00	5,01	19/5/2020 14:00	6,63	19/8/2020 2:00	0,74	18/11/2020 14:00	4,72
18/2/2020 3:00	5,06	19/5/2020 15:00	6,13	19/8/2020 3:00	0,72	18/11/2020 15:00	4,36

18/2/2020 4:00	4,97	19/5/2020 16:00	5,45	19/8/2020 4:00	0,69	18/11/2020 16:00	3,87
18/2/2020 5:00	4,81	19/5/2020 17:00	4,52	19/8/2020 5:00	0,71	18/11/2020 17:00	3,11
18/2/2020 6:00	4,68	19/5/2020 18:00	3,33	19/8/2020 6:00	0,73	18/11/2020 18:00	2,47
18/2/2020 7:00	5,67	19/5/2020 19:00	3,3	19/8/2020 7:00	1,08	18/11/2020 19:00	2,2
18/2/2020 8:00	7,19	19/5/2020 20:00	3,26	19/8/2020 8:00	2,05	18/11/2020 20:00	2,16
18/2/2020 9:00	8,25	19/5/2020 21:00	2,82	19/8/2020 9:00	2,99	18/11/2020 21:00	2,57
18/2/2020 10:00	8,8	19/5/2020 22:00	2,32	19/8/2020 10:00	3,48	18/11/2020 22:00	3,02
18/2/2020 11:00	9,05	19/5/2020 23:00	2,09	19/8/2020 11:00	3,77	18/11/2020 23:00	3,08
18/2/2020 12:00	9,16	20/5/2020 0:00	2,13	19/8/2020 12:00	3,81	19/11/2020 0:00	3,12
18/2/2020 13:00	9,18	20/5/2020 1:00	2,32	19/8/2020 13:00	3,58	19/11/2020 1:00	3,06
18/2/2020 14:00	8,96	20/5/2020 2:00	2,59	19/8/2020 14:00	3,15	19/11/2020 2:00	2,97
18/2/2020 15:00	8,54	20/5/2020 3:00	2,78	19/8/2020 15:00	2,66	19/11/2020 3:00	2,89
18/2/2020 16:00	8,05	20/5/2020 4:00	2,99	19/8/2020 16:00	2,24	19/11/2020 4:00	2,67
18/2/2020 17:00	7,17	20/5/2020 5:00	3,13	19/8/2020 17:00	1,88	19/11/2020 5:00	2,5
18/2/2020 18:00	5,35	20/5/2020 6:00	3,33	19/8/2020 18:00	1,66	19/11/2020 6:00	2,46
18/2/2020 19:00	4,88	20/5/2020 7:00	4,53	19/8/2020 19:00	1,69	19/11/2020 7:00	2,68
18/2/2020 20:00	5,06	20/5/2020 8:00	6,26	19/8/2020 20:00	1,67	19/11/2020 8:00	3,38
18/2/2020 21:00	5,27	20/5/2020 9:00	7,27	19/8/2020 21:00	1,58	19/11/2020 9:00	3,8
18/2/2020 22:00	5,54	20/5/2020 10:00	7,69	19/8/2020 22:00	1,37	19/11/2020 10:00	4,19
18/2/2020 23:00	5,31	20/5/2020 11:00	7,6	19/8/2020 23:00	0,94	19/11/2020 11:00	4,48
19/2/2020 0:00	4,8	20/5/2020 12:00	7,23	20/8/2020 0:00	0,34	19/11/2020 12:00	4,72
19/2/2020 1:00	4,15	20/5/2020 13:00	6,84	20/8/2020 1:00	0,2	19/11/2020 13:00	4,73
19/2/2020 2:00	3,6	20/5/2020 14:00	6,5	20/8/2020 2:00	0,21	19/11/2020 14:00	4,49
19/2/2020 3:00	3,17	20/5/2020 15:00	5,97	20/8/2020 3:00	0,62	19/11/2020 15:00	4,27
19/2/2020 4:00	2,99	20/5/2020 16:00	5,23	20/8/2020 4:00	1,01	19/11/2020 16:00	4
19/2/2020 5:00	2,93	20/5/2020 17:00	4,33	20/8/2020 5:00	1,5	19/11/2020 17:00	3,33
19/2/2020 6:00	2,96	20/5/2020 18:00	3,37	20/8/2020 6:00	1,96	19/11/2020 18:00	2,44
19/2/2020 7:00	3,99	20/5/2020 19:00	3,35	20/8/2020 7:00	2,77	19/11/2020 19:00	1,96
19/2/2020 8:00	5,74	20/5/2020 20:00	3,28	20/8/2020 8:00	4,81	19/11/2020 20:00	1,81
19/2/2020 9:00	6,91	20/5/2020 21:00	2,92	20/8/2020 9:00	5,75	19/11/2020 21:00	1,73
19/2/2020 10:00	7,62	20/5/2020 22:00	2,74	20/8/2020 10:00	6,1	19/11/2020 22:00	1,64
19/2/2020 11:00	7,91	20/5/2020 23:00	2,79	20/8/2020 11:00	6,31	19/11/2020 23:00	1,59
19/2/2020 12:00	7,98	21/5/2020 0:00	2,9	20/8/2020 12:00	6,38	20/11/2020 0:00	1,55
19/2/2020 13:00	7,92	21/5/2020 1:00	2,92	20/8/2020 13:00	6,22	20/11/2020 1:00	1,45
19/2/2020 14:00	7,76	21/5/2020 2:00	2,95	20/8/2020 14:00	6,08	20/11/2020 2:00	1,28
19/2/2020 15:00	7,48	21/5/2020 3:00	2,83	20/8/2020 15:00	5,73	20/11/2020 3:00	1,15
19/2/2020 16:00	7,03	21/5/2020 4:00	3,17	20/8/2020 16:00	5	20/11/2020 4:00	1,34
19/2/2020 17:00	6,05	21/5/2020 5:00	3,36	20/8/2020 17:00	3,96	20/11/2020 5:00	1,62
19/2/2020 18:00	4,3	21/5/2020 6:00	3,42	20/8/2020 18:00	3,62	20/11/2020 6:00	1,67
19/2/2020 19:00	3,92	21/5/2020 7:00	3,85	20/8/2020 19:00	3,93	20/11/2020 7:00	1,79
19/2/2020 20:00	4,05	21/5/2020 8:00	5,36	20/8/2020 20:00	4,05	20/11/2020 8:00	2,32
19/2/2020 21:00	4,5	21/5/2020 9:00	6,44	20/8/2020 21:00	3,7	20/11/2020 9:00	2,79
19/2/2020 22:00	4,34	21/5/2020 10:00	7,17	20/8/2020 22:00	2,71	20/11/2020 10:00	2,92
19/2/2020 23:00	3,81	21/5/2020 11:00	7,44	20/8/2020 23:00	2,16	20/11/2020 11:00	2,88
20/2/2020 0:00	3,27	21/5/2020 12:00	7,21	21/8/2020 0:00	2,46	20/11/2020 12:00	3,03

20/2/2020 1:00	2,64	21/5/2020 13:00	6,72	21/8/2020 1:00	3,03	20/11/2020 13:00	3,25
20/2/2020 2:00	2,07	21/5/2020 14:00	6,15	21/8/2020 2:00	3,37	20/11/2020 14:00	3,36
20/2/2020 3:00	1,77	21/5/2020 15:00	5,58	21/8/2020 3:00	3,52	20/11/2020 15:00	3,26
20/2/2020 4:00	1,65	21/5/2020 16:00	4,89	21/8/2020 4:00	3,1	20/11/2020 16:00	2,96
20/2/2020 5:00	1,32	21/5/2020 17:00	3,84	21/8/2020 5:00	2,62	20/11/2020 17:00	2,49
20/2/2020 6:00	1,63	21/5/2020 18:00	2,86	21/8/2020 6:00	2,33	20/11/2020 18:00	2,07
20/2/2020 7:00	2,5	21/5/2020 19:00	2,81	21/8/2020 7:00	2,91	20/11/2020 19:00	1,77
20/2/2020 8:00	3,62	21/5/2020 20:00	3,24	21/8/2020 8:00	4,7	20/11/2020 20:00	1,64
20/2/2020 9:00	4,28	21/5/2020 21:00	3,63	21/8/2020 9:00	6,23	20/11/2020 21:00	1,67
20/2/2020 10:00	4,86	21/5/2020 22:00	3,45	21/8/2020 10:00	6,95	20/11/2020 22:00	1,64
20/2/2020 11:00	5,06	21/5/2020 23:00	3,22	21/8/2020 11:00	7,1	20/11/2020 23:00	1,74
20/2/2020 12:00	5,02	22/5/2020 0:00	3,22	21/8/2020 12:00	6,89	21/11/2020 0:00	1,69
20/2/2020 13:00	5,06	22/5/2020 1:00	2,95	21/8/2020 13:00	6,71	21/11/2020 1:00	1,58
20/2/2020 14:00	5,14	22/5/2020 2:00	2,75	21/8/2020 14:00	6,66	21/11/2020 2:00	1,3
20/2/2020 15:00	4,92	22/5/2020 3:00	2,45	21/8/2020 15:00	6,53	21/11/2020 3:00	1,04
20/2/2020 16:00	4,49	22/5/2020 4:00	2,26	21/8/2020 16:00	5,96	21/11/2020 4:00	0,89
20/2/2020 17:00	3,88	22/5/2020 5:00	2,42	21/8/2020 17:00	4,59	21/11/2020 5:00	0,88
20/2/2020 18:00	3,28	22/5/2020 6:00	2,83	21/8/2020 18:00	3,51	21/11/2020 6:00	0,92
20/2/2020 19:00	3,01	22/5/2020 7:00	4,13	21/8/2020 19:00	3,2	21/11/2020 7:00	1,05
20/2/2020 20:00	2,68	22/5/2020 8:00	6,21	21/8/2020 20:00	2,88	21/11/2020 8:00	1,26
20/2/2020 21:00	2,11	22/5/2020 9:00	7,45	21/8/2020 21:00	2,55	21/11/2020 9:00	1,83
20/2/2020 22:00	1,59	22/5/2020 10:00	7,8	21/8/2020 22:00	2,59	21/11/2020 10:00	2,28
20/2/2020 23:00	1,75	22/5/2020 11:00	7,56	21/8/2020 23:00	3,12	21/11/2020 11:00	2,61
21/2/2020 0:00	1,86	22/5/2020 12:00	7,23	22/8/2020 0:00	3,52	21/11/2020 12:00	2,96
21/2/2020 1:00	1,92	22/5/2020 13:00	6,97	22/8/2020 1:00	3,54	21/11/2020 13:00	3,44
21/2/2020 2:00	2,31	22/5/2020 14:00	6,68	22/8/2020 2:00	3,75	21/11/2020 14:00	3,73
21/2/2020 3:00	2,64	22/5/2020 15:00	6,24	22/8/2020 3:00	4,13	21/11/2020 15:00	3,9
21/2/2020 4:00	2,16	22/5/2020 16:00	5,52	22/8/2020 4:00	4,43	21/11/2020 16:00	4,06
21/2/2020 5:00	0,89	22/5/2020 17:00	4,45	22/8/2020 5:00	4,62	21/11/2020 17:00	3,7
21/2/2020 6:00	0,51	22/5/2020 18:00	3,14	22/8/2020 6:00	4,59	21/11/2020 18:00	2,87
21/2/2020 7:00	1,12	22/5/2020 19:00	3,08	22/8/2020 7:00	5,09	21/11/2020 19:00	2,38
21/2/2020 8:00	1,41	22/5/2020 20:00	3,4	22/8/2020 8:00	5,91	21/11/2020 20:00	1,97
21/2/2020 9:00	1,19	22/5/2020 21:00	3,54	22/8/2020 9:00	6,27	21/11/2020 21:00	1,6
21/2/2020 10:00	1	22/5/2020 22:00	3,25	22/8/2020 10:00	6,51	21/11/2020 22:00	1,28
21/2/2020 11:00	1,16	22/5/2020 23:00	3,01	22/8/2020 11:00	6,3	21/11/2020 23:00	0,96
21/2/2020 12:00	1,53	23/5/2020 0:00	3,18	22/8/2020 12:00	5,99	22/11/2020 0:00	0,78
21/2/2020 13:00	2,05	23/5/2020 1:00	3,28	22/8/2020 13:00	5,77	22/11/2020 1:00	0,78
21/2/2020 14:00	2,55	23/5/2020 2:00	3,42	22/8/2020 14:00	5,41	22/11/2020 2:00	0,8
21/2/2020 15:00	2,99	23/5/2020 3:00	4,05	22/8/2020 15:00	4,69	22/11/2020 3:00	0,82
21/2/2020 16:00	3,13	23/5/2020 4:00	4,22	22/8/2020 16:00	3,85	22/11/2020 4:00	0,96
21/2/2020 17:00	2,62	23/5/2020 5:00	4,25	22/8/2020 17:00	3,13	22/11/2020 5:00	1,37
21/2/2020 18:00	2,24	23/5/2020 6:00	4,3	22/8/2020 18:00	2,8	22/11/2020 6:00	2,06
21/2/2020 19:00	2,34	23/5/2020 7:00	5,35	22/8/2020 19:00	3,03	22/11/2020 7:00	3,53
21/2/2020 20:00	2,38	23/5/2020 8:00	7,35	22/8/2020 20:00	3,29	22/11/2020 8:00	4,79
21/2/2020 21:00	2,34	23/5/2020 9:00	8,51	22/8/2020 21:00	3,38	22/11/2020 9:00	5,48

21/2/2020 22:00	2,54	23/5/2020 10:00	9	22/8/2020 22:00	3,35	22/11/2020 10:00	6,11
21/2/2020 23:00	2,43	23/5/2020 11:00	9,03	22/8/2020 23:00	2,73	22/11/2020 11:00	6,32
22/2/2020 0:00	2	23/5/2020 12:00	8,93	23/8/2020 0:00	2,46	22/11/2020 12:00	6,24
22/2/2020 1:00	1,53	23/5/2020 13:00	8,78	23/8/2020 1:00	2,83	22/11/2020 13:00	6,07
22/2/2020 2:00	0,96	23/5/2020 14:00	8,45	23/8/2020 2:00	3,21	22/11/2020 14:00	5,92
22/2/2020 3:00	0,78	23/5/2020 15:00	7,89	23/8/2020 3:00	3,4	22/11/2020 15:00	5,73
22/2/2020 4:00	0,98	23/5/2020 16:00	7,03	23/8/2020 4:00	3,59	22/11/2020 16:00	5,59
22/2/2020 5:00	1	23/5/2020 17:00	5,68	23/8/2020 5:00	3,57	22/11/2020 17:00	5,23
22/2/2020 6:00	0,9	23/5/2020 18:00	4,03	23/8/2020 6:00	3,58	22/11/2020 18:00	4,35
22/2/2020 7:00	0,35	23/5/2020 19:00	3,96	23/8/2020 7:00	4,74	22/11/2020 19:00	4,6
22/2/2020 8:00	0,83	23/5/2020 20:00	4,28	23/8/2020 8:00	6,05	22/11/2020 20:00	5,27
22/2/2020 9:00	1,63	23/5/2020 21:00	4,15	23/8/2020 9:00	6,67	22/11/2020 21:00	5,81
22/2/2020 10:00	2,13	23/5/2020 22:00	4,34	23/8/2020 10:00	6,86	22/11/2020 22:00	6,16
22/2/2020 11:00	2,59	23/5/2020 23:00	4,29	23/8/2020 11:00	6,75	22/11/2020 23:00	6,16
22/2/2020 12:00	3,13	24/5/2020 0:00	4,59	23/8/2020 12:00	6,72	23/11/2020 0:00	5,9
22/2/2020 13:00	3,6	24/5/2020 1:00	4,63	23/8/2020 13:00	6,59	23/11/2020 1:00	5,24
22/2/2020 14:00	3,67	24/5/2020 2:00	4,43	23/8/2020 14:00	6,28	23/11/2020 2:00	4,71
22/2/2020 15:00	3,6	24/5/2020 3:00	4,26	23/8/2020 15:00	5,94	23/11/2020 3:00	4,47
22/2/2020 16:00	3,58	24/5/2020 4:00	4,33	23/8/2020 16:00	5,58	23/11/2020 4:00	4,61
22/2/2020 17:00	3,03	24/5/2020 5:00	4,46	23/8/2020 17:00	5,08	23/11/2020 5:00	4,4
22/2/2020 18:00	2,64	24/5/2020 6:00	5,04	23/8/2020 18:00	3,99	23/11/2020 6:00	4,26
22/2/2020 19:00	2,93	24/5/2020 7:00	6,34	23/8/2020 19:00	3,48	23/11/2020 7:00	4,71
22/2/2020 20:00	3,16	24/5/2020 8:00	8,51	23/8/2020 20:00	3,01	23/11/2020 8:00	5,48
22/2/2020 21:00	3,15	24/5/2020 9:00	9,62	23/8/2020 21:00	2,42	23/11/2020 9:00	5,7
22/2/2020 22:00	3,24	24/5/2020 10:00	9,89	23/8/2020 22:00	1,75	23/11/2020 10:00	5,86
22/2/2020 23:00	2,93	24/5/2020 11:00	9,66	23/8/2020 23:00	1,07	23/11/2020 11:00	6,02
23/2/2020 0:00	2,67	24/5/2020 12:00	9,18	24/8/2020 0:00	0,83	23/11/2020 12:00	5,94
23/2/2020 1:00	2,68	24/5/2020 13:00	8,47	24/8/2020 1:00	1	23/11/2020 13:00	5,64
23/2/2020 2:00	2,99	24/5/2020 14:00	7,69	24/8/2020 2:00	1	23/11/2020 14:00	5,4
23/2/2020 3:00	3,26	24/5/2020 15:00	6,88	24/8/2020 3:00	1,06	23/11/2020 15:00	5,23
23/2/2020 4:00	3,88	24/5/2020 16:00	5,96	24/8/2020 4:00	1,5	23/11/2020 16:00	5,05
23/2/2020 5:00	5,15	24/5/2020 17:00	4,92	24/8/2020 5:00	1,54	23/11/2020 17:00	4,66
23/2/2020 6:00	5,7	24/5/2020 18:00	4,16	24/8/2020 6:00	1,53	23/11/2020 18:00	3,79
23/2/2020 7:00	5,95	24/5/2020 19:00	4,07	24/8/2020 7:00	1,9	23/11/2020 19:00	3,63
23/2/2020 8:00	6,3	24/5/2020 20:00	4,28	24/8/2020 8:00	3,7	23/11/2020 20:00	3,54
23/2/2020 9:00	6,82	24/5/2020 21:00	4,47	24/8/2020 9:00	4,47	23/11/2020 21:00	3,53
23/2/2020 10:00	6,6	24/5/2020 22:00	4,27	24/8/2020 10:00	5,01	23/11/2020 22:00	3,44
23/2/2020 11:00	5,83	24/5/2020 23:00	3,84	24/8/2020 11:00	5,36	23/11/2020 23:00	3,25
23/2/2020 12:00	5,04	25/5/2020 0:00	3,96	24/8/2020 12:00	5,48	24/11/2020 0:00	3,32
23/2/2020 13:00	4,39	25/5/2020 1:00	3,92	24/8/2020 13:00	5,48	24/11/2020 1:00	3,14
23/2/2020 14:00	3,91	25/5/2020 2:00	3,7	24/8/2020 14:00	5,54	24/11/2020 2:00	3,05
23/2/2020 15:00	3,43	25/5/2020 3:00	3,65	24/8/2020 15:00	5,56	24/11/2020 3:00	2,92
23/2/2020 16:00	2,95	25/5/2020 4:00	3,82	24/8/2020 16:00	5,47	24/11/2020 4:00	2,84
23/2/2020 17:00	2,44	25/5/2020 5:00	3,97	24/8/2020 17:00	4,86	24/11/2020 5:00	2,7
23/2/2020 18:00	1,88	25/5/2020 6:00	4,11	24/8/2020 18:00	3,82	24/11/2020 6:00	2,62

23/2/2020 19:00	1,7	25/5/2020 7:00	4,21	24/8/2020 19:00	3,51	24/11/2020 7:00	3,74
23/2/2020 20:00	1,68	25/5/2020 8:00	5,51	24/8/2020 20:00	3,07	24/11/2020 8:00	5,62
23/2/2020 21:00	1,56	25/5/2020 9:00	6,91	24/8/2020 21:00	2,6	24/11/2020 9:00	6,82
23/2/2020 22:00	0,76	25/5/2020 10:00	7,67	24/8/2020 22:00	2,28	24/11/2020 10:00	7,71
23/2/2020 23:00	0,68	25/5/2020 11:00	7,91	24/8/2020 23:00	1,91	24/11/2020 11:00	8,17
24/2/2020 0:00	1,96	25/5/2020 12:00	7,85	25/8/2020 0:00	1,4	24/11/2020 12:00	8,43
24/2/2020 1:00	2,25	25/5/2020 13:00	7,63	25/8/2020 1:00	0,91	24/11/2020 13:00	8,58
24/2/2020 2:00	1,66	25/5/2020 14:00	7,28	25/8/2020 2:00	0,85	24/11/2020 14:00	8,6
24/2/2020 3:00	0,92	25/5/2020 15:00	6,75	25/8/2020 3:00	0,86	24/11/2020 15:00	8,49
24/2/2020 4:00	0,29	25/5/2020 16:00	6,09	25/8/2020 4:00	0,85	24/11/2020 16:00	8,38
24/2/2020 5:00	0,51	25/5/2020 17:00	5,13	25/8/2020 5:00	1,07	24/11/2020 17:00	7,71
24/2/2020 6:00	0,93	25/5/2020 18:00	3,88	25/8/2020 6:00	1,47	24/11/2020 18:00	6,19
24/2/2020 7:00	1,7	25/5/2020 19:00	4,09	25/8/2020 7:00	3,05	24/11/2020 19:00	5,63
24/2/2020 8:00	2,45	25/5/2020 20:00	4,28	25/8/2020 8:00	4,5	24/11/2020 20:00	5,7
24/2/2020 9:00	2,88	25/5/2020 21:00	4,21	25/8/2020 9:00	5,07	24/11/2020 21:00	5,07
24/2/2020 10:00	3,15	25/5/2020 22:00	4,16	25/8/2020 10:00	5,44	24/11/2020 22:00	4,43
24/2/2020 11:00	3,24	25/5/2020 23:00	3,85	25/8/2020 11:00	5,78	24/11/2020 23:00	3,66
24/2/2020 12:00	3,33	26/5/2020 0:00	3,93	25/8/2020 12:00	6,12	25/11/2020 0:00	3,1
24/2/2020 13:00	3,52	26/5/2020 1:00	4,02	25/8/2020 13:00	6,41	25/11/2020 1:00	2,69
24/2/2020 14:00	3,67	26/5/2020 2:00	3,91	25/8/2020 14:00	6,53	25/11/2020 2:00	2,21
24/2/2020 15:00	3,59	26/5/2020 3:00	3,78	25/8/2020 15:00	6,33	25/11/2020 3:00	1,75
24/2/2020 16:00	3,35	26/5/2020 4:00	4,26	25/8/2020 16:00	5,86	25/11/2020 4:00	1,01
24/2/2020 17:00	2,84	26/5/2020 5:00	4,39	25/8/2020 17:00	5,18	25/11/2020 5:00	0,79
24/2/2020 18:00	2,3	26/5/2020 6:00	5,01	25/8/2020 18:00	4,07	25/11/2020 6:00	0,88
24/2/2020 19:00	2,33	26/5/2020 7:00	6,84	25/8/2020 19:00	3,7	25/11/2020 7:00	2,17
24/2/2020 20:00	2,37	26/5/2020 8:00	8,44	25/8/2020 20:00	3,29	25/11/2020 8:00	4,35
24/2/2020 21:00	2,34	26/5/2020 9:00	8,59	25/8/2020 21:00	3,01	25/11/2020 9:00	5,37
24/2/2020 22:00	2,11	26/5/2020 10:00	8,39	25/8/2020 22:00	2,59	25/11/2020 10:00	6,2
24/2/2020 23:00	1,74	26/5/2020 11:00	8,28	25/8/2020 23:00	1,93	25/11/2020 11:00	6,6
25/2/2020 0:00	1,3	26/5/2020 12:00	8,18	26/8/2020 0:00	1,55	25/11/2020 12:00	6,6
25/2/2020 1:00	1,12	26/5/2020 13:00	8,18	26/8/2020 1:00	1,26	25/11/2020 13:00	6,19
25/2/2020 2:00	1,15	26/5/2020 14:00	8,23	26/8/2020 2:00	1,44	25/11/2020 14:00	5,54
25/2/2020 3:00	1,2	26/5/2020 15:00	8,22	26/8/2020 3:00	1,82	25/11/2020 15:00	4,89
25/2/2020 4:00	1,13	26/5/2020 16:00	8,06	26/8/2020 4:00	2,15	25/11/2020 16:00	4,35
25/2/2020 5:00	1,27	26/5/2020 17:00	7,16	26/8/2020 5:00	2,09	25/11/2020 17:00	3,75
25/2/2020 6:00	1,56	26/5/2020 18:00	5,51	26/8/2020 6:00	2,13	25/11/2020 18:00	3,18
25/2/2020 7:00	2,17	26/5/2020 19:00	5,54	26/8/2020 7:00	3,27	25/11/2020 19:00	3,11
25/2/2020 8:00	3,31	26/5/2020 20:00	5,02	26/8/2020 8:00	4,56	25/11/2020 20:00	2,86
25/2/2020 9:00	4,08	26/5/2020 21:00	4,46	26/8/2020 9:00	5,14	25/11/2020 21:00	2,31
25/2/2020 10:00	4,31	26/5/2020 22:00	3,98	26/8/2020 10:00	5,79	25/11/2020 22:00	1,45
25/2/2020 11:00	4,31	26/5/2020 23:00	3,65	26/8/2020 11:00	6,45	25/11/2020 23:00	0,65
25/2/2020 12:00	4,14	27/5/2020 0:00	3,51	26/8/2020 12:00	6,62	26/11/2020 0:00	0,23
25/2/2020 13:00	4,21	27/5/2020 1:00	3,45	26/8/2020 13:00	6,54	26/11/2020 1:00	0,63
25/2/2020 14:00	4,18	27/5/2020 2:00	3,5	26/8/2020 14:00	6,37	26/11/2020 2:00	0,64
25/2/2020 15:00	4,28	27/5/2020 3:00	3,6	26/8/2020 15:00	6,2	26/11/2020 3:00	0,18

Fecha	Valor	Fecha	Valor	Fecha	Valor	Fecha	Valor
25/2/2020 16:00	4,05	27/5/2020 4:00	3,99	26/8/2020 16:00	6,09	26/11/2020 4:00	0,44
25/2/2020 17:00	3,34	27/5/2020 5:00	4,28	26/8/2020 17:00	5,55	26/11/2020 5:00	0,65
25/2/2020 18:00	2,61	27/5/2020 6:00	4,36	26/8/2020 18:00	4,36	26/11/2020 6:00	1,06
25/2/2020 19:00	2,45	27/5/2020 7:00	4,84	26/8/2020 19:00	3,89	26/11/2020 7:00	2,28
25/2/2020 20:00	2,48	27/5/2020 8:00	6,13	26/8/2020 20:00	3,69	26/11/2020 8:00	3,76
25/2/2020 21:00	2,72	27/5/2020 9:00	6,59	26/8/2020 21:00	3,59	26/11/2020 9:00	4,62
25/2/2020 22:00	2,6	27/5/2020 10:00	6,53	26/8/2020 22:00	3,1	26/11/2020 10:00	5,51
25/2/2020 23:00	2,2	27/5/2020 11:00	6,42	26/8/2020 23:00	2,34	26/11/2020 11:00	6,07
26/2/2020 0:00	1,65	27/5/2020 12:00	6,33	27/8/2020 0:00	1,76	26/11/2020 12:00	6,4
26/2/2020 1:00	1,23	27/5/2020 13:00	6,23	27/8/2020 1:00	1,56	26/11/2020 13:00	6,54
26/2/2020 2:00	1,12	27/5/2020 14:00	6,06	27/8/2020 2:00	1,75	26/11/2020 14:00	6,52
26/2/2020 3:00	1,21	27/5/2020 15:00	5,78	27/8/2020 3:00	2,02	26/11/2020 15:00	6,4
26/2/2020 4:00	1,12	27/5/2020 16:00	5,37	27/8/2020 4:00	2,16	26/11/2020 16:00	6,21
26/2/2020 5:00	1	27/5/2020 17:00	4,56	27/8/2020 5:00	2,36	26/11/2020 17:00	5,46
26/2/2020 6:00	1,05	27/5/2020 18:00	3,3	27/8/2020 6:00	2,74	26/11/2020 18:00	5,11
26/2/2020 7:00	1,37	27/5/2020 19:00	3,36	27/8/2020 7:00	3,76	26/11/2020 19:00	5,66
26/2/2020 8:00	2,04	27/5/2020 20:00	3,55	27/8/2020 8:00	5,18	26/11/2020 20:00	5,51
26/2/2020 9:00	2,38	27/5/2020 21:00	3,28	27/8/2020 9:00	5,88	26/11/2020 21:00	4,91
26/2/2020 10:00	2,61	27/5/2020 22:00	2,9	27/8/2020 10:00	6,18	26/11/2020 22:00	3,88
26/2/2020 11:00	2,86	27/5/2020 23:00	2,61	27/8/2020 11:00	6,28	26/11/2020 23:00	2,98
26/2/2020 12:00	3,15	28/5/2020 0:00	2,39	27/8/2020 12:00	6,48	27/11/2020 0:00	2,38
26/2/2020 13:00	3,28	28/5/2020 1:00	2,2	27/8/2020 13:00	6,72	27/11/2020 1:00	1,76
26/2/2020 14:00	3,27	28/5/2020 2:00	2,06	27/8/2020 14:00	6,91	27/11/2020 2:00	1,23
26/2/2020 15:00	3,15	28/5/2020 3:00	2,12	27/8/2020 15:00	6,76	27/11/2020 3:00	1
26/2/2020 16:00	2,78	28/5/2020 4:00	2,11	27/8/2020 16:00	6,16	27/11/2020 4:00	1,13
26/2/2020 17:00	2,1	28/5/2020 5:00	2,39	27/8/2020 17:00	5,07	27/11/2020 5:00	1,28
26/2/2020 18:00	1,71	28/5/2020 6:00	2,52	27/8/2020 18:00	3,73	27/11/2020 6:00	1,37
26/2/2020 19:00	1,8	28/5/2020 7:00	3,3	27/8/2020 19:00	2,69	27/11/2020 7:00	1,58
26/2/2020 20:00	1,82	28/5/2020 8:00	4,17	27/8/2020 20:00	1,59	27/11/2020 8:00	2,35
26/2/2020 21:00	1,83	28/5/2020 9:00	4,42	27/8/2020 21:00	0,58	27/11/2020 9:00	3,41
26/2/2020 22:00	1,6	28/5/2020 10:00	4,32	27/8/2020 22:00	0,51	27/11/2020 10:00	4,39
26/2/2020 23:00	1,45	28/5/2020 11:00	4,16	27/8/2020 23:00	1,14	27/11/2020 11:00	4,91
27/2/2020 0:00	1,55	28/5/2020 12:00	4,08	28/8/2020 0:00	1,94	27/11/2020 12:00	4,99
27/2/2020 1:00	1,5	28/5/2020 13:00	4,08	28/8/2020 1:00	2,32	27/11/2020 13:00	4,75
27/2/2020 2:00	1,42	28/5/2020 14:00	4,06	28/8/2020 2:00	2,18	27/11/2020 14:00	4,72
27/2/2020 3:00	1,42	28/5/2020 15:00	4,15	28/8/2020 3:00	1,87	27/11/2020 15:00	4,77
27/2/2020 4:00	1,64	28/5/2020 16:00	4,02	28/8/2020 4:00	1,65	27/11/2020 16:00	4,65
27/2/2020 5:00	2,07	28/5/2020 17:00	3,38	28/8/2020 5:00	1,45	27/11/2020 17:00	4,12
27/2/2020 6:00	2,77	28/5/2020 18:00	2,55	28/8/2020 6:00	1,25	27/11/2020 18:00	3,18
27/2/2020 7:00	3,45	28/5/2020 19:00	2,28	28/8/2020 7:00	1,73	27/11/2020 19:00	2,59
27/2/2020 8:00	4,29	28/5/2020 20:00	2,1	28/8/2020 8:00	4,35	27/11/2020 20:00	2,12
27/2/2020 9:00	4,26	28/5/2020 21:00	1,62	28/8/2020 9:00	5,59	27/11/2020 21:00	1,37
27/2/2020 10:00	3,88	28/5/2020 22:00	1,26	28/8/2020 10:00	6,29	27/11/2020 22:00	0,77
27/2/2020 11:00	3,86	28/5/2020 23:00	1,01	28/8/2020 11:00	6,41	27/11/2020 23:00	0,94
27/2/2020 12:00	4,07	29/5/2020 0:00	0,76	28/8/2020 12:00	6,17	28/11/2020 0:00	1,07

27/2/2020 13:00	4,22	29/5/2020 1:00	0,7	28/8/2020 13:00	6,04	28/11/2020 1:00	0,77
27/2/2020 14:00	4,11	29/5/2020 2:00	0,86	28/8/2020 14:00	6,16	28/11/2020 2:00	0,62
27/2/2020 15:00	3,95	29/5/2020 3:00	1,03	28/8/2020 15:00	6,21	28/11/2020 3:00	0,69
27/2/2020 16:00	3,83	29/5/2020 4:00	1,06	28/8/2020 16:00	5,88	28/11/2020 4:00	0,68
27/2/2020 17:00	3,5	29/5/2020 5:00	1,11	28/8/2020 17:00	4,91	28/11/2020 5:00	0,84
27/2/2020 18:00	2,86	29/5/2020 6:00	1,17	28/8/2020 18:00	3,7	28/11/2020 6:00	0,79
27/2/2020 19:00	2,65	29/5/2020 7:00	1,49	28/8/2020 19:00	2,88	28/11/2020 7:00	0,87
27/2/2020 20:00	2,48	29/5/2020 8:00	2,46	28/8/2020 20:00	1,86	28/11/2020 8:00	3,38
27/2/2020 21:00	2,28	29/5/2020 9:00	2,99	28/8/2020 21:00	0,62	28/11/2020 9:00	4,92
27/2/2020 22:00	1,99	29/5/2020 10:00	3,16	28/8/2020 22:00	0,7	28/11/2020 10:00	5,49
27/2/2020 23:00	1,8	29/5/2020 11:00	3,22	28/8/2020 23:00	0,84	28/11/2020 11:00	5,68
28/2/2020 0:00	1,71	29/5/2020 12:00	3,39	29/8/2020 0:00	0,51	28/11/2020 12:00	5,65
28/2/2020 1:00	1,79	29/5/2020 13:00	3,69	29/8/2020 1:00	1,12	28/11/2020 13:00	5,41
28/2/2020 2:00	1,63	29/5/2020 14:00	3,94	29/8/2020 2:00	1,53	28/11/2020 14:00	5,04
28/2/2020 3:00	1,33	29/5/2020 15:00	3,96	29/8/2020 3:00	1,61	28/11/2020 15:00	4,62
28/2/2020 4:00	1,03	29/5/2020 16:00	3,65	29/8/2020 4:00	1,21	28/11/2020 16:00	4,26
28/2/2020 5:00	0,93	29/5/2020 17:00	3,15	29/8/2020 5:00	0,96	28/11/2020 17:00	3,92
28/2/2020 6:00	1,27	29/5/2020 18:00	2,7	29/8/2020 6:00	0,97	28/11/2020 18:00	3,46
28/2/2020 7:00	1,83	29/5/2020 19:00	2,57	29/8/2020 7:00	2,24	28/11/2020 19:00	3,55
28/2/2020 8:00	2,61	29/5/2020 20:00	2,61	29/8/2020 8:00	4,36	28/11/2020 20:00	3,7
28/2/2020 9:00	3,2	29/5/2020 21:00	2,61	29/8/2020 9:00	5,08	28/11/2020 21:00	3,65
28/2/2020 10:00	3,43	29/5/2020 22:00	2,28	29/8/2020 10:00	5,11	28/11/2020 22:00	3,35
28/2/2020 11:00	3,68	29/5/2020 23:00	1,81	29/8/2020 11:00	4,87	28/11/2020 23:00	2,87
28/2/2020 12:00	4,19	30/5/2020 0:00	1,42	29/8/2020 12:00	4,55	29/11/2020 0:00	2,42
28/2/2020 13:00	4,82	30/5/2020 1:00	1,15	29/8/2020 13:00	4,3	29/11/2020 1:00	2,31
28/2/2020 14:00	5,4	30/5/2020 2:00	1,07	29/8/2020 14:00	4,03	29/11/2020 2:00	2,04
28/2/2020 15:00	5,84	30/5/2020 3:00	0,99	29/8/2020 15:00	3,8	29/11/2020 3:00	2,05
28/2/2020 16:00	5,92	30/5/2020 4:00	1,06	29/8/2020 16:00	3,69	29/11/2020 4:00	2,48
28/2/2020 17:00	5,47	30/5/2020 5:00	1,29	29/8/2020 17:00	3,28	29/11/2020 5:00	3,21
28/2/2020 18:00	4,25	30/5/2020 6:00	1,55	29/8/2020 18:00	2,68	29/11/2020 6:00	3,71
28/2/2020 19:00	4,1	30/5/2020 7:00	1,82	29/8/2020 19:00	2,17	29/11/2020 7:00	4,57
28/2/2020 20:00	4,25	30/5/2020 8:00	2,72	29/8/2020 20:00	1,44	29/11/2020 8:00	6,82
28/2/2020 21:00	4,17	30/5/2020 9:00	3,68	29/8/2020 21:00	0,35	29/11/2020 9:00	7,49
28/2/2020 22:00	3,73	30/5/2020 10:00	4,37	29/8/2020 22:00	0,97	29/11/2020 10:00	7,4
28/2/2020 23:00	3,02	30/5/2020 11:00	4,6	29/8/2020 23:00	2,08	29/11/2020 11:00	6,95
29/2/2020 0:00	2,35	30/5/2020 12:00	4,69	30/8/2020 0:00	2,51	29/11/2020 12:00	6,68
29/2/2020 1:00	1,7	30/5/2020 13:00	4,67	30/8/2020 1:00	2,41	29/11/2020 13:00	6,44
29/2/2020 2:00	1,25	30/5/2020 14:00	4,73	30/8/2020 2:00	1,94	29/11/2020 14:00	6,25
29/2/2020 3:00	0,94	30/5/2020 15:00	4,71	30/8/2020 3:00	1,2	29/11/2020 15:00	6,11
29/2/2020 4:00	0,95	30/5/2020 16:00	4,36	30/8/2020 4:00	0,65	29/11/2020 16:00	5,8
29/2/2020 5:00	1,31	30/5/2020 17:00	3,42	30/8/2020 5:00	1,73	29/11/2020 17:00	5,03
29/2/2020 6:00	1,81	30/5/2020 18:00	2,76	30/8/2020 6:00	2,19	29/11/2020 18:00	4,07
29/2/2020 7:00	2,84	30/5/2020 19:00	2,67	30/8/2020 7:00	2,89	29/11/2020 19:00	3,77
29/2/2020 8:00	4,17	30/5/2020 20:00	2,46	30/8/2020 8:00	4,08	29/11/2020 20:00	3,54
29/2/2020 9:00	4,86	30/5/2020 21:00	1,98	30/8/2020 9:00	5,14	29/11/2020 21:00	3,51

29/2/2020 10:00	5,29	30/5/2020 22:00	1,41	30/8/2020 10:00	5,67	29/11/2020 22:00	3,48
29/2/2020 11:00	5,31	30/5/2020 23:00	0,84	30/8/2020 11:00	5,88	29/11/2020 23:00	3,49
29/2/2020 12:00	5,05	31/5/2020 0:00	0,7	30/8/2020 12:00	5,83	30/11/2020 0:00	3,51
29/2/2020 13:00	4,71	31/5/2020 1:00	1	30/8/2020 13:00	5,63	30/11/2020 1:00	3,48
29/2/2020 14:00	4,38	31/5/2020 2:00	1,01	30/8/2020 14:00	5,41	30/11/2020 2:00	3,59
29/2/2020 15:00	4,26	31/5/2020 3:00	0,39	30/8/2020 15:00	5,42	30/11/2020 3:00	3,6
29/2/2020 16:00	4,27	31/5/2020 4:00	0,98	30/8/2020 16:00	5,28	30/11/2020 4:00	3,77
29/2/2020 17:00	3,94	31/5/2020 5:00	1,63	30/8/2020 17:00	4,68	30/11/2020 5:00	3,61
29/2/2020 18:00	3,44	31/5/2020 6:00	1,79	30/8/2020 18:00	3,87	30/11/2020 6:00	3,19
29/2/2020 19:00	3,95	31/5/2020 7:00	2,07	30/8/2020 19:00	3,26	30/11/2020 7:00	3,52
29/2/2020 20:00	4,65	31/5/2020 8:00	3,18	30/8/2020 20:00	2,32	30/11/2020 8:00	4,77
29/2/2020 21:00	4,71	31/5/2020 9:00	4,01	30/8/2020 21:00	1,56	30/11/2020 9:00	5,4
29/2/2020 22:00	4,34	31/5/2020 10:00	4,59	30/8/2020 22:00	1,33	30/11/2020 10:00	5,63
29/2/2020 23:00	3,65	31/5/2020 11:00	4,81	30/8/2020 23:00	1,57	30/11/2020 11:00	5,96
1/3/2020 0:00	2,92	31/5/2020 12:00	4,91	31/8/2020 0:00	2,12	30/11/2020 12:00	6,14
1/3/2020 1:00	2,63	31/5/2020 13:00	4,77	31/8/2020 1:00	2,56	30/11/2020 13:00	6,04
1/3/2020 2:00	2,34	31/5/2020 14:00	4,38	31/8/2020 2:00	2,78	30/11/2020 14:00	5,9
1/3/2020 3:00	2,06	31/5/2020 15:00	3,83	31/8/2020 3:00	2,55	30/11/2020 15:00	5,75
1/3/2020 4:00	2,03	31/5/2020 16:00	3,22	31/8/2020 4:00	2,41	30/11/2020 16:00	5,6
1/3/2020 5:00	2,17	31/5/2020 17:00	2,53	31/8/2020 5:00	2,35	30/11/2020 17:00	5,2
1/3/2020 6:00	2,33	31/5/2020 18:00	2,15	31/8/2020 6:00	2,44	30/11/2020 18:00	4,2
1/3/2020 7:00	2,76	31/5/2020 19:00	2,2	31/8/2020 7:00	3,28	30/11/2020 19:00	3,77
1/3/2020 8:00	3,27	31/5/2020 20:00	2,2	31/8/2020 8:00	5,04	30/11/2020 20:00	3,49
1/3/2020 9:00	3,98	31/5/2020 21:00	2,1	31/8/2020 9:00	6,47	30/11/2020 21:00	3,2
1/3/2020 10:00	4,29	31/5/2020 22:00	2	31/8/2020 10:00	7,51	30/11/2020 22:00	3,36
1/3/2020 11:00	4,1	31/5/2020 23:00	1,9	31/8/2020 11:00	8,12	30/11/2020 23:00	3,35
1/3/2020 12:00	4,17	1/6/2020 0:00	1,93	31/8/2020 12:00	8,16	1/12/2020 0:00	3
1/3/2020 13:00	4,56	1/6/2020 1:00	1,95	31/8/2020 13:00	7,77	1/12/2020 1:00	2,59
1/3/2020 14:00	4,85	1/6/2020 2:00	2,03	31/8/2020 14:00	7,19	1/12/2020 2:00	2,32
1/3/2020 15:00	4,98	1/6/2020 3:00	2,17	31/8/2020 15:00	6,72	1/12/2020 3:00	2,22
1/3/2020 16:00	4,93	1/6/2020 4:00	2,47	31/8/2020 16:00	6,13	1/12/2020 4:00	2,25
1/3/2020 17:00	4,43	1/6/2020 5:00	2,64	31/8/2020 17:00	5,3	1/12/2020 5:00	2,24
1/3/2020 18:00	3,68	1/6/2020 6:00	2,72	31/8/2020 18:00	4,38	1/12/2020 6:00	2,19
1/3/2020 19:00	3,74	1/6/2020 7:00	3,25	31/8/2020 19:00	4,34	1/12/2020 7:00	2,55
1/3/2020 20:00	3,87	1/6/2020 8:00	4,56	31/8/2020 20:00	4,13	1/12/2020 8:00	3,3
1/3/2020 21:00	3,7	1/6/2020 9:00	5,58	31/8/2020 21:00	3,72	1/12/2020 9:00	3,88
1/3/2020 22:00	3,64	1/6/2020 10:00	6	31/8/2020 22:00	3,5	1/12/2020 10:00	4,39
1/3/2020 23:00	3,53	1/6/2020 11:00	6,13	31/8/2020 23:00	3,36	1/12/2020 11:00	4,67
2/3/2020 0:00	3,35	1/6/2020 12:00	6,1	1/9/2020 0:00	3,13	1/12/2020 12:00	4,66
2/3/2020 1:00	3,21	1/6/2020 13:00	5,77	1/9/2020 1:00	3,11	1/12/2020 13:00	4,52
2/3/2020 2:00	3,18	1/6/2020 14:00	5,11	1/9/2020 2:00	3,02	1/12/2020 14:00	4,32
2/3/2020 3:00	3,25	1/6/2020 15:00	4,29	1/9/2020 3:00	2,99	1/12/2020 15:00	4,08
2/3/2020 4:00	3,35	1/6/2020 16:00	3,34	1/9/2020 4:00	3,09	1/12/2020 16:00	4,03
2/3/2020 5:00	3,52	1/6/2020 17:00	2,38	1/9/2020 5:00	3,16	1/12/2020 17:00	3,88
2/3/2020 6:00	3,63	1/6/2020 18:00	1,88	1/9/2020 6:00	3,39	1/12/2020 18:00	3,53

2/3/2020 7:00	3,97	1/6/2020 19:00	1,9	1/9/2020 7:00	3,9	1/12/2020 19:00	3,53
2/3/2020 8:00	5,59	1/6/2020 20:00	2,39	1/9/2020 8:00	5,87	1/12/2020 20:00	3,54
2/3/2020 9:00	6,25	1/6/2020 21:00	2,88	1/9/2020 9:00	8,31	1/12/2020 21:00	3,63
2/3/2020 10:00	6,09	1/6/2020 22:00	2,8	1/9/2020 10:00	8,91	1/12/2020 22:00	3,32
2/3/2020 11:00	5,65	1/6/2020 23:00	2,4	1/9/2020 11:00	8,8	1/12/2020 23:00	2,84
2/3/2020 12:00	5,37	2/6/2020 0:00	2,22	1/9/2020 12:00	8,69	2/12/2020 0:00	2,19
2/3/2020 13:00	5,23	2/6/2020 1:00	1,99	1/9/2020 13:00	8,55	2/12/2020 1:00	1,51
2/3/2020 14:00	5,17	2/6/2020 2:00	2,34	1/9/2020 14:00	8,31	2/12/2020 2:00	1
2/3/2020 15:00	5,09	2/6/2020 3:00	2,19	1/9/2020 15:00	7,86	2/12/2020 3:00	0,82
2/3/2020 16:00	5,02	2/6/2020 4:00	2,03	1/9/2020 16:00	7,24	2/12/2020 4:00	0,97
2/3/2020 17:00	4,63	2/6/2020 5:00	2,42	1/9/2020 17:00	6,3	2/12/2020 5:00	1,25
2/3/2020 18:00	4,1	2/6/2020 6:00	2,59	1/9/2020 18:00	4,98	2/12/2020 6:00	1,44
2/3/2020 19:00	4,6	2/6/2020 7:00	3,05	1/9/2020 19:00	4,77	2/12/2020 7:00	2,39
2/3/2020 20:00	4,77	2/6/2020 8:00	4,03	1/9/2020 20:00	4,66	2/12/2020 8:00	3,55
2/3/2020 21:00	4,48	2/6/2020 9:00	4,54	1/9/2020 21:00	4,74	2/12/2020 9:00	4,09
2/3/2020 22:00	3,79	2/6/2020 10:00	4,78	1/9/2020 22:00	4,54	2/12/2020 10:00	4,46
2/3/2020 23:00	3,13	2/6/2020 11:00	4,81	1/9/2020 23:00	4,06	2/12/2020 11:00	4,54
3/3/2020 0:00	2,12	2/6/2020 12:00	4,67	2/9/2020 0:00	3,36	2/12/2020 12:00	4,45
3/3/2020 1:00	1,13	2/6/2020 13:00	4,17	2/9/2020 1:00	2,81	2/12/2020 13:00	4,16
3/3/2020 2:00	0,7	2/6/2020 14:00	3,53	2/9/2020 2:00	2,46	2/12/2020 14:00	3,86
3/3/2020 3:00	0,52	2/6/2020 15:00	2,89	2/9/2020 3:00	2,36	2/12/2020 15:00	3,45
3/3/2020 4:00	0,71	2/6/2020 16:00	2,42	2/9/2020 4:00	2,47	2/12/2020 16:00	3,12
3/3/2020 5:00	0,96	2/6/2020 17:00	2	2/9/2020 5:00	2,66	2/12/2020 17:00	2,76
3/3/2020 6:00	1,4	2/6/2020 18:00	1,41	2/9/2020 6:00	2,82	2/12/2020 18:00	2,24
3/3/2020 7:00	3,13	2/6/2020 19:00	0,55	2/9/2020 7:00	4,41	2/12/2020 19:00	1,93
3/3/2020 8:00	5,03	2/6/2020 20:00	0,34	2/9/2020 8:00	5,91	2/12/2020 20:00	1,75
3/3/2020 9:00	6,12	2/6/2020 21:00	0,81	2/9/2020 9:00	6,71	2/12/2020 21:00	1,72
3/3/2020 10:00	6,45	2/6/2020 22:00	0,57	2/9/2020 10:00	7,49	2/12/2020 22:00	1,7
3/3/2020 11:00	6,48	2/6/2020 23:00	0,57	2/9/2020 11:00	8,16	2/12/2020 23:00	1,44
3/3/2020 12:00	6,44	3/6/2020 0:00	1	2/9/2020 12:00	8,46	3/12/2020 0:00	1,17
3/3/2020 13:00	6,33	3/6/2020 1:00	1,26	2/9/2020 13:00	8,28	3/12/2020 1:00	1,02
3/3/2020 14:00	6,18	3/6/2020 2:00	1,44	2/9/2020 14:00	7,86	3/12/2020 2:00	0,81
3/3/2020 15:00	5,89	3/6/2020 3:00	1,48	2/9/2020 15:00	7,34	3/12/2020 3:00	0,24
3/3/2020 16:00	5,46	3/6/2020 4:00	1,29	2/9/2020 16:00	6,67	3/12/2020 4:00	0,6
3/3/2020 17:00	4,8	3/6/2020 5:00	1,09	2/9/2020 17:00	5,71	3/12/2020 5:00	1,09
3/3/2020 18:00	3,68	3/6/2020 6:00	1,14	2/9/2020 18:00	4,52	3/12/2020 6:00	1,2
3/3/2020 19:00	3,3	3/6/2020 7:00	2,16	2/9/2020 19:00	4,13	3/12/2020 7:00	1,77
3/3/2020 20:00	3,15	3/6/2020 8:00	3,34	2/9/2020 20:00	4,06	3/12/2020 8:00	2,73
3/3/2020 21:00	2,96	3/6/2020 9:00	4,04	2/9/2020 21:00	3,83	3/12/2020 9:00	3,02
3/3/2020 22:00	2,61	3/6/2020 10:00	4,33	2/9/2020 22:00	3,53	3/12/2020 10:00	3,1
3/3/2020 23:00	2,05	3/6/2020 11:00	4,44	2/9/2020 23:00	3,22	3/12/2020 11:00	3,34
4/3/2020 0:00	1,5	3/6/2020 12:00	4,45	3/9/2020 0:00	2,83	3/12/2020 12:00	3,78
4/3/2020 1:00	1,07	3/6/2020 13:00	4,35	3/9/2020 1:00	2,59	3/12/2020 13:00	4,23
4/3/2020 2:00	0,92	3/6/2020 14:00	4,02	3/9/2020 2:00	2,47	3/12/2020 14:00	4,51
4/3/2020 3:00	0,88	3/6/2020 15:00	3,58	3/9/2020 3:00	2,08	3/12/2020 15:00	4,74

4/3/2020 4:00	1,23	3/6/2020 16:00	3,1	3/9/2020 4:00	2,12	3/12/2020 16:00	4,86
4/3/2020 5:00	1,52	3/6/2020 17:00	2,52	3/9/2020 5:00	2,3	3/12/2020 17:00	4,48
4/3/2020 6:00	1,97	3/6/2020 18:00	2,12	3/9/2020 6:00	2,64	3/12/2020 18:00	3,42
4/3/2020 7:00	3,07	3/6/2020 19:00	2,15	3/9/2020 7:00	4,67	3/12/2020 19:00	3,35
4/3/2020 8:00	4,79	3/6/2020 20:00	2,35	3/9/2020 8:00	6,51	3/12/2020 20:00	4,17
4/3/2020 9:00	6,28	3/6/2020 21:00	2,61	3/9/2020 9:00	7,39	3/12/2020 21:00	4,64
4/3/2020 10:00	7,23	3/6/2020 22:00	2,82	3/9/2020 10:00	7,78	3/12/2020 22:00	4,52
4/3/2020 11:00	7,8	3/6/2020 23:00	2,91	3/9/2020 11:00	7,81	3/12/2020 23:00	3,82
4/3/2020 12:00	8,2	4/6/2020 0:00	2,84	3/9/2020 12:00	7,66	4/12/2020 0:00	3,54
4/3/2020 13:00	8,46	4/6/2020 1:00	2,62	3/9/2020 13:00	7,4	4/12/2020 1:00	3,33
4/3/2020 14:00	8,62	4/6/2020 2:00	2,45	3/9/2020 14:00	7,13	4/12/2020 2:00	3,24
4/3/2020 15:00	8,63	4/6/2020 3:00	2,37	3/9/2020 15:00	6,88	4/12/2020 3:00	3,23
4/3/2020 16:00	8,27	4/6/2020 4:00	2,54	3/9/2020 16:00	6,67	4/12/2020 4:00	3,04
4/3/2020 17:00	7,33	4/6/2020 5:00	2,83	3/9/2020 17:00	6,25	4/12/2020 5:00	2,75
4/3/2020 18:00	5,85	4/6/2020 6:00	3,07	3/9/2020 18:00	4,99	4/12/2020 6:00	2,29
4/3/2020 19:00	6,69	4/6/2020 7:00	3,57	3/9/2020 19:00	4,53	4/12/2020 7:00	2,35
4/3/2020 20:00	7,11	4/6/2020 8:00	4,82	3/9/2020 20:00	4,67	4/12/2020 8:00	3,14
4/3/2020 21:00	6,54	4/6/2020 9:00	6	3/9/2020 21:00	4,43	4/12/2020 9:00	3,91
4/3/2020 22:00	5,84	4/6/2020 10:00	6,44	3/9/2020 22:00	3,77	4/12/2020 10:00	4,68
4/3/2020 23:00	5	4/6/2020 11:00	6,29	3/9/2020 23:00	3,26	4/12/2020 11:00	5,29
5/3/2020 0:00	4,67	4/6/2020 12:00	5,96	4/9/2020 0:00	2,88	4/12/2020 12:00	5,64
5/3/2020 1:00	3,91	4/6/2020 13:00	5,62	4/9/2020 1:00	2,71	4/12/2020 13:00	5,73
5/3/2020 2:00	3,71	4/6/2020 14:00	5,36	4/9/2020 2:00	2,65	4/12/2020 14:00	5,77
5/3/2020 3:00	3,71	4/6/2020 15:00	5,3	4/9/2020 3:00	3,18	4/12/2020 15:00	5,82
5/3/2020 4:00	3,8	4/6/2020 16:00	5,34	4/9/2020 4:00	3,55	4/12/2020 16:00	6,04
5/3/2020 5:00	3,98	4/6/2020 17:00	4,72	4/9/2020 5:00	3,72	4/12/2020 17:00	5,93
5/3/2020 6:00	4,04	4/6/2020 18:00	3,49	4/9/2020 6:00	4,02	4/12/2020 18:00	5,06
5/3/2020 7:00	5,12	4/6/2020 19:00	3,65	4/9/2020 7:00	5,12	4/12/2020 19:00	5,38
5/3/2020 8:00	6,94	4/6/2020 20:00	4,21	4/9/2020 8:00	7,04	4/12/2020 20:00	5,85
5/3/2020 9:00	8,17	4/6/2020 21:00	4,72	4/9/2020 9:00	8,15	4/12/2020 21:00	5,35
5/3/2020 10:00	8,91	4/6/2020 22:00	4,8	4/9/2020 10:00	8,75	4/12/2020 22:00	3,97
5/3/2020 11:00	9,29	4/6/2020 23:00	5,19	4/9/2020 11:00	9,03	4/12/2020 23:00	3,11
5/3/2020 12:00	9,43	5/6/2020 0:00	5,08	4/9/2020 12:00	9,05	5/12/2020 0:00	2,63
5/3/2020 13:00	9,32	5/6/2020 1:00	4,99	4/9/2020 13:00	8,86	5/12/2020 1:00	2,23
5/3/2020 14:00	9,1	5/6/2020 2:00	4,76	4/9/2020 14:00	8,64	5/12/2020 2:00	2,02
5/3/2020 15:00	8,78	5/6/2020 3:00	4,91	4/9/2020 15:00	8,34	5/12/2020 3:00	2,17
5/3/2020 16:00	8,49	5/6/2020 4:00	5,19	4/9/2020 16:00	7,91	5/12/2020 4:00	2,33
5/3/2020 17:00	7,63	5/6/2020 5:00	5,53	4/9/2020 17:00	7,01	5/12/2020 5:00	2,52
5/3/2020 18:00	6,18	5/6/2020 6:00	5,68	4/9/2020 18:00	5,36	5/12/2020 6:00	2,83
5/3/2020 19:00	6,63	5/6/2020 7:00	6,18	4/9/2020 19:00	5,2	5/12/2020 7:00	3,5
5/3/2020 20:00	6,91	5/6/2020 8:00	7,5	4/9/2020 20:00	5,29	5/12/2020 8:00	4,44
5/3/2020 21:00	6,39	5/6/2020 9:00	8	4/9/2020 21:00	4,98	5/12/2020 9:00	5,14
5/3/2020 22:00	5,03	5/6/2020 10:00	8,11	4/9/2020 22:00	4,86	5/12/2020 10:00	5,74
5/3/2020 23:00	3,86	5/6/2020 11:00	8	4/9/2020 23:00	4,84	5/12/2020 11:00	6,31
6/3/2020 0:00	3,02	5/6/2020 12:00	7,85	5/9/2020 0:00	4,22	5/12/2020 12:00	6,73

6/3/2020 1:00	2,54	5/6/2020 13:00	7,6	5/9/2020 1:00	3,73	5/12/2020 13:00	7,04
6/3/2020 2:00	2,49	5/6/2020 14:00	7,25	5/9/2020 2:00	3,53	5/12/2020 14:00	7,19
6/3/2020 3:00	2,59	5/6/2020 15:00	6,8	5/9/2020 3:00	3,68	5/12/2020 15:00	7,07
6/3/2020 4:00	2,67	5/6/2020 16:00	5,86	5/9/2020 4:00	4,12	5/12/2020 16:00	6,69
6/3/2020 5:00	2,5	5/6/2020 17:00	4,48	5/9/2020 5:00	4,78	5/12/2020 17:00	6,06
6/3/2020 6:00	2,3	5/6/2020 18:00	3,25	5/9/2020 6:00	5,3	5/12/2020 18:00	4,93
6/3/2020 7:00	3,71	5/6/2020 19:00	3,06	5/9/2020 7:00	5,83	5/12/2020 19:00	4,53
6/3/2020 8:00	4,69	5/6/2020 20:00	2,7	5/9/2020 8:00	7,52	5/12/2020 20:00	4,64
6/3/2020 9:00	5,11	5/6/2020 21:00	2,47	5/9/2020 9:00	9,09	5/12/2020 21:00	4,55
6/3/2020 10:00	5,73	5/6/2020 22:00	2,96	5/9/2020 10:00	9,79	5/12/2020 22:00	4,3
6/3/2020 11:00	6,5	5/6/2020 23:00	3,39	5/9/2020 11:00	9,79	5/12/2020 23:00	4,12
6/3/2020 12:00	6,92	6/6/2020 0:00	3,59	5/9/2020 12:00	9,42	6/12/2020 0:00	3,74
6/3/2020 13:00	6,85	6/6/2020 1:00	3,79	5/9/2020 13:00	8,96	6/12/2020 1:00	3,53
6/3/2020 14:00	6,65	6/6/2020 2:00	3,85	5/9/2020 14:00	8,41	6/12/2020 2:00	3,53
6/3/2020 15:00	6,35	6/6/2020 3:00	3,79	5/9/2020 15:00	7,71	6/12/2020 3:00	3,68
6/3/2020 16:00	6	6/6/2020 4:00	3,69	5/9/2020 16:00	6,88	6/12/2020 4:00	3,75
6/3/2020 17:00	5,27	6/6/2020 5:00	3,61	5/9/2020 17:00	5,79	6/12/2020 5:00	3,75
6/3/2020 18:00	3,92	6/6/2020 6:00	3,48	5/9/2020 18:00	4,64	6/12/2020 6:00	3,63
6/3/2020 19:00	3,56	6/6/2020 7:00	4,08	5/9/2020 19:00	4,72	6/12/2020 7:00	5,26
6/3/2020 20:00	3,63	6/6/2020 8:00	5,77	5/9/2020 20:00	4,61	6/12/2020 8:00	6,17
6/3/2020 21:00	3,79	6/6/2020 9:00	6,46	5/9/2020 21:00	4,38	6/12/2020 9:00	6,63
6/3/2020 22:00	3,72	6/6/2020 10:00	6,56	5/9/2020 22:00	3,88	6/12/2020 10:00	7,27
6/3/2020 23:00	3,59	6/6/2020 11:00	6,41	5/9/2020 23:00	3,57	6/12/2020 11:00	7,72
7/3/2020 0:00	3,36	6/6/2020 12:00	6,05	6/9/2020 0:00	3,47	6/12/2020 12:00	7,77
7/3/2020 1:00	3,13	6/6/2020 13:00	5,61	6/9/2020 1:00	3,46	6/12/2020 13:00	7,51
7/3/2020 2:00	2,89	6/6/2020 14:00	5,21	6/9/2020 2:00	3,58	6/12/2020 14:00	7,13
7/3/2020 3:00	2,75	6/6/2020 15:00	4,81	6/9/2020 3:00	4,03	6/12/2020 15:00	6,69
7/3/2020 4:00	2,86	6/6/2020 16:00	4,28	6/9/2020 4:00	3,98	6/12/2020 16:00	6,1
7/3/2020 5:00	2,88	6/6/2020 17:00	3,44	6/9/2020 5:00	4,05	6/12/2020 17:00	5,26
7/3/2020 6:00	2,86	6/6/2020 18:00	2,49	6/9/2020 6:00	4,29	6/12/2020 18:00	3,9
7/3/2020 7:00	3,31	6/6/2020 19:00	2,11	6/9/2020 7:00	5	6/12/2020 19:00	3,1
7/3/2020 8:00	4,23	6/6/2020 20:00	2,22	6/9/2020 8:00	6,11	6/12/2020 20:00	2,65
7/3/2020 9:00	5,02	6/6/2020 21:00	2,14	6/9/2020 9:00	6,81	6/12/2020 21:00	2,56
7/3/2020 10:00	5,45	6/6/2020 22:00	1,77	6/9/2020 10:00	7,17	6/12/2020 22:00	2,45
7/3/2020 11:00	5,75	6/6/2020 23:00	2,12	6/9/2020 11:00	7,36	6/12/2020 23:00	2,38
7/3/2020 12:00	5,91	7/6/2020 0:00	2,84	6/9/2020 12:00	7,49	7/12/2020 0:00	2,12
7/3/2020 13:00	5,95	7/6/2020 1:00	3,04	6/9/2020 13:00	7,53	7/12/2020 1:00	1,96
7/3/2020 14:00	5,9	7/6/2020 2:00	2,82	6/9/2020 14:00	7,52	7/12/2020 2:00	1,92
7/3/2020 15:00	5,84	7/6/2020 3:00	2,89	6/9/2020 15:00	7,44	7/12/2020 3:00	2,08
7/3/2020 16:00	5,7	7/6/2020 4:00	3,63	6/9/2020 16:00	7,09	7/12/2020 4:00	2,44
7/3/2020 17:00	5,09	7/6/2020 5:00	3,68	6/9/2020 17:00	6,18	7/12/2020 5:00	2,75
7/3/2020 18:00	3,84	7/6/2020 6:00	3,75	6/9/2020 18:00	4,66	7/12/2020 6:00	2,78
7/3/2020 19:00	3,78	7/6/2020 7:00	4,11	6/9/2020 19:00	3,99	7/12/2020 7:00	4,42
7/3/2020 20:00	3,98	7/6/2020 8:00	5,62	6/9/2020 20:00	3,77	7/12/2020 8:00	6,18
7/3/2020 21:00	3,96	7/6/2020 9:00	6,27	6/9/2020 21:00	3,25	7/12/2020 9:00	7,01

7/3/2020 22:00	3,53	7/6/2020 10:00	6,46	6/9/2020 22:00	2,64	7/12/2020 10:00	7,32
7/3/2020 23:00	3,06	7/6/2020 11:00	6,48	6/9/2020 23:00	2,12	7/12/2020 11:00	7,39
8/3/2020 0:00	2,56	7/6/2020 12:00	6,42	7/9/2020 0:00	1,99	7/12/2020 12:00	7,34
8/3/2020 1:00	2,01	7/6/2020 13:00	6,36	7/9/2020 1:00	1,99	7/12/2020 13:00	7,26
8/3/2020 2:00	1,37	7/6/2020 14:00	6,14	7/9/2020 2:00	1,73	7/12/2020 14:00	7
8/3/2020 3:00	0,67	7/6/2020 15:00	5,72	7/9/2020 3:00	1,74	7/12/2020 15:00	6,57
8/3/2020 4:00	0,12	7/6/2020 16:00	5,06	7/9/2020 4:00	1,82	7/12/2020 16:00	6,07
8/3/2020 5:00	0,13	7/6/2020 17:00	4,05	7/9/2020 5:00	1,79	7/12/2020 17:00	5,38
8/3/2020 6:00	0,47	7/6/2020 18:00	2,99	7/9/2020 6:00	1,76	7/12/2020 18:00	4,26
8/3/2020 7:00	2,25	7/6/2020 19:00	2,94	7/9/2020 7:00	3,02	7/12/2020 19:00	3,81
8/3/2020 8:00	3,68	7/6/2020 20:00	3,03	7/9/2020 8:00	4,84	7/12/2020 20:00	3,61
8/3/2020 9:00	4,72	7/6/2020 21:00	3,03	7/9/2020 9:00	5,86	7/12/2020 21:00	3,8
8/3/2020 10:00	5,52	7/6/2020 22:00	2,97	7/9/2020 10:00	6,59	7/12/2020 22:00	3,54
8/3/2020 11:00	6,01	7/6/2020 23:00	3,36	7/9/2020 11:00	7,03	7/12/2020 23:00	3,31
8/3/2020 12:00	6,3	8/6/2020 0:00	3,69	7/9/2020 12:00	7,15	8/12/2020 0:00	3,05
8/3/2020 13:00	6,36	8/6/2020 1:00	3,79	7/9/2020 13:00	7,06	8/12/2020 1:00	2,85
8/3/2020 14:00	6,26	8/6/2020 2:00	3,65	7/9/2020 14:00	6,85	8/12/2020 2:00	2,88
8/3/2020 15:00	6,13	8/6/2020 3:00	3,57	7/9/2020 15:00	6,65	8/12/2020 3:00	2,81
8/3/2020 16:00	5,93	8/6/2020 4:00	3,48	7/9/2020 16:00	6,36	8/12/2020 4:00	2,85
8/3/2020 17:00	5,46	8/6/2020 5:00	3,33	7/9/2020 17:00	5,49	8/12/2020 5:00	2,85
8/3/2020 18:00	4,16	8/6/2020 6:00	3,2	7/9/2020 18:00	4,16	8/12/2020 6:00	2,76
8/3/2020 19:00	3,7	8/6/2020 7:00	3,49	7/9/2020 19:00	3,71	8/12/2020 7:00	3,23
8/3/2020 20:00	3,84	8/6/2020 8:00	4,69	7/9/2020 20:00	3,52	8/12/2020 8:00	4,29
8/3/2020 21:00	3,84	8/6/2020 9:00	5,82	7/9/2020 21:00	3,43	8/12/2020 9:00	4,92
8/3/2020 22:00	3,73	8/6/2020 10:00	6,34	7/9/2020 22:00	3,23	8/12/2020 10:00	5,32
8/3/2020 23:00	3,51	8/6/2020 11:00	6,5	7/9/2020 23:00	2,88	8/12/2020 11:00	5,73
9/3/2020 0:00	3,35	8/6/2020 12:00	6,33	8/9/2020 0:00	2,66	8/12/2020 12:00	5,94
9/3/2020 1:00	3,3	8/6/2020 13:00	6,04	8/9/2020 1:00	2,69	8/12/2020 13:00	5,91
9/3/2020 2:00	3,4	8/6/2020 14:00	5,9	8/9/2020 2:00	2,61	8/12/2020 14:00	5,75
9/3/2020 3:00	3,66	8/6/2020 15:00	5,76	8/9/2020 3:00	2,7	8/12/2020 15:00	5,57
9/3/2020 4:00	3,95	8/6/2020 16:00	5,1	8/9/2020 4:00	2,99	8/12/2020 16:00	5,24
9/3/2020 5:00	4,36	8/6/2020 17:00	3,79	8/9/2020 5:00	3,35	8/12/2020 17:00	4,16
9/3/2020 6:00	4,78	8/6/2020 18:00	2,65	8/9/2020 6:00	3,78	8/12/2020 18:00	3,61
9/3/2020 7:00	6,35	8/6/2020 19:00	2,25	8/9/2020 7:00	5	8/12/2020 19:00	3,61
9/3/2020 8:00	8,85	8/6/2020 20:00	2,35	8/9/2020 8:00	6,76	8/12/2020 20:00	3,83
9/3/2020 9:00	9,54	8/6/2020 21:00	2,73	8/9/2020 9:00	7,46	8/12/2020 21:00	4
9/3/2020 10:00	9,92	8/6/2020 22:00	2,88	8/9/2020 10:00	7,56	8/12/2020 22:00	3,71
9/3/2020 11:00	10,01	8/6/2020 23:00	2,71	8/9/2020 11:00	7,38	8/12/2020 23:00	3,4
9/3/2020 12:00	9,82	9/6/2020 0:00	2,36	8/9/2020 12:00	7,22	9/12/2020 0:00	3,01
9/3/2020 13:00	9,49	9/6/2020 1:00	2,07	8/9/2020 13:00	7,02	9/12/2020 1:00	2,69
9/3/2020 14:00	8,74	9/6/2020 2:00	1,99	8/9/2020 14:00	6,82	9/12/2020 2:00	2,28
9/3/2020 15:00	7,79	9/6/2020 3:00	1,91	8/9/2020 15:00	6,55	9/12/2020 3:00	1,67
9/3/2020 16:00	7,06	9/6/2020 4:00	1,96	8/9/2020 16:00	6,37	9/12/2020 4:00	0,99
9/3/2020 17:00	5,97	9/6/2020 5:00	2,18	8/9/2020 17:00	5,82	9/12/2020 5:00	0,53
9/3/2020 18:00	4,27	9/6/2020 6:00	2,32	8/9/2020 18:00	4,44	9/12/2020 6:00	0,25

9/3/2020 19:00	4,92	9/6/2020 7:00	3,08	8/9/2020 19:00	3,91	9/12/2020 7:00	1,6
9/3/2020 20:00	5,98	9/6/2020 8:00	4,97	8/9/2020 20:00	3,72	9/12/2020 8:00	3,14
9/3/2020 21:00	5,87	9/6/2020 9:00	6,01	8/9/2020 21:00	3,36	9/12/2020 9:00	3,93
9/3/2020 22:00	5,1	9/6/2020 10:00	6,56	8/9/2020 22:00	2,65	9/12/2020 10:00	4,93
9/3/2020 23:00	4,14	9/6/2020 11:00	6,76	8/9/2020 23:00	2	9/12/2020 11:00	5,54
10/3/2020 0:00	3,48	9/6/2020 12:00	6,84	9/9/2020 0:00	1,97	9/12/2020 12:00	5,6
10/3/2020 1:00	2,75	9/6/2020 13:00	6,89	9/9/2020 1:00	2,25	9/12/2020 13:00	5,5
10/3/2020 2:00	2,48	9/6/2020 14:00	6,69	9/9/2020 2:00	2,82	9/12/2020 14:00	5,27
10/3/2020 3:00	2,37	9/6/2020 15:00	6,2	9/9/2020 3:00	3,22	9/12/2020 15:00	4,84
10/3/2020 4:00	2,67	9/6/2020 16:00	5,36	9/9/2020 4:00	3,68	9/12/2020 16:00	4,22
10/3/2020 5:00	2,52	9/6/2020 17:00	3,99	9/9/2020 5:00	3,77	9/12/2020 17:00	3,48
10/3/2020 6:00	3,09	9/6/2020 18:00	2,58	9/9/2020 6:00	4,04	9/12/2020 18:00	2,69
10/3/2020 7:00	3,84	9/6/2020 19:00	2,06	9/9/2020 7:00	5,09	9/12/2020 19:00	2,02
10/3/2020 8:00	5,61	9/6/2020 20:00	1,76	9/9/2020 8:00	6,2	9/12/2020 20:00	1,38
10/3/2020 9:00	7	9/6/2020 21:00	1,42	9/9/2020 9:00	7,1	9/12/2020 21:00	1,51
10/3/2020 10:00	7,57	9/6/2020 22:00	1,62	9/9/2020 10:00	7,47	9/12/2020 22:00	1,67
10/3/2020 11:00	7,67	9/6/2020 23:00	1,86	9/9/2020 11:00	7,49	9/12/2020 23:00	1,75
10/3/2020 12:00	7,63	10/6/2020 0:00	1,72	9/9/2020 12:00	7,41	10/12/2020 0:00	1,72
10/3/2020 13:00	7,54	10/6/2020 1:00	1,21	9/9/2020 13:00	7,22	10/12/2020 1:00	1,57
10/3/2020 14:00	7,46	10/6/2020 2:00	0,92	9/9/2020 14:00	6,77	10/12/2020 2:00	1,24
10/3/2020 15:00	7,44	10/6/2020 3:00	0,82	9/9/2020 15:00	6,1	10/12/2020 3:00	0,81
10/3/2020 16:00	7,3	10/6/2020 4:00	0,83	9/9/2020 16:00	5,39	10/12/2020 4:00	0,47
10/3/2020 17:00	6,65	10/6/2020 5:00	0,96	9/9/2020 17:00	4,72	10/12/2020 5:00	0,19
10/3/2020 18:00	5,45	10/6/2020 6:00	1,22	9/9/2020 18:00	3,91	10/12/2020 6:00	0,14
10/3/2020 19:00	5,14	10/6/2020 7:00	2,27	9/9/2020 19:00	3,85	10/12/2020 7:00	1,25
10/3/2020 20:00	4,33	10/6/2020 8:00	4,37	9/9/2020 20:00	3,78	10/12/2020 8:00	2,32
10/3/2020 21:00	3,37	10/6/2020 9:00	5,5	9/9/2020 21:00	3,49	10/12/2020 9:00	2,89
10/3/2020 22:00	2,91	10/6/2020 10:00	5,92	9/9/2020 22:00	3,23	10/12/2020 10:00	3,29
10/3/2020 23:00	2,25	10/6/2020 11:00	5,78	9/9/2020 23:00	2,69	10/12/2020 11:00	3,65
11/3/2020 0:00	1,43	10/6/2020 12:00	5,36	10/9/2020 0:00	2,28	10/12/2020 12:00	3,86
11/3/2020 1:00	0,94	10/6/2020 13:00	5,01	10/9/2020 1:00	2,22	10/12/2020 13:00	3,87
11/3/2020 2:00	0,69	10/6/2020 14:00	4,82	10/9/2020 2:00	2,42	10/12/2020 14:00	3,78
11/3/2020 3:00	1,04	10/6/2020 15:00	4,64	10/9/2020 3:00	2,52	10/12/2020 15:00	3,47
11/3/2020 4:00	1,6	10/6/2020 16:00	4,25	10/9/2020 4:00	2,65	10/12/2020 16:00	3,35
11/3/2020 5:00	1,78	10/6/2020 17:00	3,43	10/9/2020 5:00	2,95	10/12/2020 17:00	3,14
11/3/2020 6:00	1,97	10/6/2020 18:00	2,37	10/9/2020 6:00	3,09	10/12/2020 18:00	2,84
11/3/2020 7:00	2,82	10/6/2020 19:00	1,64	10/9/2020 7:00	5,07	10/12/2020 19:00	2,99
11/3/2020 8:00	4,31	10/6/2020 20:00	1,09	10/9/2020 8:00	7,25	10/12/2020 20:00	3,43
11/3/2020 9:00	5,19	10/6/2020 21:00	0,57	10/9/2020 9:00	8,45	10/12/2020 21:00	3,59
11/3/2020 10:00	5,77	10/6/2020 22:00	0,17	10/9/2020 10:00	9,03	10/12/2020 22:00	3,4
11/3/2020 11:00	6,21	10/6/2020 23:00	0,3	10/9/2020 11:00	9,05	10/12/2020 23:00	3,17
11/3/2020 12:00	6,46	11/6/2020 0:00	0,26	10/9/2020 12:00	8,88	11/12/2020 0:00	3,2
11/3/2020 13:00	6,39	11/6/2020 1:00	0,26	10/9/2020 13:00	8,5	11/12/2020 1:00	2,61
11/3/2020 14:00	6,12	11/6/2020 2:00	0,43	10/9/2020 14:00	7,99	11/12/2020 2:00	1,95
11/3/2020 15:00	5,83	11/6/2020 3:00	0,48	10/9/2020 15:00	7,44	11/12/2020 3:00	1,66

11/3/2020 16:00	5,4	11/6/2020 4:00	0,66	10/9/2020 16:00	6,93	11/12/2020 4:00	1,63
11/3/2020 17:00	4,56	11/6/2020 5:00	0,7	10/9/2020 17:00	6,08	11/12/2020 5:00	1,64
11/3/2020 18:00	3,31	11/6/2020 6:00	0,9	10/9/2020 18:00	4,6	11/12/2020 6:00	1,67
11/3/2020 19:00	2,68	11/6/2020 7:00	1,21	10/9/2020 19:00	4,08	11/12/2020 7:00	2,08
11/3/2020 20:00	2,08	11/6/2020 8:00	2,66	10/9/2020 20:00	3,95	11/12/2020 8:00	3,01
11/3/2020 21:00	1,54	11/6/2020 9:00	3,52	10/9/2020 21:00	3,48	11/12/2020 9:00	3,91
11/3/2020 22:00	1,67	11/6/2020 10:00	4,06	10/9/2020 22:00	3,2	11/12/2020 10:00	4,47
11/3/2020 23:00	2,09	11/6/2020 11:00	4,28	10/9/2020 23:00	3,21	11/12/2020 11:00	4,8
12/3/2020 0:00	2,22	11/6/2020 12:00	4,51	11/9/2020 0:00	3,8	11/12/2020 12:00	4,98
12/3/2020 1:00	2,01	11/6/2020 13:00	4,6	11/9/2020 1:00	3,91	11/12/2020 13:00	4,94
12/3/2020 2:00	1,46	11/6/2020 14:00	4,55	11/9/2020 2:00	3,84	11/12/2020 14:00	4,76
12/3/2020 3:00	0,74	11/6/2020 15:00	4,37	11/9/2020 3:00	3,89	11/12/2020 15:00	4,53
12/3/2020 4:00	0,4	11/6/2020 16:00	3,95	11/9/2020 4:00	3,8	11/12/2020 16:00	4,4
12/3/2020 5:00	0,76	11/6/2020 17:00	3,22	11/9/2020 5:00	3,65	11/12/2020 17:00	3,97
12/3/2020 6:00	1,07	11/6/2020 18:00	2,23	11/9/2020 6:00	3,6	11/12/2020 18:00	3,26
12/3/2020 7:00	1,38	11/6/2020 19:00	1,35	11/9/2020 7:00	3,82	11/12/2020 19:00	2,78
12/3/2020 8:00	2,28	11/6/2020 20:00	0,51	11/9/2020 8:00	5,66	11/12/2020 20:00	2,5
12/3/2020 9:00	3,2	11/6/2020 21:00	0,83	11/9/2020 9:00	7,55	11/12/2020 21:00	2,17
12/3/2020 10:00	3,8	11/6/2020 22:00	1,23	11/9/2020 10:00	8,51	11/12/2020 22:00	1,54
12/3/2020 11:00	4,28	11/6/2020 23:00	1,05	11/9/2020 11:00	8,91	11/12/2020 23:00	0,96
12/3/2020 12:00	4,8	12/6/2020 0:00	0,77	11/9/2020 12:00	8,83	12/12/2020 0:00	0,71
12/3/2020 13:00	5,35	12/6/2020 1:00	0,61	11/9/2020 13:00	8,5	12/12/2020 1:00	0,4
12/3/2020 14:00	5,77	12/6/2020 2:00	0,58	11/9/2020 14:00	8,02	12/12/2020 2:00	0,31
12/3/2020 15:00	5,92	12/6/2020 3:00	0,58	11/9/2020 15:00	7,5	12/12/2020 3:00	0,93
12/3/2020 16:00	5,71	12/6/2020 4:00	0,58	11/9/2020 16:00	6,9	12/12/2020 4:00	1,4
12/3/2020 17:00	4,65	12/6/2020 5:00	0,56	11/9/2020 17:00	5,85	12/12/2020 5:00	1,53
12/3/2020 18:00	3,11	12/6/2020 6:00	0,52	11/9/2020 18:00	4,39	12/12/2020 6:00	1,62
12/3/2020 19:00	2,77	12/6/2020 7:00	0,87	11/9/2020 19:00	4,01	12/12/2020 7:00	2,38
12/3/2020 20:00	2,66	12/6/2020 8:00	2,3	11/9/2020 20:00	3,74	12/12/2020 8:00	3,49
12/3/2020 21:00	2,4	12/6/2020 9:00	3,15	11/9/2020 21:00	2,79	12/12/2020 9:00	4,18
12/3/2020 22:00	2,01	12/6/2020 10:00	3,63	11/9/2020 22:00	2,78	12/12/2020 10:00	4,75
12/3/2020 23:00	1,58	12/6/2020 11:00	3,77	11/9/2020 23:00	2,73	12/12/2020 11:00	5,24
13/3/2020 0:00	1,08	12/6/2020 12:00	3,73	12/9/2020 0:00	2,3	12/12/2020 12:00	5,48
13/3/2020 1:00	0,83	12/6/2020 13:00	3,55	12/9/2020 1:00	1,87	12/12/2020 13:00	5,72
13/3/2020 2:00	1,11	12/6/2020 14:00	3,34	12/9/2020 2:00	1,69	12/12/2020 14:00	5,89
13/3/2020 3:00	1,11	12/6/2020 15:00	3,2	12/9/2020 3:00	1,89	12/12/2020 15:00	5,84
13/3/2020 4:00	0,98	12/6/2020 16:00	2,92	12/9/2020 4:00	2,03	12/12/2020 16:00	5,85
13/3/2020 5:00	1,08	12/6/2020 17:00	2,39	12/9/2020 5:00	2,18	12/12/2020 17:00	5,66
13/3/2020 6:00	1,36	12/6/2020 18:00	1,41	12/9/2020 6:00	2,46	12/12/2020 18:00	4,75
13/3/2020 7:00	1,98	12/6/2020 19:00	0,38	12/9/2020 7:00	4,23	12/12/2020 19:00	4,42
13/3/2020 8:00	2,91	12/6/2020 20:00	0,17	12/9/2020 8:00	6,31	12/12/2020 20:00	4,76
13/3/2020 9:00	4,18	12/6/2020 21:00	0,4	12/9/2020 9:00	7,52	12/12/2020 21:00	5
13/3/2020 10:00	5,13	12/6/2020 22:00	0,65	12/9/2020 10:00	8,07	12/12/2020 22:00	5,42
13/3/2020 11:00	5,42	12/6/2020 23:00	0,75	12/9/2020 11:00	8,15	12/12/2020 23:00	4,98
13/3/2020 12:00	5,54	13/6/2020 0:00	0,69	12/9/2020 12:00	8,21	13/12/2020 0:00	4,49

13/3/2020 13:00	5,84	13/6/2020 1:00	0,56	12/9/2020 13:00	8,08	13/12/2020 1:00	4,13
13/3/2020 14:00	6,17	13/6/2020 2:00	0,51	12/9/2020 14:00	7,78	13/12/2020 2:00	3,65
13/3/2020 15:00	6,53	13/6/2020 3:00	0,47	12/9/2020 15:00	7,36	13/12/2020 3:00	3,61
13/3/2020 16:00	6,53	13/6/2020 4:00	0,68	12/9/2020 16:00	6,85	13/12/2020 4:00	3,71
13/3/2020 17:00	6	13/6/2020 5:00	1,24	12/9/2020 17:00	6,15	13/12/2020 5:00	3,77
13/3/2020 18:00	4,55	13/6/2020 6:00	1,52	12/9/2020 18:00	4,76	13/12/2020 6:00	3,72
13/3/2020 19:00	4,35	13/6/2020 7:00	2,15	12/9/2020 19:00	4,29	13/12/2020 7:00	4,34
13/3/2020 20:00	4,48	13/6/2020 8:00	3,42	12/9/2020 20:00	4,35	13/12/2020 8:00	5,24
13/3/2020 21:00	4,23	13/6/2020 9:00	4,3	12/9/2020 21:00	4,37	13/12/2020 9:00	5,75
13/3/2020 22:00	3,64	13/6/2020 10:00	4,98	12/9/2020 22:00	3,97	13/12/2020 10:00	5,82
13/3/2020 23:00	3,1	13/6/2020 11:00	5,33	12/9/2020 23:00	3,63	13/12/2020 11:00	5,77
14/3/2020 0:00	2,14	13/6/2020 12:00	5,38	13/9/2020 0:00	3,56	13/12/2020 12:00	5,68
14/3/2020 1:00	1,18	13/6/2020 13:00	5,34	13/9/2020 1:00	3,44	13/12/2020 13:00	5,64
14/3/2020 2:00	0,35	13/6/2020 14:00	5,22	13/9/2020 2:00	3,18	13/12/2020 14:00	5,64
14/3/2020 3:00	0,93	13/6/2020 15:00	5,07	13/9/2020 3:00	3,19	13/12/2020 15:00	5,83
14/3/2020 4:00	1,21	13/6/2020 16:00	4,82	13/9/2020 4:00	3,55	13/12/2020 16:00	6,1
14/3/2020 5:00	0,87	13/6/2020 17:00	4,16	13/9/2020 5:00	3,76	13/12/2020 17:00	5,75
14/3/2020 6:00	0,98	13/6/2020 18:00	3,39	13/9/2020 6:00	4,01	13/12/2020 18:00	4,27
14/3/2020 7:00	1,74	13/6/2020 19:00	3,6	13/9/2020 7:00	5,92	13/12/2020 19:00	3,27
14/3/2020 8:00	2,73	13/6/2020 20:00	4,26	13/9/2020 8:00	7,67	13/12/2020 20:00	2,97
14/3/2020 9:00	3,16	13/6/2020 21:00	4,76	13/9/2020 9:00	8,71	13/12/2020 21:00	2,59
14/3/2020 10:00	3,5	13/6/2020 22:00	5,1	13/9/2020 10:00	9,29	13/12/2020 22:00	2,21
14/3/2020 11:00	3,98	13/6/2020 23:00	5,7	13/9/2020 11:00	9,45	13/12/2020 23:00	1,9
14/3/2020 12:00	4,47	14/6/2020 0:00	6,35	13/9/2020 12:00	9,49	14/12/2020 0:00	1,8
14/3/2020 13:00	4,97	14/6/2020 1:00	6,42	13/9/2020 13:00	9,25	14/12/2020 1:00	1,82
14/3/2020 14:00	5,34	14/6/2020 2:00	6,77	13/9/2020 14:00	8,94	14/12/2020 2:00	1,98
14/3/2020 15:00	5,35	14/6/2020 3:00	6,59	13/9/2020 15:00	8,52	14/12/2020 3:00	2,12
14/3/2020 16:00	5,17	14/6/2020 4:00	5,84	13/9/2020 16:00	7,9	14/12/2020 4:00	2,21
14/3/2020 17:00	4,48	14/6/2020 5:00	5,84	13/9/2020 17:00	6,85	14/12/2020 5:00	2,19
14/3/2020 18:00	3,3	14/6/2020 6:00	6,14	13/9/2020 18:00	5,16	14/12/2020 6:00	2,12
14/3/2020 19:00	2,83	14/6/2020 7:00	6,4	13/9/2020 19:00	4,53	14/12/2020 7:00	3,67
14/3/2020 20:00	2,45	14/6/2020 8:00	7,3	13/9/2020 20:00	4,33	14/12/2020 8:00	4,7
14/3/2020 21:00	1,89	14/6/2020 9:00	7,78	13/9/2020 21:00	3,59	14/12/2020 9:00	5,1
14/3/2020 22:00	1,18	14/6/2020 10:00	8,22	13/9/2020 22:00	3,2	14/12/2020 10:00	5,49
14/3/2020 23:00	0,49	14/6/2020 11:00	8,41	13/9/2020 23:00	3,05	14/12/2020 11:00	6,06
15/3/2020 0:00	0,29	14/6/2020 12:00	8,26	14/9/2020 0:00	2,88	14/12/2020 12:00	6,57
15/3/2020 1:00	1	14/6/2020 13:00	8,04	14/9/2020 1:00	2,7	14/12/2020 13:00	6,81
15/3/2020 2:00	1,6	14/6/2020 14:00	7,76	14/9/2020 2:00	2,67	14/12/2020 14:00	6,63
15/3/2020 3:00	1,47	14/6/2020 15:00	7,42	14/9/2020 3:00	2,73	14/12/2020 15:00	6,28
15/3/2020 4:00	1,59	14/6/2020 16:00	6,89	14/9/2020 4:00	2,69	14/12/2020 16:00	5,71
15/3/2020 5:00	1,45	14/6/2020 17:00	6	14/9/2020 5:00	2,7	14/12/2020 17:00	4,8
15/3/2020 6:00	1,13	14/6/2020 18:00	5,18	14/9/2020 6:00	2,85	14/12/2020 18:00	3,77
15/3/2020 7:00	1,14	14/6/2020 19:00	5,56	14/9/2020 7:00	4,26	14/12/2020 19:00	3,17
15/3/2020 8:00	2,56	14/6/2020 20:00	5,95	14/9/2020 8:00	6,44	14/12/2020 20:00	3,04
15/3/2020 9:00	3,5	14/6/2020 21:00	6,43	14/9/2020 9:00	7,76	14/12/2020 21:00	3,05

15/3/2020 10:00	4,05	14/6/2020 22:00	6,43	14/9/2020 10:00	8,8	14/12/2020 22:00	3,01
15/3/2020 11:00	4,38	14/6/2020 23:00	6,42	14/9/2020 11:00	9,51	14/12/2020 23:00	2,95
15/3/2020 12:00	4,66	15/6/2020 0:00	6,4	14/9/2020 12:00	9,68	15/12/2020 0:00	2,82
15/3/2020 13:00	4,97	15/6/2020 1:00	6,32	14/9/2020 13:00	9,5	15/12/2020 1:00	2,66
15/3/2020 14:00	5,34	15/6/2020 2:00	6,18	14/9/2020 14:00	9,12	15/12/2020 2:00	2,35
15/3/2020 15:00	5,63	15/6/2020 3:00	6,04	14/9/2020 15:00	8,64	15/12/2020 3:00	1,93
15/3/2020 16:00	5,58	15/6/2020 4:00	5,76	14/9/2020 16:00	8	15/12/2020 4:00	1,28
15/3/2020 17:00	4,78	15/6/2020 5:00	5,46	14/9/2020 17:00	6,89	15/12/2020 5:00	0,78
15/3/2020 18:00	3,47	15/6/2020 6:00	5,29	14/9/2020 18:00	5,33	15/12/2020 6:00	0,44
15/3/2020 19:00	2,83	15/6/2020 7:00	6	14/9/2020 19:00	4,82	15/12/2020 7:00	1,56
15/3/2020 20:00	2,41	15/6/2020 8:00	7,03	14/9/2020 20:00	4,91	15/12/2020 8:00	3,03
15/3/2020 21:00	2,13	15/6/2020 9:00	7,6	14/9/2020 21:00	4,6	15/12/2020 9:00	3,96
15/3/2020 22:00	1,66	15/6/2020 10:00	7,78	14/9/2020 22:00	4,01	15/12/2020 10:00	4,6
15/3/2020 23:00	1,31	15/6/2020 11:00	7,88	14/9/2020 23:00	3,43	15/12/2020 11:00	4,96
16/3/2020 0:00	1,01	15/6/2020 12:00	8,02	15/9/2020 0:00	3,13	15/12/2020 12:00	5,23
16/3/2020 1:00	0,73	15/6/2020 13:00	8,12	15/9/2020 1:00	3,07	15/12/2020 13:00	5,58
16/3/2020 2:00	0,63	15/6/2020 14:00	8,06	15/9/2020 2:00	2,9	15/12/2020 14:00	5,74
16/3/2020 3:00	0,72	15/6/2020 15:00	7,73	15/9/2020 3:00	2,83	15/12/2020 15:00	5,76
16/3/2020 4:00	0,84	15/6/2020 16:00	7,06	15/9/2020 4:00	2,84	15/12/2020 16:00	5,8
16/3/2020 5:00	1,05	15/6/2020 17:00	5,86	15/9/2020 5:00	2,73	15/12/2020 17:00	5,53
16/3/2020 6:00	1,35	15/6/2020 18:00	4,15	15/9/2020 6:00	2,62	15/12/2020 18:00	4,56
16/3/2020 7:00	1,9	15/6/2020 19:00	4,04	15/9/2020 7:00	4,04	15/12/2020 19:00	4,23
16/3/2020 8:00	4,65	15/6/2020 20:00	4,22	15/9/2020 8:00	5,98	15/12/2020 20:00	4,73
16/3/2020 9:00	6,39	15/6/2020 21:00	4,28	15/9/2020 9:00	6,92	15/12/2020 21:00	3,96
16/3/2020 10:00	6,47	15/6/2020 22:00	4,05	15/9/2020 10:00	7,43	15/12/2020 22:00	2,68
16/3/2020 11:00	5,74	15/6/2020 23:00	3,81	15/9/2020 11:00	7,64	15/12/2020 23:00	1,55
16/3/2020 12:00	5,04	16/6/2020 0:00	3,35	15/9/2020 12:00	7,67	16/12/2020 0:00	1
16/3/2020 13:00	4,52	16/6/2020 1:00	2,86	15/9/2020 13:00	7,54	16/12/2020 1:00	0,69
16/3/2020 14:00	4,23	16/6/2020 2:00	2,77	15/9/2020 14:00	7,21	16/12/2020 2:00	0,79
16/3/2020 15:00	4,03	16/6/2020 3:00	2,74	15/9/2020 15:00	6,75	16/12/2020 3:00	1,2
16/3/2020 16:00	3,76	16/6/2020 4:00	2,82	15/9/2020 16:00	6,3	16/12/2020 4:00	1,77
16/3/2020 17:00	3,09	16/6/2020 5:00	2,95	15/9/2020 17:00	5,57	16/12/2020 5:00	2,03
16/3/2020 18:00	2,54	16/6/2020 6:00	3,14	15/9/2020 18:00	4,18	16/12/2020 6:00	2,21
16/3/2020 19:00	2,44	16/6/2020 7:00	3,69	15/9/2020 19:00	3,55	16/12/2020 7:00	3
16/3/2020 20:00	2,31	16/6/2020 8:00	6,05	15/9/2020 20:00	3,04	16/12/2020 8:00	4,42
16/3/2020 21:00	2,38	16/6/2020 9:00	7,15	15/9/2020 21:00	2,69	16/12/2020 9:00	5,51
16/3/2020 22:00	2,49	16/6/2020 10:00	7,65	15/9/2020 22:00	2,1	16/12/2020 10:00	6,4
16/3/2020 23:00	2,52	16/6/2020 11:00	7,72	15/9/2020 23:00	1,65	16/12/2020 11:00	6,96
17/3/2020 0:00	2,48	16/6/2020 12:00	7,46	16/9/2020 0:00	1,63	16/12/2020 12:00	7,1
17/3/2020 1:00	2,37	16/6/2020 13:00	7,16	16/9/2020 1:00	1,86	16/12/2020 13:00	6,99
17/3/2020 2:00	2,11	16/6/2020 14:00	6,88	16/9/2020 2:00	1,88	16/12/2020 14:00	6,64
17/3/2020 3:00	1,84	16/6/2020 15:00	6,64	16/9/2020 3:00	1,74	16/12/2020 15:00	6,2
17/3/2020 4:00	1,66	16/6/2020 16:00	6,23	16/9/2020 4:00	1,54	16/12/2020 16:00	5,77
17/3/2020 5:00	1,73	16/6/2020 17:00	5,37	16/9/2020 5:00	1,43	16/12/2020 17:00	5,28
17/3/2020 6:00	1,86	16/6/2020 18:00	4,09	16/9/2020 6:00	1,42	16/12/2020 18:00	4,36

Fecha/Hora	Valor	Fecha/Hora	Valor	Fecha/Hora	Valor	Fecha/Hora	Valor
17/3/2020 7:00	2,14	16/6/2020 19:00	3,96	16/9/2020 7:00	2,33	16/12/2020 19:00	3,89
17/3/2020 8:00	2,68	16/6/2020 20:00	3,87	16/9/2020 8:00	3,62	16/12/2020 20:00	3,76
17/3/2020 9:00	3,74	16/6/2020 21:00	3,67	16/9/2020 9:00	4,26	16/12/2020 21:00	3,82
17/3/2020 10:00	4,68	16/6/2020 22:00	3,43	16/9/2020 10:00	4,68	16/12/2020 22:00	3,88
17/3/2020 11:00	5,03	16/6/2020 23:00	3,23	16/9/2020 11:00	4,93	16/12/2020 23:00	3,74
17/3/2020 12:00	4,88	17/6/2020 0:00	3,04	16/9/2020 12:00	4,99	17/12/2020 0:00	3,37
17/3/2020 13:00	4,48	17/6/2020 1:00	2,95	16/9/2020 13:00	4,89	17/12/2020 1:00	2,8
17/3/2020 14:00	4,06	17/6/2020 2:00	3	16/9/2020 14:00	4,82	17/12/2020 2:00	2,3
17/3/2020 15:00	3,7	17/6/2020 3:00	3,14	16/9/2020 15:00	4,69	17/12/2020 3:00	1,89
17/3/2020 16:00	3,25	17/6/2020 4:00	2,66	16/9/2020 16:00	4,46	17/12/2020 4:00	1,8
17/3/2020 17:00	2,23	17/6/2020 5:00	2,38	16/9/2020 17:00	3,89	17/12/2020 5:00	2,12
17/3/2020 18:00	1,53	17/6/2020 6:00	2,25	16/9/2020 18:00	3,24	17/12/2020 6:00	2,58
17/3/2020 19:00	1,47	17/6/2020 7:00	2,46	16/9/2020 19:00	2,69	17/12/2020 7:00	3,61
17/3/2020 20:00	1,55	17/6/2020 8:00	3,68	16/9/2020 20:00	1,72	17/12/2020 8:00	5,8
17/3/2020 21:00	1,48	17/6/2020 9:00	4,92	16/9/2020 21:00	0,4	17/12/2020 9:00	6,9
17/3/2020 22:00	1,44	17/6/2020 10:00	5,91	16/9/2020 22:00	0,89	17/12/2020 10:00	7,56
17/3/2020 23:00	1,22	17/6/2020 11:00	6,44	16/9/2020 23:00	1,44	17/12/2020 11:00	8,12
18/3/2020 0:00	0,86	17/6/2020 12:00	6,35	17/9/2020 0:00	1,43	17/12/2020 12:00	8,41
18/3/2020 1:00	0,97	17/6/2020 13:00	5,92	17/9/2020 1:00	0,73	17/12/2020 13:00	8,52
18/3/2020 2:00	1,38	17/6/2020 14:00	5,35	17/9/2020 2:00	0,55	17/12/2020 14:00	8,4
18/3/2020 3:00	1,45	17/6/2020 15:00	4,65	17/9/2020 3:00	0,68	17/12/2020 15:00	7,93
18/3/2020 4:00	0,91	17/6/2020 16:00	3,88	17/9/2020 4:00	0,83	17/12/2020 16:00	7,01
18/3/2020 5:00	0,32	17/6/2020 17:00	2,97	17/9/2020 5:00	1,03	17/12/2020 17:00	5,69
18/3/2020 6:00	0,11	17/6/2020 18:00	2,18	17/9/2020 6:00	0,94	17/12/2020 18:00	4,25
18/3/2020 7:00	0,49	17/6/2020 19:00	1,85	17/9/2020 7:00	1,93	17/12/2020 19:00	4,4
18/3/2020 8:00	1,4	17/6/2020 20:00	2,04	17/9/2020 8:00	3,39	17/12/2020 20:00	4,68
18/3/2020 9:00	2,37	17/6/2020 21:00	2,44	17/9/2020 9:00	4,17	17/12/2020 21:00	4,43
18/3/2020 10:00	3,02	17/6/2020 22:00	2,64	17/9/2020 10:00	4,74	17/12/2020 22:00	4,08
18/3/2020 11:00	3,48	17/6/2020 23:00	2,79	17/9/2020 11:00	5,16	17/12/2020 23:00	3,77
18/3/2020 12:00	3,63	18/6/2020 0:00	2,94	17/9/2020 12:00	5,38	18/12/2020 0:00	3,35
18/3/2020 13:00	3,58	18/6/2020 1:00	3,06	17/9/2020 13:00	5,58	18/12/2020 1:00	3,29
18/3/2020 14:00	3,52	18/6/2020 2:00	2,86	17/9/2020 14:00	5,71	18/12/2020 2:00	3,45
18/3/2020 15:00	3,41	18/6/2020 3:00	2,98	17/9/2020 15:00	5,59	18/12/2020 3:00	3,38
18/3/2020 16:00	3,34	18/6/2020 4:00	3,01	17/9/2020 16:00	5,53	18/12/2020 4:00	3,02
18/3/2020 17:00	2,93	18/6/2020 5:00	3,24	17/9/2020 17:00	5,29	18/12/2020 5:00	2,68
18/3/2020 18:00	2,34	18/6/2020 6:00	3,58	17/9/2020 18:00	4,49	18/12/2020 6:00	2,47
18/3/2020 19:00	2,28	18/6/2020 7:00	4,33	17/9/2020 19:00	3,9	18/12/2020 7:00	2,66
18/3/2020 20:00	2,41	18/6/2020 8:00	5,39	17/9/2020 20:00	3,22	18/12/2020 8:00	3,78
18/3/2020 21:00	2,62	18/6/2020 9:00	5,99	17/9/2020 21:00	2,74	18/12/2020 9:00	4,87
18/3/2020 22:00	2,55	18/6/2020 10:00	6,26	17/9/2020 22:00	2,6	18/12/2020 10:00	5,45
18/3/2020 23:00	2,36	18/6/2020 11:00	6,34	17/9/2020 23:00	2,57	18/12/2020 11:00	5,67
19/3/2020 0:00	2,09	18/6/2020 12:00	6,3	18/9/2020 0:00	2,45	18/12/2020 12:00	5,48
19/3/2020 1:00	2	18/6/2020 13:00	6,18	18/9/2020 1:00	2,27	18/12/2020 13:00	5,17
19/3/2020 2:00	2,09	18/6/2020 14:00	5,86	18/9/2020 2:00	2,12	18/12/2020 14:00	4,88
19/3/2020 3:00	2,21	18/6/2020 15:00	5,34	18/9/2020 3:00	2,1	18/12/2020 15:00	4,5

Fecha 1		Fecha 2		Fecha 3		Fecha 4	
19/3/2020 4:00	2,19	18/6/2020 16:00	4,74	18/9/2020 4:00	1,78	18/12/2020 16:00	3,92
19/3/2020 5:00	2,08	18/6/2020 17:00	4,01	18/9/2020 5:00	1,12	18/12/2020 17:00	3,26
19/3/2020 6:00	1,82	18/6/2020 18:00	3,13	18/9/2020 6:00	0,72	18/12/2020 18:00	2,52
19/3/2020 7:00	1,58	18/6/2020 19:00	3,05	18/9/2020 7:00	1,96	18/12/2020 19:00	1,91
19/3/2020 8:00	1,68	18/6/2020 20:00	3,25	18/9/2020 8:00	3,47	18/12/2020 20:00	1,2
19/3/2020 9:00	2,24	18/6/2020 21:00	3,27	18/9/2020 9:00	4,26	18/12/2020 21:00	0,24
19/3/2020 10:00	2,66	18/6/2020 22:00	2,85	18/9/2020 10:00	4,87	18/12/2020 22:00	0,91
19/3/2020 11:00	3,1	18/6/2020 23:00	2,43	18/9/2020 11:00	5,35	18/12/2020 23:00	1,36
19/3/2020 12:00	3,56	19/6/2020 0:00	2,14	18/9/2020 12:00	5,69	19/12/2020 0:00	1,27
19/3/2020 13:00	3,93	19/6/2020 1:00	1,98	18/9/2020 13:00	5,89	19/12/2020 1:00	1,03
19/3/2020 14:00	4,08	19/6/2020 2:00	2	18/9/2020 14:00	5,95	19/12/2020 2:00	0,77
19/3/2020 15:00	3,95	19/6/2020 3:00	2,03	18/9/2020 15:00	5,87	19/12/2020 3:00	0,79
19/3/2020 16:00	3,42	19/6/2020 4:00	2,2	18/9/2020 16:00	5,66	19/12/2020 4:00	0,8
19/3/2020 17:00	2,65	19/6/2020 5:00	2,39	18/9/2020 17:00	4,96	19/12/2020 5:00	0,66
19/3/2020 18:00	1,86	19/6/2020 6:00	2,46	18/9/2020 18:00	4,08	19/12/2020 6:00	0,49
19/3/2020 19:00	1,28	19/6/2020 7:00	3,15	18/9/2020 19:00	3,51	19/12/2020 7:00	1,44
19/3/2020 20:00	1,07	19/6/2020 8:00	4,66	18/9/2020 20:00	2,99	19/12/2020 8:00	2,74
19/3/2020 21:00	1,45	19/6/2020 9:00	5,75	18/9/2020 21:00	2,53	19/12/2020 9:00	3,68
19/3/2020 22:00	1,98	19/6/2020 10:00	6,35	18/9/2020 22:00	2,16	19/12/2020 10:00	4,45
19/3/2020 23:00	2,45	19/6/2020 11:00	6,57	18/9/2020 23:00	2,05	19/12/2020 11:00	5,03
20/3/2020 0:00	2,44	19/6/2020 12:00	6,64	19/9/2020 0:00	2,2	19/12/2020 12:00	5,49
20/3/2020 1:00	2,51	19/6/2020 13:00	6,59	19/9/2020 1:00	2,47	19/12/2020 13:00	5,75
20/3/2020 2:00	2,59	19/6/2020 14:00	6,52	19/9/2020 2:00	2,61	19/12/2020 14:00	5,68
20/3/2020 3:00	2,68	19/6/2020 15:00	6,33	19/9/2020 3:00	2,58	19/12/2020 15:00	5,31
20/3/2020 4:00	2,65	19/6/2020 16:00	5,87	19/9/2020 4:00	2,59	19/12/2020 16:00	4,76
20/3/2020 5:00	2,2	19/6/2020 17:00	4,74	19/9/2020 5:00	2,6	19/12/2020 17:00	3,8
20/3/2020 6:00	1,78	19/6/2020 18:00	3,39	19/9/2020 6:00	2,42	19/12/2020 18:00	2,76
20/3/2020 7:00	1,45	19/6/2020 19:00	2,94	19/9/2020 7:00	3,28	19/12/2020 19:00	2,23
20/3/2020 8:00	0,99	19/6/2020 20:00	3,08	19/9/2020 8:00	5,09	19/12/2020 20:00	1,93
20/3/2020 9:00	0,78	19/6/2020 21:00	2,93	19/9/2020 9:00	6,37	19/12/2020 21:00	1,58
20/3/2020 10:00	1,11	19/6/2020 22:00	2,78	19/9/2020 10:00	6,91	19/12/2020 22:00	1,03
20/3/2020 11:00	1,63	19/6/2020 23:00	2,57	19/9/2020 11:00	6,99	19/12/2020 23:00	0,66
20/3/2020 12:00	2,2	20/6/2020 0:00	2,61	19/9/2020 12:00	6,8	20/12/2020 0:00	0,63
20/3/2020 13:00	2,7	20/6/2020 1:00	2,7	19/9/2020 13:00	6,42	20/12/2020 1:00	0,93
20/3/2020 14:00	2,95	20/6/2020 2:00	2,78	19/9/2020 14:00	6,04	20/12/2020 2:00	1,55
20/3/2020 15:00	2,95	20/6/2020 3:00	2,91	19/9/2020 15:00	5,78	20/12/2020 3:00	1,85
20/3/2020 16:00	2,87	20/6/2020 4:00	2,99	19/9/2020 16:00	5,64	20/12/2020 4:00	1,88
20/3/2020 17:00	2,52	20/6/2020 5:00	3,14	19/9/2020 17:00	5,21	20/12/2020 5:00	1,95
20/3/2020 18:00	2,1	20/6/2020 6:00	3,27	19/9/2020 18:00	4,2	20/12/2020 6:00	2,13
20/3/2020 19:00	2,3	20/6/2020 7:00	4,07	19/9/2020 19:00	3,71	20/12/2020 7:00	2,98
20/3/2020 20:00	2,46	20/6/2020 8:00	6,1	19/9/2020 20:00	3,75	20/12/2020 8:00	3,83
20/3/2020 21:00	2,95	20/6/2020 9:00	7,14	19/9/2020 21:00	3,84	20/12/2020 9:00	4,34
20/3/2020 22:00	3,26	20/6/2020 10:00	7,73	19/9/2020 22:00	3,54	20/12/2020 10:00	4,72
20/3/2020 23:00	3,51	20/6/2020 11:00	7,82	19/9/2020 23:00	3,26	20/12/2020 11:00	4,97
21/3/2020 0:00	3,57	20/6/2020 12:00	7,57	20/9/2020 0:00	2,94	20/12/2020 12:00	5,05

21/3/2020 1:00	3,24	20/6/2020 13:00	7,34	20/9/2020 1:00	2,51	20/12/2020 13:00	5,02
21/3/2020 2:00	2,77	20/6/2020 14:00	7,04	20/9/2020 2:00	2,39	20/12/2020 14:00	4,76
21/3/2020 3:00	2,58	20/6/2020 15:00	6,53	20/9/2020 3:00	2,39	20/12/2020 15:00	4,38
21/3/2020 4:00	2,62	20/6/2020 16:00	5,94	20/9/2020 4:00	2,47	20/12/2020 16:00	3,87
21/3/2020 5:00	2,68	20/6/2020 17:00	4,93	20/9/2020 5:00	2,47	20/12/2020 17:00	3,21
21/3/2020 6:00	2,54	20/6/2020 18:00	3,97	20/9/2020 6:00	2,34	20/12/2020 18:00	2,61
21/3/2020 7:00	2,09	20/6/2020 19:00	4,21	20/9/2020 7:00	3,21	20/12/2020 19:00	2,31
21/3/2020 8:00	1,08	20/6/2020 20:00	4,7	20/9/2020 8:00	5,13	20/12/2020 20:00	2,13
21/3/2020 9:00	0,23	20/6/2020 21:00	5,09	20/9/2020 9:00	6,5	20/12/2020 21:00	2,06
21/3/2020 10:00	0,5	20/6/2020 22:00	5,32	20/9/2020 10:00	7,43	20/12/2020 22:00	1,99
21/3/2020 11:00	0,82	20/6/2020 23:00	5,47	20/9/2020 11:00	7,8	20/12/2020 23:00	2,02
21/3/2020 12:00	1,13	21/6/2020 0:00	4,81	20/9/2020 12:00	7,72	21/12/2020 0:00	2,16
21/3/2020 13:00	1,47	21/6/2020 1:00	4,53	20/9/2020 13:00	7,31	21/12/2020 1:00	2,49
21/3/2020 14:00	1,71	21/6/2020 2:00	4,33	20/9/2020 14:00	6,77	21/12/2020 2:00	3,01
21/3/2020 15:00	1,85	21/6/2020 3:00	4,29	20/9/2020 15:00	6,19	21/12/2020 3:00	3,48
21/3/2020 16:00	1,85	21/6/2020 4:00	4,12	20/9/2020 16:00	5,4	21/12/2020 4:00	3,81
21/3/2020 17:00	1,57	21/6/2020 5:00	4	20/9/2020 17:00	4,56	21/12/2020 5:00	4,1
21/3/2020 18:00	1,22	21/6/2020 6:00	3,9	20/9/2020 18:00	3,63	21/12/2020 6:00	4,33
21/3/2020 19:00	1,25	21/6/2020 7:00	4,79	20/9/2020 19:00	3,54	21/12/2020 7:00	4,67
21/3/2020 20:00	1,6	21/6/2020 8:00	6,66	20/9/2020 20:00	3,49	21/12/2020 8:00	4,95
21/3/2020 21:00	1,76	21/6/2020 9:00	8	20/9/2020 21:00	3,16	21/12/2020 9:00	5,09
21/3/2020 22:00	1,95	21/6/2020 10:00	8,71	20/9/2020 22:00	2,84	21/12/2020 10:00	5,58
21/3/2020 23:00	2,54	21/6/2020 11:00	9,11	20/9/2020 23:00	3,01	21/12/2020 11:00	5,99
22/3/2020 0:00	2,83	21/6/2020 12:00	9,06	21/9/2020 0:00	2,97	21/12/2020 12:00	6,06
22/3/2020 1:00	2,71	21/6/2020 13:00	8,74	21/9/2020 1:00	2,89	21/12/2020 13:00	6,02
22/3/2020 2:00	2,53	21/6/2020 14:00	8,27	21/9/2020 2:00	2,94	21/12/2020 14:00	5,79
22/3/2020 3:00	2,46	21/6/2020 15:00	7,71	21/9/2020 3:00	3,05	21/12/2020 15:00	5,47
22/3/2020 4:00	2,42	21/6/2020 16:00	6,9	21/9/2020 4:00	3,15	21/12/2020 16:00	5,09
22/3/2020 5:00	2,33	21/6/2020 17:00	5,61	21/9/2020 5:00	3,14	21/12/2020 17:00	4,5
22/3/2020 6:00	2,04	21/6/2020 18:00	4,29	21/9/2020 6:00	3,31	21/12/2020 18:00	3,79
22/3/2020 7:00	1,15	21/6/2020 19:00	4,12	21/9/2020 7:00	4,46	21/12/2020 19:00	3,46
22/3/2020 8:00	0,78	21/6/2020 20:00	4,43	21/9/2020 8:00	5,99	21/12/2020 20:00	3,25
22/3/2020 9:00	1,59	21/6/2020 21:00	4,86	21/9/2020 9:00	6,96	21/12/2020 21:00	3,2
22/3/2020 10:00	2,06	21/6/2020 22:00	4,73	21/9/2020 10:00	7,7	21/12/2020 22:00	3,22
22/3/2020 11:00	2,11	21/6/2020 23:00	4,31	21/9/2020 11:00	8,12	21/12/2020 23:00	3,2
22/3/2020 12:00	2,16	22/6/2020 0:00	4,1	21/9/2020 12:00	8,27	22/12/2020 0:00	3,02
22/3/2020 13:00	2,38	22/6/2020 1:00	4,12	21/9/2020 13:00	8,14	22/12/2020 1:00	2,84
22/3/2020 14:00	2,78	22/6/2020 2:00	4,18	21/9/2020 14:00	7,88	22/12/2020 2:00	2,54
22/3/2020 15:00	3,15	22/6/2020 3:00	4,55	21/9/2020 15:00	7,6	22/12/2020 3:00	2,26
22/3/2020 16:00	3,47	22/6/2020 4:00	4,76	21/9/2020 16:00	7,07	22/12/2020 4:00	2,24
22/3/2020 17:00	3,36	22/6/2020 5:00	4,83	21/9/2020 17:00	6,15	22/12/2020 5:00	2,77
22/3/2020 18:00	2,66	22/6/2020 6:00	4,96	21/9/2020 18:00	4,75	22/12/2020 6:00	3,64
22/3/2020 19:00	2,32	22/6/2020 7:00	5,14	21/9/2020 19:00	4,28	22/12/2020 7:00	4,33
22/3/2020 20:00	2,15	22/6/2020 8:00	6,94	21/9/2020 20:00	4,08	22/12/2020 8:00	5,55
22/3/2020 21:00	1,94	22/6/2020 9:00	7,92	21/9/2020 21:00	3,6	22/12/2020 9:00	5,91

22/3/2020 22:00	1,87	22/6/2020 10:00	8,28	21/9/2020 22:00	2,78	22/12/2020 10:00	6,2
22/3/2020 23:00	1,76	22/6/2020 11:00	8,2	21/9/2020 23:00	2,41	22/12/2020 11:00	6,68
23/3/2020 0:00	1,66	22/6/2020 12:00	7,86	22/9/2020 0:00	2,32	22/12/2020 12:00	7,09
23/3/2020 1:00	1,54	22/6/2020 13:00	7,34	22/9/2020 1:00	2,17	22/12/2020 13:00	7,24
23/3/2020 2:00	1,57	22/6/2020 14:00	6,8	22/9/2020 2:00	2,08	22/12/2020 14:00	6,99
23/3/2020 3:00	1,77	22/6/2020 15:00	6,23	22/9/2020 3:00	2,05	22/12/2020 15:00	6,54
23/3/2020 4:00	2	22/6/2020 16:00	5,5	22/9/2020 4:00	2	22/12/2020 16:00	6,17
23/3/2020 5:00	2,15	22/6/2020 17:00	4,45	22/9/2020 5:00	2,1	22/12/2020 17:00	5,48
23/3/2020 6:00	2,35	22/6/2020 18:00	3,25	22/9/2020 6:00	2,1	22/12/2020 18:00	4,26
23/3/2020 7:00	2,98	22/6/2020 19:00	3,01	22/9/2020 7:00	3,12	22/12/2020 19:00	3,69
23/3/2020 8:00	3,58	22/6/2020 20:00	3,08	22/9/2020 8:00	4,35	22/12/2020 20:00	3,36
23/3/2020 9:00	3,99	22/6/2020 21:00	2,97	22/9/2020 9:00	4,9	22/12/2020 21:00	3,09
23/3/2020 10:00	4,14	22/6/2020 22:00	2,73	22/9/2020 10:00	5,47	22/12/2020 22:00	2,61
23/3/2020 11:00	4,39	22/6/2020 23:00	2,63	22/9/2020 11:00	6,21	22/12/2020 23:00	2,18
23/3/2020 12:00	4,65	23/6/2020 0:00	2,71	22/9/2020 12:00	6,79	23/12/2020 0:00	1,7
23/3/2020 13:00	4,85	23/6/2020 1:00	3,01	22/9/2020 13:00	7,08	23/12/2020 1:00	1,6
23/3/2020 14:00	5,02	23/6/2020 2:00	3,6	22/9/2020 14:00	7,26	23/12/2020 2:00	1,57
23/3/2020 15:00	4,99	23/6/2020 3:00	3,9	22/9/2020 15:00	7,29	23/12/2020 3:00	1,63
23/3/2020 16:00	4,71	23/6/2020 4:00	4,04	22/9/2020 16:00	6,96	23/12/2020 4:00	1,73
23/3/2020 17:00	4,15	23/6/2020 5:00	4,15	22/9/2020 17:00	6,25	23/12/2020 5:00	1,87
23/3/2020 18:00	3,49	23/6/2020 6:00	4,23	22/9/2020 18:00	4,78	23/12/2020 6:00	2,02
23/3/2020 19:00	3,35	23/6/2020 7:00	4,39	22/9/2020 19:00	4,37	23/12/2020 7:00	3,74
23/3/2020 20:00	3,43	23/6/2020 8:00	5,79	22/9/2020 20:00	4,54	23/12/2020 8:00	5,25
23/3/2020 21:00	3,64	23/6/2020 9:00	6,6	22/9/2020 21:00	4,86	23/12/2020 9:00	5,37
23/3/2020 22:00	3,84	23/6/2020 10:00	6,84	22/9/2020 22:00	4,85	23/12/2020 10:00	5,31
23/3/2020 23:00	3,57	23/6/2020 11:00	6,79	22/9/2020 23:00	4,54	23/12/2020 11:00	5,24
24/3/2020 0:00	2,93	23/6/2020 12:00	6,56	23/9/2020 0:00	4,71	23/12/2020 12:00	5,2
24/3/2020 1:00	2,5	23/6/2020 13:00	6,22	23/9/2020 1:00	4,3	23/12/2020 13:00	5,08
24/3/2020 2:00	2,01	23/6/2020 14:00	5,87	23/9/2020 2:00	4,12	23/12/2020 14:00	4,95
24/3/2020 3:00	1,41	23/6/2020 15:00	5,41	23/9/2020 3:00	3,93	23/12/2020 15:00	4,65
24/3/2020 4:00	0,86	23/6/2020 16:00	4,86	23/9/2020 4:00	4	23/12/2020 16:00	4,1
24/3/2020 5:00	1	23/6/2020 17:00	3,98	23/9/2020 5:00	3,9	23/12/2020 17:00	3,42
24/3/2020 6:00	1,63	23/6/2020 18:00	2,88	23/9/2020 6:00	3,88	23/12/2020 18:00	2,72
24/3/2020 7:00	3,51	23/6/2020 19:00	2,46	23/9/2020 7:00	5	23/12/2020 19:00	2,51
24/3/2020 8:00	5,27	23/6/2020 20:00	2,23	23/9/2020 8:00	6,61	23/12/2020 20:00	2,64
24/3/2020 9:00	5,94	23/6/2020 21:00	1,91	23/9/2020 9:00	7,72	23/12/2020 21:00	2,91
24/3/2020 10:00	6,2	23/6/2020 22:00	2,01	23/9/2020 10:00	8,23	23/12/2020 22:00	3,19
24/3/2020 11:00	6,27	23/6/2020 23:00	2,31	23/9/2020 11:00	8,5	23/12/2020 23:00	3,57
24/3/2020 12:00	6,27	24/6/2020 0:00	2,45	23/9/2020 12:00	8,85	24/12/2020 0:00	3,94
24/3/2020 13:00	6,17	24/6/2020 1:00	2,25	23/9/2020 13:00	9,15	24/12/2020 1:00	3,7
24/3/2020 14:00	5,89	24/6/2020 2:00	2,11	23/9/2020 14:00	9,18	24/12/2020 2:00	3,18
24/3/2020 15:00	5,51	24/6/2020 3:00	2,17	23/9/2020 15:00	9,08	24/12/2020 3:00	3,05
24/3/2020 16:00	4,88	24/6/2020 4:00	2,41	23/9/2020 16:00	8,75	24/12/2020 4:00	2,61
24/3/2020 17:00	3,97	24/6/2020 5:00	2,26	23/9/2020 17:00	7,8	24/12/2020 5:00	2,44
24/3/2020 18:00	2,49	24/6/2020 6:00	2,16	23/9/2020 18:00	5,93	24/12/2020 6:00	2,53

24/3/2020 19:00	1,63	24/6/2020 7:00	2,85	23/9/2020 19:00	5,74	24/12/2020 7:00	2,99
24/3/2020 20:00	1,21	24/6/2020 8:00	4,34	23/9/2020 20:00	5,81	24/12/2020 8:00	3,73
24/3/2020 21:00	1,1	24/6/2020 9:00	4,98	23/9/2020 21:00	5,36	24/12/2020 9:00	3,83
24/3/2020 22:00	1,08	24/6/2020 10:00	5,31	23/9/2020 22:00	4,93	24/12/2020 10:00	3,74
24/3/2020 23:00	1,05	24/6/2020 11:00	5,49	23/9/2020 23:00	5,4	24/12/2020 11:00	3,6
25/3/2020 0:00	0,87	24/6/2020 12:00	5,41	24/9/2020 0:00	5,53	24/12/2020 12:00	3,51
25/3/2020 1:00	0,74	24/6/2020 13:00	5,21	24/9/2020 1:00	5,31	24/12/2020 13:00	3,27
25/3/2020 2:00	0,96	24/6/2020 14:00	4,92	24/9/2020 2:00	4,98	24/12/2020 14:00	3,05
25/3/2020 3:00	1,31	24/6/2020 15:00	4,5	24/9/2020 3:00	5,38	24/12/2020 15:00	2,94
25/3/2020 4:00	1,65	24/6/2020 16:00	3,95	24/9/2020 4:00	5,74	24/12/2020 16:00	2,59
25/3/2020 5:00	1,94	24/6/2020 17:00	3,13	24/9/2020 5:00	5,98	24/12/2020 17:00	2,06
25/3/2020 6:00	2,12	24/6/2020 18:00	2,24	24/9/2020 6:00	6,06	24/12/2020 18:00	1,51
25/3/2020 7:00	2,82	24/6/2020 19:00	1,91	24/9/2020 7:00	7,32	24/12/2020 19:00	1,07
25/3/2020 8:00	3,52	24/6/2020 20:00	1,92	24/9/2020 8:00	8,35	24/12/2020 20:00	0,57
25/3/2020 9:00	4,09	24/6/2020 21:00	2,15	24/9/2020 9:00	9,37	24/12/2020 21:00	0,37
25/3/2020 10:00	4,65	24/6/2020 22:00	2,54	24/9/2020 10:00	10,36	24/12/2020 22:00	1,27
25/3/2020 11:00	4,96	24/6/2020 23:00	2,77	24/9/2020 11:00	10,65	24/12/2020 23:00	2,14
25/3/2020 12:00	5,25	25/6/2020 0:00	2,65	24/9/2020 12:00	10,64	25/12/2020 0:00	2,71
25/3/2020 13:00	5,51	25/6/2020 1:00	2,85	24/9/2020 13:00	10,32	25/12/2020 1:00	2,65
25/3/2020 14:00	5,67	25/6/2020 2:00	3,1	24/9/2020 14:00	9,8	25/12/2020 2:00	2,09
25/3/2020 15:00	5,6	25/6/2020 3:00	3,27	24/9/2020 15:00	9,16	25/12/2020 3:00	1,45
25/3/2020 16:00	5,23	25/6/2020 4:00	3,2	24/9/2020 16:00	8,57	25/12/2020 4:00	0,93
25/3/2020 17:00	4,48	25/6/2020 5:00	3,12	24/9/2020 17:00	7,47	25/12/2020 5:00	0,62
25/3/2020 18:00	3,38	25/6/2020 6:00	3,17	24/9/2020 18:00	5,37	25/12/2020 6:00	0,35
25/3/2020 19:00	2,72	25/6/2020 7:00	4,08	24/9/2020 19:00	4,88	25/12/2020 7:00	0,72
25/3/2020 20:00	2,09	25/6/2020 8:00	6,12	24/9/2020 20:00	4,98	25/12/2020 8:00	1,74
25/3/2020 21:00	1,5	25/6/2020 9:00	6,76	24/9/2020 21:00	5	25/12/2020 9:00	2,43
25/3/2020 22:00	0,89	25/6/2020 10:00	6,72	24/9/2020 22:00	4,97	25/12/2020 10:00	2,65
25/3/2020 23:00	0,43	25/6/2020 11:00	6,85	24/9/2020 23:00	4,93	25/12/2020 11:00	2,44
26/3/2020 0:00	0,48	25/6/2020 12:00	6,93	25/9/2020 0:00	4,89	25/12/2020 12:00	2,14
26/3/2020 1:00	0,87	25/6/2020 13:00	6,73	25/9/2020 1:00	4,82	25/12/2020 13:00	1,88
26/3/2020 2:00	1,21	25/6/2020 14:00	6,32	25/9/2020 2:00	4,78	25/12/2020 14:00	1,57
26/3/2020 3:00	1,43	25/6/2020 15:00	5,77	25/9/2020 3:00	4,68	25/12/2020 15:00	1,27
26/3/2020 4:00	1,3	25/6/2020 16:00	5,24	25/9/2020 4:00	4,46	25/12/2020 16:00	1,04
26/3/2020 5:00	1,19	25/6/2020 17:00	4,29	25/9/2020 5:00	4,41	25/12/2020 17:00	0,75
26/3/2020 6:00	1,05	25/6/2020 18:00	3,18	25/9/2020 6:00	4,25	25/12/2020 18:00	0,7
26/3/2020 7:00	1,05	25/6/2020 19:00	2,91	25/9/2020 7:00	4,85	25/12/2020 19:00	0,88
26/3/2020 8:00	2,09	25/6/2020 20:00	2,96	25/9/2020 8:00	6,67	25/12/2020 20:00	1,13
26/3/2020 9:00	3,18	25/6/2020 21:00	3,41	25/9/2020 9:00	8,03	25/12/2020 21:00	1,74
26/3/2020 10:00	3,97	25/6/2020 22:00	3,54	25/9/2020 10:00	8,53	25/12/2020 22:00	2,65
26/3/2020 11:00	4,47	25/6/2020 23:00	3,7	25/9/2020 11:00	8,45	25/12/2020 23:00	3,4
26/3/2020 12:00	4,7	26/6/2020 0:00	3,8	25/9/2020 12:00	8,21	26/12/2020 0:00	3,47
26/3/2020 13:00	4,62	26/6/2020 1:00	3,68	25/9/2020 13:00	7,84	26/12/2020 1:00	3,48
26/3/2020 14:00	4,44	26/6/2020 2:00	3,77	25/9/2020 14:00	7,45	26/12/2020 2:00	3,37
26/3/2020 15:00	4,15	26/6/2020 3:00	4	25/9/2020 15:00	6,92	26/12/2020 3:00	3,28

26/3/2020 16:00	3,62	26/6/2020 4:00	4,39	25/9/2020 16:00	6,39	26/12/2020 4:00	3,04
26/3/2020 17:00	2,86	26/6/2020 5:00	4,88	25/9/2020 17:00	5,61	26/12/2020 5:00	2,5
26/3/2020 18:00	2,16	26/6/2020 6:00	4,83	25/9/2020 18:00	4,2	26/12/2020 6:00	2,21
26/3/2020 19:00	1,64	26/6/2020 7:00	5,27	25/9/2020 19:00	3,22	26/12/2020 7:00	2,42
26/3/2020 20:00	1,16	26/6/2020 8:00	6,91	25/9/2020 20:00	2,37	26/12/2020 8:00	2
26/3/2020 21:00	0,72	26/6/2020 9:00	8,05	25/9/2020 21:00	1,63	26/12/2020 9:00	1,14
26/3/2020 22:00	0,49	26/6/2020 10:00	8,54	25/9/2020 22:00	2,04	26/12/2020 10:00	1,04
26/3/2020 23:00	0,52	26/6/2020 11:00	8,62	25/9/2020 23:00	2,13	26/12/2020 11:00	1,45
27/3/2020 0:00	0,54	26/6/2020 12:00	8,6	26/9/2020 0:00	2,1	26/12/2020 12:00	1,96
27/3/2020 1:00	0,59	26/6/2020 13:00	8,47	26/9/2020 1:00	1,99	26/12/2020 13:00	2,46
27/3/2020 2:00	0,66	26/6/2020 14:00	8,1	26/9/2020 2:00	1,89	26/12/2020 14:00	2,96
27/3/2020 3:00	0,72	26/6/2020 15:00	7,42	26/9/2020 3:00	1,8	26/12/2020 15:00	3,16
27/3/2020 4:00	0,71	26/6/2020 16:00	6,32	26/9/2020 4:00	2,04	26/12/2020 16:00	2,95
27/3/2020 5:00	0,65	26/6/2020 17:00	4,63	26/9/2020 5:00	2,44	26/12/2020 17:00	2,63
27/3/2020 6:00	0,8	26/6/2020 18:00	3,02	26/9/2020 6:00	2,4	26/12/2020 18:00	2,36
27/3/2020 7:00	1,4	26/6/2020 19:00	2,68	26/9/2020 7:00	4,2	26/12/2020 19:00	2,32
27/3/2020 8:00	2,9	26/6/2020 20:00	3,05	26/9/2020 8:00	6,19	26/12/2020 20:00	2,48
27/3/2020 9:00	4,47	26/6/2020 21:00	3,09	26/9/2020 9:00	7,11	26/12/2020 21:00	2,94
27/3/2020 10:00	5,66	26/6/2020 22:00	3,2	26/9/2020 10:00	7,43	26/12/2020 22:00	3,51
27/3/2020 11:00	6,22	26/6/2020 23:00	2,8	26/9/2020 11:00	7,35	26/12/2020 23:00	3,98
27/3/2020 12:00	6,37	27/6/2020 0:00	2,81	26/9/2020 12:00	7,09	27/12/2020 0:00	4,05
27/3/2020 13:00	6,27	27/6/2020 1:00	2,66	26/9/2020 13:00	6,86	27/12/2020 1:00	4,02
27/3/2020 14:00	5,98	27/6/2020 2:00	2,68	26/9/2020 14:00	6,54	27/12/2020 2:00	4,22
27/3/2020 15:00	5,66	27/6/2020 3:00	2,72	26/9/2020 15:00	6,15	27/12/2020 3:00	4,14
27/3/2020 16:00	5,1	27/6/2020 4:00	2,85	26/9/2020 16:00	5,68	27/12/2020 4:00	3,77
27/3/2020 17:00	4,08	27/6/2020 5:00	3,12	26/9/2020 17:00	4,99	27/12/2020 5:00	3,27
27/3/2020 18:00	3,05	27/6/2020 6:00	3,35	26/9/2020 18:00	3,97	27/12/2020 6:00	2,89
27/3/2020 19:00	2,63	27/6/2020 7:00	4,04	26/9/2020 19:00	3,34	27/12/2020 7:00	2,78
27/3/2020 20:00	2,53	27/6/2020 8:00	5,89	26/9/2020 20:00	2,71	27/12/2020 8:00	2,57
27/3/2020 21:00	2,62	27/6/2020 9:00	7,08	26/9/2020 21:00	1,7	27/12/2020 9:00	1,65
27/3/2020 22:00	2,58	27/6/2020 10:00	7,66	26/9/2020 22:00	1,68	27/12/2020 10:00	1,14
27/3/2020 23:00	2,76	27/6/2020 11:00	7,84	26/9/2020 23:00	1,75	27/12/2020 11:00	0,78
28/3/2020 0:00	2,54	27/6/2020 12:00	7,76	27/9/2020 0:00	1,44	27/12/2020 12:00	0,35
28/3/2020 1:00	2,36	27/6/2020 13:00	7,45	27/9/2020 1:00	1,28	27/12/2020 13:00	0,4
28/3/2020 2:00	2,24	27/6/2020 14:00	6,94	27/9/2020 2:00	1,45	27/12/2020 14:00	0,66
28/3/2020 3:00	1,92	27/6/2020 15:00	6,37	27/9/2020 3:00	1,56	27/12/2020 15:00	0,95
28/3/2020 4:00	1,9	27/6/2020 16:00	5,55	27/9/2020 4:00	1,64	27/12/2020 16:00	1,22
28/3/2020 5:00	2,35	27/6/2020 17:00	4,31	27/9/2020 5:00	1,6	27/12/2020 17:00	1,34
28/3/2020 6:00	2,88	27/6/2020 18:00	3,08	27/9/2020 6:00	1,41	27/12/2020 18:00	1,34
28/3/2020 7:00	4,05	27/6/2020 19:00	2,83	27/9/2020 7:00	2,57	27/12/2020 19:00	1,35
28/3/2020 8:00	5,6	27/6/2020 20:00	2,81	27/9/2020 8:00	3,95	27/12/2020 20:00	1,35
28/3/2020 9:00	6,44	27/6/2020 21:00	2,32	27/9/2020 9:00	4,44	27/12/2020 21:00	1,47
28/3/2020 10:00	6,86	27/6/2020 22:00	2,44	27/9/2020 10:00	4,73	27/12/2020 22:00	1,74
28/3/2020 11:00	6,88	27/6/2020 23:00	2,82	27/9/2020 11:00	4,76	27/12/2020 23:00	2,04
28/3/2020 12:00	6,62	28/6/2020 0:00	3,06	27/9/2020 12:00	4,62	28/12/2020 0:00	2,28

28/3/2020 13:00	6,3	28/6/2020 1:00	2,93	27/9/2020 13:00	4,45	28/12/2020 1:00	2,23
28/3/2020 14:00	6,12	28/6/2020 2:00	2,77	27/9/2020 14:00	4,37	28/12/2020 2:00	1,99
28/3/2020 15:00	5,92	28/6/2020 3:00	2,73	27/9/2020 15:00	4,3	28/12/2020 3:00	1,97
28/3/2020 16:00	5,36	28/6/2020 4:00	3,05	27/9/2020 16:00	4,12	28/12/2020 4:00	2,09
28/3/2020 17:00	4,21	28/6/2020 5:00	3,19	27/9/2020 17:00	3,8	28/12/2020 5:00	2,19
28/3/2020 18:00	3,09	28/6/2020 6:00	3,28	27/9/2020 18:00	3,31	28/12/2020 6:00	2,03
28/3/2020 19:00	2,8	28/6/2020 7:00	3,73	27/9/2020 19:00	2,85	28/12/2020 7:00	1,79
28/3/2020 20:00	2,83	28/6/2020 8:00	5,37	27/9/2020 20:00	2,27	28/12/2020 8:00	1,47
28/3/2020 21:00	2,95	28/6/2020 9:00	6,23	27/9/2020 21:00	1,5	28/12/2020 9:00	0,8
28/3/2020 22:00	2,93	28/6/2020 10:00	6,73	27/9/2020 22:00	1,08	28/12/2020 10:00	0,54
28/3/2020 23:00	2,7	28/6/2020 11:00	6,94	27/9/2020 23:00	0,84	28/12/2020 11:00	0,72
29/3/2020 0:00	2,52	28/6/2020 12:00	7	28/9/2020 0:00	0,93	28/12/2020 12:00	1,14
29/3/2020 1:00	2,48	28/6/2020 13:00	6,82	28/9/2020 1:00	1,38	28/12/2020 13:00	1,38
29/3/2020 2:00	2,47	28/6/2020 14:00	6,45	28/9/2020 2:00	1,97	28/12/2020 14:00	1,43
29/3/2020 3:00	2,47	28/6/2020 15:00	5,99	28/9/2020 3:00	2,59	28/12/2020 15:00	1,39
29/3/2020 4:00	2,52	28/6/2020 16:00	5,47	28/9/2020 4:00	3	28/12/2020 16:00	1,52
29/3/2020 5:00	2,72	28/6/2020 17:00	4,4	28/9/2020 5:00	3,28	28/12/2020 17:00	1,64
29/3/2020 6:00	3,16	28/6/2020 18:00	3,15	28/9/2020 6:00	3,54	28/12/2020 18:00	1,45
29/3/2020 7:00	4,53	28/6/2020 19:00	3,16	28/9/2020 7:00	4,16	28/12/2020 19:00	1,14
29/3/2020 8:00	8,25	28/6/2020 20:00	3,42	28/9/2020 8:00	4,71	28/12/2020 20:00	0,99
29/3/2020 9:00	9,65	28/6/2020 21:00	3,6	28/9/2020 9:00	5,29	28/12/2020 21:00	0,95
29/3/2020 10:00	9,91	28/6/2020 22:00	3,39	28/9/2020 10:00	5,95	28/12/2020 22:00	0,89
29/3/2020 11:00	9,55	28/6/2020 23:00	3,06	28/9/2020 11:00	6,35	28/12/2020 23:00	1,03
29/3/2020 12:00	8,7	29/6/2020 0:00	2,95	28/9/2020 12:00	6,41	29/12/2020 0:00	1,29
29/3/2020 13:00	7,66	29/6/2020 1:00	2,95	28/9/2020 13:00	6,19	29/12/2020 1:00	1,58
29/3/2020 14:00	6,89	29/6/2020 2:00	3	28/9/2020 14:00	5,75	29/12/2020 2:00	1,82
29/3/2020 15:00	6,43	29/6/2020 3:00	3,06	28/9/2020 15:00	5,23	29/12/2020 3:00	1,93
29/3/2020 16:00	6	29/6/2020 4:00	3,01	28/9/2020 16:00	4,87	29/12/2020 4:00	2,09
29/3/2020 17:00	5,2	29/6/2020 5:00	2,88	28/9/2020 17:00	4,61	29/12/2020 5:00	2,37
29/3/2020 18:00	3,79	29/6/2020 6:00	2,76	28/9/2020 18:00	3,89	29/12/2020 6:00	2,61
29/3/2020 19:00	3,26	29/6/2020 7:00	3,11	28/9/2020 19:00	3,39	29/12/2020 7:00	2,72
29/3/2020 20:00	3,3	29/6/2020 8:00	4,62	28/9/2020 20:00	2,7	29/12/2020 8:00	2,52
29/3/2020 21:00	3,49	29/6/2020 9:00	5,28	28/9/2020 21:00	2,17	29/12/2020 9:00	2,59
29/3/2020 22:00	3,5	29/6/2020 10:00	5,94	28/9/2020 22:00	2,06	29/12/2020 10:00	3,12
29/3/2020 23:00	3,28	29/6/2020 11:00	6,59	28/9/2020 23:00	2,2	29/12/2020 11:00	3,59
30/3/2020 0:00	3,16	29/6/2020 12:00	6,72	29/9/2020 0:00	2,44	29/12/2020 12:00	3,98
30/3/2020 1:00	2,88	29/6/2020 13:00	6,48	29/9/2020 1:00	2,7	29/12/2020 13:00	4,33
30/3/2020 2:00	2,83	29/6/2020 14:00	6,11	29/9/2020 2:00	2,93	29/12/2020 14:00	4,52
30/3/2020 3:00	2,73	29/6/2020 15:00	5,66	29/9/2020 3:00	2,94	29/12/2020 15:00	4,31
30/3/2020 4:00	3,02	29/6/2020 16:00	4,96	29/9/2020 4:00	2,77	29/12/2020 16:00	3,77
30/3/2020 5:00	3,67	29/6/2020 17:00	3,94	29/9/2020 5:00	2,77	29/12/2020 17:00	3,04
30/3/2020 6:00	3,82	29/6/2020 18:00	3,01	29/9/2020 6:00	3,07	29/12/2020 18:00	2,11
30/3/2020 7:00	4,78	29/6/2020 19:00	3,03	29/9/2020 7:00	3,98	29/12/2020 19:00	1,4
30/3/2020 8:00	7,04	29/6/2020 20:00	3,34	29/9/2020 8:00	4,95	29/12/2020 20:00	0,7
30/3/2020 9:00	7,79	29/6/2020 21:00	3,29	29/9/2020 9:00	5,57	29/12/2020 21:00	0,66

30/3/2020 10:00	7,96	29/6/2020 22:00	3,33	29/9/2020 10:00	6,3	29/12/2020 22:00	1,6
30/3/2020 11:00	8,1	29/6/2020 23:00	3,22	29/9/2020 11:00	6,81	29/12/2020 23:00	2,16
30/3/2020 12:00	8,15	30/6/2020 0:00	3,19	29/9/2020 12:00	6,91	30/12/2020 0:00	2,2
30/3/2020 13:00	8,07	30/6/2020 1:00	3,04	29/9/2020 13:00	6,77	30/12/2020 1:00	1,77
30/3/2020 14:00	7,89	30/6/2020 2:00	2,88	29/9/2020 14:00	6,61	30/12/2020 2:00	1,11
30/3/2020 15:00	7,6	30/6/2020 3:00	2,8	29/9/2020 15:00	6,44	30/12/2020 3:00	0,62
30/3/2020 16:00	6,93	30/6/2020 4:00	2,76	29/9/2020 16:00	6,04	30/12/2020 4:00	0,43
30/3/2020 17:00	5,69	30/6/2020 5:00	2,8	29/9/2020 17:00	5,17	30/12/2020 5:00	0,62
30/3/2020 18:00	4	30/6/2020 6:00	2,82	29/9/2020 18:00	3,84	30/12/2020 6:00	0,94
30/3/2020 19:00	3,45	30/6/2020 7:00	3,26	29/9/2020 19:00	3,27	30/12/2020 7:00	1,82
30/3/2020 20:00	3,21	30/6/2020 8:00	4,19	29/9/2020 20:00	3,41	30/12/2020 8:00	2,35
30/3/2020 21:00	3,26	30/6/2020 9:00	4,66	29/9/2020 21:00	3,84	30/12/2020 9:00	2,57
30/3/2020 22:00	3,1	30/6/2020 10:00	5,19	29/9/2020 22:00	4,09	30/12/2020 10:00	2,75
30/3/2020 23:00	2,7	30/6/2020 11:00	5,61	29/9/2020 23:00	3,97	30/12/2020 11:00	3,12
31/3/2020 0:00	2,3	30/6/2020 12:00	5,75	30/9/2020 0:00	3,77	30/12/2020 12:00	3,68
31/3/2020 1:00	1,79	30/6/2020 13:00	5,65	30/9/2020 1:00	3,2	30/12/2020 13:00	3,92
31/3/2020 2:00	1,37	30/6/2020 14:00	5,44	30/9/2020 2:00	2,8	30/12/2020 14:00	3,88
31/3/2020 3:00	0,94	30/6/2020 15:00	5,1	30/9/2020 3:00	2,64	30/12/2020 15:00	3,59
31/3/2020 4:00	0,57	30/6/2020 16:00	4,46	30/9/2020 4:00	2,54	30/12/2020 16:00	3,12
31/3/2020 5:00	0,44	30/6/2020 17:00	3,54	30/9/2020 5:00	2,57	30/12/2020 17:00	2,4
31/3/2020 6:00	0,52	30/6/2020 18:00	2,62	30/9/2020 6:00	2,76	30/12/2020 18:00	1,69
31/3/2020 7:00	2,29	30/6/2020 19:00	2,26	30/9/2020 7:00	4,04	30/12/2020 19:00	1,25
31/3/2020 8:00	4,31	30/6/2020 20:00	2,3	30/9/2020 8:00	5,53	30/12/2020 20:00	0,98
31/3/2020 9:00	5,55	30/6/2020 21:00	2,44	30/9/2020 9:00	6,42	30/12/2020 21:00	0,74
31/3/2020 10:00	6,02	30/6/2020 22:00	2,61	30/9/2020 10:00	7,25	30/12/2020 22:00	0,3
31/3/2020 11:00	6,1	30/6/2020 23:00	2,76	30/9/2020 11:00	8	30/12/2020 23:00	0,55
31/3/2020 12:00	6,09	1/7/2020 0:00	2,81	30/9/2020 12:00	8,38	31/12/2020 0:00	0,9
31/3/2020 13:00	5,87	1/7/2020 1:00	2,58	30/9/2020 13:00	8,48	31/12/2020 1:00	0,89
31/3/2020 14:00	5,41	1/7/2020 2:00	2,4	30/9/2020 14:00	8,5	31/12/2020 2:00	0,82
31/3/2020 15:00	4,8	1/7/2020 3:00	2,22	30/9/2020 15:00	8,35	31/12/2020 3:00	0,8
31/3/2020 16:00	4,27	1/7/2020 4:00	2,18	30/9/2020 16:00	7,98	31/12/2020 4:00	0,82
31/3/2020 17:00	3,85	1/7/2020 5:00	2,26	30/9/2020 17:00	7,11	31/12/2020 5:00	1,07
31/3/2020 18:00	3,17	1/7/2020 6:00	2,37	30/9/2020 18:00	5,49	31/12/2020 6:00	1,4
31/3/2020 19:00	2,81	1/7/2020 7:00	2,96	30/9/2020 19:00	5,13	31/12/2020 7:00	1,99
31/3/2020 20:00	2,21	1/7/2020 8:00	3,88	30/9/2020 20:00	5,16	31/12/2020 8:00	2,89
31/3/2020 21:00	1,68	1/7/2020 9:00	4,46	30/9/2020 21:00	5,18	31/12/2020 9:00	3,28
31/3/2020 22:00	1,07	1/7/2020 10:00	4,91	30/9/2020 22:00	5,01	31/12/2020 10:00	3,02
31/3/2020 23:00	0,41	1/7/2020 11:00	5,33	30/9/2020 23:00	4,79	31/12/2020 11:00	2,94
1/4/2020 0:00	0,31	1/7/2020 12:00	5,5	1/10/2020 0:00	4,54	31/12/2020 12:00	3,42
1/4/2020 1:00	0,86	1/7/2020 13:00	5,42	1/10/2020 1:00	4,23	31/12/2020 13:00	3,91
1/4/2020 2:00	1,03	1/7/2020 14:00	5,25	1/10/2020 2:00	4,5	31/12/2020 14:00	4,19
1/4/2020 3:00	0,85	1/7/2020 15:00	5,05	1/10/2020 3:00	4,71	31/12/2020 15:00	4,46
1/4/2020 4:00	0,72	1/7/2020 16:00	4,77	1/10/2020 4:00	4,84	31/12/2020 16:00	4,62
1/4/2020 5:00	1,18	1/7/2020 17:00	3,99	1/10/2020 5:00	4,75	31/12/2020 17:00	4,17
1/4/2020 6:00	1,61	1/7/2020 18:00	3,22	1/10/2020 6:00	4,87	31/12/2020 18:00	2,93

1/4/2020 7:00	2,42	1/7/2020 19:00	3,02	1/10/2020 7:00	6,33	31/12/2020 19:00	2,57
1/4/2020 8:00	3,02	1/7/2020 20:00	3,04	1/10/2020 8:00	7,3	31/12/2020 20:00	2,67
1/4/2020 9:00	3,79	1/7/2020 21:00	3,09	1/10/2020 9:00	7,93	31/12/2020 21:00	2,6
1/4/2020 10:00	4,51	1/7/2020 22:00	3,11	1/10/2020 10:00	8,44	31/12/2020 22:00	2,25
1/4/2020 11:00	5,13	1/7/2020 23:00	3,12	1/10/2020 11:00	8,66	31/12/2020 23:00	1,92

ANEXO 3: Especificaciones del producto para medidores meteorológicos/ambientales de la serie Kestrel 5500.

Información Adicional del medidor meteorológico Kestrel 5500

ADDITIONAL PRODUCT INFO

Display & Backlight	Multifunction, multi-digit monochrome dot-matrix display. Choice of white or red LED backlight.
Response Time & Display Update	Display updates every 1 second. After exposure to large environmental changes, all sensors require an equilibration period to reach stated accuracy. Measurements employing RH may require longer periods particularly after prolonged exposure to very high or very low humidity. WBGT requires about 8 minutes to reach 95% accuracy and about 15 minutes to reach 99% accuracy after exposure to large environmental changes.
Data Storage & Graphical display, Min/Max/Avg History	Logged history stored and displayed for every measured value. Manual and auto data storage. Min/Max/Avg history may be reset independently. Auto-store interval settable from 2 seconds to 12 hours*, overwrite on or off. Logs even when display off except for 2 and 5 second intervals. Kestrel 5 series units hold over 10,000 data points.
Data Upload & Bluetooth® Data Connect Option	Wireless range up to 100ft. Connection requires optional USB data transfer cable or Kestrel Link Dongle or Kestrel LiNK app. Employs Kestrel Link protocol for data transmission with Link supported devices. (Kestrel LiNK for iOS/Android, Kestrel Link for PC/MAC).
Clock / Calendar	Real-time hours:minutes:seconds clock, calendar, automatic leap-year adjustment.
Auto Shutdown	User-selectable – Off, 15-60 minutes with no key presses.
Languages	English, French, German, Spanish.
Certifications	CE certified, RoHS, FCC, IC tested and WEEE compliant. Individually tested to NIST-traceable standards.
Origin	Designed and built in the USA from US and imported components. Complies with Regional Value Content and Tariff Code Transformation requirements for NAFTA Preference Criterion B.
Battery Life	AA Lithium included. Up to 400 hours of use, reduced by backlight, alert light and buzzer, or Bluetooth radio transmission use.
Shock Resistance	MIL-STD-810H, Transit Shock, Method 516.8 Procedure IV; unit only; impact may damage replaceable impeller.
Sealing	Waterproof (IP67 and NEMA-6)
Display & Battery Operational Temperature Limits	14° F to 131° F	-10 °C to 55 °C Measurements may be taken beyond the limits of the operational temperature range of the display and batteries by maintaining the unit within the operational range and then exposing it to the more extreme environment for the minimum time necessary to take reading.
Storage Temperature	-22.0 °F to 140.0 °F	-30.0 °C to 60.0 °C.
Size & Weight	5.0 x 1.9 x 1.1 in	12.7 x 4.5 x 2.8 cm, 4.3 oz	121 g. (Lithium battery included)

*F/S only in Ballistics units. Beaufort not available in Ballistics units.

Medidas Calculadas del medidor meteorológico Kestrel 5500.

CALCULATED MEASUREMENTS

MEASUREMENT	ACCURACY (+/-)	RESOLUTION	SENSORS EMPLOYED
Air Density	0.0002 lb/ft3 0.0033 kg/m3	0.001 lbs/ft3 0.001 kg/m3	Temperature, Relative Humidity Pressure
Air Flow	6.71%	1 cfm 1 m3/hr 1 m3/m 0.1m3/s 1 L/s	Air Speed, User Input (Duct Shape & Size)
Altitude	typical: 23.6 ft/7.2 m from 750 to 1100 mBar max: 48.2 ft/14.7 m from 300 to 750 mBar	1 ft 1 m	Pressure, User Input (Reference Pressure)
Barometric Pressure	0.07 inHg 2.4 hPa|mbar 0.03 PSI	0.01 inHg 0.1 hPa|mbar 0.01 PSI	Pressure, User Input (Reference Altitude)
Crosswind & Headwind/ Tailwind	7.1%	1 mph 1 ft/min 0.1 km/h 0.1 m/s 0.1 knots	Wind Speed, Compass
Delta T	3.2 °F 1.8 °C	0.1 °F 0.1 °C	Temperature, Relative Humidity Pressure
Density Altitude	226 ft 69 m	1 ft 1 m	Temperature, Relative Humidity, Pressure
Dew Point	3.4 °F 1.9 °C 15-95% RH. Refer to Range for Temperature Sensor	0.1 °F 0.1 °C	Temperature, Relative Humidity
Evaporation Rate	0.01 lb/ft2/hr 0.06 kg/m2/hr	0.01 b/ft2/hr 0.01 kg/m2/hr	Wind Speed, Temperature Relative Humidity Pressure, User Input (Concrete Temperature)
Heat Index	7.1°F 4.0°C	0.1 °F 0.1 °C	Temperature, Relative Humidity
Moisture Content | Humidity Ratio ("Grains")	4.9 gpp 0.7 g/kg	0.1 gpp 0.01 g/kg	Temperature, Relative Humidity Pressure
Probability of Ignition (PIG)	PIG Accuracy dependent on proximity of inputs to reference table steps.	10%	Temperature, Relative Humidity
THI (NRC)	1.5 °F 0.8 °C	0.1 °F 0.1 °C	Temperature, Relative Humidity
THI (Yousef)	2.3 °F 1.3 °C	0.1 °F 0.1 °C	Temperature, Relative Humidity
Relative Air Density	0.3%	0.1%	Temperature, Relative Humidity Pressure
Wet Bulb Temperature - Psychrometric	3.2 °F 1.8 °C	0.1 °F 0.1 °C	Temperature, Relative Humidity Pressure
Wet Bulb Temperature – Naturally Aspirated (NWB TEMP)	1.4 °F 0.8 °C	0.1 °F 0.1 °C	Wind Speed, Temperature Globe Temperature, Relative Humidity, Pressure
Wind Chill	1.6 °F 0.9 °C	0.1 °F 0.1 °C	Wind Speed, Temperature

ANEXO 4: Datos medios horarios de velocidad de viento del modelo empírico presentado.

Fecha	V (m/s)	Fecha	V (m/s)	Fecha	V (m/s)	Fecha	V (m/s)
1/1/2020 0:00	2,03	1/4/2020 12:00	10,80	2/7/2020 0:00	3,34	1/10/2020 12:00	8,54
1/1/2020 1:00	2,70	1/4/2020 13:00	11,57	2/7/2020 1:00	3,31	1/10/2020 13:00	16,03
1/1/2020 2:00	3,19	1/4/2020 14:00	12,07	2/7/2020 2:00	4,69	1/10/2020 14:00	15,49
1/1/2020 3:00	4,76	1/4/2020 15:00	12,34	2/7/2020 3:00	5,26	1/10/2020 15:00	14,76
1/1/2020 4:00	4,97	1/4/2020 16:00	11,96	2/7/2020 4:00	5,86	1/10/2020 16:00	14,38
1/1/2020 5:00	4,75	1/4/2020 17:00	10,26	2/7/2020 5:00	6,33	1/10/2020 17:00	13,69
1/1/2020 6:00	3,12	1/4/2020 18:00	7,25	2/7/2020 6:00	6,72	1/10/2020 18:00	11,36
1/1/2020 7:00	3,10	1/4/2020 19:00	4,59	2/7/2020 7:00	11,53	1/10/2020 19:00	7,33
1/1/2020 8:00	1,32	1/4/2020 20:00	4,79	2/7/2020 8:00	14,72	1/10/2020 20:00	7,36
1/1/2020 9:00	0,59	1/4/2020 21:00	5,54	2/7/2020 9:00	15,92	1/10/2020 21:00	7,09
1/1/2020 10:00	0,38	1/4/2020 22:00	5,10	2/7/2020 10:00	16,09	1/10/2020 22:00	6,20
1/1/2020 11:00	0,76	1/4/2020 23:00	4,73	2/7/2020 11:00	15,90	1/10/2020 23:00	5,14
1/1/2020 12:00	1,30	2/4/2020 0:00	4,65	2/7/2020 12:00	15,59	2/10/2020 0:00	3,20
1/1/2020 13:00	2,21	2/4/2020 1:00	3,31	2/7/2020 13:00	14,88	2/10/2020 1:00	2,47
1/1/2020 14:00	2,50	2/4/2020 2:00	2,96	2/7/2020 14:00	13,44	2/10/2020 2:00	2,08
1/1/2020 15:00	2,51	2/4/2020 3:00	2,72	2/7/2020 15:00	11,63	2/10/2020 3:00	2,01
1/1/2020 16:00	2,22	2/4/2020 4:00	2,47	2/7/2020 16:00	9,51	2/10/2020 4:00	2,14
1/1/2020 17:00	1,29	2/4/2020 5:00	2,13	2/7/2020 17:00	6,94	2/10/2020 5:00	2,25
1/1/2020 18:00	0,91	2/4/2020 6:00	2,08	2/7/2020 18:00	3,26	2/10/2020 6:00	2,28
1/1/2020 19:00	0,62	2/4/2020 7:00	3,94	2/7/2020 19:00	1,94	2/10/2020 7:00	6,88
1/1/2020 20:00	0,54	2/4/2020 8:00	8,94	2/7/2020 20:00	1,69	2/10/2020 8:00	9,88
1/1/2020 21:00	0,46	2/4/2020 9:00	10,86	2/7/2020 21:00	1,83	2/10/2020 9:00	11,38
1/1/2020 22:00	0,59	2/4/2020 10:00	11,86	2/7/2020 22:00	2,12	2/10/2020 10:00	12,90
1/1/2020 23:00	0,86	2/4/2020 11:00	12,34	2/7/2020 23:00	2,15	2/10/2020 11:00	13,69
2/1/2020 0:00	1,11	2/4/2020 12:00	12,71	3/7/2020 0:00	1,96	2/10/2020 12:00	13,76
2/1/2020 1:00	1,26	2/4/2020 13:00	13,03	3/7/2020 1:00	1,73	2/10/2020 13:00	13,61
2/1/2020 2:00	1,39	2/4/2020 14:00	12,97	3/7/2020 2:00	1,74	2/10/2020 14:00	13,36
2/1/2020 3:00	1,54	2/4/2020 15:00	12,51	3/7/2020 3:00	2,20	2/10/2020 15:00	12,76
2/1/2020 4:00	1,66	2/4/2020 16:00	11,49	3/7/2020 4:00	2,85	2/10/2020 16:00	12,03
2/1/2020 5:00	1,53	2/4/2020 17:00	9,53	3/7/2020 5:00	3,03	2/10/2020 17:00	10,84
2/1/2020 6:00	0,90	2/4/2020 18:00	7,17	3/7/2020 6:00	3,13	2/10/2020 18:00	8,65
2/1/2020 7:00	0,95	2/4/2020 19:00	4,75	3/7/2020 7:00	6,79	2/10/2020 19:00	5,10
2/1/2020 8:00	3,01	2/4/2020 20:00	4,99	3/7/2020 8:00	9,55	2/10/2020 20:00	3,25
2/1/2020 9:00	3,63	2/4/2020 21:00	4,95	3/7/2020 9:00	11,73	2/10/2020 21:00	2,79
2/1/2020 10:00	4,14	2/4/2020 22:00	5,22	3/7/2020 10:00	12,61	2/10/2020 22:00	1,98
2/1/2020 11:00	6,96	2/4/2020 23:00	5,15	3/7/2020 11:00	12,61	2/10/2020 23:00	1,55
2/1/2020 12:00	7,40	3/4/2020 0:00	5,33	3/7/2020 12:00	12,69	3/10/2020 0:00	2,16
2/1/2020 13:00	7,67	3/4/2020 1:00	5,73	3/7/2020 13:00	12,78	3/10/2020 1:00	2,78
2/1/2020 14:00	7,69	3/4/2020 2:00	5,97	3/7/2020 14:00	12,69	3/10/2020 2:00	2,70
2/1/2020 15:00	7,28	3/4/2020 3:00	6,38	3/7/2020 15:00	12,21	3/10/2020 3:00	2,96

2/1/2020 16:00	4,38	3/4/2020 4:00	6,60	3/7/2020 16:00	11,38	3/10/2020 4:00	2,78
2/1/2020 17:00	3,52	3/4/2020 5:00	6,43	3/7/2020 17:00	9,25	3/10/2020 5:00	2,69
2/1/2020 18:00	2,78	3/4/2020 6:00	5,63	3/7/2020 18:00	4,22	3/10/2020 6:00	2,89
2/1/2020 19:00	1,94	3/4/2020 7:00	10,19	3/7/2020 19:00	2,57	3/10/2020 7:00	9,09
2/1/2020 20:00	1,77	3/4/2020 8:00	12,92	3/7/2020 20:00	2,28	3/10/2020 8:00	12,26
2/1/2020 21:00	1,76	3/4/2020 9:00	14,74	3/7/2020 21:00	1,94	3/10/2020 9:00	13,97
2/1/2020 22:00	1,75	3/4/2020 10:00	15,59	3/7/2020 22:00	1,51	3/10/2020 10:00	14,86
2/1/2020 23:00	1,52	3/4/2020 11:00	15,84	3/7/2020 23:00	1,44	3/10/2020 11:00	14,92
3/1/2020 0:00	1,28	3/4/2020 12:00	15,47	4/7/2020 0:00	1,60	3/10/2020 12:00	14,49
3/1/2020 1:00	0,89	3/4/2020 13:00	14,80	4/7/2020 1:00	1,74	3/10/2020 13:00	13,78
3/1/2020 2:00	0,43	3/4/2020 14:00	14,22	4/7/2020 2:00	1,79	3/10/2020 14:00	12,92
3/1/2020 3:00	0,72	3/4/2020 15:00	13,46	4/7/2020 3:00	1,77	3/10/2020 15:00	12,07
3/1/2020 4:00	1,13	3/4/2020 16:00	12,13	4/7/2020 4:00	2,01	3/10/2020 16:00	11,40
3/1/2020 5:00	1,44	3/4/2020 17:00	9,69	4/7/2020 5:00	2,22	3/10/2020 17:00	10,25
3/1/2020 6:00	1,73	3/4/2020 18:00	4,22	4/7/2020 6:00	2,32	3/10/2020 18:00	8,00
3/1/2020 7:00	2,86	3/4/2020 19:00	2,36	4/7/2020 7:00	4,39	3/10/2020 19:00	4,97
3/1/2020 8:00	3,78	3/4/2020 20:00	1,95	4/7/2020 8:00	9,92	3/10/2020 20:00	4,95
3/1/2020 9:00	6,90	3/4/2020 21:00	1,55	4/7/2020 9:00	11,42	3/10/2020 21:00	4,89
3/1/2020 10:00	8,25	3/4/2020 22:00	1,29	4/7/2020 10:00	11,80	3/10/2020 22:00	4,67
3/1/2020 11:00	8,86	3/4/2020 23:00	1,33	4/7/2020 11:00	11,48	3/10/2020 23:00	3,30
3/1/2020 12:00	8,59	4/4/2020 0:00	1,39	4/7/2020 12:00	11,17	4/10/2020 0:00	3,15
3/1/2020 13:00	7,78	4/4/2020 1:00	1,49	4/7/2020 13:00	10,96	4/10/2020 1:00	2,99
3/1/2020 14:00	6,96	4/4/2020 2:00	1,73	4/7/2020 14:00	10,61	4/10/2020 2:00	2,98
3/1/2020 15:00	4,18	4/4/2020 3:00	1,99	4/7/2020 15:00	9,71	4/10/2020 3:00	3,27
3/1/2020 16:00	3,58	4/4/2020 4:00	2,08	4/7/2020 16:00	8,46	4/10/2020 4:00	4,68
3/1/2020 17:00	2,82	4/4/2020 5:00	2,19	4/7/2020 17:00	4,33	4/10/2020 5:00	4,89
3/1/2020 18:00	2,12	4/4/2020 6:00	2,22	4/7/2020 18:00	3,07	4/10/2020 6:00	5,06
3/1/2020 19:00	1,46	4/4/2020 7:00	4,42	4/7/2020 19:00	1,81	4/10/2020 7:00	10,25
3/1/2020 20:00	1,46	4/4/2020 8:00	9,23	4/7/2020 20:00	1,28	4/10/2020 8:00	14,05
3/1/2020 21:00	1,56	4/4/2020 9:00	11,26	4/7/2020 21:00	0,91	4/10/2020 9:00	16,22
3/1/2020 22:00	1,72	4/4/2020 10:00	12,47	4/7/2020 22:00	1,04	4/10/2020 10:00	9,04
3/1/2020 23:00	1,90	4/4/2020 11:00	12,92	4/7/2020 23:00	1,49	4/10/2020 11:00	9,38
4/1/2020 0:00	1,97	4/4/2020 12:00	12,84	5/7/2020 0:00	1,90	4/10/2020 12:00	9,40
4/1/2020 1:00	1,88	4/4/2020 13:00	12,55	5/7/2020 1:00	2,22	4/10/2020 13:00	9,04
4/1/2020 2:00	1,49	4/4/2020 14:00	12,19	5/7/2020 2:00	2,43	4/10/2020 14:00	16,30
4/1/2020 3:00	1,00	4/4/2020 15:00	11,46	5/7/2020 3:00	2,50	4/10/2020 15:00	15,11
4/1/2020 4:00	0,40	4/4/2020 16:00	10,03	5/7/2020 4:00	2,29	4/10/2020 16:00	13,99
4/1/2020 5:00	0,30	4/4/2020 17:00	7,96	5/7/2020 5:00	2,08	4/10/2020 17:00	12,61
4/1/2020 6:00	0,70	4/4/2020 18:00	3,95	5/7/2020 6:00	2,09	4/10/2020 18:00	10,07
4/1/2020 7:00	0,37	4/4/2020 19:00	2,63	5/7/2020 7:00	3,60	4/10/2020 19:00	6,24
4/1/2020 8:00	0,84	4/4/2020 20:00	2,59	5/7/2020 8:00	8,67	4/10/2020 20:00	6,07
4/1/2020 9:00	1,26	4/4/2020 21:00	2,33	5/7/2020 9:00	11,05	4/10/2020 21:00	5,97
4/1/2020 10:00	2,04	4/4/2020 22:00	1,72	5/7/2020 10:00	12,84	4/10/2020 22:00	5,53
4/1/2020 11:00	2,21	4/4/2020 23:00	1,21	5/7/2020 11:00	13,74	4/10/2020 23:00	5,18
4/1/2020 12:00	2,08	5/4/2020 0:00	1,03	5/7/2020 12:00	13,63	5/10/2020 0:00	4,68

4/1/2020 13:00	1,42	5/4/2020 1:00	0,77	5/7/2020 13:00	12,80	5/10/2020 1:00	3,31
4/1/2020 14:00	1,24	5/4/2020 2:00	0,54	5/7/2020 14:00	11,71	5/10/2020 2:00	3,33
4/1/2020 15:00	1,09	5/4/2020 3:00	0,71	5/7/2020 15:00	10,73	5/10/2020 3:00	4,69
4/1/2020 16:00	1,08	5/4/2020 4:00	1,08	5/7/2020 16:00	9,53	5/10/2020 4:00	4,93
4/1/2020 17:00	0,97	5/4/2020 5:00	1,45	5/7/2020 17:00	7,52	5/10/2020 5:00	5,02
4/1/2020 18:00	0,37	5/4/2020 6:00	1,73	5/7/2020 18:00	3,84	5/10/2020 6:00	5,19
4/1/2020 19:00	0,63	5/4/2020 7:00	3,20	5/7/2020 19:00	2,79	5/10/2020 7:00	11,42
4/1/2020 20:00	1,08	5/4/2020 8:00	7,13	5/7/2020 20:00	2,89	5/10/2020 8:00	13,76
4/1/2020 21:00	1,28	5/4/2020 9:00	8,65	5/7/2020 21:00	3,21	5/10/2020 9:00	15,13
4/1/2020 22:00	1,64	5/4/2020 10:00	9,84	5/7/2020 22:00	4,68	5/10/2020 10:00	8,72
4/1/2020 23:00	2,19	5/4/2020 11:00	10,96	5/7/2020 23:00	4,80	5/10/2020 11:00	9,39
5/1/2020 0:00	2,63	5/4/2020 12:00	11,71	6/7/2020 0:00	3,38	5/10/2020 12:00	9,55
5/1/2020 1:00	2,88	5/4/2020 13:00	12,44	6/7/2020 1:00	3,36	5/10/2020 13:00	9,31
5/1/2020 2:00	3,08	5/4/2020 14:00	13,61	6/7/2020 2:00	4,79	5/10/2020 14:00	8,94
5/1/2020 3:00	3,38	5/4/2020 15:00	13,97	6/7/2020 3:00	4,95	5/10/2020 15:00	16,32
5/1/2020 4:00	4,77	5/4/2020 16:00	12,71	6/7/2020 4:00	5,61	5/10/2020 16:00	15,20
5/1/2020 5:00	4,88	5/4/2020 17:00	9,63	6/7/2020 5:00	5,86	5/10/2020 17:00	13,80
5/1/2020 6:00	4,68	5/4/2020 18:00	6,96	6/7/2020 6:00	5,65	5/10/2020 18:00	11,11
5/1/2020 7:00	3,79	5/4/2020 19:00	3,09	6/7/2020 7:00	9,53	5/10/2020 19:00	6,99
5/1/2020 8:00	2,75	5/4/2020 20:00	2,44	6/7/2020 8:00	11,21	5/10/2020 20:00	6,11
5/1/2020 9:00	1,41	5/4/2020 21:00	1,65	6/7/2020 9:00	12,28	5/10/2020 21:00	4,94
5/1/2020 10:00	1,31	5/4/2020 22:00	1,07	6/7/2020 10:00	12,15	5/10/2020 22:00	3,09
5/1/2020 11:00	1,26	5/4/2020 23:00	0,58	6/7/2020 11:00	11,69	5/10/2020 23:00	2,85
5/1/2020 12:00	1,12	6/4/2020 0:00	0,62	6/7/2020 12:00	11,21	6/10/2020 0:00	2,85
5/1/2020 13:00	1,29	6/4/2020 1:00	0,98	6/7/2020 13:00	10,69	6/10/2020 1:00	2,76
5/1/2020 14:00	2,07	6/4/2020 2:00	1,57	6/7/2020 14:00	9,92	6/10/2020 2:00	2,64
5/1/2020 15:00	2,43	6/4/2020 3:00	1,98	6/7/2020 15:00	8,59	6/10/2020 3:00	2,58
5/1/2020 16:00	2,50	6/4/2020 4:00	2,49	6/7/2020 16:00	6,80	6/10/2020 4:00	2,48
5/1/2020 17:00	2,33	6/4/2020 5:00	3,22	6/7/2020 17:00	3,22	6/10/2020 5:00	2,32
5/1/2020 18:00	2,08	6/4/2020 6:00	5,19	6/7/2020 18:00	2,29	6/10/2020 6:00	2,26
5/1/2020 19:00	1,34	6/4/2020 7:00	8,53	6/7/2020 19:00	1,87	6/10/2020 7:00	7,82
5/1/2020 20:00	1,37	6/4/2020 8:00	12,71	6/7/2020 20:00	2,09	6/10/2020 8:00	11,92
5/1/2020 21:00	1,67	6/4/2020 9:00	8,63	6/7/2020 21:00	2,33	6/10/2020 9:00	13,72
5/1/2020 22:00	2,08	6/4/2020 10:00	9,33	6/7/2020 22:00	3,07	6/10/2020 10:00	15,17
5/1/2020 23:00	2,51	6/4/2020 11:00	9,58	6/7/2020 23:00	3,36	6/10/2020 11:00	16,09
6/1/2020 0:00	2,71	6/4/2020 12:00	9,71	7/7/2020 0:00	3,05	6/10/2020 12:00	16,18
6/1/2020 1:00	2,75	6/4/2020 13:00	9,79	7/7/2020 1:00	2,69	6/10/2020 13:00	15,51
6/1/2020 2:00	2,73	6/4/2020 14:00	9,66	7/7/2020 2:00	2,47	6/10/2020 14:00	14,70
6/1/2020 3:00	2,85	6/4/2020 15:00	9,23	7/7/2020 3:00	2,77	6/10/2020 15:00	14,05
6/1/2020 4:00	3,03	6/4/2020 16:00	16,17	7/7/2020 4:00	3,28	6/10/2020 16:00	13,88
6/1/2020 5:00	3,00	6/4/2020 17:00	12,90	7/7/2020 5:00	3,08	6/10/2020 17:00	13,03
6/1/2020 6:00	2,73	6/4/2020 18:00	8,86	7/7/2020 6:00	2,95	6/10/2020 18:00	9,28
6/1/2020 7:00	2,99	6/4/2020 19:00	6,09	7/7/2020 7:00	4,39	6/10/2020 19:00	3,47
6/1/2020 8:00	1,24	6/4/2020 20:00	5,73	7/7/2020 8:00	8,07	6/10/2020 20:00	2,81
6/1/2020 9:00	0,69	6/4/2020 21:00	5,12	7/7/2020 9:00	9,71	6/10/2020 21:00	2,56

6/1/2020 10:00	1,33	6/4/2020 22:00	3,43	7/7/2020 10:00	10,65	6/10/2020 22:00	2,44
6/1/2020 11:00	2,31	6/4/2020 23:00	3,21	7/7/2020 11:00	10,74	6/10/2020 23:00	2,40
6/1/2020 12:00	2,63	7/4/2020 0:00	3,02	7/7/2020 12:00	10,15	7/10/2020 0:00	2,56
6/1/2020 13:00	2,92	7/4/2020 1:00	2,37	7/7/2020 13:00	9,21	7/10/2020 1:00	2,82
6/1/2020 14:00	3,16	7/4/2020 2:00	2,09	7/7/2020 14:00	8,19	7/10/2020 2:00	2,97
6/1/2020 15:00	3,32	7/4/2020 3:00	2,22	7/7/2020 15:00	7,00	7/10/2020 3:00	3,02
6/1/2020 16:00	3,11	7/4/2020 4:00	2,56	7/7/2020 16:00	4,21	7/10/2020 4:00	2,96
6/1/2020 17:00	2,48	7/4/2020 5:00	3,04	7/7/2020 17:00	3,73	7/10/2020 5:00	2,94
6/1/2020 18:00	1,41	7/4/2020 6:00	5,05	7/7/2020 18:00	2,86	7/10/2020 6:00	2,96
6/1/2020 19:00	1,07	7/4/2020 7:00	9,17	7/7/2020 19:00	1,34	7/10/2020 7:00	7,80
6/1/2020 20:00	0,66	7/4/2020 8:00	13,11	7/7/2020 20:00	0,45	7/10/2020 8:00	11,61
6/1/2020 21:00	0,61	7/4/2020 9:00	15,22	7/7/2020 21:00	0,54	7/10/2020 9:00	13,22
6/1/2020 22:00	1,43	7/4/2020 10:00	8,54	7/7/2020 22:00	0,84	7/10/2020 10:00	14,55
6/1/2020 23:00	2,02	7/4/2020 11:00	9,06	7/7/2020 23:00	0,55	7/10/2020 11:00	15,49
7/1/2020 0:00	2,31	7/4/2020 12:00	9,15	8/7/2020 0:00	0,28	7/10/2020 12:00	15,72
7/1/2020 1:00	2,51	7/4/2020 13:00	8,95	8/7/2020 1:00	0,94	7/10/2020 13:00	15,57
7/1/2020 2:00	2,16	7/4/2020 14:00	16,20	8/7/2020 2:00	1,10	7/10/2020 14:00	15,40
7/1/2020 3:00	1,04	7/4/2020 15:00	14,92	8/7/2020 3:00	1,16	7/10/2020 15:00	15,17
7/1/2020 4:00	0,87	7/4/2020 16:00	12,82	8/7/2020 4:00	1,40	7/10/2020 16:00	14,42
7/1/2020 5:00	1,55	7/4/2020 17:00	9,34	8/7/2020 5:00	1,77	7/10/2020 17:00	12,47
7/1/2020 6:00	1,77	7/4/2020 18:00	4,28	8/7/2020 6:00	1,96	7/10/2020 18:00	10,15
7/1/2020 7:00	3,43	7/4/2020 19:00	3,02	8/7/2020 7:00	3,57	7/10/2020 19:00	5,97
7/1/2020 8:00	7,59	7/4/2020 20:00	3,08	8/7/2020 8:00	7,02	7/10/2020 20:00	5,02
7/1/2020 9:00	8,57	7/4/2020 21:00	3,26	8/7/2020 9:00	8,28	7/10/2020 21:00	3,21
7/1/2020 10:00	8,92	7/4/2020 22:00	3,29	8/7/2020 10:00	9,48	7/10/2020 22:00	2,97
7/1/2020 11:00	9,00	7/4/2020 23:00	3,13	8/7/2020 11:00	10,34	7/10/2020 23:00	3,05
7/1/2020 12:00	9,28	8/4/2020 0:00	3,19	8/7/2020 12:00	10,49	8/10/2020 0:00	3,30
7/1/2020 13:00	9,63	8/4/2020 1:00	5,35	8/7/2020 13:00	10,03	8/10/2020 1:00	4,71
7/1/2020 14:00	9,30	8/4/2020 2:00	5,15	8/7/2020 14:00	9,40	8/10/2020 2:00	4,62
7/1/2020 15:00	9,01	8/4/2020 3:00	4,82	8/7/2020 15:00	8,88	8/10/2020 3:00	4,58
7/1/2020 16:00	8,69	8/4/2020 4:00	4,67	8/7/2020 16:00	8,00	8/10/2020 4:00	3,46
7/1/2020 17:00	7,40	8/4/2020 5:00	3,36	8/7/2020 17:00	4,48	8/10/2020 5:00	3,47
7/1/2020 18:00	4,01	8/4/2020 6:00	3,36	8/7/2020 18:00	3,63	8/10/2020 6:00	4,59
7/1/2020 19:00	4,73	8/4/2020 7:00	7,25	8/7/2020 19:00	2,68	8/10/2020 7:00	8,90
7/1/2020 20:00	5,67	8/4/2020 8:00	9,94	8/7/2020 20:00	2,95	8/10/2020 8:00	11,57
7/1/2020 21:00	5,65	8/4/2020 9:00	12,67	8/7/2020 21:00	3,37	8/10/2020 9:00	11,86
7/1/2020 22:00	5,40	8/4/2020 10:00	13,51	8/7/2020 22:00	4,82	8/10/2020 10:00	11,69
7/1/2020 23:00	4,92	8/4/2020 11:00	13,24	8/7/2020 23:00	5,10	8/10/2020 11:00	11,67
8/1/2020 0:00	3,10	8/4/2020 12:00	13,19	9/7/2020 0:00	4,94	8/10/2020 12:00	12,63
8/1/2020 1:00	2,38	8/4/2020 13:00	13,42	9/7/2020 1:00	4,88	8/10/2020 13:00	13,76
8/1/2020 2:00	1,65	8/4/2020 14:00	14,05	9/7/2020 2:00	4,77	8/10/2020 14:00	14,07
8/1/2020 3:00	1,31	8/4/2020 15:00	14,53	9/7/2020 3:00	4,77	8/10/2020 15:00	13,42
8/1/2020 4:00	1,06	8/4/2020 16:00	13,78	9/7/2020 4:00	4,89	8/10/2020 16:00	12,40
8/1/2020 5:00	0,57	8/4/2020 17:00	10,99	9/7/2020 5:00	5,05	8/10/2020 17:00	10,99
8/1/2020 6:00	0,32	8/4/2020 18:00	7,38	9/7/2020 6:00	5,14	8/10/2020 18:00	8,88

8/1/2020 7:00	3,41	8/4/2020 19:00	3,06	9/7/2020 7:00	9,26	8/10/2020 19:00	5,91
8/1/2020 8:00	8,71	8/4/2020 20:00	2,87	9/7/2020 8:00	13,70	8/10/2020 20:00	5,84
8/1/2020 9:00	10,05	8/4/2020 21:00	2,95	9/7/2020 9:00	15,34	8/10/2020 21:00	6,43
8/1/2020 10:00	10,28	8/4/2020 22:00	2,91	9/7/2020 10:00	15,63	8/10/2020 22:00	6,97
8/1/2020 11:00	10,17	8/4/2020 23:00	2,88	9/7/2020 11:00	15,53	8/10/2020 23:00	6,80
8/1/2020 12:00	10,26	9/4/2020 0:00	3,26	9/7/2020 12:00	15,28	9/10/2020 0:00	6,22
8/1/2020 13:00	10,09	9/4/2020 1:00	3,15	9/7/2020 13:00	14,80	9/10/2020 1:00	5,79
8/1/2020 14:00	10,00	9/4/2020 2:00	2,73	9/7/2020 14:00	14,05	9/10/2020 2:00	5,39
8/1/2020 15:00	9,59	9/4/2020 3:00	2,39	9/7/2020 15:00	13,13	9/10/2020 3:00	5,37
8/1/2020 16:00	9,46	9/4/2020 4:00	2,36	9/7/2020 16:00	11,71	9/10/2020 4:00	4,93
8/1/2020 17:00	8,98	9/4/2020 5:00	2,50	9/7/2020 17:00	9,34	9/10/2020 5:00	3,37
8/1/2020 18:00	6,82	9/4/2020 6:00	2,61	9/7/2020 18:00	7,38	9/10/2020 6:00	2,84
8/1/2020 19:00	2,83	9/4/2020 7:00	3,99	9/7/2020 19:00	5,41	9/10/2020 7:00	7,30
8/1/2020 20:00	2,78	9/4/2020 8:00	8,11	9/7/2020 20:00	5,19	9/10/2020 8:00	11,34
8/1/2020 21:00	3,07	9/4/2020 9:00	9,73	9/7/2020 21:00	4,92	9/10/2020 9:00	13,42
8/1/2020 22:00	3,12	9/4/2020 10:00	10,86	9/7/2020 22:00	4,72	9/10/2020 10:00	14,74
8/1/2020 23:00	2,90	9/4/2020 11:00	11,38	9/7/2020 23:00	3,33	9/10/2020 11:00	16,30
9/1/2020 0:00	2,37	9/4/2020 12:00	11,78	10/7/2020 0:00	3,24	9/10/2020 12:00	9,27
9/1/2020 1:00	2,20	9/4/2020 13:00	11,98	10/7/2020 1:00	3,27	9/10/2020 13:00	9,66
9/1/2020 2:00	1,82	9/4/2020 14:00	11,90	10/7/2020 2:00	3,29	9/10/2020 14:00	9,60
9/1/2020 3:00	1,58	9/4/2020 15:00	11,46	10/7/2020 3:00	5,28	9/10/2020 15:00	9,31
9/1/2020 4:00	1,74	9/4/2020 16:00	10,30	10/7/2020 4:00	5,61	9/10/2020 16:00	8,90
9/1/2020 5:00	2,22	9/4/2020 17:00	8,15	10/7/2020 5:00	5,70	9/10/2020 17:00	15,17
9/1/2020 6:00	2,84	9/4/2020 18:00	3,80	10/7/2020 6:00	5,67	9/10/2020 18:00	11,61
9/1/2020 7:00	10,65	9/4/2020 19:00	1,93	10/7/2020 7:00	8,98	9/10/2020 19:00	7,77
9/1/2020 8:00	14,80	9/4/2020 20:00	1,07	10/7/2020 8:00	12,51	9/10/2020 20:00	7,28
9/1/2020 9:00	16,24	9/4/2020 21:00	0,40	10/7/2020 9:00	13,78	9/10/2020 21:00	7,18
9/1/2020 10:00	8,57	9/4/2020 22:00	0,12	10/7/2020 10:00	14,05	9/10/2020 22:00	6,26
9/1/2020 11:00	15,99	9/4/2020 23:00	0,33	10/7/2020 11:00	13,53	9/10/2020 23:00	5,54
9/1/2020 12:00	15,68	10/4/2020 0:00	0,71	10/7/2020 12:00	12,59	10/10/2020 0:00	5,03
9/1/2020 13:00	15,03	10/4/2020 1:00	1,07	10/7/2020 13:00	11,84	10/10/2020 1:00	3,37
9/1/2020 14:00	14,24	10/4/2020 2:00	1,38	10/7/2020 14:00	11,23	10/10/2020 2:00	2,78
9/1/2020 15:00	13,09	10/4/2020 3:00	1,59	10/7/2020 15:00	10,49	10/10/2020 3:00	2,71
9/1/2020 16:00	11,99	10/4/2020 4:00	1,63	10/7/2020 16:00	9,30	10/10/2020 4:00	2,90
9/1/2020 17:00	10,40	10/4/2020 5:00	1,67	10/7/2020 17:00	7,46	10/10/2020 5:00	3,03
9/1/2020 18:00	7,46	10/4/2020 6:00	1,79	10/7/2020 18:00	4,03	10/10/2020 6:00	3,14
9/1/2020 19:00	3,03	10/4/2020 7:00	3,43	10/7/2020 19:00	3,03	10/10/2020 7:00	9,32
9/1/2020 20:00	2,55	10/4/2020 8:00	8,50	10/7/2020 20:00	3,18	10/10/2020 8:00	12,49
9/1/2020 21:00	2,34	10/4/2020 9:00	11,01	10/7/2020 21:00	2,98	10/10/2020 9:00	14,15
9/1/2020 22:00	2,44	10/4/2020 10:00	12,30	10/7/2020 22:00	2,69	10/10/2020 10:00	15,42
9/1/2020 23:00	2,45	10/4/2020 11:00	12,82	10/7/2020 23:00	2,44	10/10/2020 11:00	8,62
10/1/2020 0:00	2,23	10/4/2020 12:00	12,76	11/7/2020 0:00	2,23	10/10/2020 12:00	8,94
10/1/2020 1:00	2,08	10/4/2020 13:00	12,57	11/7/2020 1:00	2,08	10/10/2020 13:00	9,04
10/1/2020 2:00	2,21	10/4/2020 14:00	12,32	11/7/2020 2:00	2,09	10/10/2020 14:00	9,02
10/1/2020 3:00	2,28	10/4/2020 15:00	11,86	11/7/2020 3:00	2,00	10/10/2020 15:00	8,80

10/1/2020 4:00	2,43	10/4/2020 16:00	10,92	11/7/2020 4:00	1,67	10/10/2020 16:00	8,56
10/1/2020 5:00	2,86	10/4/2020 17:00	9,32	11/7/2020 5:00	1,26	10/10/2020 17:00	15,17
10/1/2020 6:00	3,40	10/4/2020 18:00	7,00	11/7/2020 6:00	0,88	10/10/2020 18:00	12,51
10/1/2020 7:00	9,05	10/4/2020 19:00	3,32	11/7/2020 7:00	1,41	10/10/2020 19:00	7,66
10/1/2020 8:00	12,24	10/4/2020 20:00	3,30	11/7/2020 8:00	3,91	10/10/2020 20:00	6,59
10/1/2020 9:00	13,57	10/4/2020 21:00	3,03	11/7/2020 9:00	7,25	10/10/2020 21:00	5,24
10/1/2020 10:00	14,63	10/4/2020 22:00	2,55	11/7/2020 10:00	8,82	10/10/2020 22:00	3,17
10/1/2020 11:00	15,92	10/4/2020 23:00	2,14	11/7/2020 11:00	10,28	10/10/2020 23:00	2,26
10/1/2020 12:00	15,88	11/4/2020 0:00	1,66	11/7/2020 12:00	10,88	11/10/2020 0:00	1,78
10/1/2020 13:00	14,97	11/4/2020 1:00	1,13	11/7/2020 13:00	10,71	11/10/2020 1:00	1,65
10/1/2020 14:00	14,09	11/4/2020 2:00	1,11	11/7/2020 14:00	10,11	11/10/2020 2:00	1,94
10/1/2020 15:00	13,22	11/4/2020 3:00	1,29	11/7/2020 15:00	9,40	11/10/2020 3:00	2,35
10/1/2020 16:00	12,17	11/4/2020 4:00	1,41	11/7/2020 16:00	8,32	11/10/2020 4:00	2,56
10/1/2020 17:00	10,48	11/4/2020 5:00	1,52	11/7/2020 17:00	4,56	11/10/2020 5:00	2,65
10/1/2020 18:00	7,61	11/4/2020 6:00	1,81	11/7/2020 18:00	3,33	11/10/2020 6:00	2,80
10/1/2020 19:00	3,43	11/4/2020 7:00	2,72	11/7/2020 19:00	2,16	11/10/2020 7:00	9,28
10/1/2020 20:00	4,67	11/4/2020 8:00	3,24	11/7/2020 20:00	2,24	11/10/2020 8:00	13,15
10/1/2020 21:00	4,93	11/4/2020 9:00	3,73	11/7/2020 21:00	2,29	11/10/2020 9:00	15,28
10/1/2020 22:00	4,72	11/4/2020 10:00	4,04	11/7/2020 22:00	2,33	11/10/2020 10:00	16,34
10/1/2020 23:00	3,16	11/4/2020 11:00	4,08	11/7/2020 23:00	2,32	11/10/2020 11:00	8,55
11/1/2020 0:00	2,85	11/4/2020 12:00	3,95	12/7/2020 0:00	2,20	11/10/2020 12:00	16,32
11/1/2020 1:00	2,82	11/4/2020 13:00	3,94	12/7/2020 1:00	2,13	11/10/2020 13:00	16,17
11/1/2020 2:00	4,58	11/4/2020 14:00	4,03	12/7/2020 2:00	2,33	11/10/2020 14:00	15,82
11/1/2020 3:00	4,89	11/4/2020 15:00	4,30	12/7/2020 3:00	2,62	11/10/2020 15:00	15,47
11/1/2020 4:00	4,86	11/4/2020 16:00	6,92	12/7/2020 4:00	2,69	11/10/2020 16:00	14,95
11/1/2020 5:00	5,29	11/4/2020 17:00	4,20	12/7/2020 5:00	2,70	11/10/2020 17:00	13,74
11/1/2020 6:00	5,67	11/4/2020 18:00	3,33	12/7/2020 6:00	2,81	11/10/2020 18:00	10,55
11/1/2020 7:00	9,90	11/4/2020 19:00	2,69	12/7/2020 7:00	4,45	11/10/2020 19:00	6,43
11/1/2020 8:00	13,07	11/4/2020 20:00	3,16	12/7/2020 8:00	8,09	11/10/2020 20:00	6,09
11/1/2020 9:00	14,82	11/4/2020 21:00	3,43	12/7/2020 9:00	9,23	11/10/2020 21:00	5,54
11/1/2020 10:00	15,05	11/4/2020 22:00	3,13	12/7/2020 10:00	10,11	11/10/2020 22:00	3,36
11/1/2020 11:00	14,47	11/4/2020 23:00	2,69	12/7/2020 11:00	11,03	11/10/2020 23:00	2,47
11/1/2020 12:00	13,57	12/4/2020 0:00	2,05	12/7/2020 12:00	11,74	12/10/2020 0:00	2,18
11/1/2020 13:00	12,72	12/4/2020 1:00	1,46	12/7/2020 13:00	12,22	12/10/2020 1:00	2,41
11/1/2020 14:00	11,98	12/4/2020 2:00	0,98	12/7/2020 14:00	12,01	12/10/2020 2:00	2,51
11/1/2020 15:00	11,51	12/4/2020 3:00	0,67	12/7/2020 15:00	11,46	12/10/2020 3:00	3,06
11/1/2020 16:00	11,26	12/4/2020 4:00	0,57	12/7/2020 16:00	10,42	12/10/2020 4:00	3,37
11/1/2020 17:00	10,21	12/4/2020 5:00	0,48	12/7/2020 17:00	8,36	12/10/2020 5:00	4,99
11/1/2020 18:00	7,48	12/4/2020 6:00	0,54	12/7/2020 18:00	4,33	12/10/2020 6:00	5,20
11/1/2020 19:00	3,41	12/4/2020 7:00	1,06	12/7/2020 19:00	3,42	12/10/2020 7:00	8,30
11/1/2020 20:00	3,28	12/4/2020 8:00	2,90	12/7/2020 20:00	4,85	12/10/2020 8:00	11,38
11/1/2020 21:00	3,21	12/4/2020 9:00	3,69	12/7/2020 21:00	4,90	12/10/2020 9:00	15,28
11/1/2020 22:00	3,10	12/4/2020 10:00	3,99	12/7/2020 22:00	4,81	12/10/2020 10:00	9,31
11/1/2020 23:00	2,87	12/4/2020 11:00	4,04	12/7/2020 23:00	3,41	12/10/2020 11:00	9,68
12/1/2020 0:00	2,66	12/4/2020 12:00	4,07	13/7/2020 0:00	3,29	12/10/2020 12:00	9,67

12/1/2020 1:00	3,06	12/4/2020 13:00	4,04	13/7/2020 1:00	3,18	12/10/2020 13:00	9,47
12/1/2020 2:00	3,11	12/4/2020 14:00	4,13	13/7/2020 2:00	4,80	12/10/2020 14:00	9,24
12/1/2020 3:00	3,14	12/4/2020 15:00	4,39	13/7/2020 3:00	5,27	12/10/2020 15:00	8,90
12/1/2020 4:00	4,65	12/4/2020 16:00	4,46	13/7/2020 4:00	5,40	12/10/2020 16:00	16,15
12/1/2020 5:00	5,37	12/4/2020 17:00	3,97	13/7/2020 5:00	5,10	12/10/2020 17:00	14,28
12/1/2020 6:00	5,99	12/4/2020 18:00	3,80	13/7/2020 6:00	4,92	12/10/2020 18:00	11,34
12/1/2020 7:00	10,57	12/4/2020 19:00	3,00	13/7/2020 7:00	7,78	12/10/2020 19:00	7,60
12/1/2020 8:00	14,30	12/4/2020 20:00	2,92	13/7/2020 8:00	10,48	12/10/2020 20:00	7,44
12/1/2020 9:00	15,90	12/4/2020 21:00	2,68	13/7/2020 9:00	12,90	12/10/2020 21:00	6,64
12/1/2020 10:00	8,54	12/4/2020 22:00	2,32	13/7/2020 10:00	15,11	12/10/2020 22:00	6,20
12/1/2020 11:00	16,24	12/4/2020 23:00	2,10	13/7/2020 11:00	8,61	12/10/2020 23:00	6,34
12/1/2020 12:00	15,80	13/4/2020 0:00	1,93	13/7/2020 12:00	8,77	13/10/2020 0:00	6,33
12/1/2020 13:00	15,22	13/4/2020 1:00	1,81	13/7/2020 13:00	16,32	13/10/2020 1:00	5,92
12/1/2020 14:00	14,65	13/4/2020 2:00	1,47	13/7/2020 14:00	15,76	13/10/2020 2:00	6,14
12/1/2020 15:00	14,26	13/4/2020 3:00	1,12	13/7/2020 15:00	14,90	13/10/2020 3:00	5,74
12/1/2020 16:00	13,82	13/4/2020 4:00	0,93	13/7/2020 16:00	13,76	13/10/2020 4:00	5,62
12/1/2020 17:00	12,19	13/4/2020 5:00	0,82	13/7/2020 17:00	11,26	13/10/2020 5:00	5,19
12/1/2020 18:00	8,48	13/4/2020 6:00	0,64	13/7/2020 18:00	8,50	13/10/2020 6:00	5,01
12/1/2020 19:00	5,15	13/4/2020 7:00	1,38	13/7/2020 19:00	6,00	13/10/2020 7:00	8,78
12/1/2020 20:00	5,35	13/4/2020 8:00	3,18	13/7/2020 20:00	5,90	13/10/2020 8:00	11,48
12/1/2020 21:00	5,77	13/4/2020 9:00	4,16	13/7/2020 21:00	5,82	13/10/2020 9:00	13,38
12/1/2020 22:00	6,08	13/4/2020 10:00	7,57	13/7/2020 22:00	5,65	13/10/2020 10:00	14,90
12/1/2020 23:00	6,14	13/4/2020 11:00	8,94	13/7/2020 23:00	5,37	13/10/2020 11:00	15,93
13/1/2020 0:00	6,17	13/4/2020 12:00	9,71	14/7/2020 0:00	5,31	13/10/2020 12:00	8,52
13/1/2020 1:00	6,12	13/4/2020 13:00	9,67	14/7/2020 1:00	5,41	13/10/2020 13:00	16,24
13/1/2020 2:00	6,14	13/4/2020 14:00	9,03	14/7/2020 2:00	6,89	13/10/2020 14:00	15,57
13/1/2020 3:00	6,09	13/4/2020 15:00	8,13	14/7/2020 3:00	6,72	13/10/2020 15:00	14,72
13/1/2020 4:00	6,30	13/4/2020 16:00	6,84	14/7/2020 4:00	6,59	13/10/2020 16:00	13,63
13/1/2020 5:00	6,48	13/4/2020 17:00	3,32	14/7/2020 5:00	6,93	13/10/2020 17:00	11,90
13/1/2020 6:00	6,52	13/4/2020 18:00	1,37	14/7/2020 6:00	6,29	13/10/2020 18:00	8,67
13/1/2020 7:00	11,98	13/4/2020 19:00	0,57	14/7/2020 7:00	9,36	13/10/2020 19:00	5,03
13/1/2020 8:00	15,01	13/4/2020 20:00	0,74	14/7/2020 8:00	11,49	13/10/2020 20:00	4,93
13/1/2020 9:00	8,56	13/4/2020 21:00	1,81	14/7/2020 9:00	13,26	13/10/2020 21:00	3,47
13/1/2020 10:00	8,62	13/4/2020 22:00	2,63	14/7/2020 10:00	14,53	13/10/2020 22:00	3,29
13/1/2020 11:00	15,92	13/4/2020 23:00	3,10	14/7/2020 11:00	14,90	13/10/2020 23:00	2,66
13/1/2020 12:00	15,07	14/4/2020 0:00	3,43	14/7/2020 12:00	14,84	14/10/2020 0:00	1,77
13/1/2020 13:00	14,28	14/4/2020 1:00	4,71	14/7/2020 13:00	14,53	14/10/2020 1:00	1,27
13/1/2020 14:00	13,55	14/4/2020 2:00	3,45	14/7/2020 14:00	13,88	14/10/2020 2:00	1,16
13/1/2020 15:00	12,61	14/4/2020 3:00	3,18	14/7/2020 15:00	12,63	14/10/2020 3:00	1,45
13/1/2020 16:00	11,38	14/4/2020 4:00	2,85	14/7/2020 16:00	10,78	14/10/2020 4:00	1,60
13/1/2020 17:00	9,65	14/4/2020 5:00	2,73	14/7/2020 17:00	8,65	14/10/2020 5:00	1,70
13/1/2020 18:00	6,82	14/4/2020 6:00	2,58	14/7/2020 18:00	7,05	14/10/2020 6:00	1,95
13/1/2020 19:00	2,78	14/4/2020 7:00	2,75	14/7/2020 19:00	5,35	14/10/2020 7:00	4,22
13/1/2020 20:00	2,81	14/4/2020 8:00	2,13	14/7/2020 20:00	6,51	14/10/2020 8:00	9,73
13/1/2020 21:00	2,77	14/4/2020 9:00	2,18	14/7/2020 21:00	7,02	14/10/2020 9:00	11,65

13/1/2020 22:00	2,82	14/4/2020 10:00	2,33	14/7/2020 22:00	7,10	14/10/2020 10:00	13,21
13/1/2020 23:00	3,09	14/4/2020 11:00	2,43	14/7/2020 23:00	6,72	14/10/2020 11:00	14,19
14/1/2020 0:00	3,29	14/4/2020 12:00	2,55	15/7/2020 0:00	6,56	14/10/2020 12:00	14,17
14/1/2020 1:00	4,59	14/4/2020 13:00	2,46	15/7/2020 1:00	6,42	14/10/2020 13:00	13,74
14/1/2020 2:00	3,49	14/4/2020 14:00	2,24	15/7/2020 2:00	6,60	14/10/2020 14:00	13,24
14/1/2020 3:00	3,24	14/4/2020 15:00	1,48	15/7/2020 3:00	6,92	14/10/2020 15:00	12,84
14/1/2020 4:00	3,03	14/4/2020 16:00	1,12	15/7/2020 4:00	6,92	14/10/2020 16:00	12,51
14/1/2020 5:00	3,36	14/4/2020 17:00	0,57	15/7/2020 5:00	7,14	14/10/2020 17:00	11,80
14/1/2020 6:00	4,93	14/4/2020 18:00	0,45	15/7/2020 6:00	6,65	14/10/2020 18:00	9,46
14/1/2020 7:00	11,55	14/4/2020 19:00	1,13	15/7/2020 7:00	10,34	14/10/2020 19:00	5,79
14/1/2020 8:00	14,49	14/4/2020 20:00	1,54	15/7/2020 8:00	12,69	14/10/2020 20:00	5,40
14/1/2020 9:00	16,05	14/4/2020 21:00	1,58	15/7/2020 9:00	14,24	14/10/2020 21:00	5,19
14/1/2020 10:00	8,68	14/4/2020 22:00	1,57	15/7/2020 10:00	15,45	14/10/2020 22:00	5,01
14/1/2020 11:00	8,80	14/4/2020 23:00	1,87	15/7/2020 11:00	16,13	14/10/2020 23:00	3,07
14/1/2020 12:00	8,68	15/4/2020 0:00	2,18	15/7/2020 12:00	8,60	15/10/2020 0:00	2,15
14/1/2020 13:00	15,74	15/4/2020 1:00	2,56	15/7/2020 13:00	8,91	15/10/2020 1:00	1,45
14/1/2020 14:00	14,36	15/4/2020 2:00	2,89	15/7/2020 14:00	8,80	15/10/2020 2:00	1,28
14/1/2020 15:00	12,74	15/4/2020 3:00	3,14	15/7/2020 15:00	15,68	15/10/2020 3:00	1,21
14/1/2020 16:00	11,23	15/4/2020 4:00	3,13	15/7/2020 16:00	14,30	15/10/2020 4:00	1,35
14/1/2020 17:00	9,96	15/4/2020 5:00	2,92	15/7/2020 17:00	12,32	15/10/2020 5:00	1,94
14/1/2020 18:00	7,40	15/4/2020 6:00	2,69	15/7/2020 18:00	10,71	15/10/2020 6:00	2,35
14/1/2020 19:00	4,65	15/4/2020 7:00	3,83	15/7/2020 19:00	7,13	15/10/2020 7:00	7,75
14/1/2020 20:00	4,81	15/4/2020 8:00	3,82	15/7/2020 20:00	6,92	15/10/2020 8:00	10,80
14/1/2020 21:00	5,06	15/4/2020 9:00	3,24	15/7/2020 21:00	6,56	15/10/2020 9:00	12,42
14/1/2020 22:00	4,75	15/4/2020 10:00	2,41	15/7/2020 22:00	6,22	15/10/2020 10:00	13,17
14/1/2020 23:00	3,27	15/4/2020 11:00	1,30	15/7/2020 23:00	6,12	15/10/2020 11:00	13,61
15/1/2020 0:00	3,19	15/4/2020 12:00	1,08	16/7/2020 0:00	5,99	15/10/2020 12:00	13,78
15/1/2020 1:00	3,09	15/4/2020 13:00	1,26	16/7/2020 1:00	5,86	15/10/2020 13:00	13,63
15/1/2020 2:00	2,77	15/4/2020 14:00	2,20	16/7/2020 2:00	5,65	15/10/2020 14:00	13,46
15/1/2020 3:00	2,83	15/4/2020 15:00	2,61	16/7/2020 3:00	5,40	15/10/2020 15:00	13,40
15/1/2020 4:00	3,38	15/4/2020 16:00	2,98	16/7/2020 4:00	5,35	15/10/2020 16:00	13,69
15/1/2020 5:00	4,98	15/4/2020 17:00	3,03	16/7/2020 5:00	5,12	15/10/2020 17:00	13,38
15/1/2020 6:00	3,42	15/4/2020 18:00	2,58	16/7/2020 6:00	4,71	15/10/2020 18:00	11,24
15/1/2020 7:00	9,71	15/4/2020 19:00	2,03	16/7/2020 7:00	6,96	15/10/2020 19:00	7,35
15/1/2020 8:00	12,63	15/4/2020 20:00	2,25	16/7/2020 8:00	10,36	15/10/2020 20:00	7,60
15/1/2020 9:00	13,82	15/4/2020 21:00	2,52	16/7/2020 9:00	13,51	15/10/2020 21:00	7,98
15/1/2020 10:00	14,20	15/4/2020 22:00	2,53	16/7/2020 10:00	15,59	15/10/2020 22:00	7,66
15/1/2020 11:00	14,30	15/4/2020 23:00	2,39	16/7/2020 11:00	16,20	15/10/2020 23:00	6,94
15/1/2020 12:00	14,15	16/4/2020 0:00	2,10	16/7/2020 12:00	15,84	16/10/2020 0:00	6,31
15/1/2020 13:00	13,97	16/4/2020 1:00	1,72	16/7/2020 13:00	15,05	16/10/2020 1:00	5,54
15/1/2020 14:00	13,63	16/4/2020 2:00	1,41	16/7/2020 14:00	14,03	16/10/2020 2:00	5,36
15/1/2020 15:00	13,05	16/4/2020 3:00	1,09	16/7/2020 15:00	12,80	16/10/2020 3:00	5,32
15/1/2020 16:00	11,96	16/4/2020 4:00	0,65	16/7/2020 16:00	11,53	16/10/2020 4:00	5,29
15/1/2020 17:00	10,53	16/4/2020 5:00	0,34	16/7/2020 17:00	9,59	16/10/2020 5:00	5,48
15/1/2020 18:00	7,86	16/4/2020 6:00	0,84	16/7/2020 18:00	7,75	16/10/2020 6:00	5,80

15/1/2020 19:00	4,94	16/4/2020 7:00	2,21	16/7/2020 19:00	4,94	16/10/2020 7:00	11,63
15/1/2020 20:00	5,41	16/4/2020 8:00	3,36	16/7/2020 20:00	3,45	16/10/2020 8:00	14,28
15/1/2020 21:00	6,65	16/4/2020 9:00	4,18	16/7/2020 21:00	3,29	16/10/2020 9:00	15,78
15/1/2020 22:00	7,44	16/4/2020 10:00	7,05	16/7/2020 22:00	3,24	16/10/2020 10:00	8,80
15/1/2020 23:00	7,74	16/4/2020 11:00	7,28	16/7/2020 23:00	3,24	16/10/2020 11:00	9,14
16/1/2020 0:00	7,07	16/4/2020 12:00	7,71	17/7/2020 0:00	4,63	16/10/2020 12:00	9,18
16/1/2020 1:00	6,64	16/4/2020 13:00	8,13	17/7/2020 1:00	3,37	16/10/2020 13:00	9,09
16/1/2020 2:00	6,52	16/4/2020 14:00	8,57	17/7/2020 2:00	4,63	16/10/2020 14:00	8,94
16/1/2020 3:00	6,42	16/4/2020 15:00	8,78	17/7/2020 3:00	4,76	16/10/2020 15:00	8,61
16/1/2020 4:00	6,47	16/4/2020 16:00	8,40	17/7/2020 4:00	5,01	16/10/2020 16:00	15,76
16/1/2020 5:00	6,94	16/4/2020 17:00	6,92	17/7/2020 5:00	5,66	16/10/2020 17:00	14,24
16/1/2020 6:00	7,09	16/4/2020 18:00	4,31	17/7/2020 6:00	5,92	16/10/2020 18:00	11,21
16/1/2020 7:00	13,69	16/4/2020 19:00	3,47	17/7/2020 7:00	9,86	16/10/2020 19:00	7,05
16/1/2020 8:00	8,61	16/4/2020 20:00	3,20	17/7/2020 8:00	12,71	16/10/2020 20:00	7,30
16/1/2020 9:00	9,15	16/4/2020 21:00	2,79	17/7/2020 9:00	14,65	16/10/2020 21:00	7,73
16/1/2020 10:00	9,17	16/4/2020 22:00	2,44	17/7/2020 10:00	15,45	16/10/2020 22:00	7,64
16/1/2020 11:00	8,92	16/4/2020 23:00	2,25	17/7/2020 11:00	15,36	16/10/2020 23:00	7,36
16/1/2020 12:00	8,67	17/4/2020 0:00	2,19	17/7/2020 12:00	14,65	17/10/2020 0:00	7,14
16/1/2020 13:00	16,22	17/4/2020 1:00	2,22	17/7/2020 13:00	13,88	17/10/2020 1:00	6,72
16/1/2020 14:00	15,40	17/4/2020 2:00	2,18	17/7/2020 14:00	12,99	17/10/2020 2:00	6,20
16/1/2020 15:00	14,61	17/4/2020 3:00	2,24	17/7/2020 15:00	11,96	17/10/2020 3:00	5,74
16/1/2020 16:00	13,61	17/4/2020 4:00	2,22	17/7/2020 16:00	10,73	17/10/2020 4:00	5,28
16/1/2020 17:00	12,03	17/4/2020 5:00	2,16	17/7/2020 17:00	8,98	17/10/2020 5:00	4,86
16/1/2020 18:00	8,63	17/4/2020 6:00	2,20	17/7/2020 18:00	7,44	17/10/2020 6:00	4,82
16/1/2020 19:00	5,35	17/4/2020 7:00	3,29	17/7/2020 19:00	5,12	17/10/2020 7:00	9,90
16/1/2020 20:00	5,90	17/4/2020 8:00	6,77	17/7/2020 20:00	5,12	17/10/2020 8:00	13,63
16/1/2020 21:00	6,20	17/4/2020 9:00	8,13	17/7/2020 21:00	4,62	17/10/2020 9:00	15,95
16/1/2020 22:00	6,05	17/4/2020 10:00	8,63	17/7/2020 22:00	2,99	17/10/2020 10:00	9,19
16/1/2020 23:00	5,94	17/4/2020 11:00	8,44	17/7/2020 23:00	2,67	17/10/2020 11:00	9,64
17/1/2020 0:00	5,88	17/4/2020 12:00	8,34	18/7/2020 0:00	2,95	17/10/2020 12:00	9,68
17/1/2020 1:00	5,97	17/4/2020 13:00	8,55	18/7/2020 1:00	3,32	17/10/2020 13:00	9,38
17/1/2020 2:00	6,34	17/4/2020 14:00	8,77	18/7/2020 2:00	3,42	17/10/2020 14:00	8,83
17/1/2020 3:00	6,81	17/4/2020 15:00	8,65	18/7/2020 3:00	4,72	17/10/2020 15:00	15,86
17/1/2020 4:00	7,41	17/4/2020 16:00	8,11	18/7/2020 4:00	5,03	17/10/2020 16:00	14,94
17/1/2020 5:00	7,94	17/4/2020 17:00	6,80	18/7/2020 5:00	5,37	17/10/2020 17:00	13,57
17/1/2020 6:00	8,29	17/4/2020 18:00	3,61	18/7/2020 6:00	5,75	17/10/2020 18:00	10,55
17/1/2020 7:00	14,65	17/4/2020 19:00	2,57	18/7/2020 7:00	11,46	17/10/2020 19:00	5,96
17/1/2020 8:00	9,09	17/4/2020 20:00	2,45	18/7/2020 8:00	14,34	17/10/2020 20:00	5,65
17/1/2020 9:00	9,70	17/4/2020 21:00	2,11	18/7/2020 9:00	15,61	17/10/2020 21:00	5,77
17/1/2020 10:00	10,00	17/4/2020 22:00	1,80	18/7/2020 10:00	15,45	17/10/2020 22:00	5,31
17/1/2020 11:00	10,43	17/4/2020 23:00	1,74	18/7/2020 11:00	14,86	17/10/2020 23:00	4,95
17/1/2020 12:00	10,54	18/4/2020 0:00	1,77	18/7/2020 12:00	14,34	18/10/2020 0:00	4,65
17/1/2020 13:00	10,61	18/4/2020 1:00	2,18	18/7/2020 13:00	13,97	18/10/2020 1:00	2,98
17/1/2020 14:00	10,58	18/4/2020 2:00	2,60	18/7/2020 14:00	13,61	18/10/2020 2:00	2,57
17/1/2020 15:00	10,32	18/4/2020 3:00	3,12	18/7/2020 15:00	13,19	18/10/2020 3:00	2,24

17/1/2020 16:00	9,54	18/4/2020 4:00	4,75	18/7/2020 16:00	12,11	18/10/2020 4:00	1,95
17/1/2020 17:00	15,07	18/4/2020 5:00	4,93	18/7/2020 17:00	9,86	18/10/2020 5:00	1,86
17/1/2020 18:00	10,26	18/4/2020 6:00	4,93	18/7/2020 18:00	7,59	18/10/2020 6:00	1,93
17/1/2020 19:00	6,34	18/4/2020 7:00	8,40	18/7/2020 19:00	4,84	18/10/2020 7:00	7,02
17/1/2020 20:00	7,45	18/4/2020 8:00	10,99	18/7/2020 20:00	3,36	18/10/2020 8:00	9,61
17/1/2020 21:00	8,89	18/4/2020 9:00	12,55	18/7/2020 21:00	2,82	18/10/2020 9:00	11,36
17/1/2020 22:00	9,58	18/4/2020 10:00	13,28	18/7/2020 22:00	2,50	18/10/2020 10:00	12,69
17/1/2020 23:00	9,88	18/4/2020 11:00	13,32	18/7/2020 23:00	2,63	18/10/2020 11:00	13,26
18/1/2020 0:00	10,16	18/4/2020 12:00	13,21	19/7/2020 0:00	2,79	18/10/2020 12:00	13,11
18/1/2020 1:00	9,96	18/4/2020 13:00	13,19	19/7/2020 1:00	2,81	18/10/2020 13:00	12,44
18/1/2020 2:00	9,54	18/4/2020 14:00	13,22	19/7/2020 2:00	2,68	18/10/2020 14:00	11,53
18/1/2020 3:00	9,27	18/4/2020 15:00	13,28	19/7/2020 3:00	2,59	18/10/2020 15:00	10,78
18/1/2020 4:00	9,36	18/4/2020 16:00	12,80	19/7/2020 4:00	2,52	18/10/2020 16:00	10,49
18/1/2020 5:00	9,60	18/4/2020 17:00	10,94	19/7/2020 5:00	2,48	18/10/2020 17:00	9,96
18/1/2020 6:00	9,87	18/4/2020 18:00	8,09	19/7/2020 6:00	2,70	18/10/2020 18:00	8,48
18/1/2020 7:00	8,83	18/4/2020 19:00	5,28	19/7/2020 7:00	7,63	18/10/2020 19:00	5,14
18/1/2020 8:00	10,07	18/4/2020 20:00	5,12	19/7/2020 8:00	11,23	18/10/2020 20:00	3,46
18/1/2020 9:00	10,63	18/4/2020 21:00	3,43	19/7/2020 9:00	13,65	18/10/2020 21:00	2,65
18/1/2020 10:00	10,92	18/4/2020 22:00	3,04	19/7/2020 10:00	15,17	18/10/2020 22:00	1,54
18/1/2020 11:00	11,03	18/4/2020 23:00	2,74	19/7/2020 11:00	15,88	18/10/2020 23:00	0,68
18/1/2020 12:00	10,74	19/4/2020 0:00	2,50	19/7/2020 12:00	15,67	19/10/2020 0:00	0,34
18/1/2020 13:00	10,19	19/4/2020 1:00	2,27	19/7/2020 13:00	15,15	19/10/2020 1:00	0,59
18/1/2020 14:00	9,49	19/4/2020 2:00	2,11	19/7/2020 14:00	14,42	19/10/2020 2:00	0,67
18/1/2020 15:00	8,74	19/4/2020 3:00	2,26	19/7/2020 15:00	13,61	19/10/2020 3:00	0,89
18/1/2020 16:00	15,32	19/4/2020 4:00	2,66	19/7/2020 16:00	12,53	19/10/2020 4:00	1,20
18/1/2020 17:00	13,61	19/4/2020 5:00	2,93	19/7/2020 17:00	10,23	19/10/2020 5:00	1,52
18/1/2020 18:00	10,13	19/4/2020 6:00	3,16	19/7/2020 18:00	7,25	19/10/2020 6:00	1,64
18/1/2020 19:00	6,12	19/4/2020 7:00	8,28	19/7/2020 19:00	4,58	19/10/2020 7:00	3,57
18/1/2020 20:00	6,45	19/4/2020 8:00	10,36	19/7/2020 20:00	3,04	19/10/2020 8:00	7,50
18/1/2020 21:00	6,24	19/4/2020 9:00	11,19	19/7/2020 21:00	2,36	19/10/2020 9:00	9,00
18/1/2020 22:00	5,83	19/4/2020 10:00	11,34	19/7/2020 22:00	3,05	19/10/2020 10:00	10,17
18/1/2020 23:00	5,11	19/4/2020 11:00	11,07	19/7/2020 23:00	3,29	19/10/2020 11:00	10,76
19/1/2020 0:00	3,38	19/4/2020 12:00	10,71	20/7/2020 0:00	3,36	19/10/2020 12:00	10,80
19/1/2020 1:00	3,07	19/4/2020 13:00	10,55	20/7/2020 1:00	3,44	19/10/2020 13:00	10,46
19/1/2020 2:00	3,13	19/4/2020 14:00	10,69	20/7/2020 2:00	3,45	19/10/2020 14:00	10,00
19/1/2020 3:00	3,38	19/4/2020 15:00	10,74	20/7/2020 3:00	3,49	19/10/2020 15:00	9,32
19/1/2020 4:00	4,93	19/4/2020 16:00	10,32	20/7/2020 4:00	3,38	19/10/2020 16:00	9,23
19/1/2020 5:00	5,44	19/4/2020 17:00	9,03	20/7/2020 5:00	3,22	19/10/2020 17:00	8,67
19/1/2020 6:00	5,48	19/4/2020 18:00	6,82	20/7/2020 6:00	3,19	19/10/2020 18:00	7,69
19/1/2020 7:00	11,21	19/4/2020 19:00	3,15	20/7/2020 7:00	7,05	19/10/2020 19:00	4,97
19/1/2020 8:00	14,49	19/4/2020 20:00	3,04	20/7/2020 8:00	10,03	19/10/2020 20:00	4,79
19/1/2020 9:00	8,54	19/4/2020 21:00	2,87	20/7/2020 9:00	12,65	19/10/2020 21:00	3,48
19/1/2020 10:00	9,05	19/4/2020 22:00	2,70	20/7/2020 10:00	15,15	19/10/2020 22:00	3,10
19/1/2020 11:00	9,33	19/4/2020 23:00	2,54	20/7/2020 11:00	8,77	19/10/2020 23:00	2,80
19/1/2020 12:00	9,62	20/4/2020 0:00	2,32	20/7/2020 12:00	8,89	20/10/2020 0:00	2,61

19/1/2020 13:00	9,72	20/4/2020 1:00	1,98	20/7/2020 13:00	16,32	20/10/2020 1:00	2,26
19/1/2020 14:00	9,40	20/4/2020 2:00	1,56	20/7/2020 14:00	15,32	20/10/2020 2:00	1,71
19/1/2020 15:00	8,63	20/4/2020 3:00	1,39	20/7/2020 15:00	14,13	20/10/2020 3:00	1,27
19/1/2020 16:00	14,61	20/4/2020 4:00	1,34	20/7/2020 16:00	13,05	20/10/2020 4:00	1,20
19/1/2020 17:00	12,03	20/4/2020 5:00	1,38	20/7/2020 17:00	10,74	20/10/2020 5:00	1,31
19/1/2020 18:00	8,42	20/4/2020 6:00	1,35	20/7/2020 18:00	8,28	20/10/2020 6:00	1,34
19/1/2020 19:00	4,99	20/4/2020 7:00	3,90	20/7/2020 19:00	5,63	20/10/2020 7:00	4,11
19/1/2020 20:00	4,81	20/4/2020 8:00	9,30	20/7/2020 20:00	5,24	20/10/2020 8:00	8,65
19/1/2020 21:00	3,27	20/4/2020 9:00	10,88	20/7/2020 21:00	4,73	20/10/2020 9:00	10,00
19/1/2020 22:00	2,62	20/4/2020 10:00	11,84	20/7/2020 22:00	3,12	20/10/2020 10:00	11,32
19/1/2020 23:00	1,66	20/4/2020 11:00	12,01	20/7/2020 23:00	2,72	20/10/2020 11:00	12,09
20/1/2020 0:00	1,05	20/4/2020 12:00	11,80	21/7/2020 0:00	2,42	20/10/2020 12:00	12,13
20/1/2020 1:00	0,69	20/4/2020 13:00	11,42	21/7/2020 1:00	2,30	20/10/2020 13:00	12,09
20/1/2020 2:00	0,96	20/4/2020 14:00	11,01	21/7/2020 2:00	2,24	20/10/2020 14:00	12,46
20/1/2020 3:00	1,69	20/4/2020 15:00	10,57	21/7/2020 3:00	2,23	20/10/2020 15:00	13,15
20/1/2020 4:00	2,31	20/4/2020 16:00	9,84	21/7/2020 4:00	2,27	20/10/2020 16:00	13,55
20/1/2020 5:00	2,98	20/4/2020 17:00	8,42	21/7/2020 5:00	2,51	20/10/2020 17:00	13,34
20/1/2020 6:00	3,18	20/4/2020 18:00	4,34	21/7/2020 6:00	2,45	20/10/2020 18:00	11,96
20/1/2020 7:00	7,53	20/4/2020 19:00	2,74	21/7/2020 7:00	4,11	20/10/2020 19:00	8,29
20/1/2020 8:00	9,30	20/4/2020 20:00	2,22	21/7/2020 8:00	9,42	20/10/2020 20:00	8,73
20/1/2020 9:00	10,53	20/4/2020 21:00	1,83	21/7/2020 9:00	11,40	20/10/2020 21:00	9,94
20/1/2020 10:00	11,09	20/4/2020 22:00	1,64	21/7/2020 10:00	12,65	20/10/2020 22:00	9,47
20/1/2020 11:00	11,13	20/4/2020 23:00	1,50	21/7/2020 11:00	13,09	20/10/2020 23:00	9,02
20/1/2020 12:00	11,05	21/4/2020 0:00	1,44	21/7/2020 12:00	13,05	21/10/2020 0:00	8,64
20/1/2020 13:00	10,94	21/4/2020 1:00	1,33	21/7/2020 13:00	12,84	21/10/2020 1:00	7,53
20/1/2020 14:00	10,55	21/4/2020 2:00	1,19	21/7/2020 14:00	12,38	21/10/2020 2:00	5,97
20/1/2020 15:00	9,82	21/4/2020 3:00	1,08	21/7/2020 15:00	11,63	21/10/2020 3:00	5,33
20/1/2020 16:00	8,84	21/4/2020 4:00	1,03	21/7/2020 16:00	10,15	21/10/2020 4:00	4,88
20/1/2020 17:00	7,27	21/4/2020 5:00	1,08	21/7/2020 17:00	7,82	21/10/2020 5:00	4,71
20/1/2020 18:00	3,62	21/4/2020 6:00	1,36	21/7/2020 18:00	3,91	21/10/2020 6:00	4,89
20/1/2020 19:00	2,37	21/4/2020 7:00	3,10	21/7/2020 19:00	3,03	21/10/2020 7:00	10,21
20/1/2020 20:00	2,20	21/4/2020 8:00	8,98	21/7/2020 20:00	2,99	21/10/2020 8:00	13,36
20/1/2020 21:00	1,72	21/4/2020 9:00	11,57	21/7/2020 21:00	2,63	21/10/2020 9:00	15,49
20/1/2020 22:00	0,74	21/4/2020 10:00	12,53	21/7/2020 22:00	2,15	21/10/2020 10:00	8,80
20/1/2020 23:00	0,47	21/4/2020 11:00	12,49	21/7/2020 23:00	1,69	21/10/2020 11:00	9,16
21/1/2020 0:00	1,10	21/4/2020 12:00	11,84	22/7/2020 0:00	1,46	21/10/2020 12:00	9,20
21/1/2020 1:00	1,72	21/4/2020 13:00	10,82	22/7/2020 1:00	1,30	21/10/2020 13:00	9,08
21/1/2020 2:00	2,10	21/4/2020 14:00	9,88	22/7/2020 2:00	1,27	21/10/2020 14:00	8,88
21/1/2020 3:00	2,08	21/4/2020 15:00	9,01	22/7/2020 3:00	1,53	21/10/2020 15:00	8,65
21/1/2020 4:00	1,76	21/4/2020 16:00	7,90	22/7/2020 4:00	1,89	21/10/2020 16:00	16,32
21/1/2020 5:00	1,66	21/4/2020 17:00	4,26	22/7/2020 5:00	1,86	21/10/2020 17:00	15,11
21/1/2020 6:00	1,60	21/4/2020 18:00	2,89	22/7/2020 6:00	1,69	21/10/2020 18:00	11,23
21/1/2020 7:00	1,07	21/4/2020 19:00	1,54	22/7/2020 7:00	3,58	21/10/2020 19:00	7,02
21/1/2020 8:00	2,63	21/4/2020 20:00	0,98	22/7/2020 8:00	7,94	21/10/2020 20:00	6,90
21/1/2020 9:00	3,87	21/4/2020 21:00	0,81	22/7/2020 9:00	9,63	21/10/2020 21:00	6,16

21/1/2020 10:00	6,77	21/4/2020 22:00	1,35	22/7/2020 10:00	10,67	21/10/2020 22:00	6,07
21/1/2020 11:00	7,27	21/4/2020 23:00	1,35	22/7/2020 11:00	11,28	21/10/2020 23:00	5,97
21/1/2020 12:00	7,59	22/4/2020 0:00	0,89	22/7/2020 12:00	11,40	22/10/2020 0:00	5,99
21/1/2020 13:00	7,71	22/4/2020 1:00	0,62	22/7/2020 13:00	11,01	22/10/2020 1:00	6,09
21/1/2020 14:00	7,52	22/4/2020 2:00	0,37	22/7/2020 14:00	10,26	22/10/2020 2:00	6,82
21/1/2020 15:00	6,73	22/4/2020 3:00	0,17	22/7/2020 15:00	9,51	22/10/2020 3:00	7,19
21/1/2020 16:00	3,60	22/4/2020 4:00	0,09	22/7/2020 16:00	8,86	22/10/2020 4:00	7,50
21/1/2020 17:00	2,30	22/4/2020 5:00	0,75	22/7/2020 17:00	7,42	22/10/2020 5:00	7,87
21/1/2020 18:00	0,74	22/4/2020 6:00	1,35	22/7/2020 18:00	3,84	22/10/2020 6:00	8,25
21/1/2020 19:00	0,30	22/4/2020 7:00	2,94	22/7/2020 19:00	2,63	22/10/2020 7:00	13,51
21/1/2020 20:00	1,15	22/4/2020 8:00	7,96	22/7/2020 20:00	2,62	22/10/2020 8:00	8,64
21/1/2020 21:00	1,71	22/4/2020 9:00	10,23	22/7/2020 21:00	2,59	22/10/2020 9:00	9,12
21/1/2020 22:00	2,20	22/4/2020 10:00	11,30	22/7/2020 22:00	1,97	22/10/2020 10:00	9,21
21/1/2020 23:00	3,06	22/4/2020 11:00	11,32	22/7/2020 23:00	1,11	22/10/2020 11:00	9,04
22/1/2020 0:00	4,84	22/4/2020 12:00	10,61	23/7/2020 0:00	0,07	22/10/2020 12:00	8,72
22/1/2020 1:00	4,94	22/4/2020 13:00	9,63	23/7/2020 1:00	0,77	22/10/2020 13:00	16,30
22/1/2020 2:00	5,15	22/4/2020 14:00	8,55	23/7/2020 2:00	0,94	22/10/2020 14:00	15,97
22/1/2020 3:00	5,11	22/4/2020 15:00	7,48	23/7/2020 3:00	0,90	22/10/2020 15:00	15,63
22/1/2020 4:00	5,14	22/4/2020 16:00	4,31	23/7/2020 4:00	0,96	22/10/2020 16:00	15,53
22/1/2020 5:00	5,43	22/4/2020 17:00	3,41	23/7/2020 5:00	1,29	22/10/2020 17:00	14,82
22/1/2020 6:00	5,27	22/4/2020 18:00	2,68	23/7/2020 6:00	1,80	22/10/2020 18:00	12,55
22/1/2020 7:00	4,25	22/4/2020 19:00	1,62	23/7/2020 7:00	3,50	22/10/2020 19:00	7,90
22/1/2020 8:00	1,32	22/4/2020 20:00	1,12	23/7/2020 8:00	8,25	22/10/2020 20:00	7,83
22/1/2020 9:00	0,82	22/4/2020 21:00	0,37	23/7/2020 9:00	10,63	22/10/2020 21:00	7,32
22/1/2020 10:00	1,22	22/4/2020 22:00	0,39	23/7/2020 10:00	11,36	22/10/2020 22:00	7,35
22/1/2020 11:00	1,31	22/4/2020 23:00	0,84	23/7/2020 11:00	11,32	22/10/2020 23:00	7,19
22/1/2020 12:00	1,30	23/4/2020 0:00	0,95	23/7/2020 12:00	11,05	23/10/2020 0:00	6,96
22/1/2020 13:00	1,25	23/4/2020 1:00	0,82	23/7/2020 13:00	10,57	23/10/2020 1:00	6,16
22/1/2020 14:00	0,98	23/4/2020 2:00	0,55	23/7/2020 14:00	9,98	23/10/2020 2:00	5,31
22/1/2020 15:00	0,59	23/4/2020 3:00	0,17	23/7/2020 15:00	9,23	23/10/2020 3:00	4,81
22/1/2020 16:00	0,58	23/4/2020 4:00	0,54	23/7/2020 16:00	8,48	23/10/2020 4:00	3,33
22/1/2020 17:00	0,46	23/4/2020 5:00	0,65	23/7/2020 17:00	7,34	23/10/2020 5:00	2,90
22/1/2020 18:00	0,55	23/4/2020 6:00	0,67	23/7/2020 18:00	4,13	23/10/2020 6:00	2,90
22/1/2020 19:00	1,29	23/4/2020 7:00	2,38	23/7/2020 19:00	2,98	23/10/2020 7:00	8,75
22/1/2020 20:00	1,95	23/4/2020 8:00	4,51	23/7/2020 20:00	2,90	23/10/2020 8:00	11,88
22/1/2020 21:00	2,53	23/4/2020 9:00	8,48	23/7/2020 21:00	2,70	23/10/2020 9:00	13,46
22/1/2020 22:00	3,00	23/4/2020 10:00	9,65	23/7/2020 22:00	2,31	23/10/2020 10:00	14,17
22/1/2020 23:00	3,17	23/4/2020 11:00	10,49	23/7/2020 23:00	1,82	23/10/2020 11:00	14,20
23/1/2020 0:00	3,14	23/4/2020 12:00	10,92	24/7/2020 0:00	1,16	23/10/2020 12:00	13,94
23/1/2020 1:00	2,86	23/4/2020 13:00	11,21	24/7/2020 1:00	0,76	23/10/2020 13:00	13,61
23/1/2020 2:00	2,50	23/4/2020 14:00	11,26	24/7/2020 2:00	0,52	23/10/2020 14:00	13,38
23/1/2020 3:00	2,32	23/4/2020 15:00	10,92	24/7/2020 3:00	0,58	23/10/2020 15:00	13,19
23/1/2020 4:00	2,26	23/4/2020 16:00	10,09	24/7/2020 4:00	1,26	23/10/2020 16:00	13,11
23/1/2020 5:00	2,49	23/4/2020 17:00	8,65	24/7/2020 5:00	1,66	23/10/2020 17:00	12,61
23/1/2020 6:00	2,53	23/4/2020 18:00	4,31	24/7/2020 6:00	1,27	23/10/2020 18:00	10,59

23/1/2020 7:00	2,64	23/4/2020 19:00	2,88	24/7/2020 7:00	2,00	23/10/2020 19:00	6,13
23/1/2020 8:00	1,12	23/4/2020 20:00	2,81	24/7/2020 8:00	3,35	23/10/2020 20:00	5,19
23/1/2020 9:00	0,69	23/4/2020 21:00	2,81	24/7/2020 9:00	4,20	23/10/2020 21:00	3,04
23/1/2020 10:00	2,05	23/4/2020 22:00	2,58	24/7/2020 10:00	7,15	23/10/2020 22:00	2,15
23/1/2020 11:00	2,64	23/4/2020 23:00	2,17	24/7/2020 11:00	7,98	23/10/2020 23:00	1,68
23/1/2020 12:00	2,75	24/4/2020 0:00	1,74	24/7/2020 12:00	8,40	24/10/2020 0:00	1,33
23/1/2020 13:00	2,59	24/4/2020 1:00	1,15	24/7/2020 13:00	8,53	24/10/2020 1:00	1,08
23/1/2020 14:00	2,21	24/4/2020 2:00	0,62	24/7/2020 14:00	8,36	24/10/2020 2:00	0,82
23/1/2020 15:00	2,05	24/4/2020 3:00	0,21	24/7/2020 15:00	7,94	24/10/2020 3:00	0,83
23/1/2020 16:00	2,00	24/4/2020 4:00	0,17	24/7/2020 16:00	7,63	24/10/2020 4:00	1,19
23/1/2020 17:00	1,96	24/4/2020 5:00	0,21	24/7/2020 17:00	6,82	24/10/2020 5:00	1,57
23/1/2020 18:00	1,29	24/4/2020 6:00	0,53	24/7/2020 18:00	4,16	24/10/2020 6:00	1,36
23/1/2020 19:00	0,93	24/4/2020 7:00	0,98	24/7/2020 19:00	3,16	24/10/2020 7:00	3,53
23/1/2020 20:00	0,87	24/4/2020 8:00	3,84	24/7/2020 20:00	3,31	24/10/2020 8:00	7,19
23/1/2020 21:00	1,18	24/4/2020 9:00	7,53	24/7/2020 21:00	3,48	24/10/2020 9:00	8,59
23/1/2020 22:00	1,77	24/4/2020 10:00	8,25	24/7/2020 22:00	3,39	24/10/2020 10:00	10,21
23/1/2020 23:00	2,15	24/4/2020 11:00	8,42	24/7/2020 23:00	3,32	24/10/2020 11:00	11,19
24/1/2020 0:00	2,30	24/4/2020 12:00	8,34	25/7/2020 0:00	3,12	24/10/2020 12:00	11,32
24/1/2020 1:00	2,40	24/4/2020 13:00	8,05	25/7/2020 1:00	3,11	24/10/2020 13:00	11,01
24/1/2020 2:00	2,31	24/4/2020 14:00	7,75	25/7/2020 2:00	3,21	24/10/2020 14:00	10,36
24/1/2020 3:00	1,99	24/4/2020 15:00	7,17	25/7/2020 3:00	3,09	24/10/2020 15:00	9,26
24/1/2020 4:00	1,49	24/4/2020 16:00	4,51	25/7/2020 4:00	3,14	24/10/2020 16:00	8,13
24/1/2020 5:00	1,26	24/4/2020 17:00	4,05	25/7/2020 5:00	2,92	24/10/2020 17:00	7,02
24/1/2020 6:00	1,10	24/4/2020 18:00	3,35	25/7/2020 6:00	3,37	24/10/2020 18:00	4,34
24/1/2020 7:00	0,69	24/4/2020 19:00	2,19	25/7/2020 7:00	8,40	24/10/2020 19:00	3,11
24/1/2020 8:00	2,08	24/4/2020 20:00	1,89	25/7/2020 8:00	11,44	24/10/2020 20:00	2,92
24/1/2020 9:00	3,10	24/4/2020 21:00	1,64	25/7/2020 9:00	13,30	24/10/2020 21:00	2,64
24/1/2020 10:00	4,50	24/4/2020 22:00	1,53	25/7/2020 10:00	14,36	24/10/2020 22:00	2,00
24/1/2020 11:00	8,44	24/4/2020 23:00	1,53	25/7/2020 11:00	14,90	24/10/2020 23:00	1,35
24/1/2020 12:00	9,40	25/4/2020 0:00	1,47	25/7/2020 12:00	15,03	25/10/2020 0:00	0,60
24/1/2020 13:00	9,88	25/4/2020 1:00	1,16	25/7/2020 13:00	14,67	25/10/2020 1:00	0,38
24/1/2020 14:00	10,07	25/4/2020 2:00	0,85	25/7/2020 14:00	14,05	25/10/2020 2:00	1,01
24/1/2020 15:00	9,96	25/4/2020 3:00	0,70	25/7/2020 15:00	13,36	25/10/2020 3:00	1,34
24/1/2020 16:00	9,44	25/4/2020 4:00	0,54	25/7/2020 16:00	12,24	25/10/2020 4:00	1,30
24/1/2020 17:00	7,71	25/4/2020 5:00	0,51	25/7/2020 17:00	10,25	25/10/2020 5:00	1,12
24/1/2020 18:00	3,67	25/4/2020 6:00	0,58	25/7/2020 18:00	7,61	25/10/2020 6:00	0,96
24/1/2020 19:00	2,49	25/4/2020 7:00	1,19	25/7/2020 19:00	5,18	25/10/2020 7:00	1,45
24/1/2020 20:00	2,52	25/4/2020 8:00	3,90	25/7/2020 20:00	5,57	25/10/2020 8:00	3,14
24/1/2020 21:00	2,44	25/4/2020 9:00	8,25	25/7/2020 21:00	5,91	25/10/2020 9:00	4,43
24/1/2020 22:00	2,07	25/4/2020 10:00	9,57	25/7/2020 22:00	7,13	25/10/2020 10:00	8,13
24/1/2020 23:00	1,48	25/4/2020 11:00	10,15	25/7/2020 23:00	7,52	25/10/2020 11:00	9,13
25/1/2020 0:00	0,67	25/4/2020 12:00	9,98	26/7/2020 0:00	7,32	25/10/2020 12:00	9,82
25/1/2020 1:00	0,20	25/4/2020 13:00	9,38	26/7/2020 1:00	6,86	25/10/2020 13:00	10,00
25/1/2020 2:00	0,54	25/4/2020 14:00	8,55	26/7/2020 2:00	6,38	25/10/2020 14:00	9,67
25/1/2020 3:00	0,51	25/4/2020 15:00	7,46	26/7/2020 3:00	5,95	25/10/2020 15:00	9,32

25/1/2020 4:00	0,04	25/4/2020 16:00	4,37	26/7/2020 4:00	5,61	25/10/2020 16:00	8,52
25/1/2020 5:00	0,77	25/4/2020 17:00	3,62	26/7/2020 5:00	5,40	25/10/2020 17:00	7,02
25/1/2020 6:00	1,55	25/4/2020 18:00	2,92	26/7/2020 6:00	5,41	25/10/2020 18:00	3,91
25/1/2020 7:00	2,71	25/4/2020 19:00	1,92	26/7/2020 7:00	9,98	25/10/2020 19:00	2,83
25/1/2020 8:00	3,62	25/4/2020 20:00	1,76	26/7/2020 8:00	13,67	25/10/2020 20:00	2,82
25/1/2020 9:00	4,39	25/4/2020 21:00	1,77	26/7/2020 9:00	15,61	25/10/2020 21:00	2,87
25/1/2020 10:00	4,35	25/4/2020 22:00	1,84	26/7/2020 10:00	8,58	25/10/2020 22:00	2,75
25/1/2020 11:00	4,22	25/4/2020 23:00	1,96	26/7/2020 11:00	8,64	25/10/2020 23:00	2,48
25/1/2020 12:00	4,26	26/4/2020 0:00	2,03	26/7/2020 12:00	16,34	26/10/2020 0:00	2,33
25/1/2020 13:00	4,30	26/4/2020 1:00	2,09	26/7/2020 13:00	15,93	26/10/2020 1:00	2,13
25/1/2020 14:00	4,35	26/4/2020 2:00	2,17	26/7/2020 14:00	15,19	26/10/2020 2:00	1,99
25/1/2020 15:00	4,35	26/4/2020 3:00	2,42	26/7/2020 15:00	14,17	26/10/2020 3:00	1,95
25/1/2020 16:00	4,11	26/4/2020 4:00	2,66	26/7/2020 16:00	13,21	26/10/2020 4:00	2,15
25/1/2020 17:00	3,44	26/4/2020 5:00	2,72	26/7/2020 17:00	11,32	26/10/2020 5:00	2,23
25/1/2020 18:00	3,01	26/4/2020 6:00	2,62	26/7/2020 18:00	8,07	26/10/2020 6:00	2,23
25/1/2020 19:00	2,36	26/4/2020 7:00	4,37	26/7/2020 19:00	5,29	26/10/2020 7:00	3,46
25/1/2020 20:00	2,49	26/4/2020 8:00	8,86	26/7/2020 20:00	5,43	26/10/2020 8:00	4,25
25/1/2020 21:00	2,45	26/4/2020 9:00	11,05	26/7/2020 21:00	5,11	26/10/2020 9:00	6,82
25/1/2020 22:00	2,17	26/4/2020 10:00	11,59	26/7/2020 22:00	4,79	26/10/2020 10:00	7,34
25/1/2020 23:00	1,80	26/4/2020 11:00	11,61	26/7/2020 23:00	3,41	26/10/2020 11:00	7,96
26/1/2020 0:00	1,28	26/4/2020 12:00	11,78	27/7/2020 0:00	3,27	26/10/2020 12:00	8,46
26/1/2020 1:00	0,63	26/4/2020 13:00	11,98	27/7/2020 1:00	3,18	26/10/2020 13:00	8,61
26/1/2020 2:00	0,32	26/4/2020 14:00	11,92	27/7/2020 2:00	3,16	26/10/2020 14:00	8,67
26/1/2020 3:00	0,69	26/4/2020 15:00	11,51	27/7/2020 3:00	3,18	26/10/2020 15:00	8,32
26/1/2020 4:00	0,79	26/4/2020 16:00	10,74	27/7/2020 4:00	3,06	26/10/2020 16:00	7,59
26/1/2020 5:00	0,67	26/4/2020 17:00	8,92	27/7/2020 5:00	2,82	26/10/2020 17:00	4,31
26/1/2020 6:00	0,49	26/4/2020 18:00	4,37	27/7/2020 6:00	2,54	26/10/2020 18:00	3,44
26/1/2020 7:00	1,08	26/4/2020 19:00	3,32	27/7/2020 7:00	3,92	26/10/2020 19:00	2,33
26/1/2020 8:00	3,14	26/4/2020 20:00	5,16	27/7/2020 8:00	8,23	26/10/2020 20:00	1,92
26/1/2020 9:00	4,18	26/4/2020 21:00	5,22	27/7/2020 9:00	10,09	26/10/2020 21:00	1,43
26/1/2020 10:00	4,52	26/4/2020 22:00	5,62	27/7/2020 10:00	11,92	26/10/2020 22:00	0,93
26/1/2020 11:00	6,79	26/4/2020 23:00	5,26	27/7/2020 11:00	13,30	26/10/2020 23:00	0,52
26/1/2020 12:00	7,19	27/4/2020 0:00	4,58	27/7/2020 12:00	13,72	27/10/2020 0:00	0,15
26/1/2020 13:00	7,42	27/4/2020 1:00	3,37	27/7/2020 13:00	13,38	27/10/2020 1:00	0,19
26/1/2020 14:00	7,05	27/4/2020 2:00	3,29	27/7/2020 14:00	12,38	27/10/2020 2:00	0,35
26/1/2020 15:00	4,24	27/4/2020 3:00	3,14	27/7/2020 15:00	11,03	27/10/2020 3:00	0,46
26/1/2020 16:00	3,82	27/4/2020 4:00	3,13	27/7/2020 16:00	9,50	27/10/2020 4:00	0,62
26/1/2020 17:00	3,45	27/4/2020 5:00	3,17	27/7/2020 17:00	7,63	27/10/2020 5:00	0,82
26/1/2020 18:00	2,88	27/4/2020 6:00	3,12	27/7/2020 18:00	3,80	27/10/2020 6:00	1,05
26/1/2020 19:00	2,00	27/4/2020 7:00	7,65	27/7/2020 19:00	2,51	27/10/2020 7:00	2,14
26/1/2020 20:00	1,75	27/4/2020 8:00	10,90	27/7/2020 20:00	2,21	27/10/2020 8:00	3,28
26/1/2020 21:00	1,45	27/4/2020 9:00	12,61	27/7/2020 21:00	1,98	27/10/2020 9:00	4,17
26/1/2020 22:00	0,76	27/4/2020 10:00	13,55	27/7/2020 22:00	2,35	27/10/2020 10:00	6,73
26/1/2020 23:00	0,33	27/4/2020 11:00	14,11	27/7/2020 23:00	2,39	27/10/2020 11:00	4,54
27/1/2020 0:00	0,59	27/4/2020 12:00	14,26	28/7/2020 0:00	2,37	27/10/2020 12:00	4,43

27/1/2020 1:00	0,77	27/4/2020 13:00	14,26	28/7/2020 1:00	2,29	27/10/2020 13:00	4,47
27/1/2020 2:00	0,67	27/4/2020 14:00	13,94	28/7/2020 2:00	2,20	27/10/2020 14:00	4,42
27/1/2020 3:00	0,49	27/4/2020 15:00	13,28	28/7/2020 3:00	2,25	27/10/2020 15:00	4,29
27/1/2020 4:00	0,63	27/4/2020 16:00	11,98	28/7/2020 4:00	2,27	27/10/2020 16:00	4,12
27/1/2020 5:00	0,85	27/4/2020 17:00	9,34	28/7/2020 5:00	2,17	27/10/2020 17:00	3,57
27/1/2020 6:00	1,16	27/4/2020 18:00	4,18	28/7/2020 6:00	2,15	27/10/2020 18:00	2,88
27/1/2020 7:00	2,61	27/4/2020 19:00	2,97	28/7/2020 7:00	3,39	27/10/2020 19:00	1,87
27/1/2020 8:00	4,01	27/4/2020 20:00	2,95	28/7/2020 8:00	7,96	27/10/2020 20:00	1,45
27/1/2020 9:00	7,05	27/4/2020 21:00	2,97	28/7/2020 9:00	10,23	27/10/2020 21:00	0,82
27/1/2020 10:00	7,46	27/4/2020 22:00	3,33	28/7/2020 10:00	11,61	27/10/2020 22:00	0,14
27/1/2020 11:00	7,52	27/4/2020 23:00	3,34	28/7/2020 11:00	12,57	27/10/2020 23:00	1,32
27/1/2020 12:00	7,48	28/4/2020 0:00	3,30	28/7/2020 12:00	13,13	28/10/2020 0:00	2,00
27/1/2020 13:00	7,53	28/4/2020 1:00	3,47	28/7/2020 13:00	13,26	28/10/2020 1:00	2,15
27/1/2020 14:00	7,48	28/4/2020 2:00	3,20	28/7/2020 14:00	12,90	28/10/2020 2:00	1,95
27/1/2020 15:00	7,02	28/4/2020 3:00	2,80	28/7/2020 15:00	12,24	28/10/2020 3:00	1,59
27/1/2020 16:00	4,50	28/4/2020 4:00	2,83	28/7/2020 16:00	10,99	28/10/2020 4:00	1,03
27/1/2020 17:00	3,91	28/4/2020 5:00	3,11	28/7/2020 17:00	8,94	28/10/2020 5:00	0,59
27/1/2020 18:00	2,64	28/4/2020 6:00	3,45	28/7/2020 18:00	4,34	28/10/2020 6:00	0,53
27/1/2020 19:00	1,49	28/4/2020 7:00	8,15	28/7/2020 19:00	2,98	28/10/2020 7:00	0,93
27/1/2020 20:00	1,25	28/4/2020 8:00	10,69	28/7/2020 20:00	2,97	28/10/2020 8:00	2,05
27/1/2020 21:00	1,12	28/4/2020 9:00	12,07	28/7/2020 21:00	2,81	28/10/2020 9:00	2,82
27/1/2020 22:00	0,92	28/4/2020 10:00	12,55	28/7/2020 22:00	2,31	28/10/2020 10:00	2,78
27/1/2020 23:00	0,83	28/4/2020 11:00	12,80	28/7/2020 23:00	2,03	28/10/2020 11:00	1,97
28/1/2020 0:00	0,98	28/4/2020 12:00	12,80	29/7/2020 0:00	2,12	28/10/2020 12:00	2,54
28/1/2020 1:00	1,08	28/4/2020 13:00	12,55	29/7/2020 1:00	2,27	28/10/2020 13:00	3,23
28/1/2020 2:00	1,07	28/4/2020 14:00	12,05	29/7/2020 2:00	2,41	28/10/2020 14:00	3,56
28/1/2020 3:00	0,99	28/4/2020 15:00	11,19	29/7/2020 3:00	2,51	28/10/2020 15:00	3,62
28/1/2020 4:00	0,95	28/4/2020 16:00	9,46	29/7/2020 4:00	2,76	28/10/2020 16:00	3,58
28/1/2020 5:00	1,19	28/4/2020 17:00	6,86	29/7/2020 5:00	3,36	28/10/2020 17:00	3,77
28/1/2020 6:00	1,33	28/4/2020 18:00	2,92	29/7/2020 6:00	4,72	28/10/2020 18:00	3,86
28/1/2020 7:00	0,59	28/4/2020 19:00	1,21	29/7/2020 7:00	8,69	28/10/2020 19:00	3,14
28/1/2020 8:00	1,25	28/4/2020 20:00	0,35	29/7/2020 8:00	11,63	28/10/2020 20:00	3,46
28/1/2020 9:00	3,27	28/4/2020 21:00	0,17	29/7/2020 9:00	13,74	28/10/2020 21:00	4,73
28/1/2020 10:00	3,61	28/4/2020 22:00	0,28	29/7/2020 10:00	14,80	28/10/2020 22:00	5,06
28/1/2020 11:00	3,48	28/4/2020 23:00	0,82	29/7/2020 11:00	14,94	28/10/2020 23:00	5,32
28/1/2020 12:00	3,52	29/4/2020 0:00	1,28	29/7/2020 12:00	14,69	29/10/2020 0:00	5,48
28/1/2020 13:00	3,58	29/4/2020 1:00	2,07	29/7/2020 13:00	14,26	29/10/2020 1:00	5,63
28/1/2020 14:00	3,43	29/4/2020 2:00	2,10	29/7/2020 14:00	13,55	29/10/2020 2:00	5,56
28/1/2020 15:00	3,39	29/4/2020 3:00	1,87	29/7/2020 15:00	12,74	29/10/2020 3:00	5,29
28/1/2020 16:00	3,69	29/4/2020 4:00	1,82	29/7/2020 16:00	11,73	29/10/2020 4:00	4,90
28/1/2020 17:00	3,63	29/4/2020 5:00	1,80	29/7/2020 17:00	10,21	29/10/2020 5:00	4,65
28/1/2020 18:00	2,46	29/4/2020 6:00	2,03	29/7/2020 18:00	8,19	29/10/2020 6:00	4,67
28/1/2020 19:00	0,96	29/4/2020 7:00	4,54	29/7/2020 19:00	5,54	29/10/2020 7:00	6,90
28/1/2020 20:00	0,67	29/4/2020 8:00	10,30	29/7/2020 20:00	5,40	29/10/2020 8:00	6,77
28/1/2020 21:00	0,80	29/4/2020 9:00	12,65	29/7/2020 21:00	4,92	29/10/2020 9:00	3,97

Fecha/Hora	Valor	Fecha/Hora	Valor	Fecha/Hora	Valor	Fecha/Hora	Valor
28/1/2020 22:00	0,82	29/4/2020 10:00	13,34	29/7/2020 22:00	4,62	29/10/2020 10:00	3,12
28/1/2020 23:00	0,78	29/4/2020 11:00	12,97	29/7/2020 23:00	4,85	29/10/2020 11:00	2,82
29/1/2020 0:00	0,73	29/4/2020 12:00	12,46	30/7/2020 0:00	5,15	29/10/2020 12:00	2,80
29/1/2020 1:00	0,77	29/4/2020 13:00	11,74	30/7/2020 1:00	5,19	29/10/2020 13:00	2,44
29/1/2020 2:00	0,72	29/4/2020 14:00	10,90	30/7/2020 2:00	5,61	29/10/2020 14:00	2,00
29/1/2020 3:00	0,71	29/4/2020 15:00	9,86	30/7/2020 3:00	6,00	29/10/2020 15:00	1,27
29/1/2020 4:00	0,74	29/4/2020 16:00	8,71	30/7/2020 4:00	6,65	29/10/2020 16:00	1,09
29/1/2020 5:00	0,83	29/4/2020 17:00	7,07	30/7/2020 5:00	7,69	29/10/2020 17:00	0,95
29/1/2020 6:00	0,97	29/4/2020 18:00	3,50	30/7/2020 6:00	8,30	29/10/2020 18:00	0,87
29/1/2020 7:00	1,00	29/4/2020 19:00	2,37	30/7/2020 7:00	12,96	29/10/2020 19:00	1,26
29/1/2020 8:00	2,38	29/4/2020 20:00	2,41	30/7/2020 8:00	15,47	29/10/2020 20:00	1,91
29/1/2020 9:00	3,41	29/4/2020 21:00	2,34	30/7/2020 9:00	9,36	29/10/2020 21:00	2,45
29/1/2020 10:00	4,25	29/4/2020 22:00	2,26	30/7/2020 10:00	9,56	29/10/2020 22:00	3,18
29/1/2020 11:00	7,02	29/4/2020 23:00	2,15	30/7/2020 11:00	9,15	29/10/2020 23:00	4,88
29/1/2020 12:00	7,44	30/4/2020 0:00	1,77	30/7/2020 12:00	8,59	30/10/2020 0:00	5,14
29/1/2020 13:00	7,61	30/4/2020 1:00	1,27	30/7/2020 13:00	15,30	30/10/2020 1:00	5,10
29/1/2020 14:00	7,44	30/4/2020 2:00	0,70	30/7/2020 14:00	14,24	30/10/2020 2:00	4,97
29/1/2020 15:00	4,55	30/4/2020 3:00	0,31	30/7/2020 15:00	13,34	30/10/2020 3:00	4,71
29/1/2020 16:00	3,95	30/4/2020 4:00	0,37	30/7/2020 16:00	12,72	30/10/2020 4:00	3,44
29/1/2020 17:00	2,88	30/4/2020 5:00	0,77	30/7/2020 17:00	11,28	30/10/2020 5:00	3,29
29/1/2020 18:00	2,47	30/4/2020 6:00	2,17	30/7/2020 18:00	9,03	30/10/2020 6:00	3,18
29/1/2020 19:00	1,86	30/4/2020 7:00	4,55	30/7/2020 19:00	6,54	30/10/2020 7:00	3,91
29/1/2020 20:00	1,73	30/4/2020 8:00	10,11	30/7/2020 20:00	6,51	30/10/2020 8:00	4,08
29/1/2020 21:00	1,73	30/4/2020 9:00	12,46	30/7/2020 21:00	6,59	30/10/2020 9:00	3,46
29/1/2020 22:00	2,03	30/4/2020 10:00	13,67	30/7/2020 22:00	6,43	30/10/2020 10:00	2,80
29/1/2020 23:00	2,33	30/4/2020 11:00	14,22	30/7/2020 23:00	6,13	30/10/2020 11:00	2,01
30/1/2020 0:00	2,51	30/4/2020 12:00	14,67	31/7/2020 0:00	6,01	30/10/2020 12:00	1,00
30/1/2020 1:00	2,56	30/4/2020 13:00	15,15	31/7/2020 1:00	6,08	30/10/2020 13:00	0,81
30/1/2020 2:00	2,65	30/4/2020 14:00	15,61	31/7/2020 2:00	6,21	30/10/2020 14:00	0,86
30/1/2020 3:00	2,87	30/4/2020 15:00	15,70	31/7/2020 3:00	6,37	30/10/2020 15:00	0,94
30/1/2020 4:00	3,17	30/4/2020 16:00	15,20	31/7/2020 4:00	6,51	30/10/2020 16:00	0,83
30/1/2020 5:00	4,64	30/4/2020 17:00	13,34	31/7/2020 5:00	6,68	30/10/2020 17:00	0,62
30/1/2020 6:00	5,15	30/4/2020 18:00	11,13	31/7/2020 6:00	6,93	30/10/2020 18:00	0,67
30/1/2020 7:00	8,07	30/4/2020 19:00	8,29	31/7/2020 7:00	11,40	30/10/2020 19:00	1,17
30/1/2020 8:00	9,07	30/4/2020 20:00	9,01	31/7/2020 8:00	15,03	30/10/2020 20:00	1,53
30/1/2020 9:00	9,48	30/4/2020 21:00	9,07	31/7/2020 9:00	8,72	30/10/2020 21:00	1,92
30/1/2020 10:00	9,50	30/4/2020 22:00	8,37	31/7/2020 10:00	9,11	30/10/2020 22:00	2,45
30/1/2020 11:00	9,40	30/4/2020 23:00	7,71	31/7/2020 11:00	9,05	30/10/2020 23:00	2,90
30/1/2020 12:00	9,11	1/5/2020 0:00	6,96	31/7/2020 12:00	8,82	31/10/2020 0:00	3,19
30/1/2020 13:00	8,98	1/5/2020 1:00	5,90	31/7/2020 13:00	8,59	31/10/2020 1:00	3,19
30/1/2020 14:00	8,84	1/5/2020 2:00	5,40	31/7/2020 14:00	16,09	31/10/2020 2:00	2,99
30/1/2020 15:00	8,52	1/5/2020 3:00	5,33	31/7/2020 15:00	15,47	31/10/2020 3:00	2,82
30/1/2020 16:00	7,59	1/5/2020 4:00	5,87	31/7/2020 16:00	14,94	31/10/2020 4:00	2,75
30/1/2020 17:00	4,34	1/5/2020 5:00	6,43	31/7/2020 17:00	13,26	31/10/2020 5:00	2,74
30/1/2020 18:00	3,48	1/5/2020 6:00	6,99	31/7/2020 18:00	10,86	31/10/2020 6:00	2,68

30/1/2020 19:00	2,64	1/5/2020 7:00	12,30	31/7/2020 19:00	7,56	31/10/2020 7:00	2,64
30/1/2020 20:00	2,98	1/5/2020 8:00	8,61	31/7/2020 20:00	7,57	31/10/2020 8:00	2,09
30/1/2020 21:00	3,34	1/5/2020 9:00	10,17	31/7/2020 21:00	7,39	31/10/2020 9:00	2,80
30/1/2020 22:00	4,63	1/5/2020 10:00	10,55	31/7/2020 22:00	7,01	31/10/2020 10:00	3,78
30/1/2020 23:00	5,07	1/5/2020 11:00	10,50	31/7/2020 23:00	6,68	31/10/2020 11:00	4,43
31/1/2020 0:00	5,12	1/5/2020 12:00	10,26	1/8/2020 0:00	6,29	31/10/2020 12:00	6,92
31/1/2020 1:00	5,22	1/5/2020 13:00	9,94	1/8/2020 1:00	6,26	31/10/2020 13:00	7,50
31/1/2020 2:00	5,14	1/5/2020 14:00	9,54	1/8/2020 2:00	6,20	31/10/2020 14:00	7,73
31/1/2020 3:00	6,14	1/5/2020 15:00	9,10	1/8/2020 3:00	6,17	31/10/2020 15:00	7,19
31/1/2020 4:00	7,20	1/5/2020 16:00	16,05	1/8/2020 4:00	5,65	31/10/2020 16:00	4,24
31/1/2020 5:00	8,39	1/5/2020 17:00	12,69	1/8/2020 5:00	5,11	31/10/2020 17:00	3,14
31/1/2020 6:00	8,79	1/5/2020 18:00	9,36	1/8/2020 6:00	3,41	31/10/2020 18:00	1,97
31/1/2020 7:00	14,09	1/5/2020 19:00	6,72	1/8/2020 7:00	8,34	31/10/2020 19:00	1,35
31/1/2020 8:00	14,51	1/5/2020 20:00	6,97	1/8/2020 8:00	11,15	31/10/2020 20:00	1,65
31/1/2020 9:00	14,49	1/5/2020 21:00	6,58	1/8/2020 9:00	13,24	31/10/2020 21:00	1,69
31/1/2020 10:00	14,26	1/5/2020 22:00	6,24	1/8/2020 10:00	14,34	31/10/2020 22:00	1,55
31/1/2020 11:00	13,97	1/5/2020 23:00	6,41	1/8/2020 11:00	14,92	31/10/2020 23:00	1,39
31/1/2020 12:00	13,59	2/5/2020 0:00	6,18	1/8/2020 12:00	14,90	1/11/2020 0:00	1,21
31/1/2020 13:00	13,11	2/5/2020 1:00	5,90	1/8/2020 13:00	14,74	1/11/2020 1:00	1,02
31/1/2020 14:00	12,24	2/5/2020 2:00	5,66	1/8/2020 14:00	14,51	1/11/2020 2:00	0,42
31/1/2020 15:00	11,30	2/5/2020 3:00	5,65	1/8/2020 15:00	13,97	1/11/2020 3:00	0,39
31/1/2020 16:00	10,23	2/5/2020 4:00	6,12	1/8/2020 16:00	13,28	1/11/2020 4:00	0,97
31/1/2020 17:00	8,40	2/5/2020 5:00	6,76	1/8/2020 17:00	12,13	1/11/2020 5:00	1,55
31/1/2020 18:00	4,09	2/5/2020 6:00	7,35	1/8/2020 18:00	9,96	1/11/2020 6:00	1,83
31/1/2020 19:00	2,75	2/5/2020 7:00	13,26	1/8/2020 19:00	6,79	1/11/2020 7:00	2,89
31/1/2020 20:00	2,81	2/5/2020 8:00	15,70	1/8/2020 20:00	6,82	1/11/2020 8:00	3,70
31/1/2020 21:00	3,01	2/5/2020 9:00	8,85	1/8/2020 21:00	6,18	1/11/2020 9:00	3,77
31/1/2020 22:00	3,02	2/5/2020 10:00	9,17	1/8/2020 22:00	5,43	1/11/2020 10:00	3,58
31/1/2020 23:00	2,74	2/5/2020 11:00	9,16	1/8/2020 23:00	5,43	1/11/2020 11:00	3,46
1/2/2020 0:00	2,21	2/5/2020 12:00	8,89	2/8/2020 0:00	5,01	1/11/2020 12:00	3,53
1/2/2020 1:00	1,97	2/5/2020 13:00	8,53	2/8/2020 1:00	4,89	1/11/2020 13:00	3,77
1/2/2020 2:00	1,98	2/5/2020 14:00	15,36	2/8/2020 2:00	4,88	1/11/2020 14:00	3,88
1/2/2020 3:00	2,07	2/5/2020 15:00	13,99	2/8/2020 3:00	4,94	1/11/2020 15:00	3,90
1/2/2020 4:00	2,36	2/5/2020 16:00	12,96	2/8/2020 4:00	4,93	1/11/2020 16:00	3,84
1/2/2020 5:00	2,54	2/5/2020 17:00	10,84	2/8/2020 5:00	4,94	1/11/2020 17:00	3,28
1/2/2020 6:00	2,69	2/5/2020 18:00	9,36	2/8/2020 6:00	5,03	1/11/2020 18:00	2,34
1/2/2020 7:00	6,77	2/5/2020 19:00	6,71	2/8/2020 7:00	8,96	1/11/2020 19:00	1,36
1/2/2020 8:00	10,63	2/5/2020 20:00	6,34	2/8/2020 8:00	11,44	1/11/2020 20:00	1,34
1/2/2020 9:00	13,80	2/5/2020 21:00	5,19	2/8/2020 9:00	12,63	1/11/2020 21:00	1,33
1/2/2020 10:00	16,03	2/5/2020 22:00	3,41	2/8/2020 10:00	13,09	1/11/2020 22:00	1,23
1/2/2020 11:00	8,85	2/5/2020 23:00	3,21	2/8/2020 11:00	13,07	1/11/2020 23:00	1,35
1/2/2020 12:00	8,90	3/5/2020 0:00	3,18	2/8/2020 12:00	12,67	2/11/2020 0:00	1,48
1/2/2020 13:00	8,62	3/5/2020 1:00	2,96	2/8/2020 13:00	12,17	2/11/2020 1:00	1,53
1/2/2020 14:00	15,70	3/5/2020 2:00	3,00	2/8/2020 14:00	11,80	2/11/2020 2:00	1,37
1/2/2020 15:00	14,28	3/5/2020 3:00	4,62	2/8/2020 15:00	11,42	2/11/2020 3:00	1,10

1/2/2020 16:00	12,24	3/5/2020 4:00	5,41	2/8/2020 16:00	10,84	2/11/2020 4:00	0,63
1/2/2020 17:00	9,30	3/5/2020 5:00	6,24	2/8/2020 17:00	9,86	2/11/2020 5:00	0,20
1/2/2020 18:00	4,39	3/5/2020 6:00	6,86	2/8/2020 18:00	8,38	2/11/2020 6:00	0,72
1/2/2020 19:00	3,16	3/5/2020 7:00	11,55	2/8/2020 19:00	5,71	2/11/2020 7:00	1,41
1/2/2020 20:00	3,18	3/5/2020 8:00	15,84	2/8/2020 20:00	6,09	2/11/2020 8:00	2,13
1/2/2020 21:00	3,09	3/5/2020 9:00	8,59	2/8/2020 21:00	5,90	2/11/2020 9:00	2,51
1/2/2020 22:00	2,94	3/5/2020 10:00	16,24	2/8/2020 22:00	5,22	2/11/2020 10:00	3,02
1/2/2020 23:00	2,89	3/5/2020 11:00	15,32	2/8/2020 23:00	4,82	2/11/2020 11:00	3,37
2/2/2020 0:00	2,86	3/5/2020 12:00	14,13	3/8/2020 0:00	5,15	2/11/2020 12:00	3,46
2/2/2020 1:00	2,60	3/5/2020 13:00	12,72	3/8/2020 1:00	5,33	2/11/2020 13:00	3,33
2/2/2020 2:00	2,19	3/5/2020 14:00	11,30	3/8/2020 2:00	5,40	2/11/2020 14:00	3,20
2/2/2020 3:00	1,71	3/5/2020 15:00	9,96	3/8/2020 3:00	5,50	2/11/2020 15:00	3,28
2/2/2020 4:00	1,59	3/5/2020 16:00	8,44	3/8/2020 4:00	5,44	2/11/2020 16:00	3,35
2/2/2020 5:00	1,74	3/5/2020 17:00	4,41	3/8/2020 5:00	5,36	2/11/2020 17:00	3,27
2/2/2020 6:00	1,98	3/5/2020 18:00	3,28	3/8/2020 6:00	5,26	2/11/2020 18:00	2,33
2/2/2020 7:00	4,33	3/5/2020 19:00	2,54	3/8/2020 7:00	9,67	2/11/2020 19:00	0,90
2/2/2020 8:00	9,23	3/5/2020 20:00	2,96	3/8/2020 8:00	12,19	2/11/2020 20:00	1,01
2/2/2020 9:00	12,03	3/5/2020 21:00	3,35	3/8/2020 9:00	13,80	2/11/2020 21:00	1,32
2/2/2020 10:00	13,55	3/5/2020 22:00	4,85	3/8/2020 10:00	15,22	2/11/2020 22:00	1,69
2/2/2020 11:00	13,74	3/5/2020 23:00	5,03	3/8/2020 11:00	15,99	2/11/2020 23:00	2,05
2/2/2020 12:00	13,51	4/5/2020 0:00	4,93	3/8/2020 12:00	16,15	3/11/2020 0:00	2,35
2/2/2020 13:00	12,63	4/5/2020 1:00	3,46	3/8/2020 13:00	15,74	3/11/2020 1:00	2,36
2/2/2020 14:00	11,36	4/5/2020 2:00	3,25	3/8/2020 14:00	14,95	3/11/2020 2:00	2,18
2/2/2020 15:00	9,98	4/5/2020 3:00	3,06	3/8/2020 15:00	14,15	3/11/2020 3:00	2,14
2/2/2020 16:00	8,67	4/5/2020 4:00	3,03	3/8/2020 16:00	13,30	3/11/2020 4:00	2,17
2/2/2020 17:00	6,80	4/5/2020 5:00	2,88	3/8/2020 17:00	12,01	3/11/2020 5:00	2,12
2/2/2020 18:00	3,48	4/5/2020 6:00	2,82	3/8/2020 18:00	9,21	3/11/2020 6:00	1,92
2/2/2020 19:00	2,56	4/5/2020 7:00	4,14	3/8/2020 19:00	6,31	3/11/2020 7:00	2,31
2/2/2020 20:00	2,69	4/5/2020 8:00	8,11	3/8/2020 20:00	6,86	3/11/2020 8:00	2,51
2/2/2020 21:00	2,73	4/5/2020 9:00	9,90	3/8/2020 21:00	6,86	3/11/2020 9:00	2,43
2/2/2020 22:00	2,65	4/5/2020 10:00	11,24	3/8/2020 22:00	7,03	3/11/2020 10:00	2,29
2/2/2020 23:00	2,30	4/5/2020 11:00	11,90	3/8/2020 23:00	7,05	3/11/2020 11:00	2,14
3/2/2020 0:00	2,11	4/5/2020 12:00	11,84	4/8/2020 0:00	6,43	3/11/2020 12:00	1,48
3/2/2020 1:00	2,02	4/5/2020 13:00	11,74	4/8/2020 1:00	5,69	3/11/2020 13:00	1,31
3/2/2020 2:00	1,91	4/5/2020 14:00	11,49	4/8/2020 2:00	5,07	3/11/2020 14:00	1,49
3/2/2020 3:00	2,06	4/5/2020 15:00	11,23	4/8/2020 3:00	4,59	3/11/2020 15:00	2,43
3/2/2020 4:00	2,16	4/5/2020 16:00	10,34	4/8/2020 4:00	3,27	3/11/2020 16:00	3,09
3/2/2020 5:00	2,09	4/5/2020 17:00	8,40	4/8/2020 5:00	3,40	3/11/2020 17:00	3,48
3/2/2020 6:00	2,01	4/5/2020 18:00	4,22	4/8/2020 6:00	4,67	3/11/2020 18:00	2,97
3/2/2020 7:00	4,45	4/5/2020 19:00	3,12	4/8/2020 7:00	8,69	3/11/2020 19:00	1,93
3/2/2020 8:00	9,92	4/5/2020 20:00	2,87	4/8/2020 8:00	12,63	3/11/2020 20:00	2,22
3/2/2020 9:00	12,15	4/5/2020 21:00	2,55	4/8/2020 9:00	14,34	3/11/2020 21:00	2,39
3/2/2020 10:00	13,28	4/5/2020 22:00	2,45	4/8/2020 10:00	14,82	3/11/2020 22:00	1,96
3/2/2020 11:00	13,78	4/5/2020 23:00	2,16	4/8/2020 11:00	14,92	3/11/2020 23:00	1,46
3/2/2020 12:00	13,99	5/5/2020 0:00	1,72	4/8/2020 12:00	14,59	4/11/2020 0:00	1,05

3/2/2020 13:00	13,94	5/5/2020 1:00	1,11	4/8/2020 13:00	14,22	4/11/2020 1:00	0,76
3/2/2020 14:00	13,44	5/5/2020 2:00	0,55	4/8/2020 14:00	13,72	4/11/2020 2:00	0,62
3/2/2020 15:00	12,51	5/5/2020 3:00	0,16	4/8/2020 15:00	12,96	4/11/2020 3:00	0,67
3/2/2020 16:00	11,19	5/5/2020 4:00	0,06	4/8/2020 16:00	12,03	4/11/2020 4:00	0,79
3/2/2020 17:00	9,19	5/5/2020 5:00	0,14	4/8/2020 17:00	10,82	4/11/2020 5:00	0,87
3/2/2020 18:00	4,26	5/5/2020 6:00	0,49	4/8/2020 18:00	9,15	4/11/2020 6:00	1,01
3/2/2020 19:00	2,34	5/5/2020 7:00	2,48	4/8/2020 19:00	6,14	4/11/2020 7:00	2,04
3/2/2020 20:00	1,87	5/5/2020 8:00	7,13	4/8/2020 20:00	5,84	4/11/2020 8:00	3,45
3/2/2020 21:00	1,54	5/5/2020 9:00	9,03	4/8/2020 21:00	4,86	4/11/2020 9:00	4,31
3/2/2020 22:00	1,13	5/5/2020 10:00	9,84	4/8/2020 22:00	3,16	4/11/2020 10:00	4,56
3/2/2020 23:00	0,82	5/5/2020 11:00	10,00	4/8/2020 23:00	2,94	4/11/2020 11:00	4,47
4/2/2020 0:00	0,88	5/5/2020 12:00	9,94	5/8/2020 0:00	2,96	4/11/2020 12:00	4,45
4/2/2020 1:00	1,03	5/5/2020 13:00	9,69	5/8/2020 1:00	3,07	4/11/2020 13:00	7,00
4/2/2020 2:00	1,03	5/5/2020 14:00	9,55	5/8/2020 2:00	3,25	4/11/2020 14:00	7,67
4/2/2020 3:00	1,43	5/5/2020 15:00	9,65	5/8/2020 3:00	3,33	4/11/2020 15:00	8,27
4/2/2020 4:00	1,73	5/5/2020 16:00	9,40	5/8/2020 4:00	3,04	4/11/2020 16:00	8,46
4/2/2020 5:00	2,13	5/5/2020 17:00	7,77	5/8/2020 5:00	2,86	4/11/2020 17:00	7,46
4/2/2020 6:00	2,50	5/5/2020 18:00	3,63	5/8/2020 6:00	2,76	4/11/2020 18:00	4,13
4/2/2020 7:00	7,90	5/5/2020 19:00	2,37	5/8/2020 7:00	7,04	4/11/2020 19:00	3,25
4/2/2020 8:00	10,76	5/5/2020 20:00	2,03	5/8/2020 8:00	10,48	4/11/2020 20:00	3,44
4/2/2020 9:00	12,15	5/5/2020 21:00	1,39	5/8/2020 9:00	12,86	4/11/2020 21:00	3,18
4/2/2020 10:00	12,61	5/5/2020 22:00	0,79	5/8/2020 10:00	15,26	4/11/2020 22:00	2,81
4/2/2020 11:00	12,94	5/5/2020 23:00	0,96	5/8/2020 11:00	8,73	4/11/2020 23:00	3,17
4/2/2020 12:00	12,78	6/5/2020 0:00	1,66	5/8/2020 12:00	8,95	5/11/2020 0:00	4,92
4/2/2020 13:00	12,19	6/5/2020 1:00	1,99	5/8/2020 13:00	8,93	5/11/2020 1:00	5,73
4/2/2020 14:00	11,13	6/5/2020 2:00	1,94	5/8/2020 14:00	8,80	5/11/2020 2:00	6,50
4/2/2020 15:00	9,71	6/5/2020 3:00	1,92	5/8/2020 15:00	8,53	5/11/2020 3:00	6,39
4/2/2020 16:00	8,02	6/5/2020 4:00	1,82	5/8/2020 16:00	15,59	5/11/2020 4:00	5,46
4/2/2020 17:00	4,24	6/5/2020 5:00	1,71	5/8/2020 17:00	13,70	5/11/2020 5:00	3,20
4/2/2020 18:00	3,19	6/5/2020 6:00	1,66	5/8/2020 18:00	10,61	5/11/2020 6:00	2,19
4/2/2020 19:00	1,95	6/5/2020 7:00	3,63	5/8/2020 19:00	6,79	5/11/2020 7:00	3,11
4/2/2020 20:00	1,63	6/5/2020 8:00	8,42	5/8/2020 20:00	6,38	5/11/2020 8:00	7,59
4/2/2020 21:00	1,38	6/5/2020 9:00	10,26	5/8/2020 21:00	5,29	5/11/2020 9:00	8,92
4/2/2020 22:00	1,02	6/5/2020 10:00	11,38	5/8/2020 22:00	4,79	5/11/2020 10:00	9,21
4/2/2020 23:00	0,85	6/5/2020 11:00	11,96	5/8/2020 23:00	3,38	5/11/2020 11:00	9,44
5/2/2020 0:00	0,95	6/5/2020 12:00	12,07	6/8/2020 0:00	3,23	5/11/2020 12:00	9,53
5/2/2020 1:00	1,06	6/5/2020 13:00	11,98	6/8/2020 1:00	3,21	5/11/2020 13:00	9,30
5/2/2020 2:00	1,07	6/5/2020 14:00	11,49	6/8/2020 2:00	3,27	5/11/2020 14:00	8,80
5/2/2020 3:00	1,06	6/5/2020 15:00	10,55	6/8/2020 3:00	3,36	5/11/2020 15:00	8,30
5/2/2020 4:00	1,13	6/5/2020 16:00	9,05	6/8/2020 4:00	4,86	5/11/2020 16:00	8,07
5/2/2020 5:00	1,22	6/5/2020 17:00	6,79	6/8/2020 5:00	5,33	5/11/2020 17:00	7,48
5/2/2020 6:00	1,58	6/5/2020 18:00	3,26	6/8/2020 6:00	5,87	5/11/2020 18:00	4,17
5/2/2020 7:00	3,79	6/5/2020 19:00	2,23	6/8/2020 7:00	11,17	5/11/2020 19:00	2,86
5/2/2020 8:00	8,42	6/5/2020 20:00	2,23	6/8/2020 8:00	14,61	5/11/2020 20:00	2,56
5/2/2020 9:00	9,63	6/5/2020 21:00	2,19	6/8/2020 9:00	16,32	5/11/2020 21:00	2,09

5/2/2020 10:00	10,28	6/5/2020 22:00	2,26	6/8/2020 10:00	8,84	5/11/2020 22:00	1,31
5/2/2020 11:00	10,26	6/5/2020 23:00	2,39	6/8/2020 11:00	8,95	5/11/2020 23:00	0,57
5/2/2020 12:00	9,92	7/5/2020 0:00	2,46	6/8/2020 12:00	8,93	6/11/2020 0:00	0,35
5/2/2020 13:00	9,53	7/5/2020 1:00	2,59	6/8/2020 13:00	8,86	6/11/2020 1:00	0,59
5/2/2020 14:00	9,09	7/5/2020 2:00	2,49	6/8/2020 14:00	8,67	6/11/2020 2:00	0,76
5/2/2020 15:00	8,53	7/5/2020 3:00	2,58	6/8/2020 15:00	15,92	6/11/2020 3:00	0,60
5/2/2020 16:00	7,71	7/5/2020 4:00	2,79	6/8/2020 16:00	15,07	6/11/2020 4:00	0,79
5/2/2020 17:00	4,54	7/5/2020 5:00	3,16	6/8/2020 17:00	13,44	6/11/2020 5:00	1,20
5/2/2020 18:00	3,61	7/5/2020 6:00	4,64	6/8/2020 18:00	10,49	6/11/2020 6:00	1,28
5/2/2020 19:00	2,31	7/5/2020 7:00	8,13	6/8/2020 19:00	6,90	6/11/2020 7:00	2,52
5/2/2020 20:00	2,16	7/5/2020 8:00	11,63	6/8/2020 20:00	6,48	6/11/2020 8:00	4,47
5/2/2020 21:00	2,11	7/5/2020 9:00	13,72	6/8/2020 21:00	5,49	6/11/2020 9:00	8,50
5/2/2020 22:00	2,04	7/5/2020 10:00	14,61	6/8/2020 22:00	4,75	6/11/2020 10:00	9,98
5/2/2020 23:00	1,76	7/5/2020 11:00	15,05	6/8/2020 23:00	4,65	6/11/2020 11:00	10,59
6/2/2020 0:00	1,31	7/5/2020 12:00	14,84	7/8/2020 0:00	4,67	6/11/2020 12:00	10,36
6/2/2020 1:00	0,98	7/5/2020 13:00	14,09	7/8/2020 1:00	4,80	6/11/2020 13:00	9,61
6/2/2020 2:00	0,68	7/5/2020 14:00	13,05	7/8/2020 2:00	4,93	6/11/2020 14:00	8,73
6/2/2020 3:00	0,54	7/5/2020 15:00	11,99	7/8/2020 3:00	5,36	6/11/2020 15:00	8,03
6/2/2020 4:00	0,61	7/5/2020 16:00	10,96	7/8/2020 4:00	5,88	6/11/2020 16:00	7,61
6/2/2020 5:00	1,01	7/5/2020 17:00	9,13	7/8/2020 5:00	6,54	6/11/2020 17:00	6,96
6/2/2020 6:00	1,57	7/5/2020 18:00	6,94	7/8/2020 6:00	6,82	6/11/2020 18:00	3,87
6/2/2020 7:00	2,75	7/5/2020 19:00	4,64	7/8/2020 7:00	11,99	6/11/2020 19:00	2,92
6/2/2020 8:00	3,37	7/5/2020 20:00	4,89	7/8/2020 8:00	15,59	6/11/2020 20:00	2,73
6/2/2020 9:00	4,22	7/5/2020 21:00	4,85	7/8/2020 9:00	8,99	6/11/2020 21:00	2,75
6/2/2020 10:00	7,63	7/5/2020 22:00	4,84	7/8/2020 10:00	9,28	6/11/2020 22:00	2,69
6/2/2020 11:00	8,57	7/5/2020 23:00	4,68	7/8/2020 11:00	9,13	6/11/2020 23:00	2,72
6/2/2020 12:00	9,09	8/5/2020 0:00	3,34	7/8/2020 12:00	8,94	7/11/2020 0:00	2,67
6/2/2020 13:00	9,26	8/5/2020 1:00	3,18	7/8/2020 13:00	8,83	7/11/2020 1:00	2,50
6/2/2020 14:00	9,44	8/5/2020 2:00	3,41	7/8/2020 14:00	8,52	7/11/2020 2:00	2,85
6/2/2020 15:00	9,38	8/5/2020 3:00	5,29	7/8/2020 15:00	15,45	7/11/2020 3:00	3,04
6/2/2020 16:00	9,05	8/5/2020 4:00	5,07	7/8/2020 16:00	14,20	7/11/2020 4:00	4,67
6/2/2020 17:00	8,17	8/5/2020 5:00	4,68	7/8/2020 17:00	12,13	7/11/2020 5:00	3,21
6/2/2020 18:00	4,17	8/5/2020 6:00	4,93	7/8/2020 18:00	9,36	7/11/2020 6:00	2,78
6/2/2020 19:00	2,56	8/5/2020 7:00	8,23	7/8/2020 19:00	6,26	7/11/2020 7:00	3,83
6/2/2020 20:00	2,45	8/5/2020 8:00	13,07	7/8/2020 20:00	6,24	7/11/2020 8:00	8,13
6/2/2020 21:00	2,41	8/5/2020 9:00	8,81	7/8/2020 21:00	6,01	7/11/2020 9:00	10,42
6/2/2020 22:00	2,10	8/5/2020 10:00	10,08	7/8/2020 22:00	6,09	7/11/2020 10:00	12,36
6/2/2020 23:00	1,67	8/5/2020 11:00	10,57	7/8/2020 23:00	5,94	7/11/2020 11:00	13,67
7/2/2020 0:00	1,37	8/5/2020 12:00	10,42	8/8/2020 0:00	5,88	7/11/2020 12:00	14,55
7/2/2020 1:00	1,06	8/5/2020 13:00	9,75	8/8/2020 1:00	6,00	7/11/2020 13:00	14,84
7/2/2020 2:00	0,96	8/5/2020 14:00	9,02	8/8/2020 2:00	6,29	7/11/2020 14:00	14,47
7/2/2020 3:00	1,24	8/5/2020 15:00	15,92	8/8/2020 3:00	6,26	7/11/2020 15:00	13,65
7/2/2020 4:00	1,85	8/5/2020 16:00	14,86	8/8/2020 4:00	6,17	7/11/2020 16:00	12,32
7/2/2020 5:00	2,39	8/5/2020 17:00	12,69	8/8/2020 5:00	6,22	7/11/2020 17:00	10,61
7/2/2020 6:00	2,54	8/5/2020 18:00	12,63	8/8/2020 6:00	6,33	7/11/2020 18:00	8,13

Fecha/Hora	Valor	Fecha/Hora	Valor	Fecha/Hora	Valor	Fecha/Hora	Valor
7/2/2020 7:00	3,96	8/5/2020 19:00	9,02	8/8/2020 7:00	11,21	7/11/2020 19:00	4,89
7/2/2020 8:00	7,17	8/5/2020 20:00	9,49	8/8/2020 8:00	13,78	7/11/2020 20:00	3,42
7/2/2020 9:00	7,48	8/5/2020 21:00	10,20	8/8/2020 9:00	14,97	7/11/2020 21:00	3,04
7/2/2020 10:00	7,52	8/5/2020 22:00	10,67	8/8/2020 10:00	15,78	7/11/2020 22:00	2,35
7/2/2020 11:00	8,09	8/5/2020 23:00	10,79	8/8/2020 11:00	8,60	7/11/2020 23:00	1,79
7/2/2020 12:00	9,21	9/5/2020 0:00	8,51	8/8/2020 12:00	8,76	8/11/2020 0:00	1,57
7/2/2020 13:00	10,07	9/5/2020 1:00	10,84	8/8/2020 13:00	8,77	8/11/2020 1:00	1,58
7/2/2020 14:00	10,21	9/5/2020 2:00	10,42	8/8/2020 14:00	8,51	8/11/2020 2:00	1,75
7/2/2020 15:00	9,59	9/5/2020 3:00	9,88	8/8/2020 15:00	15,32	8/11/2020 3:00	2,14
7/2/2020 16:00	9,07	9/5/2020 4:00	9,19	8/8/2020 16:00	13,78	8/11/2020 4:00	2,64
7/2/2020 17:00	8,21	9/5/2020 5:00	8,58	8/8/2020 17:00	11,55	8/11/2020 5:00	3,41
7/2/2020 18:00	4,16	9/5/2020 6:00	8,25	8/8/2020 18:00	8,67	8/11/2020 6:00	5,12
7/2/2020 19:00	2,68	9/5/2020 7:00	12,46	8/8/2020 19:00	5,22	8/11/2020 7:00	9,50
7/2/2020 20:00	2,76	9/5/2020 8:00	14,07	8/8/2020 20:00	5,01	8/11/2020 8:00	13,46
7/2/2020 21:00	2,95	9/5/2020 9:00	15,24	8/8/2020 21:00	4,80	8/11/2020 9:00	16,18
7/2/2020 22:00	3,09	9/5/2020 10:00	15,82	8/8/2020 22:00	3,37	8/11/2020 10:00	9,41
7/2/2020 23:00	3,09	9/5/2020 11:00	15,78	8/8/2020 23:00	3,47	8/11/2020 11:00	9,97
8/2/2020 0:00	2,85	9/5/2020 12:00	15,47	9/8/2020 0:00	4,60	8/11/2020 12:00	9,96
8/2/2020 1:00	2,40	9/5/2020 13:00	14,92	9/8/2020 1:00	4,68	8/11/2020 13:00	9,55
8/2/2020 2:00	1,95	9/5/2020 14:00	14,17	9/8/2020 2:00	4,93	8/11/2020 14:00	8,97
8/2/2020 3:00	1,57	9/5/2020 15:00	13,05	9/8/2020 3:00	5,33	8/11/2020 15:00	16,18
8/2/2020 4:00	1,33	9/5/2020 16:00	11,42	9/8/2020 4:00	5,80	8/11/2020 16:00	14,38
8/2/2020 5:00	1,32	9/5/2020 17:00	8,75	9/8/2020 5:00	6,24	8/11/2020 17:00	11,78
8/2/2020 6:00	1,24	9/5/2020 18:00	4,29	9/8/2020 6:00	6,41	8/11/2020 18:00	8,40
8/2/2020 7:00	2,34	9/5/2020 19:00	3,20	9/8/2020 7:00	10,92	8/11/2020 19:00	5,19
8/2/2020 8:00	3,86	9/5/2020 20:00	3,41	9/8/2020 8:00	14,09	8/11/2020 20:00	4,67
8/2/2020 9:00	7,00	9/5/2020 21:00	3,45	9/8/2020 9:00	15,49	8/11/2020 21:00	3,09
8/2/2020 10:00	7,77	9/5/2020 22:00	3,13	9/8/2020 10:00	15,72	8/11/2020 22:00	2,95
8/2/2020 11:00	8,11	9/5/2020 23:00	2,68	9/8/2020 11:00	15,53	8/11/2020 23:00	2,82
8/2/2020 12:00	7,78	10/5/2020 0:00	2,55	9/8/2020 12:00	15,17	9/11/2020 0:00	2,43
8/2/2020 13:00	7,40	10/5/2020 1:00	2,47	9/8/2020 13:00	14,76	9/11/2020 1:00	2,24
8/2/2020 14:00	6,77	10/5/2020 2:00	2,24	9/8/2020 14:00	14,32	9/11/2020 2:00	2,17
8/2/2020 15:00	4,18	10/5/2020 3:00	2,01	9/8/2020 15:00	13,90	9/11/2020 3:00	2,53
8/2/2020 16:00	3,95	10/5/2020 4:00	2,33	9/8/2020 16:00	13,44	9/11/2020 4:00	2,78
8/2/2020 17:00	3,58	10/5/2020 5:00	2,65	9/8/2020 17:00	12,21	9/11/2020 5:00	2,87
8/2/2020 18:00	2,89	10/5/2020 6:00	2,56	9/8/2020 18:00	9,88	9/11/2020 6:00	2,98
8/2/2020 19:00	1,73	10/5/2020 7:00	6,90	9/8/2020 19:00	6,26	9/11/2020 7:00	8,94
8/2/2020 20:00	1,50	10/5/2020 8:00	9,86	9/8/2020 20:00	6,05	9/11/2020 8:00	11,11
8/2/2020 21:00	1,47	10/5/2020 9:00	11,51	9/8/2020 21:00	5,57	9/11/2020 9:00	11,71
8/2/2020 22:00	1,52	10/5/2020 10:00	12,15	9/8/2020 22:00	5,07	9/11/2020 10:00	12,15
8/2/2020 23:00	1,69	10/5/2020 11:00	12,05	9/8/2020 23:00	3,47	9/11/2020 11:00	12,57
9/2/2020 0:00	1,86	10/5/2020 12:00	11,84	10/8/2020 0:00	3,09	9/11/2020 12:00	12,32
9/2/2020 1:00	2,06	10/5/2020 13:00	11,78	10/8/2020 1:00	2,88	9/11/2020 13:00	11,48
9/2/2020 2:00	2,25	10/5/2020 14:00	11,59	10/8/2020 2:00	2,71	9/11/2020 14:00	10,53
9/2/2020 3:00	2,49	10/5/2020 15:00	11,11	10/8/2020 3:00	2,74	9/11/2020 15:00	9,96

9/2/2020 4:00	2,71	10/5/2020 16:00	10,13	10/8/2020 4:00	2,90	9/11/2020 16:00	9,19
9/2/2020 5:00	3,13	10/5/2020 17:00	8,42	10/8/2020 5:00	2,71	9/11/2020 17:00	7,53
9/2/2020 6:00	4,58	10/5/2020 18:00	4,16	10/8/2020 6:00	2,53	9/11/2020 18:00	4,00
9/2/2020 7:00	8,52	10/5/2020 19:00	2,89	10/8/2020 7:00	4,39	9/11/2020 19:00	2,81
9/2/2020 8:00	11,94	10/5/2020 20:00	3,02	10/8/2020 8:00	9,51	9/11/2020 20:00	2,49
9/2/2020 9:00	12,78	10/5/2020 21:00	2,92	10/8/2020 9:00	11,57	9/11/2020 21:00	1,99
9/2/2020 10:00	12,90	10/5/2020 22:00	2,68	10/8/2020 10:00	13,28	9/11/2020 22:00	1,42
9/2/2020 11:00	12,30	10/5/2020 23:00	2,36	10/8/2020 11:00	14,42	9/11/2020 23:00	0,85
9/2/2020 12:00	11,24	11/5/2020 0:00	2,16	10/8/2020 12:00	14,51	10/11/2020 0:00	0,33
9/2/2020 13:00	10,03	11/5/2020 1:00	1,77	10/8/2020 13:00	14,09	10/11/2020 1:00	0,42
9/2/2020 14:00	9,26	11/5/2020 2:00	1,41	10/8/2020 14:00	13,38	10/11/2020 2:00	0,81
9/2/2020 15:00	8,94	11/5/2020 3:00	1,03	10/8/2020 15:00	12,49	10/11/2020 3:00	0,80
9/2/2020 16:00	8,50	11/5/2020 4:00	0,93	10/8/2020 16:00	11,61	10/11/2020 4:00	0,44
9/2/2020 17:00	7,53	11/5/2020 5:00	1,08	10/8/2020 17:00	10,11	10/11/2020 5:00	0,32
9/2/2020 18:00	4,26	11/5/2020 6:00	1,21	10/8/2020 18:00	7,65	10/11/2020 6:00	0,45
9/2/2020 19:00	3,29	11/5/2020 7:00	2,82	10/8/2020 19:00	3,30	10/11/2020 7:00	0,98
9/2/2020 20:00	3,44	11/5/2020 8:00	4,56	10/8/2020 20:00	2,77	10/11/2020 8:00	3,43
9/2/2020 21:00	3,45	11/5/2020 9:00	7,42	10/8/2020 21:00	2,46	10/11/2020 9:00	7,15
9/2/2020 22:00	3,28	11/5/2020 10:00	7,09	10/8/2020 22:00	2,18	10/11/2020 10:00	8,88
9/2/2020 23:00	3,13	11/5/2020 11:00	6,73	10/8/2020 23:00	1,95	10/11/2020 11:00	10,05
10/2/2020 0:00	2,99	11/5/2020 12:00	4,42	11/8/2020 0:00	1,97	10/11/2020 12:00	10,48
10/2/2020 1:00	2,70	11/5/2020 13:00	4,51	11/8/2020 1:00	2,14	10/11/2020 13:00	10,57
10/2/2020 2:00	2,87	11/5/2020 14:00	6,84	11/8/2020 2:00	2,13	10/11/2020 14:00	10,84
10/2/2020 3:00	3,30	11/5/2020 15:00	4,37	11/8/2020 3:00	1,97	10/11/2020 15:00	10,71
10/2/2020 4:00	5,23	11/5/2020 16:00	3,84	11/8/2020 4:00	2,04	10/11/2020 16:00	9,96
10/2/2020 5:00	5,66	11/5/2020 17:00	3,20	11/8/2020 5:00	2,01	10/11/2020 17:00	7,69
10/2/2020 6:00	6,13	11/5/2020 18:00	2,71	11/8/2020 6:00	1,78	10/11/2020 18:00	3,48
10/2/2020 7:00	11,17	11/5/2020 19:00	2,00	11/8/2020 7:00	2,92	10/11/2020 19:00	2,45
10/2/2020 8:00	14,78	11/5/2020 20:00	2,03	11/8/2020 8:00	4,34	10/11/2020 20:00	2,74
10/2/2020 9:00	15,43	11/5/2020 21:00	1,99	11/8/2020 9:00	7,40	10/11/2020 21:00	2,70
10/2/2020 10:00	15,51	11/5/2020 22:00	1,61	11/8/2020 10:00	8,46	10/11/2020 22:00	2,46
10/2/2020 11:00	15,49	11/5/2020 23:00	1,05	11/8/2020 11:00	9,50	10/11/2020 23:00	2,10
10/2/2020 12:00	15,30	12/5/2020 0:00	0,43	11/8/2020 12:00	10,17	11/11/2020 0:00	1,69
10/2/2020 13:00	14,92	12/5/2020 1:00	0,65	11/8/2020 13:00	10,61	11/11/2020 1:00	1,29
10/2/2020 14:00	14,47	12/5/2020 2:00	1,63	11/8/2020 14:00	10,53	11/11/2020 2:00	1,17
10/2/2020 15:00	13,63	12/5/2020 3:00	2,11	11/8/2020 15:00	9,82	11/11/2020 3:00	1,65
10/2/2020 16:00	12,53	12/5/2020 4:00	2,01	11/8/2020 16:00	9,34	11/11/2020 4:00	2,20
10/2/2020 17:00	11,15	12/5/2020 5:00	1,60	11/8/2020 17:00	8,59	11/11/2020 5:00	2,23
10/2/2020 18:00	8,69	12/5/2020 6:00	1,19	11/8/2020 18:00	7,15	11/11/2020 6:00	2,13
10/2/2020 19:00	5,12	12/5/2020 7:00	1,25	11/8/2020 19:00	3,35	11/11/2020 7:00	2,97
10/2/2020 20:00	4,99	12/5/2020 8:00	2,82	11/8/2020 20:00	2,90	11/11/2020 8:00	3,33
10/2/2020 21:00	5,95	12/5/2020 9:00	3,84	11/8/2020 21:00	2,30	11/11/2020 9:00	3,61
10/2/2020 22:00	6,45	12/5/2020 10:00	4,22	11/8/2020 22:00	2,06	11/11/2020 10:00	4,08
10/2/2020 23:00	6,25	12/5/2020 11:00	4,08	11/8/2020 23:00	2,08	11/11/2020 11:00	4,56
11/2/2020 0:00	6,03	12/5/2020 12:00	3,63	12/8/2020 0:00	2,26	11/11/2020 12:00	6,94

11/2/2020 1:00	5,56	12/5/2020 13:00	3,16	12/8/2020 1:00	2,68	11/11/2020 13:00	6,98
11/2/2020 2:00	4,77	12/5/2020 14:00	3,39	12/8/2020 2:00	3,06	11/11/2020 14:00	6,98
11/2/2020 3:00	3,26	12/5/2020 15:00	3,52	12/8/2020 3:00	3,48	11/11/2020 15:00	6,79
11/2/2020 4:00	3,25	12/5/2020 16:00	3,66	12/8/2020 4:00	3,17	11/11/2020 16:00	4,29
11/2/2020 5:00	3,42	12/5/2020 17:00	3,26	12/8/2020 5:00	2,83	11/11/2020 17:00	3,67
11/2/2020 6:00	4,65	12/5/2020 18:00	2,61	12/8/2020 6:00	2,36	11/11/2020 18:00	2,98
11/2/2020 7:00	9,63	12/5/2020 19:00	1,80	12/8/2020 7:00	3,96	11/11/2020 19:00	2,04
11/2/2020 8:00	13,07	12/5/2020 20:00	1,82	12/8/2020 8:00	7,78	11/11/2020 20:00	2,00
11/2/2020 9:00	14,09	12/5/2020 21:00	1,89	12/8/2020 9:00	8,96	11/11/2020 21:00	1,94
11/2/2020 10:00	14,38	12/5/2020 22:00	1,88	12/8/2020 10:00	10,25	11/11/2020 22:00	1,70
11/2/2020 11:00	14,51	12/5/2020 23:00	1,78	12/8/2020 11:00	11,51	11/11/2020 23:00	1,52
11/2/2020 12:00	14,26	13/5/2020 0:00	1,51	12/8/2020 12:00	12,13	12/11/2020 0:00	1,46
11/2/2020 13:00	13,53	13/5/2020 1:00	1,14	12/8/2020 13:00	12,28	12/11/2020 1:00	1,69
11/2/2020 14:00	12,55	13/5/2020 2:00	0,97	12/8/2020 14:00	12,03	12/11/2020 2:00	2,05
11/2/2020 15:00	11,55	13/5/2020 3:00	1,16	12/8/2020 15:00	11,59	12/11/2020 3:00	2,42
11/2/2020 16:00	10,36	13/5/2020 4:00	1,56	12/8/2020 16:00	10,63	12/11/2020 4:00	2,58
11/2/2020 17:00	8,71	13/5/2020 5:00	2,03	12/8/2020 17:00	9,13	12/11/2020 5:00	2,56
11/2/2020 18:00	4,45	13/5/2020 6:00	2,42	12/8/2020 18:00	7,15	12/11/2020 6:00	2,46
11/2/2020 19:00	2,97	13/5/2020 7:00	3,44	12/8/2020 19:00	3,37	12/11/2020 7:00	3,23
11/2/2020 20:00	2,89	13/5/2020 8:00	3,43	12/8/2020 20:00	3,00	12/11/2020 8:00	3,32
11/2/2020 21:00	2,84	13/5/2020 9:00	2,98	12/8/2020 21:00	2,69	12/11/2020 9:00	3,06
11/2/2020 22:00	2,92	13/5/2020 10:00	2,76	12/8/2020 22:00	2,46	12/11/2020 10:00	3,18
11/2/2020 23:00	3,11	13/5/2020 11:00	2,69	12/8/2020 23:00	2,16	12/11/2020 11:00	3,45
12/2/2020 0:00	2,73	13/5/2020 12:00	2,76	13/8/2020 0:00	1,75	12/11/2020 12:00	3,86
12/2/2020 1:00	2,51	13/5/2020 13:00	2,97	13/8/2020 1:00	1,58	12/11/2020 13:00	4,30
12/2/2020 2:00	2,39	13/5/2020 14:00	3,22	13/8/2020 2:00	1,49	12/11/2020 14:00	6,77
12/2/2020 3:00	2,13	13/5/2020 15:00	3,23	13/8/2020 3:00	1,59	12/11/2020 15:00	7,02
12/2/2020 4:00	2,31	13/5/2020 16:00	2,95	13/8/2020 4:00	1,98	12/11/2020 16:00	6,86
12/2/2020 5:00	2,59	13/5/2020 17:00	2,24	13/8/2020 5:00	2,03	12/11/2020 17:00	4,07
12/2/2020 6:00	3,26	13/5/2020 18:00	1,00	13/8/2020 6:00	2,11	12/11/2020 18:00	3,31
12/2/2020 7:00	9,07	13/5/2020 19:00	0,65	13/8/2020 7:00	4,41	12/11/2020 19:00	2,12
12/2/2020 8:00	12,38	13/5/2020 20:00	0,54	13/8/2020 8:00	9,13	12/11/2020 20:00	1,61
12/2/2020 9:00	14,32	13/5/2020 21:00	0,69	13/8/2020 9:00	10,78	12/11/2020 21:00	1,09
12/2/2020 10:00	14,99	13/5/2020 22:00	0,97	13/8/2020 10:00	11,86	12/11/2020 22:00	1,22
12/2/2020 11:00	14,99	13/5/2020 23:00	0,85	13/8/2020 11:00	12,40	12/11/2020 23:00	1,75
12/2/2020 12:00	14,80	14/5/2020 0:00	0,56	13/8/2020 12:00	12,51	13/11/2020 0:00	2,12
12/2/2020 13:00	14,44	14/5/2020 1:00	0,73	13/8/2020 13:00	12,30	13/11/2020 1:00	2,51
12/2/2020 14:00	13,74	14/5/2020 2:00	1,09	13/8/2020 14:00	11,80	13/11/2020 2:00	2,70
12/2/2020 15:00	12,59	14/5/2020 3:00	1,58	13/8/2020 15:00	11,17	13/11/2020 3:00	2,68
12/2/2020 16:00	11,17	14/5/2020 4:00	2,04	13/8/2020 16:00	10,65	13/11/2020 4:00	2,54
12/2/2020 17:00	9,40	14/5/2020 5:00	2,43	13/8/2020 17:00	9,84	13/11/2020 5:00	2,55
12/2/2020 18:00	4,50	14/5/2020 6:00	2,50	13/8/2020 18:00	8,36	13/11/2020 6:00	2,33
12/2/2020 19:00	3,14	14/5/2020 7:00	3,26	13/8/2020 19:00	5,48	13/11/2020 7:00	2,42
12/2/2020 20:00	3,20	14/5/2020 8:00	4,54	13/8/2020 20:00	5,52	13/11/2020 8:00	2,68
12/2/2020 21:00	3,39	14/5/2020 9:00	8,59	13/8/2020 21:00	5,20	13/11/2020 9:00	3,35

12/2/2020 22:00	3,47	14/5/2020 10:00	9,65	13/8/2020 22:00	5,02	13/11/2020 10:00	4,03
12/2/2020 23:00	3,36	14/5/2020 11:00	9,65	13/8/2020 23:00	4,67	13/11/2020 11:00	4,48
13/2/2020 0:00	3,16	14/5/2020 12:00	9,30	14/8/2020 0:00	3,19	13/11/2020 12:00	6,98
13/2/2020 1:00	2,89	14/5/2020 13:00	8,86	14/8/2020 1:00	2,84	13/11/2020 13:00	7,28
13/2/2020 2:00	2,70	14/5/2020 14:00	8,42	14/8/2020 2:00	2,58	13/11/2020 14:00	7,59
13/2/2020 3:00	2,49	14/5/2020 15:00	7,88	14/8/2020 3:00	2,16	13/11/2020 15:00	7,82
13/2/2020 4:00	2,27	14/5/2020 16:00	7,36	14/8/2020 4:00	1,80	13/11/2020 16:00	7,82
13/2/2020 5:00	2,05	14/5/2020 17:00	4,48	14/8/2020 5:00	1,56	13/11/2020 17:00	6,88
13/2/2020 6:00	2,08	14/5/2020 18:00	3,52	14/8/2020 6:00	1,60	13/11/2020 18:00	3,66
13/2/2020 7:00	4,14	14/5/2020 19:00	2,27	14/8/2020 7:00	3,60	13/11/2020 19:00	2,12
13/2/2020 8:00	9,36	14/5/2020 20:00	2,25	14/8/2020 8:00	7,52	13/11/2020 20:00	1,62
13/2/2020 9:00	11,05	14/5/2020 21:00	2,26	14/8/2020 9:00	9,34	13/11/2020 21:00	1,16
13/2/2020 10:00	11,76	14/5/2020 22:00	2,13	14/8/2020 10:00	10,90	13/11/2020 22:00	0,82
13/2/2020 11:00	12,32	14/5/2020 23:00	2,13	14/8/2020 11:00	11,90	13/11/2020 23:00	0,81
13/2/2020 12:00	12,72	15/5/2020 0:00	2,09	14/8/2020 12:00	12,32	14/11/2020 0:00	1,05
13/2/2020 13:00	12,78	15/5/2020 1:00	1,94	14/8/2020 13:00	12,38	14/11/2020 1:00	1,26
13/2/2020 14:00	12,49	15/5/2020 2:00	1,80	14/8/2020 14:00	12,26	14/11/2020 2:00	1,18
13/2/2020 15:00	12,01	15/5/2020 3:00	1,68	14/8/2020 15:00	12,03	14/11/2020 3:00	0,98
13/2/2020 16:00	11,40	15/5/2020 4:00	1,99	14/8/2020 16:00	11,44	14/11/2020 4:00	0,62
13/2/2020 17:00	9,90	15/5/2020 5:00	2,67	14/8/2020 17:00	10,05	14/11/2020 5:00	0,39
13/2/2020 18:00	7,27	15/5/2020 6:00	3,46	14/8/2020 18:00	8,21	14/11/2020 6:00	0,62
13/2/2020 19:00	4,99	15/5/2020 7:00	8,11	14/8/2020 19:00	5,09	14/11/2020 7:00	0,75
13/2/2020 20:00	5,52	15/5/2020 8:00	11,21	14/8/2020 20:00	4,64	14/11/2020 8:00	0,77
13/2/2020 21:00	5,39	15/5/2020 9:00	12,80	14/8/2020 21:00	4,65	14/11/2020 9:00	1,32
13/2/2020 22:00	5,18	15/5/2020 10:00	12,99	14/8/2020 22:00	4,58	14/11/2020 10:00	2,64
13/2/2020 23:00	5,45	15/5/2020 11:00	12,55	14/8/2020 23:00	4,77	14/11/2020 11:00	3,14
14/2/2020 0:00	5,44	15/5/2020 12:00	11,86	15/8/2020 0:00	3,32	14/11/2020 12:00	3,15
14/2/2020 1:00	5,66	15/5/2020 13:00	11,01	15/8/2020 1:00	2,93	14/11/2020 13:00	3,03
14/2/2020 2:00	5,45	15/5/2020 14:00	9,67	15/8/2020 2:00	2,79	14/11/2020 14:00	3,07
14/2/2020 3:00	4,95	15/5/2020 15:00	8,27	15/8/2020 3:00	2,94	14/11/2020 15:00	3,18
14/2/2020 4:00	4,94	15/5/2020 16:00	6,92	15/8/2020 4:00	3,46	14/11/2020 16:00	3,19
14/2/2020 5:00	4,81	15/5/2020 17:00	3,73	15/8/2020 5:00	3,39	14/11/2020 17:00	3,12
14/2/2020 6:00	3,24	15/5/2020 18:00	2,85	15/8/2020 6:00	3,13	14/11/2020 18:00	3,10
14/2/2020 7:00	9,26	15/5/2020 19:00	2,25	15/8/2020 7:00	7,21	14/11/2020 19:00	2,05
14/2/2020 8:00	12,53	15/5/2020 20:00	2,60	15/8/2020 8:00	11,21	14/11/2020 20:00	1,58
14/2/2020 9:00	13,95	15/5/2020 21:00	3,09	15/8/2020 9:00	13,74	14/11/2020 21:00	1,06
14/2/2020 10:00	14,17	15/5/2020 22:00	3,33	15/8/2020 10:00	14,84	14/11/2020 22:00	0,64
14/2/2020 11:00	13,80	15/5/2020 23:00	4,68	15/8/2020 11:00	14,88	14/11/2020 23:00	0,74
14/2/2020 12:00	13,26	16/5/2020 0:00	5,12	15/8/2020 12:00	14,19	15/11/2020 0:00	1,31
14/2/2020 13:00	12,90	16/5/2020 1:00	5,44	15/8/2020 13:00	13,07	15/11/2020 1:00	1,82
14/2/2020 14:00	12,76	16/5/2020 2:00	5,65	15/8/2020 14:00	12,11	15/11/2020 2:00	1,82
14/2/2020 15:00	12,34	16/5/2020 3:00	6,42	15/8/2020 15:00	11,42	15/11/2020 3:00	1,49
14/2/2020 16:00	11,74	16/5/2020 4:00	6,94	15/8/2020 16:00	10,67	15/11/2020 4:00	0,91
14/2/2020 17:00	10,30	16/5/2020 5:00	7,32	15/8/2020 17:00	9,17	15/11/2020 5:00	0,52
14/2/2020 18:00	7,78	16/5/2020 6:00	7,69	15/8/2020 18:00	7,11	15/11/2020 6:00	0,03

14/2/2020 19:00	5,36	16/5/2020 7:00	13,13	15/8/2020 19:00	3,44	15/11/2020 7:00	1,09
14/2/2020 20:00	6,05	16/5/2020 8:00	16,24	15/8/2020 20:00	3,38	15/11/2020 8:00	3,22
14/2/2020 21:00	6,39	16/5/2020 9:00	9,02	15/8/2020 21:00	3,18	15/11/2020 9:00	4,09
14/2/2020 22:00	6,33	16/5/2020 10:00	9,17	15/8/2020 22:00	2,66	15/11/2020 10:00	6,88
14/2/2020 23:00	6,52	16/5/2020 11:00	9,09	15/8/2020 23:00	2,16	15/11/2020 11:00	7,17
15/2/2020 0:00	6,42	16/5/2020 12:00	8,90	16/8/2020 0:00	1,67	15/11/2020 12:00	7,21
15/2/2020 1:00	6,18	16/5/2020 13:00	8,66	16/8/2020 1:00	1,73	15/11/2020 13:00	7,28
15/2/2020 2:00	6,30	16/5/2020 14:00	15,92	16/8/2020 2:00	1,99	15/11/2020 14:00	7,52
15/2/2020 3:00	6,73	16/5/2020 15:00	15,09	16/8/2020 3:00	2,24	15/11/2020 15:00	7,52
15/2/2020 4:00	7,15	16/5/2020 16:00	14,28	16/8/2020 4:00	2,50	15/11/2020 16:00	7,27
15/2/2020 5:00	6,82	16/5/2020 17:00	12,76	16/8/2020 5:00	2,76	15/11/2020 17:00	4,39
15/2/2020 6:00	6,77	16/5/2020 18:00	9,94	16/8/2020 6:00	2,91	15/11/2020 18:00	3,84
15/2/2020 7:00	10,99	16/5/2020 19:00	7,16	16/8/2020 7:00	7,34	15/11/2020 19:00	2,90
15/2/2020 8:00	13,07	16/5/2020 20:00	7,98	16/8/2020 8:00	11,38	15/11/2020 20:00	2,87
15/2/2020 9:00	14,65	16/5/2020 21:00	8,00	16/8/2020 9:00	13,55	15/11/2020 21:00	2,80
15/2/2020 10:00	15,57	16/5/2020 22:00	7,82	16/8/2020 10:00	14,24	15/11/2020 22:00	2,58
15/2/2020 11:00	16,11	16/5/2020 23:00	7,40	16/8/2020 11:00	13,84	15/11/2020 23:00	2,31
15/2/2020 12:00	15,88	17/5/2020 0:00	7,11	16/8/2020 12:00	13,28	16/11/2020 0:00	2,04
15/2/2020 13:00	15,42	17/5/2020 1:00	6,71	16/8/2020 13:00	12,84	16/11/2020 1:00	1,70
15/2/2020 14:00	14,84	17/5/2020 2:00	6,46	16/8/2020 14:00	12,46	16/11/2020 2:00	1,19
15/2/2020 15:00	14,15	17/5/2020 3:00	6,41	16/8/2020 15:00	11,84	16/11/2020 3:00	0,65
15/2/2020 16:00	13,17	17/5/2020 4:00	6,64	16/8/2020 16:00	11,13	16/11/2020 4:00	0,43
15/2/2020 17:00	11,78	17/5/2020 5:00	6,85	16/8/2020 17:00	9,30	16/11/2020 5:00	0,59
15/2/2020 18:00	8,69	17/5/2020 6:00	6,89	16/8/2020 18:00	6,77	16/11/2020 6:00	0,81
15/2/2020 19:00	5,97	17/5/2020 7:00	10,00	16/8/2020 19:00	3,03	16/11/2020 7:00	1,22
15/2/2020 20:00	6,55	17/5/2020 8:00	12,24	16/8/2020 20:00	2,63	16/11/2020 8:00	2,56
15/2/2020 21:00	6,22	17/5/2020 9:00	14,36	16/8/2020 21:00	2,15	16/11/2020 9:00	3,44
15/2/2020 22:00	5,31	17/5/2020 10:00	15,49	16/8/2020 22:00	1,45	16/11/2020 10:00	4,30
15/2/2020 23:00	3,45	17/5/2020 11:00	15,40	16/8/2020 23:00	1,10	16/11/2020 11:00	7,52
16/2/2020 0:00	2,78	17/5/2020 12:00	14,57	17/8/2020 0:00	1,02	16/11/2020 12:00	8,25
16/2/2020 1:00	2,27	17/5/2020 13:00	13,90	17/8/2020 1:00	0,98	16/11/2020 13:00	8,44
16/2/2020 2:00	2,03	17/5/2020 14:00	13,38	17/8/2020 2:00	0,85	16/11/2020 14:00	8,36
16/2/2020 3:00	2,06	17/5/2020 15:00	12,44	17/8/2020 3:00	0,38	16/11/2020 15:00	8,09
16/2/2020 4:00	2,17	17/5/2020 16:00	11,30	17/8/2020 4:00	0,25	16/11/2020 16:00	7,48
16/2/2020 5:00	2,46	17/5/2020 17:00	9,50	17/8/2020 5:00	0,68	16/11/2020 17:00	4,29
16/2/2020 6:00	3,28	17/5/2020 18:00	6,75	17/8/2020 6:00	0,89	16/11/2020 18:00	3,45
16/2/2020 7:00	8,28	17/5/2020 19:00	3,30	17/8/2020 7:00	1,34	16/11/2020 19:00	2,13
16/2/2020 8:00	12,96	17/5/2020 20:00	3,32	17/8/2020 8:00	3,29	16/11/2020 20:00	1,62
16/2/2020 9:00	16,30	17/5/2020 21:00	3,29	17/8/2020 9:00	4,47	16/11/2020 21:00	1,06
16/2/2020 10:00	8,96	17/5/2020 22:00	2,97	17/8/2020 10:00	8,05	16/11/2020 22:00	0,38
16/2/2020 11:00	8,63	17/5/2020 23:00	2,76	17/8/2020 11:00	9,32	16/11/2020 23:00	0,39
16/2/2020 12:00	15,80	18/5/2020 0:00	2,70	17/8/2020 12:00	9,88	17/11/2020 0:00	0,63
16/2/2020 13:00	15,03	18/5/2020 1:00	2,55	17/8/2020 13:00	9,80	17/11/2020 1:00	0,89
16/2/2020 14:00	13,94	18/5/2020 2:00	2,31	17/8/2020 14:00	9,71	17/11/2020 2:00	1,00
16/2/2020 15:00	12,96	18/5/2020 3:00	2,22	17/8/2020 15:00	9,71	17/11/2020 3:00	0,96

16/2/2020 16:00	12,15	18/5/2020 4:00	2,20	17/8/2020 16:00	9,19	17/11/2020 4:00	0,96
16/2/2020 17:00	10,59	18/5/2020 5:00	2,32	17/8/2020 17:00	7,73	17/11/2020 5:00	0,98
16/2/2020 18:00	7,34	18/5/2020 6:00	2,44	17/8/2020 18:00	4,11	17/11/2020 6:00	1,00
16/2/2020 19:00	3,16	18/5/2020 7:00	6,75	17/8/2020 19:00	2,63	17/11/2020 7:00	1,31
16/2/2020 20:00	3,02	18/5/2020 8:00	9,59	17/8/2020 20:00	2,09	17/11/2020 8:00	2,58
16/2/2020 21:00	2,96	18/5/2020 9:00	11,03	17/8/2020 21:00	1,48	17/11/2020 9:00	3,53
16/2/2020 22:00	2,77	18/5/2020 10:00	11,55	17/8/2020 22:00	0,73	17/11/2020 10:00	4,38
16/2/2020 23:00	2,33	18/5/2020 11:00	11,71	17/8/2020 23:00	0,49	17/11/2020 11:00	7,23
17/2/2020 0:00	1,98	18/5/2020 12:00	11,63	18/8/2020 0:00	0,40	17/11/2020 12:00	7,65
17/2/2020 1:00	2,04	18/5/2020 13:00	11,30	18/8/2020 1:00	0,57	17/11/2020 13:00	7,84
17/2/2020 2:00	2,18	18/5/2020 14:00	10,76	18/8/2020 2:00	0,77	17/11/2020 14:00	7,84
17/2/2020 3:00	2,46	18/5/2020 15:00	10,09	18/8/2020 3:00	0,87	17/11/2020 15:00	7,38
17/2/2020 4:00	2,76	18/5/2020 16:00	9,03	18/8/2020 4:00	0,78	17/11/2020 16:00	4,55
17/2/2020 5:00	3,47	18/5/2020 17:00	7,15	18/8/2020 5:00	0,69	17/11/2020 17:00	3,83
17/2/2020 6:00	5,12	18/5/2020 18:00	3,48	18/8/2020 6:00	0,58	17/11/2020 18:00	2,97
17/2/2020 7:00	9,67	18/5/2020 19:00	2,22	18/8/2020 7:00	0,84	17/11/2020 19:00	1,91
17/2/2020 8:00	12,76	18/5/2020 20:00	2,03	18/8/2020 8:00	2,29	17/11/2020 20:00	1,71
17/2/2020 9:00	14,78	18/5/2020 21:00	2,08	18/8/2020 9:00	3,44	17/11/2020 21:00	1,35
17/2/2020 10:00	15,84	18/5/2020 22:00	2,24	18/8/2020 10:00	4,20	17/11/2020 22:00	0,84
17/2/2020 11:00	16,32	18/5/2020 23:00	2,62	18/8/2020 11:00	7,04	17/11/2020 23:00	0,94
17/2/2020 12:00	16,17	19/5/2020 0:00	3,03	18/8/2020 12:00	8,25	18/11/2020 0:00	1,53
17/2/2020 13:00	15,63	19/5/2020 1:00	3,02	18/8/2020 13:00	9,05	18/11/2020 1:00	1,93
17/2/2020 14:00	15,05	19/5/2020 2:00	3,08	18/8/2020 14:00	8,50	18/11/2020 2:00	1,97
17/2/2020 15:00	14,44	19/5/2020 3:00	3,19	18/8/2020 15:00	7,28	18/11/2020 3:00	1,66
17/2/2020 16:00	13,78	19/5/2020 4:00	3,46	18/8/2020 16:00	4,08	18/11/2020 4:00	1,10
17/2/2020 17:00	12,42	19/5/2020 5:00	4,88	18/8/2020 17:00	3,07	18/11/2020 5:00	0,66
17/2/2020 18:00	9,03	19/5/2020 6:00	5,12	18/8/2020 18:00	2,13	18/11/2020 6:00	0,42
17/2/2020 19:00	5,35	19/5/2020 7:00	9,34	18/8/2020 19:00	1,15	18/11/2020 7:00	0,55
17/2/2020 20:00	5,61	19/5/2020 8:00	12,24	18/8/2020 20:00	0,91	18/11/2020 8:00	2,27
17/2/2020 21:00	5,43	19/5/2020 9:00	14,03	18/8/2020 21:00	0,97	18/11/2020 9:00	3,74
17/2/2020 22:00	5,63	19/5/2020 10:00	14,45	18/8/2020 22:00	1,17	18/11/2020 10:00	7,09
17/2/2020 23:00	5,66	19/5/2020 11:00	14,01	18/8/2020 23:00	1,16	18/11/2020 11:00	8,40
18/2/2020 0:00	5,91	19/5/2020 12:00	13,61	19/8/2020 0:00	1,04	18/11/2020 12:00	9,23
18/2/2020 1:00	6,03	19/5/2020 13:00	13,28	19/8/2020 1:00	0,89	18/11/2020 13:00	9,44
18/2/2020 2:00	6,55	19/5/2020 14:00	12,74	19/8/2020 2:00	0,74	18/11/2020 14:00	9,07
18/2/2020 3:00	6,62	19/5/2020 15:00	11,78	19/8/2020 3:00	0,72	18/11/2020 15:00	8,38
18/2/2020 4:00	6,50	19/5/2020 16:00	10,48	19/8/2020 4:00	0,69	18/11/2020 16:00	7,44
18/2/2020 5:00	6,29	19/5/2020 17:00	8,69	19/8/2020 5:00	0,71	18/11/2020 17:00	4,07
18/2/2020 6:00	6,12	19/5/2020 18:00	4,35	19/8/2020 6:00	0,73	18/11/2020 18:00	3,23
18/2/2020 7:00	10,90	19/5/2020 19:00	3,30	19/8/2020 7:00	1,08	18/11/2020 19:00	2,20
18/2/2020 8:00	13,82	19/5/2020 20:00	3,26	19/8/2020 8:00	2,68	18/11/2020 20:00	2,16
18/2/2020 9:00	15,86	19/5/2020 21:00	2,82	19/8/2020 9:00	3,91	18/11/2020 21:00	2,57
18/2/2020 10:00	8,80	19/5/2020 22:00	2,32	19/8/2020 10:00	4,55	18/11/2020 22:00	3,02
18/2/2020 11:00	9,05	19/5/2020 23:00	2,09	19/8/2020 11:00	7,25	18/11/2020 23:00	3,08
18/2/2020 12:00	9,16	20/5/2020 0:00	2,13	19/8/2020 12:00	7,32	19/11/2020 0:00	3,12

18/2/2020 13:00	9,18	20/5/2020 1:00	2,32	19/8/2020 13:00	6,88	19/11/2020 1:00	3,06
18/2/2020 14:00	8,96	20/5/2020 2:00	2,59	19/8/2020 14:00	4,12	19/11/2020 2:00	2,97
18/2/2020 15:00	8,54	20/5/2020 3:00	2,78	19/8/2020 15:00	3,48	19/11/2020 3:00	2,89
18/2/2020 16:00	15,47	20/5/2020 4:00	2,99	19/8/2020 16:00	2,93	19/11/2020 4:00	2,67
18/2/2020 17:00	13,78	20/5/2020 5:00	3,13	19/8/2020 17:00	2,46	19/11/2020 5:00	2,50
18/2/2020 18:00	10,28	20/5/2020 6:00	3,33	19/8/2020 18:00	2,17	19/11/2020 6:00	2,46
18/2/2020 19:00	6,38	20/5/2020 7:00	8,71	19/8/2020 19:00	1,69	19/11/2020 7:00	3,50
18/2/2020 20:00	6,62	20/5/2020 8:00	12,03	19/8/2020 20:00	1,67	19/11/2020 8:00	4,42
18/2/2020 21:00	6,89	20/5/2020 9:00	13,97	19/8/2020 21:00	1,58	19/11/2020 9:00	7,30
18/2/2020 22:00	7,24	20/5/2020 10:00	14,78	19/8/2020 22:00	1,37	19/11/2020 10:00	8,05
18/2/2020 23:00	6,94	20/5/2020 11:00	14,61	19/8/2020 23:00	0,94	19/11/2020 11:00	8,61
19/2/2020 0:00	6,28	20/5/2020 12:00	13,90	20/8/2020 0:00	0,34	19/11/2020 12:00	9,07
19/2/2020 1:00	5,43	20/5/2020 13:00	13,15	20/8/2020 1:00	0,20	19/11/2020 13:00	9,09
19/2/2020 2:00	4,71	20/5/2020 14:00	12,49	20/8/2020 2:00	0,21	19/11/2020 14:00	8,63
19/2/2020 3:00	3,17	20/5/2020 15:00	11,48	20/8/2020 3:00	0,62	19/11/2020 15:00	8,21
19/2/2020 4:00	2,99	20/5/2020 16:00	10,05	20/8/2020 4:00	1,01	19/11/2020 16:00	7,69
19/2/2020 5:00	2,93	20/5/2020 17:00	8,32	20/8/2020 5:00	1,50	19/11/2020 17:00	4,35
19/2/2020 6:00	2,96	20/5/2020 18:00	4,41	20/8/2020 6:00	1,96	19/11/2020 18:00	3,19
19/2/2020 7:00	7,67	20/5/2020 19:00	3,35	20/8/2020 7:00	3,62	19/11/2020 19:00	1,96
19/2/2020 8:00	11,03	20/5/2020 20:00	3,28	20/8/2020 8:00	9,25	19/11/2020 20:00	1,81
19/2/2020 9:00	13,28	20/5/2020 21:00	2,92	20/8/2020 9:00	11,05	19/11/2020 21:00	1,73
19/2/2020 10:00	14,65	20/5/2020 22:00	2,74	20/8/2020 10:00	11,73	19/11/2020 22:00	1,64
19/2/2020 11:00	15,20	20/5/2020 23:00	2,79	20/8/2020 11:00	12,13	19/11/2020 23:00	1,59
19/2/2020 12:00	15,34	21/5/2020 0:00	2,90	20/8/2020 12:00	12,26	20/11/2020 0:00	1,55
19/2/2020 13:00	15,22	21/5/2020 1:00	2,92	20/8/2020 13:00	11,96	20/11/2020 1:00	1,45
19/2/2020 14:00	14,92	21/5/2020 2:00	2,95	20/8/2020 14:00	11,69	20/11/2020 2:00	1,28
19/2/2020 15:00	14,38	21/5/2020 3:00	2,83	20/8/2020 15:00	11,01	20/11/2020 3:00	1,15
19/2/2020 16:00	13,51	21/5/2020 4:00	3,17	20/8/2020 16:00	9,61	20/11/2020 4:00	1,34
19/2/2020 17:00	11,63	21/5/2020 5:00	3,36	20/8/2020 17:00	7,61	20/11/2020 5:00	1,62
19/2/2020 18:00	8,27	21/5/2020 6:00	3,42	20/8/2020 18:00	6,96	20/11/2020 6:00	1,67
19/2/2020 19:00	5,12	21/5/2020 7:00	7,40	20/8/2020 19:00	5,14	20/11/2020 7:00	2,34
19/2/2020 20:00	5,29	21/5/2020 8:00	10,30	20/8/2020 20:00	5,29	20/11/2020 8:00	3,03
19/2/2020 21:00	5,88	21/5/2020 9:00	12,38	20/8/2020 21:00	4,84	20/11/2020 9:00	3,65
19/2/2020 22:00	5,67	21/5/2020 10:00	13,78	20/8/2020 22:00	2,71	20/11/2020 10:00	3,82
19/2/2020 23:00	4,98	21/5/2020 11:00	14,30	20/8/2020 23:00	2,16	20/11/2020 11:00	3,77
20/2/2020 0:00	3,27	21/5/2020 12:00	13,86	21/8/2020 0:00	2,46	20/11/2020 12:00	3,96
20/2/2020 1:00	2,64	21/5/2020 13:00	12,92	21/8/2020 1:00	3,03	20/11/2020 13:00	4,25
20/2/2020 2:00	2,07	21/5/2020 14:00	11,82	21/8/2020 2:00	3,37	20/11/2020 14:00	4,39
20/2/2020 3:00	1,77	21/5/2020 15:00	10,73	21/8/2020 3:00	4,60	20/11/2020 15:00	4,26
20/2/2020 4:00	1,65	21/5/2020 16:00	9,40	21/8/2020 4:00	3,10	20/11/2020 16:00	3,87
20/2/2020 5:00	1,32	21/5/2020 17:00	7,38	21/8/2020 5:00	2,62	20/11/2020 17:00	3,26
20/2/2020 6:00	1,63	21/5/2020 18:00	3,74	21/8/2020 6:00	2,33	20/11/2020 18:00	2,71
20/2/2020 7:00	3,27	21/5/2020 19:00	2,81	21/8/2020 7:00	3,80	20/11/2020 19:00	1,77
20/2/2020 8:00	6,96	21/5/2020 20:00	3,24	21/8/2020 8:00	9,03	20/11/2020 20:00	1,64
20/2/2020 9:00	8,23	21/5/2020 21:00	4,75	21/8/2020 9:00	11,98	20/11/2020 21:00	1,67

20/2/2020 10:00	9,34	21/5/2020 22:00	3,45	21/8/2020 10:00	13,36	20/11/2020 22:00	1,64
20/2/2020 11:00	9,73	21/5/2020 23:00	3,22	21/8/2020 11:00	13,65	20/11/2020 23:00	1,74
20/2/2020 12:00	9,65	22/5/2020 0:00	3,22	21/8/2020 12:00	13,24	21/11/2020 0:00	1,69
20/2/2020 13:00	9,73	22/5/2020 1:00	2,95	21/8/2020 13:00	12,90	21/11/2020 1:00	1,58
20/2/2020 14:00	9,88	22/5/2020 2:00	2,75	21/8/2020 14:00	12,80	21/11/2020 2:00	1,30
20/2/2020 15:00	9,46	22/5/2020 3:00	2,45	21/8/2020 15:00	12,55	21/11/2020 3:00	1,04
20/2/2020 16:00	8,63	22/5/2020 4:00	2,26	21/8/2020 16:00	11,46	21/11/2020 4:00	0,89
20/2/2020 17:00	7,46	22/5/2020 5:00	2,42	21/8/2020 17:00	8,82	21/11/2020 5:00	0,88
20/2/2020 18:00	4,29	22/5/2020 6:00	2,83	21/8/2020 18:00	6,75	21/11/2020 6:00	0,92
20/2/2020 19:00	3,01	22/5/2020 7:00	7,94	21/8/2020 19:00	3,20	21/11/2020 7:00	1,05
20/2/2020 20:00	2,68	22/5/2020 8:00	11,94	21/8/2020 20:00	2,88	21/11/2020 8:00	1,26
20/2/2020 21:00	2,11	22/5/2020 9:00	14,32	21/8/2020 21:00	2,55	21/11/2020 9:00	2,39
20/2/2020 22:00	1,59	22/5/2020 10:00	14,99	21/8/2020 22:00	2,59	21/11/2020 10:00	2,98
20/2/2020 23:00	1,75	22/5/2020 11:00	14,53	21/8/2020 23:00	3,12	21/11/2020 11:00	3,41
21/2/2020 0:00	1,86	22/5/2020 12:00	13,90	22/8/2020 0:00	4,60	21/11/2020 12:00	3,87
21/2/2020 1:00	1,92	22/5/2020 13:00	13,40	22/8/2020 1:00	4,63	21/11/2020 13:00	4,50
21/2/2020 2:00	2,31	22/5/2020 14:00	12,84	22/8/2020 2:00	4,90	21/11/2020 14:00	7,17
21/2/2020 3:00	2,64	22/5/2020 15:00	11,99	22/8/2020 3:00	5,40	21/11/2020 15:00	7,50
21/2/2020 4:00	2,16	22/5/2020 16:00	10,61	22/8/2020 4:00	5,79	21/11/2020 16:00	7,80
21/2/2020 5:00	0,89	22/5/2020 17:00	8,55	22/8/2020 5:00	6,04	21/11/2020 17:00	7,11
21/2/2020 6:00	0,51	22/5/2020 18:00	4,11	22/8/2020 6:00	6,00	21/11/2020 18:00	3,75
21/2/2020 7:00	1,12	22/5/2020 19:00	3,08	22/8/2020 7:00	9,78	21/11/2020 19:00	2,38
21/2/2020 8:00	1,41	22/5/2020 20:00	3,40	22/8/2020 8:00	11,36	21/11/2020 20:00	1,97
21/2/2020 9:00	1,19	22/5/2020 21:00	4,63	22/8/2020 9:00	12,05	21/11/2020 21:00	1,60
21/2/2020 10:00	1,00	22/5/2020 22:00	3,25	22/8/2020 10:00	12,51	21/11/2020 22:00	1,28
21/2/2020 11:00	1,16	22/5/2020 23:00	3,01	22/8/2020 11:00	12,11	21/11/2020 23:00	0,96
21/2/2020 12:00	2,00	23/5/2020 0:00	3,18	22/8/2020 12:00	11,51	22/11/2020 0:00	0,78
21/2/2020 13:00	2,68	23/5/2020 1:00	3,28	22/8/2020 13:00	11,09	22/11/2020 1:00	0,78
21/2/2020 14:00	3,33	23/5/2020 2:00	3,42	22/8/2020 14:00	10,40	22/11/2020 2:00	0,80
21/2/2020 15:00	3,91	23/5/2020 3:00	5,29	22/8/2020 15:00	9,01	22/11/2020 3:00	0,82
21/2/2020 16:00	4,09	23/5/2020 4:00	5,52	22/8/2020 16:00	7,40	22/11/2020 4:00	0,96
21/2/2020 17:00	3,43	23/5/2020 5:00	5,56	22/8/2020 17:00	4,09	22/11/2020 5:00	1,37
21/2/2020 18:00	2,93	23/5/2020 6:00	5,62	22/8/2020 18:00	3,66	22/11/2020 6:00	2,06
21/2/2020 19:00	2,34	23/5/2020 7:00	10,28	22/8/2020 19:00	3,03	22/11/2020 7:00	6,79
21/2/2020 20:00	2,38	23/5/2020 8:00	14,13	22/8/2020 20:00	3,29	22/11/2020 8:00	9,21
21/2/2020 21:00	2,34	23/5/2020 9:00	8,51	22/8/2020 21:00	3,38	22/11/2020 9:00	10,53
21/2/2020 22:00	2,54	23/5/2020 10:00	9,00	22/8/2020 22:00	3,35	22/11/2020 10:00	11,74
21/2/2020 23:00	2,43	23/5/2020 11:00	9,03	22/8/2020 23:00	2,73	22/11/2020 11:00	12,15
22/2/2020 0:00	2,00	23/5/2020 12:00	8,93	23/8/2020 0:00	2,46	22/11/2020 12:00	11,99
22/2/2020 1:00	1,53	23/5/2020 13:00	8,78	23/8/2020 1:00	2,83	22/11/2020 13:00	11,67
22/2/2020 2:00	0,96	23/5/2020 14:00	16,24	23/8/2020 2:00	3,21	22/11/2020 14:00	11,38
22/2/2020 3:00	0,78	23/5/2020 15:00	15,17	23/8/2020 3:00	3,40	22/11/2020 15:00	11,01
22/2/2020 4:00	0,98	23/5/2020 16:00	13,51	23/8/2020 4:00	4,69	22/11/2020 16:00	10,74
22/2/2020 5:00	1,00	23/5/2020 17:00	10,92	23/8/2020 5:00	4,67	22/11/2020 17:00	10,05
22/2/2020 6:00	0,90	23/5/2020 18:00	7,75	23/8/2020 6:00	4,68	22/11/2020 18:00	8,36

22/2/2020 7:00	0,35	23/5/2020 19:00	5,18	23/8/2020 7:00	9,11	22/11/2020 19:00	6,01
22/2/2020 8:00	0,83	23/5/2020 20:00	5,60	23/8/2020 8:00	11,63	22/11/2020 20:00	6,89
22/2/2020 9:00	2,13	23/5/2020 21:00	5,43	23/8/2020 9:00	12,82	22/11/2020 21:00	7,60
22/2/2020 10:00	2,78	23/5/2020 22:00	5,67	23/8/2020 10:00	13,19	22/11/2020 22:00	8,05
22/2/2020 11:00	3,39	23/5/2020 23:00	5,61	23/8/2020 11:00	12,97	22/11/2020 23:00	8,05
22/2/2020 12:00	4,09	24/5/2020 0:00	6,00	23/8/2020 12:00	12,92	23/11/2020 0:00	7,71
22/2/2020 13:00	6,92	24/5/2020 1:00	6,05	23/8/2020 13:00	12,67	23/11/2020 1:00	6,85
22/2/2020 14:00	7,05	24/5/2020 2:00	5,79	23/8/2020 14:00	12,07	23/11/2020 2:00	6,16
22/2/2020 15:00	6,92	24/5/2020 3:00	5,57	23/8/2020 15:00	11,42	23/11/2020 3:00	5,84
22/2/2020 16:00	6,88	24/5/2020 4:00	5,66	23/8/2020 16:00	10,73	23/11/2020 4:00	6,03
22/2/2020 17:00	3,96	24/5/2020 5:00	5,83	23/8/2020 17:00	9,76	23/11/2020 5:00	5,75
22/2/2020 18:00	3,45	24/5/2020 6:00	6,59	23/8/2020 18:00	7,67	23/11/2020 6:00	5,57
22/2/2020 19:00	2,93	24/5/2020 7:00	12,19	23/8/2020 19:00	3,48	23/11/2020 7:00	9,05
22/2/2020 20:00	3,16	24/5/2020 8:00	8,51	23/8/2020 20:00	3,01	23/11/2020 8:00	10,53
22/2/2020 21:00	3,15	24/5/2020 9:00	9,62	23/8/2020 21:00	2,42	23/11/2020 9:00	10,96
22/2/2020 22:00	3,24	24/5/2020 10:00	9,89	23/8/2020 22:00	1,75	23/11/2020 10:00	11,26
22/2/2020 23:00	2,93	24/5/2020 11:00	9,66	23/8/2020 23:00	1,07	23/11/2020 11:00	11,57
23/2/2020 0:00	2,67	24/5/2020 12:00	9,18	24/8/2020 0:00	0,83	23/11/2020 12:00	11,42
23/2/2020 1:00	2,68	24/5/2020 13:00	16,28	24/8/2020 1:00	1,00	23/11/2020 13:00	10,84
23/2/2020 2:00	2,99	24/5/2020 14:00	14,78	24/8/2020 2:00	1,00	23/11/2020 14:00	10,38
23/2/2020 3:00	3,26	24/5/2020 15:00	13,22	24/8/2020 3:00	1,06	23/11/2020 15:00	10,05
23/2/2020 4:00	5,07	24/5/2020 16:00	11,46	24/8/2020 4:00	1,50	23/11/2020 16:00	9,71
23/2/2020 5:00	6,73	24/5/2020 17:00	9,46	24/8/2020 5:00	1,54	23/11/2020 17:00	8,96
23/2/2020 6:00	7,45	24/5/2020 18:00	8,00	24/8/2020 6:00	1,53	23/11/2020 18:00	7,28
23/2/2020 7:00	11,44	24/5/2020 19:00	5,32	24/8/2020 7:00	2,48	23/11/2020 19:00	4,75
23/2/2020 8:00	12,11	24/5/2020 20:00	5,60	24/8/2020 8:00	7,11	23/11/2020 20:00	4,63
23/2/2020 9:00	13,11	24/5/2020 21:00	5,84	24/8/2020 9:00	8,59	23/11/2020 21:00	4,62
23/2/2020 10:00	12,69	24/5/2020 22:00	5,58	24/8/2020 10:00	9,63	23/11/2020 22:00	3,44
23/2/2020 11:00	11,21	24/5/2020 23:00	5,02	24/8/2020 11:00	10,30	23/11/2020 23:00	3,25
23/2/2020 12:00	9,69	25/5/2020 0:00	5,18	24/8/2020 12:00	10,53	24/11/2020 0:00	3,32
23/2/2020 13:00	8,44	25/5/2020 1:00	5,12	24/8/2020 13:00	10,53	24/11/2020 1:00	3,14
23/2/2020 14:00	7,52	25/5/2020 2:00	4,84	24/8/2020 14:00	10,65	24/11/2020 2:00	3,05
23/2/2020 15:00	4,48	25/5/2020 3:00	4,77	24/8/2020 15:00	10,69	24/11/2020 3:00	2,92
23/2/2020 16:00	3,86	25/5/2020 4:00	4,99	24/8/2020 16:00	10,51	24/11/2020 4:00	2,84
23/2/2020 17:00	3,19	25/5/2020 5:00	5,19	24/8/2020 17:00	9,34	24/11/2020 5:00	2,70
23/2/2020 18:00	2,46	25/5/2020 6:00	5,37	24/8/2020 18:00	7,34	24/11/2020 6:00	2,62
23/2/2020 19:00	1,70	25/5/2020 7:00	8,09	24/8/2020 19:00	4,59	24/11/2020 7:00	7,19
23/2/2020 20:00	1,68	25/5/2020 8:00	10,59	24/8/2020 20:00	3,07	24/11/2020 8:00	10,80
23/2/2020 21:00	1,56	25/5/2020 9:00	13,28	24/8/2020 21:00	2,60	24/11/2020 9:00	13,11
23/2/2020 22:00	0,76	25/5/2020 10:00	14,74	24/8/2020 22:00	2,28	24/11/2020 10:00	14,82
23/2/2020 23:00	0,68	25/5/2020 11:00	15,20	24/8/2020 23:00	1,91	24/11/2020 11:00	15,70
24/2/2020 0:00	1,96	25/5/2020 12:00	15,09	25/8/2020 0:00	1,40	24/11/2020 12:00	16,20
24/2/2020 1:00	2,25	25/5/2020 13:00	14,67	25/8/2020 1:00	0,91	24/11/2020 13:00	8,58
24/2/2020 2:00	1,66	25/5/2020 14:00	13,99	25/8/2020 2:00	0,85	24/11/2020 14:00	8,60
24/2/2020 3:00	0,92	25/5/2020 15:00	12,97	25/8/2020 3:00	0,86	24/11/2020 15:00	16,32

24/2/2020 4:00	0,29	25/5/2020 16:00	11,71	25/8/2020 4:00	0,85	24/11/2020 16:00	16,11
24/2/2020 5:00	0,51	25/5/2020 17:00	9,86	25/8/2020 5:00	1,07	24/11/2020 17:00	14,82
24/2/2020 6:00	0,93	25/5/2020 18:00	7,46	25/8/2020 6:00	1,47	24/11/2020 18:00	11,90
24/2/2020 7:00	2,22	25/5/2020 19:00	5,35	25/8/2020 7:00	3,99	24/11/2020 19:00	7,36
24/2/2020 8:00	3,20	25/5/2020 20:00	5,60	25/8/2020 8:00	8,65	24/11/2020 20:00	7,45
24/2/2020 9:00	3,77	25/5/2020 21:00	5,50	25/8/2020 9:00	9,75	24/11/2020 21:00	6,63
24/2/2020 10:00	4,12	25/5/2020 22:00	5,44	25/8/2020 10:00	10,46	24/11/2020 22:00	5,79
24/2/2020 11:00	4,24	25/5/2020 23:00	5,03	25/8/2020 11:00	11,11	24/11/2020 23:00	4,79
24/2/2020 12:00	4,35	26/5/2020 0:00	5,14	25/8/2020 12:00	11,76	25/11/2020 0:00	3,10
24/2/2020 13:00	6,77	26/5/2020 1:00	5,26	25/8/2020 13:00	12,32	25/11/2020 1:00	2,69
24/2/2020 14:00	7,05	26/5/2020 2:00	5,11	25/8/2020 14:00	12,55	25/11/2020 2:00	2,21
24/2/2020 15:00	6,90	26/5/2020 3:00	4,94	25/8/2020 15:00	12,17	25/11/2020 3:00	1,75
24/2/2020 16:00	4,38	26/5/2020 4:00	5,57	25/8/2020 16:00	11,26	25/11/2020 4:00	1,01
24/2/2020 17:00	3,71	26/5/2020 5:00	5,74	25/8/2020 17:00	9,96	25/11/2020 5:00	0,79
24/2/2020 18:00	3,01	26/5/2020 6:00	6,55	25/8/2020 18:00	7,82	25/11/2020 6:00	0,88
24/2/2020 19:00	2,33	26/5/2020 7:00	13,15	25/8/2020 19:00	4,84	25/11/2020 7:00	2,84
24/2/2020 20:00	2,37	26/5/2020 8:00	16,22	25/8/2020 20:00	3,29	25/11/2020 8:00	8,36
24/2/2020 21:00	2,34	26/5/2020 9:00	8,59	25/8/2020 21:00	3,01	25/11/2020 9:00	10,32
24/2/2020 22:00	2,11	26/5/2020 10:00	16,13	25/8/2020 22:00	2,59	25/11/2020 10:00	11,92
24/2/2020 23:00	1,74	26/5/2020 11:00	15,92	25/8/2020 23:00	1,93	25/11/2020 11:00	12,69
25/2/2020 0:00	1,30	26/5/2020 12:00	15,72	26/8/2020 0:00	1,55	25/11/2020 12:00	12,69
25/2/2020 1:00	1,12	26/5/2020 13:00	15,72	26/8/2020 1:00	1,26	25/11/2020 13:00	11,90
25/2/2020 2:00	1,15	26/5/2020 14:00	15,82	26/8/2020 2:00	1,44	25/11/2020 14:00	10,65
25/2/2020 3:00	1,20	26/5/2020 15:00	15,80	26/8/2020 3:00	1,82	25/11/2020 15:00	9,40
25/2/2020 4:00	1,13	26/5/2020 16:00	15,49	26/8/2020 4:00	2,15	25/11/2020 16:00	8,36
25/2/2020 5:00	1,27	26/5/2020 17:00	13,76	26/8/2020 5:00	2,09	25/11/2020 17:00	7,21
25/2/2020 6:00	1,56	26/5/2020 18:00	10,59	26/8/2020 6:00	2,13	25/11/2020 18:00	4,16
25/2/2020 7:00	2,84	26/5/2020 19:00	7,24	26/8/2020 7:00	4,28	25/11/2020 19:00	3,11
25/2/2020 8:00	4,33	26/5/2020 20:00	6,56	26/8/2020 8:00	8,77	25/11/2020 20:00	2,86
25/2/2020 9:00	7,84	26/5/2020 21:00	5,83	26/8/2020 9:00	9,88	25/11/2020 21:00	2,31
25/2/2020 10:00	8,28	26/5/2020 22:00	5,20	26/8/2020 10:00	11,13	25/11/2020 22:00	1,45
25/2/2020 11:00	8,28	26/5/2020 23:00	4,77	26/8/2020 11:00	12,40	25/11/2020 23:00	0,65
25/2/2020 12:00	7,96	27/5/2020 0:00	4,59	26/8/2020 12:00	12,72	26/11/2020 0:00	0,23
25/2/2020 13:00	8,09	27/5/2020 1:00	3,45	26/8/2020 13:00	12,57	26/11/2020 1:00	0,63
25/2/2020 14:00	8,03	27/5/2020 2:00	4,58	26/8/2020 14:00	12,24	26/11/2020 2:00	0,64
25/2/2020 15:00	8,23	27/5/2020 3:00	4,71	26/8/2020 15:00	11,92	26/11/2020 3:00	0,18
25/2/2020 16:00	7,78	27/5/2020 4:00	5,22	26/8/2020 16:00	11,71	26/11/2020 4:00	0,44
25/2/2020 17:00	4,37	27/5/2020 5:00	5,60	26/8/2020 17:00	10,67	26/11/2020 5:00	0,65
25/2/2020 18:00	3,41	27/5/2020 6:00	5,70	26/8/2020 18:00	8,38	26/11/2020 6:00	1,06
25/2/2020 19:00	2,45	27/5/2020 7:00	9,30	26/8/2020 19:00	5,09	26/11/2020 7:00	2,98
25/2/2020 20:00	2,48	27/5/2020 8:00	11,78	26/8/2020 20:00	4,82	26/11/2020 8:00	7,23
25/2/2020 21:00	2,72	27/5/2020 9:00	12,67	26/8/2020 21:00	4,69	26/11/2020 9:00	8,88
25/2/2020 22:00	2,60	27/5/2020 10:00	12,55	26/8/2020 22:00	3,10	26/11/2020 10:00	10,59
25/2/2020 23:00	2,20	27/5/2020 11:00	12,34	26/8/2020 23:00	2,34	26/11/2020 11:00	11,67
26/2/2020 0:00	1,65	27/5/2020 12:00	12,17	27/8/2020 0:00	1,76	26/11/2020 12:00	12,30

26/2/2020 1:00	1,23	27/5/2020 13:00	11,98	27/8/2020 1:00	1,56	26/11/2020 13:00	12,57
26/2/2020 2:00	1,12	27/5/2020 14:00	11,65	27/8/2020 2:00	1,75	26/11/2020 14:00	12,53
26/2/2020 3:00	1,21	27/5/2020 15:00	11,11	27/8/2020 3:00	2,02	26/11/2020 15:00	12,30
26/2/2020 4:00	1,12	27/5/2020 16:00	10,32	27/8/2020 4:00	2,16	26/11/2020 16:00	11,94
26/2/2020 5:00	1,00	27/5/2020 17:00	8,77	27/8/2020 5:00	2,36	26/11/2020 17:00	10,49
26/2/2020 6:00	1,05	27/5/2020 18:00	4,31	27/8/2020 6:00	2,74	26/11/2020 18:00	9,82
26/2/2020 7:00	1,37	27/5/2020 19:00	3,36	27/8/2020 7:00	7,23	26/11/2020 19:00	7,40
26/2/2020 8:00	2,67	27/5/2020 20:00	4,64	27/8/2020 8:00	9,96	26/11/2020 20:00	7,20
26/2/2020 9:00	3,11	27/5/2020 21:00	3,28	27/8/2020 9:00	11,30	26/11/2020 21:00	6,42
26/2/2020 10:00	3,41	27/5/2020 22:00	2,90	27/8/2020 10:00	11,88	26/11/2020 22:00	5,07
26/2/2020 11:00	3,74	27/5/2020 23:00	2,61	27/8/2020 11:00	12,07	26/11/2020 23:00	2,98
26/2/2020 12:00	4,12	28/5/2020 0:00	2,39	27/8/2020 12:00	12,46	27/11/2020 0:00	2,38
26/2/2020 13:00	4,29	28/5/2020 1:00	2,20	27/8/2020 13:00	12,92	27/11/2020 1:00	1,76
26/2/2020 14:00	4,28	28/5/2020 2:00	2,06	27/8/2020 14:00	13,28	27/11/2020 2:00	1,23
26/2/2020 15:00	4,12	28/5/2020 3:00	2,12	27/8/2020 15:00	12,99	27/11/2020 3:00	1,00
26/2/2020 16:00	3,63	28/5/2020 4:00	2,11	27/8/2020 16:00	11,84	27/11/2020 4:00	1,13
26/2/2020 17:00	2,75	28/5/2020 5:00	2,39	27/8/2020 17:00	9,75	27/11/2020 5:00	1,28
26/2/2020 18:00	2,24	28/5/2020 6:00	2,52	27/8/2020 18:00	7,17	27/11/2020 6:00	1,37
26/2/2020 19:00	1,80	28/5/2020 7:00	4,31	27/8/2020 19:00	2,69	27/11/2020 7:00	2,07
26/2/2020 20:00	1,82	28/5/2020 8:00	8,02	27/8/2020 20:00	1,59	27/11/2020 8:00	3,07
26/2/2020 21:00	1,83	28/5/2020 9:00	8,50	27/8/2020 21:00	0,58	27/11/2020 9:00	4,46
26/2/2020 22:00	1,60	28/5/2020 10:00	8,30	27/8/2020 22:00	0,51	27/11/2020 10:00	8,44
26/2/2020 23:00	1,45	28/5/2020 11:00	8,00	27/8/2020 23:00	1,14	27/11/2020 11:00	9,44
27/2/2020 0:00	1,55	28/5/2020 12:00	7,84	28/8/2020 0:00	1,94	27/11/2020 12:00	9,59
27/2/2020 1:00	1,50	28/5/2020 13:00	7,84	28/8/2020 1:00	2,32	27/11/2020 13:00	9,13
27/2/2020 2:00	1,42	28/5/2020 14:00	7,80	28/8/2020 2:00	2,18	27/11/2020 14:00	9,07
27/2/2020 3:00	1,42	28/5/2020 15:00	7,98	28/8/2020 3:00	1,87	27/11/2020 15:00	9,17
27/2/2020 4:00	1,64	28/5/2020 16:00	7,73	28/8/2020 4:00	1,65	27/11/2020 16:00	8,94
27/2/2020 5:00	2,07	28/5/2020 17:00	4,42	28/8/2020 5:00	1,45	27/11/2020 17:00	7,92
27/2/2020 6:00	2,77	28/5/2020 18:00	3,33	28/8/2020 6:00	1,25	27/11/2020 18:00	4,16
27/2/2020 7:00	4,51	28/5/2020 19:00	2,28	28/8/2020 7:00	2,26	27/11/2020 19:00	2,59
27/2/2020 8:00	8,25	28/5/2020 20:00	2,10	28/8/2020 8:00	8,36	27/11/2020 20:00	2,12
27/2/2020 9:00	8,19	28/5/2020 21:00	1,62	28/8/2020 9:00	10,74	27/11/2020 21:00	1,37
27/2/2020 10:00	7,46	28/5/2020 22:00	1,26	28/8/2020 10:00	12,09	27/11/2020 22:00	0,77
27/2/2020 11:00	7,42	28/5/2020 23:00	1,01	28/8/2020 11:00	12,32	27/11/2020 23:00	0,94
27/2/2020 12:00	7,82	29/5/2020 0:00	0,76	28/8/2020 12:00	11,86	28/11/2020 0:00	1,07
27/2/2020 13:00	8,11	29/5/2020 1:00	0,70	28/8/2020 13:00	11,61	28/11/2020 1:00	0,77
27/2/2020 14:00	7,90	29/5/2020 2:00	0,86	28/8/2020 14:00	11,84	28/11/2020 2:00	0,62
27/2/2020 15:00	7,59	29/5/2020 3:00	1,03	28/8/2020 15:00	11,94	28/11/2020 3:00	0,69
27/2/2020 16:00	7,36	29/5/2020 4:00	1,06	28/8/2020 16:00	11,30	28/11/2020 4:00	0,68
27/2/2020 17:00	6,73	29/5/2020 5:00	1,11	28/8/2020 17:00	9,44	28/11/2020 5:00	0,84
27/2/2020 18:00	3,74	29/5/2020 6:00	1,17	28/8/2020 18:00	7,11	28/11/2020 6:00	0,79
27/2/2020 19:00	2,65	29/5/2020 7:00	1,49	28/8/2020 19:00	2,88	28/11/2020 7:00	0,87
27/2/2020 20:00	2,48	29/5/2020 8:00	3,22	28/8/2020 20:00	1,86	28/11/2020 8:00	4,42
27/2/2020 21:00	2,28	29/5/2020 9:00	3,91	28/8/2020 21:00	0,62	28/11/2020 9:00	9,46

27/2/2020 22:00	1,99	29/5/2020 10:00	4,13	28/8/2020 22:00	0,70	28/11/2020 10:00	10,55
27/2/2020 23:00	1,80	29/5/2020 11:00	4,21	28/8/2020 23:00	0,84	28/11/2020 11:00	10,92
28/2/2020 0:00	1,71	29/5/2020 12:00	4,43	29/8/2020 0:00	0,51	28/11/2020 12:00	10,86
28/2/2020 1:00	1,79	29/5/2020 13:00	7,09	29/8/2020 1:00	1,12	28/11/2020 13:00	10,40
28/2/2020 2:00	1,63	29/5/2020 14:00	7,57	29/8/2020 2:00	1,53	28/11/2020 14:00	9,69
28/2/2020 3:00	1,33	29/5/2020 15:00	7,61	29/8/2020 3:00	1,61	28/11/2020 15:00	8,88
28/2/2020 4:00	1,03	29/5/2020 16:00	7,02	29/8/2020 4:00	1,21	28/11/2020 16:00	8,19
28/2/2020 5:00	0,93	29/5/2020 17:00	4,12	29/8/2020 5:00	0,96	28/11/2020 17:00	7,53
28/2/2020 6:00	1,27	29/5/2020 18:00	3,53	29/8/2020 6:00	0,97	28/11/2020 18:00	4,52
28/2/2020 7:00	2,39	29/5/2020 19:00	2,57	29/8/2020 7:00	2,93	28/11/2020 19:00	4,64
28/2/2020 8:00	3,41	29/5/2020 20:00	2,61	29/8/2020 8:00	8,38	28/11/2020 20:00	4,84
28/2/2020 9:00	4,18	29/5/2020 21:00	2,61	29/8/2020 9:00	9,76	28/11/2020 21:00	4,77
28/2/2020 10:00	4,48	29/5/2020 22:00	2,28	29/8/2020 10:00	9,82	28/11/2020 22:00	3,35
28/2/2020 11:00	7,07	29/5/2020 23:00	1,81	29/8/2020 11:00	9,36	28/11/2020 23:00	2,87
28/2/2020 12:00	8,05	30/5/2020 0:00	1,42	29/8/2020 12:00	8,75	29/11/2020 0:00	2,42
28/2/2020 13:00	9,26	30/5/2020 1:00	1,15	29/8/2020 13:00	8,27	29/11/2020 1:00	2,31
28/2/2020 14:00	10,38	30/5/2020 2:00	1,07	29/8/2020 14:00	7,75	29/11/2020 2:00	2,04
28/2/2020 15:00	11,23	30/5/2020 3:00	0,99	29/8/2020 15:00	7,30	29/11/2020 3:00	2,05
28/2/2020 16:00	11,38	30/5/2020 4:00	1,06	29/8/2020 16:00	7,09	29/11/2020 4:00	2,48
28/2/2020 17:00	10,51	30/5/2020 5:00	1,29	29/8/2020 17:00	4,29	29/11/2020 5:00	3,21
28/2/2020 18:00	8,17	30/5/2020 6:00	1,55	29/8/2020 18:00	3,50	29/11/2020 6:00	4,85
28/2/2020 19:00	5,36	30/5/2020 7:00	2,38	29/8/2020 19:00	2,17	29/11/2020 7:00	8,78
28/2/2020 20:00	5,56	30/5/2020 8:00	3,56	29/8/2020 20:00	1,44	29/11/2020 8:00	13,11
28/2/2020 21:00	5,45	30/5/2020 9:00	7,07	29/8/2020 21:00	0,35	29/11/2020 9:00	14,40
28/2/2020 22:00	4,88	30/5/2020 10:00	8,40	29/8/2020 22:00	0,97	29/11/2020 10:00	14,22
28/2/2020 23:00	3,02	30/5/2020 11:00	8,84	29/8/2020 23:00	2,08	29/11/2020 11:00	13,36
29/2/2020 0:00	2,35	30/5/2020 12:00	9,01	30/8/2020 0:00	2,51	29/11/2020 12:00	12,84
29/2/2020 1:00	1,70	30/5/2020 13:00	8,98	30/8/2020 1:00	2,41	29/11/2020 13:00	12,38
29/2/2020 2:00	1,25	30/5/2020 14:00	9,09	30/8/2020 2:00	1,94	29/11/2020 14:00	12,01
29/2/2020 3:00	0,94	30/5/2020 15:00	9,05	30/8/2020 3:00	1,20	29/11/2020 15:00	11,74
29/2/2020 4:00	0,95	30/5/2020 16:00	8,38	30/8/2020 4:00	0,65	29/11/2020 16:00	11,15
29/2/2020 5:00	1,31	30/5/2020 17:00	4,47	30/8/2020 5:00	1,73	29/11/2020 17:00	9,67
29/2/2020 6:00	1,81	30/5/2020 18:00	3,61	30/8/2020 6:00	2,19	29/11/2020 18:00	7,82
29/2/2020 7:00	3,71	30/5/2020 19:00	2,67	30/8/2020 7:00	3,78	29/11/2020 19:00	4,93
29/2/2020 8:00	8,02	30/5/2020 20:00	2,46	30/8/2020 8:00	7,84	29/11/2020 20:00	4,63
29/2/2020 9:00	9,34	30/5/2020 21:00	1,98	30/8/2020 9:00	9,88	29/11/2020 21:00	4,59
29/2/2020 10:00	10,17	30/5/2020 22:00	1,41	30/8/2020 10:00	10,90	29/11/2020 22:00	3,48
29/2/2020 11:00	10,21	30/5/2020 23:00	0,84	30/8/2020 11:00	11,30	29/11/2020 23:00	3,49
29/2/2020 12:00	9,71	31/5/2020 0:00	0,70	30/8/2020 12:00	11,21	30/11/2020 0:00	4,59
29/2/2020 13:00	9,05	31/5/2020 1:00	1,00	30/8/2020 13:00	10,82	30/11/2020 1:00	3,48
29/2/2020 14:00	8,42	31/5/2020 2:00	1,01	30/8/2020 14:00	10,40	30/11/2020 2:00	4,69
29/2/2020 15:00	8,19	31/5/2020 3:00	0,39	30/8/2020 15:00	10,42	30/11/2020 3:00	4,71
29/2/2020 16:00	8,21	31/5/2020 4:00	0,98	30/8/2020 16:00	10,15	30/11/2020 4:00	4,93
29/2/2020 17:00	7,57	31/5/2020 5:00	1,63	30/8/2020 17:00	9,00	30/11/2020 5:00	4,72
29/2/2020 18:00	4,50	31/5/2020 6:00	1,79	30/8/2020 18:00	7,44	30/11/2020 6:00	3,19

29/2/2020 19:00	5,16	31/5/2020 7:00	2,71	30/8/2020 19:00	3,26	30/11/2020 7:00	6,77
29/2/2020 20:00	6,08	31/5/2020 8:00	4,16	30/8/2020 20:00	2,32	30/11/2020 8:00	9,17
29/2/2020 21:00	6,16	31/5/2020 9:00	7,71	30/8/2020 21:00	1,56	30/11/2020 9:00	10,38
29/2/2020 22:00	5,67	31/5/2020 10:00	8,82	30/8/2020 22:00	1,33	30/11/2020 10:00	10,82
29/2/2020 23:00	4,77	31/5/2020 11:00	9,25	30/8/2020 23:00	1,57	30/11/2020 11:00	11,46
1/3/2020 0:00	2,92	31/5/2020 12:00	9,44	31/8/2020 0:00	2,12	30/11/2020 12:00	11,80
1/3/2020 1:00	2,63	31/5/2020 13:00	9,17	31/8/2020 1:00	2,56	30/11/2020 13:00	11,61
1/3/2020 2:00	2,34	31/5/2020 14:00	8,42	31/8/2020 2:00	2,78	30/11/2020 14:00	11,34
1/3/2020 3:00	2,06	31/5/2020 15:00	7,36	31/8/2020 3:00	2,55	30/11/2020 15:00	11,05
1/3/2020 4:00	2,03	31/5/2020 16:00	4,21	31/8/2020 4:00	2,41	30/11/2020 16:00	10,76
1/3/2020 5:00	2,17	31/5/2020 17:00	3,31	31/8/2020 5:00	2,35	30/11/2020 17:00	10,00
1/3/2020 6:00	2,33	31/5/2020 18:00	2,81	31/8/2020 6:00	2,44	30/11/2020 18:00	8,07
1/3/2020 7:00	3,61	31/5/2020 19:00	2,20	31/8/2020 7:00	4,29	30/11/2020 19:00	4,93
1/3/2020 8:00	4,28	31/5/2020 20:00	2,20	31/8/2020 8:00	9,69	30/11/2020 20:00	3,49
1/3/2020 9:00	7,65	31/5/2020 21:00	2,10	31/8/2020 9:00	12,44	30/11/2020 21:00	3,20
1/3/2020 10:00	8,25	31/5/2020 22:00	2,00	31/8/2020 10:00	14,44	30/11/2020 22:00	3,36
1/3/2020 11:00	7,88	31/5/2020 23:00	1,90	31/8/2020 11:00	15,61	30/11/2020 23:00	3,35
1/3/2020 12:00	8,02	1/6/2020 0:00	1,93	31/8/2020 12:00	15,68	1/12/2020 0:00	3,00
1/3/2020 13:00	8,77	1/6/2020 1:00	1,95	31/8/2020 13:00	14,94	1/12/2020 1:00	2,59
1/3/2020 14:00	9,32	1/6/2020 2:00	2,03	31/8/2020 14:00	13,82	1/12/2020 2:00	2,32
1/3/2020 15:00	9,57	1/6/2020 3:00	2,17	31/8/2020 15:00	12,92	1/12/2020 3:00	2,22
1/3/2020 16:00	9,48	1/6/2020 4:00	2,47	31/8/2020 16:00	11,78	1/12/2020 4:00	2,25
1/3/2020 17:00	8,52	1/6/2020 5:00	2,64	31/8/2020 17:00	10,19	1/12/2020 5:00	2,24
1/3/2020 18:00	7,07	1/6/2020 6:00	2,72	31/8/2020 18:00	8,42	1/12/2020 6:00	2,19
1/3/2020 19:00	4,89	1/6/2020 7:00	4,25	31/8/2020 19:00	5,67	1/12/2020 7:00	3,33
1/3/2020 20:00	5,06	1/6/2020 8:00	8,77	31/8/2020 20:00	5,40	1/12/2020 8:00	4,31
1/3/2020 21:00	4,84	1/6/2020 9:00	10,73	31/8/2020 21:00	4,86	1/12/2020 9:00	7,46
1/3/2020 22:00	4,76	1/6/2020 10:00	11,53	31/8/2020 22:00	4,58	1/12/2020 10:00	8,44
1/3/2020 23:00	4,62	1/6/2020 11:00	11,78	31/8/2020 23:00	3,36	1/12/2020 11:00	8,98
2/3/2020 0:00	3,35	1/6/2020 12:00	11,73	1/9/2020 0:00	3,13	1/12/2020 12:00	8,96
2/3/2020 1:00	3,21	1/6/2020 13:00	11,09	1/9/2020 1:00	3,11	1/12/2020 13:00	8,69
2/3/2020 2:00	3,18	1/6/2020 14:00	9,82	1/9/2020 2:00	3,02	1/12/2020 14:00	8,30
2/3/2020 3:00	3,25	1/6/2020 15:00	8,25	1/9/2020 3:00	2,99	1/12/2020 15:00	7,84
2/3/2020 4:00	3,35	1/6/2020 16:00	4,37	1/9/2020 4:00	3,09	1/12/2020 16:00	7,75
2/3/2020 5:00	4,60	1/6/2020 17:00	3,11	1/9/2020 5:00	3,16	1/12/2020 17:00	7,46
2/3/2020 6:00	4,75	1/6/2020 18:00	2,46	1/9/2020 6:00	3,39	1/12/2020 18:00	6,79
2/3/2020 7:00	7,63	1/6/2020 19:00	1,90	1/9/2020 7:00	7,50	1/12/2020 19:00	4,62
2/3/2020 8:00	10,74	1/6/2020 20:00	2,39	1/9/2020 8:00	11,28	1/12/2020 20:00	4,63
2/3/2020 9:00	12,01	1/6/2020 21:00	2,88	1/9/2020 9:00	15,97	1/12/2020 21:00	4,75
2/3/2020 10:00	11,71	1/6/2020 22:00	2,80	1/9/2020 10:00	8,91	1/12/2020 22:00	3,32
2/3/2020 11:00	10,86	1/6/2020 23:00	2,40	1/9/2020 11:00	8,80	1/12/2020 23:00	2,84
2/3/2020 12:00	10,32	2/6/2020 0:00	2,22	1/9/2020 12:00	8,69	2/12/2020 0:00	2,19
2/3/2020 13:00	10,05	2/6/2020 1:00	1,99	1/9/2020 13:00	8,55	2/12/2020 1:00	1,51
2/3/2020 14:00	9,94	2/6/2020 2:00	2,34	1/9/2020 14:00	15,97	2/12/2020 2:00	1,00
2/3/2020 15:00	9,78	2/6/2020 3:00	2,19	1/9/2020 15:00	15,11	2/12/2020 3:00	0,82

2/3/2020 16:00	9,65	2/6/2020 4:00	2,03	1/9/2020 16:00	13,92	2/12/2020 4:00	0,97
2/3/2020 17:00	8,90	2/6/2020 5:00	2,42	1/9/2020 17:00	12,11	2/12/2020 5:00	1,25
2/3/2020 18:00	7,88	2/6/2020 6:00	2,59	1/9/2020 18:00	9,57	2/12/2020 6:00	1,44
2/3/2020 19:00	6,01	2/6/2020 7:00	3,99	1/9/2020 19:00	6,24	2/12/2020 7:00	3,12
2/3/2020 20:00	6,24	2/6/2020 8:00	7,75	1/9/2020 20:00	6,09	2/12/2020 8:00	6,82
2/3/2020 21:00	5,86	2/6/2020 9:00	8,73	1/9/2020 21:00	6,20	2/12/2020 9:00	7,86
2/3/2020 22:00	4,95	2/6/2020 10:00	9,19	1/9/2020 22:00	5,94	2/12/2020 10:00	8,57
2/3/2020 23:00	3,13	2/6/2020 11:00	9,25	1/9/2020 23:00	5,31	2/12/2020 11:00	8,73
3/3/2020 0:00	2,12	2/6/2020 12:00	8,98	2/9/2020 0:00	3,36	2/12/2020 12:00	8,55
3/3/2020 1:00	1,13	2/6/2020 13:00	8,02	2/9/2020 1:00	2,81	2/12/2020 13:00	8,00
3/3/2020 2:00	0,70	2/6/2020 14:00	6,79	2/9/2020 2:00	2,46	2/12/2020 14:00	7,42
3/3/2020 3:00	0,52	2/6/2020 15:00	3,78	2/9/2020 3:00	2,36	2/12/2020 15:00	4,51
3/3/2020 4:00	0,71	2/6/2020 16:00	3,16	2/9/2020 4:00	2,47	2/12/2020 16:00	4,08
3/3/2020 5:00	0,96	2/6/2020 17:00	2,61	2/9/2020 5:00	2,66	2/12/2020 17:00	3,61
3/3/2020 6:00	1,40	2/6/2020 18:00	1,41	2/9/2020 6:00	2,82	2/12/2020 18:00	2,93
3/3/2020 7:00	4,09	2/6/2020 19:00	0,55	2/9/2020 7:00	8,48	2/12/2020 19:00	1,93
3/3/2020 8:00	9,67	2/6/2020 20:00	0,34	2/9/2020 8:00	11,36	2/12/2020 20:00	1,75
3/3/2020 9:00	11,76	2/6/2020 21:00	0,81	2/9/2020 9:00	12,90	2/12/2020 21:00	1,72
3/3/2020 10:00	12,40	2/6/2020 22:00	0,57	2/9/2020 10:00	14,40	2/12/2020 22:00	1,70
3/3/2020 11:00	12,46	2/6/2020 23:00	0,57	2/9/2020 11:00	15,68	2/12/2020 23:00	1,44
3/3/2020 12:00	12,38	3/6/2020 0:00	1,00	2/9/2020 12:00	16,26	3/12/2020 0:00	1,17
3/3/2020 13:00	12,17	3/6/2020 1:00	1,26	2/9/2020 13:00	15,92	3/12/2020 1:00	1,02
3/3/2020 14:00	11,88	3/6/2020 2:00	1,44	2/9/2020 14:00	15,11	3/12/2020 2:00	0,81
3/3/2020 15:00	11,32	3/6/2020 3:00	1,48	2/9/2020 15:00	14,11	3/12/2020 3:00	0,24
3/3/2020 16:00	10,49	3/6/2020 4:00	1,29	2/9/2020 16:00	12,82	3/12/2020 4:00	0,60
3/3/2020 17:00	9,23	3/6/2020 5:00	1,09	2/9/2020 17:00	10,98	3/12/2020 5:00	1,09
3/3/2020 18:00	7,07	3/6/2020 6:00	1,14	2/9/2020 18:00	8,69	3/12/2020 6:00	1,20
3/3/2020 19:00	3,30	3/6/2020 7:00	2,82	2/9/2020 19:00	5,40	3/12/2020 7:00	2,31
3/3/2020 20:00	3,15	3/6/2020 8:00	4,37	2/9/2020 20:00	5,31	3/12/2020 8:00	3,57
3/3/2020 21:00	2,96	3/6/2020 9:00	7,77	2/9/2020 21:00	5,01	3/12/2020 9:00	3,95
3/3/2020 22:00	2,61	3/6/2020 10:00	8,32	2/9/2020 22:00	4,62	3/12/2020 10:00	4,05
3/3/2020 23:00	2,05	3/6/2020 11:00	8,53	2/9/2020 23:00	3,22	3/12/2020 11:00	4,37
4/3/2020 0:00	1,50	3/6/2020 12:00	8,55	3/9/2020 0:00	2,83	3/12/2020 12:00	7,27
4/3/2020 1:00	1,07	3/6/2020 13:00	8,36	3/9/2020 1:00	2,59	3/12/2020 13:00	8,13
4/3/2020 2:00	0,92	3/6/2020 14:00	7,73	3/9/2020 2:00	2,47	3/12/2020 14:00	8,67
4/3/2020 3:00	0,88	3/6/2020 15:00	6,88	3/9/2020 3:00	2,08	3/12/2020 15:00	9,11
4/3/2020 4:00	1,23	3/6/2020 16:00	4,05	3/9/2020 4:00	2,12	3/12/2020 16:00	9,34
4/3/2020 5:00	1,52	3/6/2020 17:00	3,29	3/9/2020 5:00	2,30	3/12/2020 17:00	8,61
4/3/2020 6:00	1,97	3/6/2020 18:00	2,77	3/9/2020 6:00	2,64	3/12/2020 18:00	4,47
4/3/2020 7:00	4,01	3/6/2020 19:00	2,15	3/9/2020 7:00	8,98	3/12/2020 19:00	3,35
4/3/2020 8:00	9,21	3/6/2020 20:00	2,35	3/9/2020 8:00	12,51	3/12/2020 20:00	5,45
4/3/2020 9:00	12,07	3/6/2020 21:00	2,61	3/9/2020 9:00	14,20	3/12/2020 21:00	6,07
4/3/2020 10:00	13,90	3/6/2020 22:00	2,82	3/9/2020 10:00	14,95	3/12/2020 22:00	5,91
4/3/2020 11:00	14,99	3/6/2020 23:00	2,91	3/9/2020 11:00	15,01	3/12/2020 23:00	4,99
4/3/2020 12:00	15,76	4/6/2020 0:00	2,84	3/9/2020 12:00	14,72	4/12/2020 0:00	4,63

4/3/2020 13:00	16,26	4/6/2020 1:00	2,62	3/9/2020 13:00	14,22	4/12/2020 1:00	3,33
4/3/2020 14:00	8,62	4/6/2020 2:00	2,45	3/9/2020 14:00	13,70	4/12/2020 2:00	3,24
4/3/2020 15:00	8,63	4/6/2020 3:00	2,37	3/9/2020 15:00	13,22	4/12/2020 3:00	3,23
4/3/2020 16:00	15,90	4/6/2020 4:00	2,54	3/9/2020 16:00	12,82	4/12/2020 4:00	3,04
4/3/2020 17:00	14,09	4/6/2020 5:00	2,83	3/9/2020 17:00	12,01	4/12/2020 5:00	2,75
4/3/2020 18:00	11,24	4/6/2020 6:00	3,07	3/9/2020 18:00	9,59	4/12/2020 6:00	2,29
4/3/2020 19:00	8,75	4/6/2020 7:00	6,86	3/9/2020 19:00	5,92	4/12/2020 7:00	3,07
4/3/2020 20:00	9,30	4/6/2020 8:00	9,26	3/9/2020 20:00	6,11	4/12/2020 8:00	4,11
4/3/2020 21:00	8,55	4/6/2020 9:00	11,53	3/9/2020 21:00	5,79	4/12/2020 9:00	7,52
4/3/2020 22:00	7,64	4/6/2020 10:00	12,38	3/9/2020 22:00	4,93	4/12/2020 10:00	9,00
4/3/2020 23:00	6,54	4/6/2020 11:00	12,09	3/9/2020 23:00	3,26	4/12/2020 11:00	10,17
5/3/2020 0:00	6,11	4/6/2020 12:00	11,46	4/9/2020 0:00	2,88	4/12/2020 12:00	10,84
5/3/2020 1:00	5,11	4/6/2020 13:00	10,80	4/9/2020 1:00	2,71	4/12/2020 13:00	11,01
5/3/2020 2:00	4,85	4/6/2020 14:00	10,30	4/9/2020 2:00	2,65	4/12/2020 14:00	11,09
5/3/2020 3:00	4,85	4/6/2020 15:00	10,19	4/9/2020 3:00	3,18	4/12/2020 15:00	11,19
5/3/2020 4:00	4,97	4/6/2020 16:00	10,26	4/9/2020 4:00	4,64	4/12/2020 16:00	11,61
5/3/2020 5:00	5,20	4/6/2020 17:00	9,07	4/9/2020 5:00	4,86	4/12/2020 17:00	11,40
5/3/2020 6:00	5,28	4/6/2020 18:00	4,56	4/9/2020 6:00	5,26	4/12/2020 18:00	9,73
5/3/2020 7:00	9,84	4/6/2020 19:00	4,77	4/9/2020 7:00	9,84	4/12/2020 19:00	7,03
5/3/2020 8:00	13,34	4/6/2020 20:00	5,50	4/9/2020 8:00	13,53	4/12/2020 20:00	7,65
5/3/2020 9:00	15,70	4/6/2020 21:00	6,17	4/9/2020 9:00	15,67	4/12/2020 21:00	6,99
5/3/2020 10:00	8,91	4/6/2020 22:00	6,28	4/9/2020 10:00	8,75	4/12/2020 22:00	5,19
5/3/2020 11:00	9,29	4/6/2020 23:00	6,79	4/9/2020 11:00	9,03	4/12/2020 23:00	3,11
5/3/2020 12:00	9,43	5/6/2020 0:00	6,64	4/9/2020 12:00	9,05	5/12/2020 0:00	2,63
5/3/2020 13:00	9,32	5/6/2020 1:00	6,52	4/9/2020 13:00	8,86	5/12/2020 1:00	2,23
5/3/2020 14:00	9,10	5/6/2020 2:00	6,22	4/9/2020 14:00	8,64	5/12/2020 2:00	2,02
5/3/2020 15:00	8,78	5/6/2020 3:00	6,42	4/9/2020 15:00	16,03	5/12/2020 3:00	2,17
5/3/2020 16:00	16,32	5/6/2020 4:00	6,79	4/9/2020 16:00	15,20	5/12/2020 4:00	2,33
5/3/2020 17:00	14,67	5/6/2020 5:00	7,23	4/9/2020 17:00	13,47	5/12/2020 5:00	2,52
5/3/2020 18:00	11,88	5/6/2020 6:00	7,43	4/9/2020 18:00	10,30	5/12/2020 6:00	2,83
5/3/2020 19:00	8,67	5/6/2020 7:00	11,88	4/9/2020 19:00	6,80	5/12/2020 7:00	6,73
5/3/2020 20:00	9,03	5/6/2020 8:00	14,42	4/9/2020 20:00	6,92	5/12/2020 8:00	8,53
5/3/2020 21:00	8,35	5/6/2020 9:00	15,38	4/9/2020 21:00	6,51	5/12/2020 9:00	9,88
5/3/2020 22:00	6,58	5/6/2020 10:00	15,59	4/9/2020 22:00	6,35	5/12/2020 10:00	11,03
5/3/2020 23:00	5,05	5/6/2020 11:00	15,38	4/9/2020 23:00	6,33	5/12/2020 11:00	12,13
6/3/2020 0:00	3,02	5/6/2020 12:00	15,09	5/9/2020 0:00	5,52	5/12/2020 12:00	12,94
6/3/2020 1:00	2,54	5/6/2020 13:00	14,61	5/9/2020 1:00	4,88	5/12/2020 13:00	13,53
6/3/2020 2:00	2,49	5/6/2020 14:00	13,94	5/9/2020 2:00	4,62	5/12/2020 14:00	13,82
6/3/2020 3:00	2,59	5/6/2020 15:00	13,07	5/9/2020 3:00	4,81	5/12/2020 15:00	13,59
6/3/2020 4:00	2,67	5/6/2020 16:00	11,26	5/9/2020 4:00	5,39	5/12/2020 16:00	12,86
6/3/2020 5:00	2,50	5/6/2020 17:00	8,61	5/9/2020 5:00	6,25	5/12/2020 17:00	11,65
6/3/2020 6:00	2,30	5/6/2020 18:00	4,25	5/9/2020 6:00	6,93	5/12/2020 18:00	9,48
6/3/2020 7:00	7,13	5/6/2020 19:00	3,06	5/9/2020 7:00	11,21	5/12/2020 19:00	5,92
6/3/2020 8:00	9,01	5/6/2020 20:00	2,70	5/9/2020 8:00	14,45	5/12/2020 20:00	6,07
6/3/2020 9:00	9,82	5/6/2020 21:00	2,47	5/9/2020 9:00	9,09	5/12/2020 21:00	5,95

6/3/2020 10:00	11,01	5/6/2020 22:00	2,96	5/9/2020 10:00	9,79	5/12/2020 22:00	5,62
6/3/2020 11:00	12,49	5/6/2020 23:00	3,39	5/9/2020 11:00	9,79	5/12/2020 23:00	5,39
6/3/2020 12:00	13,30	6/6/2020 0:00	4,69	5/9/2020 12:00	9,42	6/12/2020 0:00	4,89
6/3/2020 13:00	13,17	6/6/2020 1:00	4,95	5/9/2020 13:00	8,96	6/12/2020 1:00	4,62
6/3/2020 14:00	12,78	6/6/2020 2:00	5,03	5/9/2020 14:00	16,17	6/12/2020 2:00	4,62
6/3/2020 15:00	12,21	6/6/2020 3:00	4,95	5/9/2020 15:00	14,82	6/12/2020 3:00	4,81
6/3/2020 16:00	11,53	6/6/2020 4:00	4,82	5/9/2020 16:00	13,22	6/12/2020 4:00	4,90
6/3/2020 17:00	10,13	6/6/2020 5:00	4,72	5/9/2020 17:00	11,13	6/12/2020 5:00	4,90
6/3/2020 18:00	7,53	6/6/2020 6:00	3,48	5/9/2020 18:00	8,92	6/12/2020 6:00	4,75
6/3/2020 19:00	4,65	6/6/2020 7:00	7,84	5/9/2020 19:00	6,17	6/12/2020 7:00	10,11
6/3/2020 20:00	4,75	6/6/2020 8:00	11,09	5/9/2020 20:00	6,03	6/12/2020 8:00	11,86
6/3/2020 21:00	4,95	6/6/2020 9:00	12,42	5/9/2020 21:00	5,73	6/12/2020 9:00	12,74
6/3/2020 22:00	4,86	6/6/2020 10:00	12,61	5/9/2020 22:00	5,07	6/12/2020 10:00	13,97
6/3/2020 23:00	4,69	6/6/2020 11:00	12,32	5/9/2020 23:00	4,67	6/12/2020 11:00	14,84
7/3/2020 0:00	3,36	6/6/2020 12:00	11,63	6/9/2020 0:00	3,47	6/12/2020 12:00	14,94
7/3/2020 1:00	3,13	6/6/2020 13:00	10,78	6/9/2020 1:00	3,46	6/12/2020 13:00	14,44
7/3/2020 2:00	2,89	6/6/2020 14:00	10,01	6/9/2020 2:00	4,68	6/12/2020 14:00	13,70
7/3/2020 3:00	2,75	6/6/2020 15:00	9,25	6/9/2020 3:00	5,27	6/12/2020 15:00	12,86
7/3/2020 4:00	2,86	6/6/2020 16:00	8,23	6/9/2020 4:00	5,20	6/12/2020 16:00	11,73
7/3/2020 5:00	2,88	6/6/2020 17:00	4,50	6/9/2020 5:00	5,29	6/12/2020 17:00	10,11
7/3/2020 6:00	2,86	6/6/2020 18:00	3,26	6/9/2020 6:00	5,61	6/12/2020 18:00	7,50
7/3/2020 7:00	4,33	6/6/2020 19:00	2,11	6/9/2020 7:00	9,61	6/12/2020 19:00	3,10
7/3/2020 8:00	8,13	6/6/2020 20:00	2,22	6/9/2020 8:00	11,74	6/12/2020 20:00	2,65
7/3/2020 9:00	9,65	6/6/2020 21:00	2,14	6/9/2020 9:00	13,09	6/12/2020 21:00	2,56
7/3/2020 10:00	10,48	6/6/2020 22:00	1,77	6/9/2020 10:00	13,78	6/12/2020 22:00	2,45
7/3/2020 11:00	11,05	6/6/2020 23:00	2,12	6/9/2020 11:00	14,15	6/12/2020 23:00	2,38
7/3/2020 12:00	11,36	7/6/2020 0:00	2,84	6/9/2020 12:00	14,40	7/12/2020 0:00	2,12
7/3/2020 13:00	11,44	7/6/2020 1:00	3,04	6/9/2020 13:00	14,47	7/12/2020 1:00	1,96
7/3/2020 14:00	11,34	7/6/2020 2:00	2,82	6/9/2020 14:00	14,45	7/12/2020 2:00	1,92
7/3/2020 15:00	11,23	7/6/2020 3:00	2,89	6/9/2020 15:00	14,30	7/12/2020 3:00	2,08
7/3/2020 16:00	10,96	7/6/2020 4:00	4,75	6/9/2020 16:00	13,63	7/12/2020 4:00	2,44
7/3/2020 17:00	9,78	7/6/2020 5:00	4,81	6/9/2020 17:00	11,88	7/12/2020 5:00	2,75
7/3/2020 18:00	7,38	7/6/2020 6:00	4,90	6/9/2020 18:00	8,96	7/12/2020 6:00	2,78
7/3/2020 19:00	4,94	7/6/2020 7:00	7,90	6/9/2020 19:00	5,22	7/12/2020 7:00	8,50
7/3/2020 20:00	5,20	7/6/2020 8:00	10,80	6/9/2020 20:00	4,93	7/12/2020 8:00	11,88
7/3/2020 21:00	5,18	7/6/2020 9:00	12,05	6/9/2020 21:00	3,25	7/12/2020 9:00	13,47
7/3/2020 22:00	4,62	7/6/2020 10:00	12,42	6/9/2020 22:00	2,64	7/12/2020 10:00	14,07
7/3/2020 23:00	3,06	7/6/2020 11:00	12,46	6/9/2020 23:00	2,12	7/12/2020 11:00	14,20
8/3/2020 0:00	2,56	7/6/2020 12:00	12,34	7/9/2020 0:00	1,99	7/12/2020 12:00	14,11
8/3/2020 1:00	2,01	7/6/2020 13:00	12,22	7/9/2020 1:00	1,99	7/12/2020 13:00	13,95
8/3/2020 2:00	1,37	7/6/2020 14:00	11,80	7/9/2020 2:00	1,73	7/12/2020 14:00	13,46
8/3/2020 3:00	0,67	7/6/2020 15:00	10,99	7/9/2020 3:00	1,74	7/12/2020 15:00	12,63
8/3/2020 4:00	0,12	7/6/2020 16:00	9,73	7/9/2020 4:00	1,82	7/12/2020 16:00	11,67
8/3/2020 5:00	0,13	7/6/2020 17:00	7,78	7/9/2020 5:00	1,79	7/12/2020 17:00	10,34
8/3/2020 6:00	0,47	7/6/2020 18:00	3,91	7/9/2020 6:00	1,76	7/12/2020 18:00	8,19

8/3/2020 7:00	2,94	7/6/2020 19:00	2,94	7/9/2020 7:00	3,95	7/12/2020 19:00	4,98
8/3/2020 8:00	7,07	7/6/2020 20:00	3,03	7/9/2020 8:00	9,30	7/12/2020 20:00	4,72
8/3/2020 9:00	9,07	7/6/2020 21:00	3,03	7/9/2020 9:00	11,26	7/12/2020 21:00	4,97
8/3/2020 10:00	10,61	7/6/2020 22:00	2,97	7/9/2020 10:00	12,67	7/12/2020 22:00	4,63
8/3/2020 11:00	11,55	7/6/2020 23:00	3,36	7/9/2020 11:00	13,51	7/12/2020 23:00	3,31
8/3/2020 12:00	12,11	8/6/2020 0:00	4,82	7/9/2020 12:00	13,74	8/12/2020 0:00	3,05
8/3/2020 13:00	12,22	8/6/2020 1:00	4,95	7/9/2020 13:00	13,57	8/12/2020 1:00	2,85
8/3/2020 14:00	12,03	8/6/2020 2:00	4,77	7/9/2020 14:00	13,17	8/12/2020 2:00	2,88
8/3/2020 15:00	11,78	8/6/2020 3:00	4,67	7/9/2020 15:00	12,78	8/12/2020 3:00	2,81
8/3/2020 16:00	11,40	8/6/2020 4:00	3,48	7/9/2020 16:00	12,22	8/12/2020 4:00	2,85
8/3/2020 17:00	10,49	8/6/2020 5:00	3,33	7/9/2020 17:00	10,55	8/12/2020 5:00	2,85
8/3/2020 18:00	8,00	8/6/2020 6:00	3,20	7/9/2020 18:00	8,00	8/12/2020 6:00	2,76
8/3/2020 19:00	4,84	8/6/2020 7:00	4,56	7/9/2020 19:00	4,85	8/12/2020 7:00	4,22
8/3/2020 20:00	5,02	8/6/2020 8:00	9,01	7/9/2020 20:00	4,60	8/12/2020 8:00	8,25
8/3/2020 21:00	5,02	8/6/2020 9:00	11,19	7/9/2020 21:00	3,43	8/12/2020 9:00	9,46
8/3/2020 22:00	4,88	8/6/2020 10:00	12,19	7/9/2020 22:00	3,23	8/12/2020 10:00	10,23
8/3/2020 23:00	4,59	8/6/2020 11:00	12,49	7/9/2020 23:00	2,88	8/12/2020 11:00	11,01
9/3/2020 0:00	3,35	8/6/2020 12:00	12,17	8/9/2020 0:00	2,66	8/12/2020 12:00	11,42
9/3/2020 1:00	3,30	8/6/2020 13:00	11,61	8/9/2020 1:00	2,69	8/12/2020 13:00	11,36
9/3/2020 2:00	3,40	8/6/2020 14:00	11,34	8/9/2020 2:00	2,61	8/12/2020 14:00	11,05
9/3/2020 3:00	4,79	8/6/2020 15:00	11,07	8/9/2020 3:00	2,70	8/12/2020 15:00	10,71
9/3/2020 4:00	5,16	8/6/2020 16:00	9,80	8/9/2020 4:00	2,99	8/12/2020 16:00	10,07
9/3/2020 5:00	5,70	8/6/2020 17:00	7,28	8/9/2020 5:00	3,35	8/12/2020 17:00	8,00
9/3/2020 6:00	6,25	8/6/2020 18:00	3,46	8/9/2020 6:00	4,94	8/12/2020 18:00	6,94
9/3/2020 7:00	12,21	8/6/2020 19:00	2,25	8/9/2020 7:00	9,61	8/12/2020 19:00	4,72
9/3/2020 8:00	8,85	8/6/2020 20:00	2,35	8/9/2020 8:00	12,99	8/12/2020 20:00	5,01
9/3/2020 9:00	9,54	8/6/2020 21:00	2,73	8/9/2020 9:00	14,34	8/12/2020 21:00	5,23
9/3/2020 10:00	9,92	8/6/2020 22:00	2,88	8/9/2020 10:00	14,53	8/12/2020 22:00	4,85
9/3/2020 11:00	10,01	8/6/2020 23:00	2,71	8/9/2020 11:00	14,19	8/12/2020 23:00	3,40
9/3/2020 12:00	9,82	9/6/2020 0:00	2,36	8/9/2020 12:00	13,88	9/12/2020 0:00	3,01
9/3/2020 13:00	9,49	9/6/2020 1:00	2,07	8/9/2020 13:00	13,49	9/12/2020 1:00	2,69
9/3/2020 14:00	8,74	9/6/2020 2:00	1,99	8/9/2020 14:00	13,11	9/12/2020 2:00	2,28
9/3/2020 15:00	14,97	9/6/2020 3:00	1,91	8/9/2020 15:00	12,59	9/12/2020 3:00	1,67
9/3/2020 16:00	13,57	9/6/2020 4:00	1,96	8/9/2020 16:00	12,24	9/12/2020 4:00	0,99
9/3/2020 17:00	11,48	9/6/2020 5:00	2,18	8/9/2020 17:00	11,19	9/12/2020 5:00	0,53
9/3/2020 18:00	8,21	9/6/2020 6:00	2,32	8/9/2020 18:00	8,53	9/12/2020 6:00	0,25
9/3/2020 19:00	6,43	9/6/2020 7:00	4,03	8/9/2020 19:00	5,11	9/12/2020 7:00	2,09
9/3/2020 20:00	7,82	9/6/2020 8:00	9,55	8/9/2020 20:00	4,86	9/12/2020 8:00	4,11
9/3/2020 21:00	7,67	9/6/2020 9:00	11,55	8/9/2020 21:00	3,36	9/12/2020 9:00	7,55
9/3/2020 22:00	6,67	9/6/2020 10:00	12,61	8/9/2020 22:00	2,65	9/12/2020 10:00	9,48
9/3/2020 23:00	5,41	9/6/2020 11:00	12,99	8/9/2020 23:00	2,00	9/12/2020 11:00	10,65
10/3/2020 0:00	3,48	9/6/2020 12:00	13,15	9/9/2020 0:00	1,97	9/12/2020 12:00	10,76
10/3/2020 1:00	2,75	9/6/2020 13:00	13,24	9/9/2020 1:00	2,25	9/12/2020 13:00	10,57
10/3/2020 2:00	2,48	9/6/2020 14:00	12,86	9/9/2020 2:00	2,82	9/12/2020 14:00	10,13
10/3/2020 3:00	2,37	9/6/2020 15:00	11,92	9/9/2020 3:00	3,22	9/12/2020 15:00	9,30

10/3/2020 4:00	2,67	9/6/2020 16:00	10,30	9/9/2020 4:00	4,81	9/12/2020 16:00	8,11
10/3/2020 5:00	2,52	9/6/2020 17:00	7,67	9/9/2020 5:00	4,93	9/12/2020 17:00	4,55
10/3/2020 6:00	3,09	9/6/2020 18:00	3,37	9/9/2020 6:00	5,28	9/12/2020 18:00	3,52
10/3/2020 7:00	7,38	9/6/2020 19:00	2,06	9/9/2020 7:00	9,78	9/12/2020 19:00	2,02
10/3/2020 8:00	10,78	9/6/2020 20:00	1,76	9/9/2020 8:00	11,92	9/12/2020 20:00	1,38
10/3/2020 9:00	13,46	9/6/2020 21:00	1,42	9/9/2020 9:00	13,65	9/12/2020 21:00	1,51
10/3/2020 10:00	14,55	9/6/2020 22:00	1,62	9/9/2020 10:00	14,36	9/12/2020 22:00	1,67
10/3/2020 11:00	14,74	9/6/2020 23:00	1,86	9/9/2020 11:00	14,40	9/12/2020 23:00	1,75
10/3/2020 12:00	14,67	10/6/2020 0:00	1,72	9/9/2020 12:00	14,24	10/12/2020 0:00	1,72
10/3/2020 13:00	14,49	10/6/2020 1:00	1,21	9/9/2020 13:00	13,88	10/12/2020 1:00	1,57
10/3/2020 14:00	14,34	10/6/2020 2:00	0,92	9/9/2020 14:00	13,01	10/12/2020 2:00	1,24
10/3/2020 15:00	14,30	10/6/2020 3:00	0,82	9/9/2020 15:00	11,73	10/12/2020 3:00	0,81
10/3/2020 16:00	14,03	10/6/2020 4:00	0,83	9/9/2020 16:00	10,36	10/12/2020 4:00	0,47
10/3/2020 17:00	12,78	10/6/2020 5:00	0,96	9/9/2020 17:00	9,07	10/12/2020 5:00	0,19
10/3/2020 18:00	10,48	10/6/2020 6:00	1,22	9/9/2020 18:00	7,52	10/12/2020 6:00	0,14
10/3/2020 19:00	6,72	10/6/2020 7:00	2,97	9/9/2020 19:00	5,03	10/12/2020 7:00	1,25
10/3/2020 20:00	5,66	10/6/2020 8:00	8,40	9/9/2020 20:00	4,94	10/12/2020 8:00	3,03
10/3/2020 21:00	3,37	10/6/2020 9:00	10,57	9/9/2020 21:00	3,49	10/12/2020 9:00	3,78
10/3/2020 22:00	2,91	10/6/2020 10:00	11,38	9/9/2020 22:00	3,23	10/12/2020 10:00	4,30
10/3/2020 23:00	2,25	10/6/2020 11:00	11,11	9/9/2020 23:00	2,69	10/12/2020 11:00	7,02
11/3/2020 0:00	1,43	10/6/2020 12:00	10,30	10/9/2020 0:00	2,28	10/12/2020 12:00	7,42
11/3/2020 1:00	0,94	10/6/2020 13:00	9,63	10/9/2020 1:00	2,22	10/12/2020 13:00	7,44
11/3/2020 2:00	0,69	10/6/2020 14:00	9,26	10/9/2020 2:00	2,42	10/12/2020 14:00	7,27
11/3/2020 3:00	1,04	10/6/2020 15:00	8,92	10/9/2020 3:00	2,52	10/12/2020 15:00	4,54
11/3/2020 4:00	1,60	10/6/2020 16:00	8,17	10/9/2020 4:00	2,65	10/12/2020 16:00	4,38
11/3/2020 5:00	1,78	10/6/2020 17:00	4,48	10/9/2020 5:00	2,95	10/12/2020 17:00	4,11
11/3/2020 6:00	1,97	10/6/2020 18:00	3,10	10/9/2020 6:00	3,09	10/12/2020 18:00	3,71
11/3/2020 7:00	3,69	10/6/2020 19:00	1,64	10/9/2020 7:00	9,75	10/12/2020 19:00	2,99
11/3/2020 8:00	8,28	10/6/2020 20:00	1,09	10/9/2020 8:00	13,94	10/12/2020 20:00	3,43
11/3/2020 9:00	9,98	10/6/2020 21:00	0,57	10/9/2020 9:00	16,24	10/12/2020 21:00	4,69
11/3/2020 10:00	11,09	10/6/2020 22:00	0,17	10/9/2020 10:00	9,03	10/12/2020 22:00	3,40
11/3/2020 11:00	11,94	10/6/2020 23:00	0,30	10/9/2020 11:00	9,05	10/12/2020 23:00	3,17
11/3/2020 12:00	12,42	11/6/2020 0:00	0,26	10/9/2020 12:00	8,88	11/12/2020 0:00	3,20
11/3/2020 13:00	12,28	11/6/2020 1:00	0,26	10/9/2020 13:00	16,34	11/12/2020 1:00	2,61
11/3/2020 14:00	11,76	11/6/2020 2:00	0,43	10/9/2020 14:00	15,36	11/12/2020 2:00	1,95
11/3/2020 15:00	11,21	11/6/2020 3:00	0,48	10/9/2020 15:00	14,30	11/12/2020 3:00	1,66
11/3/2020 16:00	10,38	11/6/2020 4:00	0,66	10/9/2020 16:00	13,32	11/12/2020 4:00	1,63
11/3/2020 17:00	8,77	11/6/2020 5:00	0,70	10/9/2020 17:00	11,69	11/12/2020 5:00	1,64
11/3/2020 18:00	4,33	11/6/2020 6:00	0,90	10/9/2020 18:00	8,84	11/12/2020 6:00	1,67
11/3/2020 19:00	2,68	11/6/2020 7:00	1,21	10/9/2020 19:00	5,33	11/12/2020 7:00	2,72
11/3/2020 20:00	2,08	11/6/2020 8:00	3,48	10/9/2020 20:00	5,16	11/12/2020 8:00	3,94
11/3/2020 21:00	1,54	11/6/2020 9:00	6,77	10/9/2020 21:00	3,48	11/12/2020 9:00	7,52
11/3/2020 22:00	1,67	11/6/2020 10:00	7,80	10/9/2020 22:00	3,20	11/12/2020 10:00	8,59
11/3/2020 23:00	2,09	11/6/2020 11:00	8,23	10/9/2020 23:00	3,21	11/12/2020 11:00	9,23
12/3/2020 0:00	2,22	11/6/2020 12:00	8,67	11/9/2020 0:00	4,97	11/12/2020 12:00	9,57

12/3/2020 1:00	2,01	11/6/2020 13:00	8,84	11/9/2020 1:00	5,11	11/12/2020 13:00	9,50
12/3/2020 2:00	1,46	11/6/2020 14:00	8,75	11/9/2020 2:00	5,02	11/12/2020 14:00	9,15
12/3/2020 3:00	0,74	11/6/2020 15:00	8,40	11/9/2020 3:00	5,09	11/12/2020 15:00	8,71
12/3/2020 4:00	0,40	11/6/2020 16:00	7,59	11/9/2020 4:00	4,97	11/12/2020 16:00	8,46
12/3/2020 5:00	0,76	11/6/2020 17:00	4,21	11/9/2020 5:00	4,77	11/12/2020 17:00	7,63
12/3/2020 6:00	1,07	11/6/2020 18:00	2,92	11/9/2020 6:00	4,71	11/12/2020 18:00	4,26
12/3/2020 7:00	1,38	11/6/2020 19:00	1,35	11/9/2020 7:00	7,34	11/12/2020 19:00	2,78
12/3/2020 8:00	2,98	11/6/2020 20:00	0,51	11/9/2020 8:00	10,88	11/12/2020 20:00	2,50
12/3/2020 9:00	4,18	11/6/2020 21:00	0,83	11/9/2020 9:00	14,51	11/12/2020 21:00	2,17
12/3/2020 10:00	7,30	11/6/2020 22:00	1,23	11/9/2020 10:00	8,51	11/12/2020 22:00	1,54
12/3/2020 11:00	8,23	11/6/2020 23:00	1,05	11/9/2020 11:00	8,91	11/12/2020 23:00	0,96
12/3/2020 12:00	9,23	12/6/2020 0:00	0,77	11/9/2020 12:00	8,83	12/12/2020 0:00	0,71
12/3/2020 13:00	10,28	12/6/2020 1:00	0,61	11/9/2020 13:00	16,34	12/12/2020 1:00	0,40
12/3/2020 14:00	11,09	12/6/2020 2:00	0,58	11/9/2020 14:00	15,42	12/12/2020 2:00	0,31
12/3/2020 15:00	11,38	12/6/2020 3:00	0,58	11/9/2020 15:00	14,42	12/12/2020 3:00	0,93
12/3/2020 16:00	10,98	12/6/2020 4:00	0,58	11/9/2020 16:00	13,26	12/12/2020 4:00	1,40
12/3/2020 17:00	8,94	12/6/2020 5:00	0,56	11/9/2020 17:00	11,24	12/12/2020 5:00	1,53
12/3/2020 18:00	4,07	12/6/2020 6:00	0,52	11/9/2020 18:00	8,44	12/12/2020 6:00	1,62
12/3/2020 19:00	2,77	12/6/2020 7:00	0,87	11/9/2020 19:00	5,24	12/12/2020 7:00	3,11
12/3/2020 20:00	2,66	12/6/2020 8:00	3,01	11/9/2020 20:00	4,89	12/12/2020 8:00	4,56
12/3/2020 21:00	2,40	12/6/2020 9:00	4,12	11/9/2020 21:00	2,79	12/12/2020 9:00	8,03
12/3/2020 22:00	2,01	12/6/2020 10:00	6,98	11/9/2020 22:00	2,78	12/12/2020 10:00	9,13
12/3/2020 23:00	1,58	12/6/2020 11:00	7,25	11/9/2020 23:00	2,73	12/12/2020 11:00	10,07
13/3/2020 0:00	1,08	12/6/2020 12:00	7,17	12/9/2020 0:00	2,30	12/12/2020 12:00	10,53
13/3/2020 1:00	0,83	12/6/2020 13:00	6,82	12/9/2020 1:00	1,87	12/12/2020 13:00	10,99
13/3/2020 2:00	1,11	12/6/2020 14:00	4,37	12/9/2020 2:00	1,69	12/12/2020 14:00	11,32
13/3/2020 3:00	1,11	12/6/2020 15:00	4,18	12/9/2020 3:00	1,89	12/12/2020 15:00	11,23
13/3/2020 4:00	0,98	12/6/2020 16:00	3,82	12/9/2020 4:00	2,03	12/12/2020 16:00	11,24
13/3/2020 5:00	1,08	12/6/2020 17:00	3,12	12/9/2020 5:00	2,18	12/12/2020 17:00	10,88
13/3/2020 6:00	1,36	12/6/2020 18:00	1,41	12/9/2020 6:00	2,46	12/12/2020 18:00	9,13
13/3/2020 7:00	2,59	12/6/2020 19:00	0,38	12/9/2020 7:00	8,13	12/12/2020 19:00	5,78
13/3/2020 8:00	3,80	12/6/2020 20:00	0,17	12/9/2020 8:00	12,13	12/12/2020 20:00	6,22
13/3/2020 9:00	8,03	12/6/2020 21:00	0,40	12/9/2020 9:00	14,45	12/12/2020 21:00	6,54
13/3/2020 10:00	9,86	12/6/2020 22:00	0,65	12/9/2020 10:00	15,51	12/12/2020 22:00	7,09
13/3/2020 11:00	10,42	12/6/2020 23:00	0,75	12/9/2020 11:00	15,67	12/12/2020 23:00	6,51
13/3/2020 12:00	10,65	13/6/2020 0:00	0,69	12/9/2020 12:00	15,78	13/12/2020 0:00	5,87
13/3/2020 13:00	11,23	13/6/2020 1:00	0,56	12/9/2020 13:00	15,53	13/12/2020 1:00	5,40
13/3/2020 14:00	11,86	13/6/2020 2:00	0,51	12/9/2020 14:00	14,95	13/12/2020 2:00	4,77
13/3/2020 15:00	12,55	13/6/2020 3:00	0,47	12/9/2020 15:00	14,15	13/12/2020 3:00	4,72
13/3/2020 16:00	12,55	13/6/2020 4:00	0,68	12/9/2020 16:00	13,17	13/12/2020 4:00	4,85
13/3/2020 17:00	11,53	13/6/2020 5:00	1,24	12/9/2020 17:00	11,82	13/12/2020 5:00	4,93
13/3/2020 18:00	8,75	13/6/2020 6:00	1,52	12/9/2020 18:00	9,15	13/12/2020 6:00	4,86
13/3/2020 19:00	5,69	13/6/2020 7:00	2,81	12/9/2020 19:00	5,61	13/12/2020 7:00	8,34
13/3/2020 20:00	5,86	13/6/2020 8:00	4,47	12/9/2020 20:00	5,69	13/12/2020 8:00	10,07
13/3/2020 21:00	5,53	13/6/2020 9:00	8,27	12/9/2020 21:00	5,71	13/12/2020 9:00	11,05

13/3/2020 22:00	4,76	13/6/2020 10:00	9,57	12/9/2020 22:00	5,19	13/12/2020 10:00	11,19
13/3/2020 23:00	3,10	13/6/2020 11:00	10,25	12/9/2020 23:00	4,75	13/12/2020 11:00	11,09
14/3/2020 0:00	2,14	13/6/2020 12:00	10,34	13/9/2020 0:00	4,65	13/12/2020 12:00	10,92
14/3/2020 1:00	1,18	13/6/2020 13:00	10,26	13/9/2020 1:00	3,44	13/12/2020 13:00	10,84
14/3/2020 2:00	0,35	13/6/2020 14:00	10,03	13/9/2020 2:00	3,18	13/12/2020 14:00	10,84
14/3/2020 3:00	0,93	13/6/2020 15:00	9,75	13/9/2020 3:00	3,19	13/12/2020 15:00	11,21
14/3/2020 4:00	1,21	13/6/2020 16:00	9,26	13/9/2020 4:00	4,64	13/12/2020 16:00	11,73
14/3/2020 5:00	0,87	13/6/2020 17:00	8,00	13/9/2020 5:00	4,92	13/12/2020 17:00	11,05
14/3/2020 6:00	0,98	13/6/2020 18:00	4,43	13/9/2020 6:00	5,24	13/12/2020 18:00	8,21
14/3/2020 7:00	2,27	13/6/2020 19:00	4,71	13/9/2020 7:00	11,38	13/12/2020 19:00	3,27
14/3/2020 8:00	3,57	13/6/2020 20:00	5,57	13/9/2020 8:00	14,74	13/12/2020 20:00	2,97
14/3/2020 9:00	4,13	13/6/2020 21:00	6,22	13/9/2020 9:00	8,71	13/12/2020 21:00	2,59
14/3/2020 10:00	6,73	13/6/2020 22:00	6,67	13/9/2020 10:00	9,29	13/12/2020 22:00	2,21
14/3/2020 11:00	7,65	13/6/2020 23:00	7,45	13/9/2020 11:00	9,45	13/12/2020 23:00	1,90
14/3/2020 12:00	8,59	14/6/2020 0:00	8,30	13/9/2020 12:00	9,49	14/12/2020 0:00	1,80
14/3/2020 13:00	9,55	14/6/2020 1:00	8,39	13/9/2020 13:00	9,25	14/12/2020 1:00	1,82
14/3/2020 14:00	10,26	14/6/2020 2:00	8,85	13/9/2020 14:00	8,94	14/12/2020 2:00	1,98
14/3/2020 15:00	10,28	14/6/2020 3:00	8,62	13/9/2020 15:00	8,52	14/12/2020 3:00	2,12
14/3/2020 16:00	9,94	14/6/2020 4:00	7,64	13/9/2020 16:00	15,19	14/12/2020 4:00	2,21
14/3/2020 17:00	8,61	14/6/2020 5:00	7,64	13/9/2020 17:00	13,17	14/12/2020 5:00	2,19
14/3/2020 18:00	4,31	14/6/2020 6:00	8,03	13/9/2020 18:00	9,92	14/12/2020 6:00	2,12
14/3/2020 19:00	2,83	14/6/2020 7:00	12,30	13/9/2020 19:00	5,92	14/12/2020 7:00	7,05
14/3/2020 20:00	2,45	14/6/2020 8:00	14,03	13/9/2020 20:00	5,66	14/12/2020 8:00	9,03
14/3/2020 21:00	1,89	14/6/2020 9:00	14,95	13/9/2020 21:00	4,69	14/12/2020 9:00	9,80
14/3/2020 22:00	1,18	14/6/2020 10:00	15,80	13/9/2020 22:00	3,20	14/12/2020 10:00	10,55
14/3/2020 23:00	0,49	14/6/2020 11:00	16,17	13/9/2020 23:00	3,05	14/12/2020 11:00	11,65
15/3/2020 0:00	0,29	14/6/2020 12:00	15,88	14/9/2020 0:00	2,88	14/12/2020 12:00	12,63
15/3/2020 1:00	1,00	14/6/2020 13:00	15,45	14/9/2020 1:00	2,70	14/12/2020 13:00	13,09
15/3/2020 2:00	1,60	14/6/2020 14:00	14,92	14/9/2020 2:00	2,67	14/12/2020 14:00	12,74
15/3/2020 3:00	1,47	14/6/2020 15:00	14,26	14/9/2020 3:00	2,73	14/12/2020 15:00	12,07
15/3/2020 4:00	1,59	14/6/2020 16:00	13,24	14/9/2020 4:00	2,69	14/12/2020 16:00	10,98
15/3/2020 5:00	1,45	14/6/2020 17:00	11,53	14/9/2020 5:00	2,70	14/12/2020 17:00	9,23
15/3/2020 6:00	1,13	14/6/2020 18:00	9,96	14/9/2020 6:00	2,85	14/12/2020 18:00	7,25
15/3/2020 7:00	1,14	14/6/2020 19:00	7,27	14/9/2020 7:00	8,19	14/12/2020 19:00	3,17
15/3/2020 8:00	3,35	14/6/2020 20:00	7,78	14/9/2020 8:00	12,38	14/12/2020 20:00	3,04
15/3/2020 9:00	6,73	14/6/2020 21:00	8,41	14/9/2020 9:00	14,92	14/12/2020 21:00	3,05
15/3/2020 10:00	7,78	14/6/2020 22:00	8,41	14/9/2020 10:00	8,80	14/12/2020 22:00	3,01
15/3/2020 11:00	8,42	14/6/2020 23:00	8,39	14/9/2020 11:00	9,51	14/12/2020 23:00	2,95
15/3/2020 12:00	8,96	15/6/2020 0:00	8,37	14/9/2020 12:00	9,68	15/12/2020 0:00	2,82
15/3/2020 13:00	9,55	15/6/2020 1:00	8,26	14/9/2020 13:00	9,50	15/12/2020 1:00	2,66
15/3/2020 14:00	10,26	15/6/2020 2:00	8,08	14/9/2020 14:00	9,12	15/12/2020 2:00	2,35
15/3/2020 15:00	10,82	15/6/2020 3:00	7,90	14/9/2020 15:00	8,64	15/12/2020 3:00	1,93
15/3/2020 16:00	10,73	15/6/2020 4:00	7,53	14/9/2020 16:00	15,38	15/12/2020 4:00	1,28
15/3/2020 17:00	9,19	15/6/2020 5:00	7,14	14/9/2020 17:00	13,24	15/12/2020 5:00	0,78
15/3/2020 18:00	4,54	15/6/2020 6:00	6,92	14/9/2020 18:00	10,25	15/12/2020 6:00	0,44

15/3/2020 19:00	2,83	15/6/2020 7:00	11,53	14/9/2020 19:00	6,30	15/12/2020 7:00	2,04
15/3/2020 20:00	2,41	15/6/2020 8:00	13,51	14/9/2020 20:00	6,42	15/12/2020 8:00	3,96
15/3/2020 21:00	2,13	15/6/2020 9:00	14,61	14/9/2020 21:00	6,01	15/12/2020 9:00	7,61
15/3/2020 22:00	1,66	15/6/2020 10:00	14,95	14/9/2020 22:00	5,24	15/12/2020 10:00	8,84
15/3/2020 23:00	1,31	15/6/2020 11:00	15,15	14/9/2020 23:00	3,43	15/12/2020 11:00	9,53
16/3/2020 0:00	1,01	15/6/2020 12:00	15,42	15/9/2020 0:00	3,13	15/12/2020 12:00	10,05
16/3/2020 1:00	0,73	15/6/2020 13:00	15,61	15/9/2020 1:00	3,07	15/12/2020 13:00	10,73
16/3/2020 2:00	0,63	15/6/2020 14:00	15,49	15/9/2020 2:00	2,90	15/12/2020 14:00	11,03
16/3/2020 3:00	0,72	15/6/2020 15:00	14,86	15/9/2020 3:00	2,83	15/12/2020 15:00	11,07
16/3/2020 4:00	0,84	15/6/2020 16:00	13,57	15/9/2020 4:00	2,84	15/12/2020 16:00	11,15
16/3/2020 5:00	1,05	15/6/2020 17:00	11,26	15/9/2020 5:00	2,73	15/12/2020 17:00	10,63
16/3/2020 6:00	1,35	15/6/2020 18:00	7,98	15/9/2020 6:00	2,62	15/12/2020 18:00	8,77
16/3/2020 7:00	2,48	15/6/2020 19:00	5,28	15/9/2020 7:00	7,77	15/12/2020 19:00	5,53
16/3/2020 8:00	8,94	15/6/2020 20:00	5,52	15/9/2020 8:00	11,49	15/12/2020 20:00	6,18
16/3/2020 9:00	12,28	15/6/2020 21:00	5,60	15/9/2020 9:00	13,30	15/12/2020 21:00	5,18
16/3/2020 10:00	12,44	15/6/2020 22:00	5,29	15/9/2020 10:00	14,28	15/12/2020 22:00	2,68
16/3/2020 11:00	11,03	15/6/2020 23:00	4,98	15/9/2020 11:00	14,69	15/12/2020 23:00	1,55
16/3/2020 12:00	9,69	16/6/2020 0:00	3,35	15/9/2020 12:00	14,74	16/12/2020 0:00	1,00
16/3/2020 13:00	8,69	16/6/2020 1:00	2,86	15/9/2020 13:00	14,49	16/12/2020 1:00	0,69
16/3/2020 14:00	8,13	16/6/2020 2:00	2,77	15/9/2020 14:00	13,86	16/12/2020 2:00	0,79
16/3/2020 15:00	7,75	16/6/2020 3:00	2,74	15/9/2020 15:00	12,97	16/12/2020 3:00	1,20
16/3/2020 16:00	7,23	16/6/2020 4:00	2,82	15/9/2020 16:00	12,11	16/12/2020 4:00	1,77
16/3/2020 17:00	4,04	16/6/2020 5:00	2,95	15/9/2020 17:00	10,71	16/12/2020 5:00	2,03
16/3/2020 18:00	3,32	16/6/2020 6:00	3,14	15/9/2020 18:00	8,03	16/12/2020 6:00	2,21
16/3/2020 19:00	2,44	16/6/2020 7:00	7,09	15/9/2020 19:00	4,64	16/12/2020 7:00	3,92
16/3/2020 20:00	2,31	16/6/2020 8:00	11,63	15/9/2020 20:00	3,04	16/12/2020 8:00	8,50
16/3/2020 21:00	2,38	16/6/2020 9:00	13,74	15/9/2020 21:00	2,69	16/12/2020 9:00	10,59
16/3/2020 22:00	2,49	16/6/2020 10:00	14,70	15/9/2020 22:00	2,10	16/12/2020 10:00	12,30
16/3/2020 23:00	2,52	16/6/2020 11:00	14,84	15/9/2020 23:00	1,65	16/12/2020 11:00	13,38
17/3/2020 0:00	2,48	16/6/2020 12:00	14,34	16/9/2020 0:00	1,63	16/12/2020 12:00	13,65
17/3/2020 1:00	2,37	16/6/2020 13:00	13,76	16/9/2020 1:00	1,86	16/12/2020 13:00	13,44
17/3/2020 2:00	2,11	16/6/2020 14:00	13,22	16/9/2020 2:00	1,88	16/12/2020 14:00	12,76
17/3/2020 3:00	1,84	16/6/2020 15:00	12,76	16/9/2020 3:00	1,74	16/12/2020 15:00	11,92
17/3/2020 4:00	1,66	16/6/2020 16:00	11,98	16/9/2020 4:00	1,54	16/12/2020 16:00	11,09
17/3/2020 5:00	1,73	16/6/2020 17:00	10,32	16/9/2020 5:00	1,43	16/12/2020 17:00	10,15
17/3/2020 6:00	1,86	16/6/2020 18:00	7,86	16/9/2020 6:00	1,42	16/12/2020 18:00	8,38
17/3/2020 7:00	2,80	16/6/2020 19:00	5,18	16/9/2020 7:00	3,05	16/12/2020 19:00	5,09
17/3/2020 8:00	3,50	16/6/2020 20:00	5,06	16/9/2020 8:00	6,96	16/12/2020 20:00	4,92
17/3/2020 9:00	7,19	16/6/2020 21:00	4,80	16/9/2020 9:00	8,19	16/12/2020 21:00	4,99
17/3/2020 10:00	9,00	16/6/2020 22:00	3,43	16/9/2020 10:00	9,00	16/12/2020 22:00	5,07
17/3/2020 11:00	9,67	16/6/2020 23:00	3,23	16/9/2020 11:00	9,48	16/12/2020 23:00	4,89
17/3/2020 12:00	9,38	17/6/2020 0:00	3,04	16/9/2020 12:00	9,59	17/12/2020 0:00	3,37
17/3/2020 13:00	8,61	17/6/2020 1:00	2,95	16/9/2020 13:00	9,40	17/12/2020 1:00	2,80
17/3/2020 14:00	7,80	17/6/2020 2:00	3,00	16/9/2020 14:00	9,26	17/12/2020 2:00	2,30
17/3/2020 15:00	7,11	17/6/2020 3:00	3,14	16/9/2020 15:00	9,01	17/12/2020 3:00	1,89

17/3/2020 16:00	4,25	17/6/2020 4:00	2,66	16/9/2020 16:00	8,57	17/12/2020 4:00	1,80
17/3/2020 17:00	2,92	17/6/2020 5:00	2,38	16/9/2020 17:00	7,48	17/12/2020 5:00	2,12
17/3/2020 18:00	2,00	17/6/2020 6:00	2,25	16/9/2020 18:00	4,24	17/12/2020 6:00	2,58
17/3/2020 19:00	1,47	17/6/2020 7:00	3,22	16/9/2020 19:00	2,69	17/12/2020 7:00	6,94
17/3/2020 20:00	1,55	17/6/2020 8:00	7,07	16/9/2020 20:00	1,72	17/12/2020 8:00	11,15
17/3/2020 21:00	1,48	17/6/2020 9:00	9,46	16/9/2020 21:00	0,40	17/12/2020 9:00	13,26
17/3/2020 22:00	1,44	17/6/2020 10:00	11,36	16/9/2020 22:00	0,89	17/12/2020 10:00	14,53
17/3/2020 23:00	1,22	17/6/2020 11:00	12,38	16/9/2020 23:00	1,44	17/12/2020 11:00	15,61
18/3/2020 0:00	0,86	17/6/2020 12:00	12,21	17/9/2020 0:00	1,43	17/12/2020 12:00	16,17
18/3/2020 1:00	0,97	17/6/2020 13:00	11,38	17/9/2020 1:00	0,73	17/12/2020 13:00	8,52
18/3/2020 2:00	1,38	17/6/2020 14:00	10,28	17/9/2020 2:00	0,55	17/12/2020 14:00	16,15
18/3/2020 3:00	1,45	17/6/2020 15:00	8,94	17/9/2020 3:00	0,68	17/12/2020 15:00	15,24
18/3/2020 4:00	0,91	17/6/2020 16:00	7,46	17/9/2020 4:00	0,83	17/12/2020 16:00	13,47
18/3/2020 5:00	0,32	17/6/2020 17:00	3,88	17/9/2020 5:00	1,03	17/12/2020 17:00	10,94
18/3/2020 6:00	0,11	17/6/2020 18:00	2,85	17/9/2020 6:00	0,94	17/12/2020 18:00	8,17
18/3/2020 7:00	0,49	17/6/2020 19:00	1,85	17/9/2020 7:00	2,52	17/12/2020 19:00	5,75
18/3/2020 8:00	1,40	17/6/2020 20:00	2,04	17/9/2020 8:00	4,43	17/12/2020 20:00	6,12
18/3/2020 9:00	3,10	17/6/2020 21:00	2,44	17/9/2020 9:00	8,02	17/12/2020 21:00	5,79
18/3/2020 10:00	3,95	17/6/2020 22:00	2,64	17/9/2020 10:00	9,11	17/12/2020 22:00	5,33
18/3/2020 11:00	4,55	17/6/2020 23:00	2,79	17/9/2020 11:00	9,92	17/12/2020 23:00	4,93
18/3/2020 12:00	6,98	18/6/2020 0:00	2,94	17/9/2020 12:00	10,34	18/12/2020 0:00	3,35
18/3/2020 13:00	6,88	18/6/2020 1:00	3,06	17/9/2020 13:00	10,73	18/12/2020 1:00	3,29
18/3/2020 14:00	6,77	18/6/2020 2:00	2,86	17/9/2020 14:00	10,98	18/12/2020 2:00	3,45
18/3/2020 15:00	4,46	18/6/2020 3:00	2,98	17/9/2020 15:00	10,74	18/12/2020 3:00	3,38
18/3/2020 16:00	4,37	18/6/2020 4:00	3,01	17/9/2020 16:00	10,63	18/12/2020 4:00	3,02
18/3/2020 17:00	3,83	18/6/2020 5:00	3,24	17/9/2020 17:00	10,17	18/12/2020 5:00	2,68
18/3/2020 18:00	3,06	18/6/2020 6:00	4,68	17/9/2020 18:00	8,63	18/12/2020 6:00	2,47
18/3/2020 19:00	2,28	18/6/2020 7:00	8,32	17/9/2020 19:00	5,10	18/12/2020 7:00	3,48
18/3/2020 20:00	2,41	18/6/2020 8:00	10,36	17/9/2020 20:00	3,22	18/12/2020 8:00	7,27
18/3/2020 21:00	2,62	18/6/2020 9:00	11,51	17/9/2020 21:00	2,74	18/12/2020 9:00	9,36
18/3/2020 22:00	2,55	18/6/2020 10:00	12,03	17/9/2020 22:00	2,60	18/12/2020 10:00	10,48
18/3/2020 23:00	2,36	18/6/2020 11:00	12,19	17/9/2020 23:00	2,57	18/12/2020 11:00	10,90
19/3/2020 0:00	2,09	18/6/2020 12:00	12,11	18/9/2020 0:00	2,45	18/12/2020 12:00	10,53
19/3/2020 1:00	2,00	18/6/2020 13:00	11,88	18/9/2020 1:00	2,27	18/12/2020 13:00	9,94
19/3/2020 2:00	2,09	18/6/2020 14:00	11,26	18/9/2020 2:00	2,12	18/12/2020 14:00	9,38
19/3/2020 3:00	2,21	18/6/2020 15:00	10,26	18/9/2020 3:00	2,10	18/12/2020 15:00	8,65
19/3/2020 4:00	2,19	18/6/2020 16:00	9,11	18/9/2020 4:00	1,78	18/12/2020 16:00	7,53
19/3/2020 5:00	2,08	18/6/2020 17:00	7,71	18/9/2020 5:00	1,12	18/12/2020 17:00	4,26
19/3/2020 6:00	1,82	18/6/2020 18:00	4,09	18/9/2020 6:00	0,72	18/12/2020 18:00	3,29
19/3/2020 7:00	2,07	18/6/2020 19:00	3,05	18/9/2020 7:00	2,56	18/12/2020 19:00	1,91
19/3/2020 8:00	2,20	18/6/2020 20:00	3,25	18/9/2020 8:00	4,54	18/12/2020 20:00	1,20
19/3/2020 9:00	2,93	18/6/2020 21:00	3,27	18/9/2020 9:00	8,19	18/12/2020 21:00	0,24
19/3/2020 10:00	3,48	18/6/2020 22:00	2,85	18/9/2020 10:00	9,36	18/12/2020 22:00	0,91
19/3/2020 11:00	4,05	18/6/2020 23:00	2,43	18/9/2020 11:00	10,28	18/12/2020 23:00	1,36
19/3/2020 12:00	6,84	19/6/2020 0:00	2,14	18/9/2020 12:00	10,94	19/12/2020 0:00	1,27

19/3/2020 13:00	7,55	19/6/2020 1:00	1,98	18/9/2020 13:00	11,32	19/12/2020 1:00	1,03
19/3/2020 14:00	7,84	19/6/2020 2:00	2,00	18/9/2020 14:00	11,44	19/12/2020 2:00	0,77
19/3/2020 15:00	7,59	19/6/2020 3:00	2,03	18/9/2020 15:00	11,28	19/12/2020 3:00	0,79
19/3/2020 16:00	4,47	19/6/2020 4:00	2,20	18/9/2020 16:00	10,88	19/12/2020 4:00	0,80
19/3/2020 17:00	3,46	19/6/2020 5:00	2,39	18/9/2020 17:00	9,53	19/12/2020 5:00	0,66
19/3/2020 18:00	2,43	19/6/2020 6:00	2,46	18/9/2020 18:00	7,84	19/12/2020 6:00	0,49
19/3/2020 19:00	1,28	19/6/2020 7:00	4,12	18/9/2020 19:00	4,59	19/12/2020 7:00	1,44
19/3/2020 20:00	1,07	19/6/2020 8:00	8,96	18/9/2020 20:00	2,99	19/12/2020 8:00	3,58
19/3/2020 21:00	1,45	19/6/2020 9:00	11,05	18/9/2020 21:00	2,53	19/12/2020 9:00	7,07
19/3/2020 22:00	1,98	19/6/2020 10:00	12,21	18/9/2020 22:00	2,16	19/12/2020 10:00	8,55
19/3/2020 23:00	2,45	19/6/2020 11:00	12,63	18/9/2020 23:00	2,05	19/12/2020 11:00	9,67
20/3/2020 0:00	2,44	19/6/2020 12:00	12,76	19/9/2020 0:00	2,20	19/12/2020 12:00	10,55
20/3/2020 1:00	2,51	19/6/2020 13:00	12,67	19/9/2020 1:00	2,47	19/12/2020 13:00	11,05
20/3/2020 2:00	2,59	19/6/2020 14:00	12,53	19/9/2020 2:00	2,61	19/12/2020 14:00	10,92
20/3/2020 3:00	2,68	19/6/2020 15:00	12,17	19/9/2020 3:00	2,58	19/12/2020 15:00	10,21
20/3/2020 4:00	2,65	19/6/2020 16:00	11,28	19/9/2020 4:00	2,59	19/12/2020 16:00	9,15
20/3/2020 5:00	2,20	19/6/2020 17:00	9,11	19/9/2020 5:00	2,60	19/12/2020 17:00	7,30
20/3/2020 6:00	1,78	19/6/2020 18:00	4,43	19/9/2020 6:00	2,42	19/12/2020 18:00	3,61
20/3/2020 7:00	1,45	19/6/2020 19:00	2,94	19/9/2020 7:00	4,29	19/12/2020 19:00	2,23
20/3/2020 8:00	0,99	19/6/2020 20:00	3,08	19/9/2020 8:00	9,78	19/12/2020 20:00	1,93
20/3/2020 9:00	0,78	19/6/2020 21:00	2,93	19/9/2020 9:00	12,24	19/12/2020 21:00	1,58
20/3/2020 10:00	1,11	19/6/2020 22:00	2,78	19/9/2020 10:00	13,28	19/12/2020 22:00	1,03
20/3/2020 11:00	2,13	19/6/2020 23:00	2,57	19/9/2020 11:00	13,44	19/12/2020 23:00	0,66
20/3/2020 12:00	2,88	20/6/2020 0:00	2,61	19/9/2020 12:00	13,07	20/12/2020 0:00	0,63
20/3/2020 13:00	3,53	20/6/2020 1:00	2,70	19/9/2020 13:00	12,34	20/12/2020 1:00	0,93
20/3/2020 14:00	3,86	20/6/2020 2:00	2,78	19/9/2020 14:00	11,61	20/12/2020 2:00	1,55
20/3/2020 15:00	3,86	20/6/2020 3:00	2,91	19/9/2020 15:00	11,11	20/12/2020 3:00	1,85
20/3/2020 16:00	3,75	20/6/2020 4:00	2,99	19/9/2020 16:00	10,84	20/12/2020 4:00	1,88
20/3/2020 17:00	3,29	20/6/2020 5:00	3,14	19/9/2020 17:00	10,01	20/12/2020 5:00	1,95
20/3/2020 18:00	2,75	20/6/2020 6:00	3,27	19/9/2020 18:00	8,07	20/12/2020 6:00	2,13
20/3/2020 19:00	2,30	20/6/2020 7:00	7,82	19/9/2020 19:00	4,85	20/12/2020 7:00	3,90
20/3/2020 20:00	2,46	20/6/2020 8:00	11,73	19/9/2020 20:00	4,90	20/12/2020 8:00	7,36
20/3/2020 21:00	2,95	20/6/2020 9:00	13,72	19/9/2020 21:00	5,02	20/12/2020 9:00	8,34
20/3/2020 22:00	3,26	20/6/2020 10:00	14,86	19/9/2020 22:00	4,63	20/12/2020 10:00	9,07
20/3/2020 23:00	4,59	20/6/2020 11:00	15,03	19/9/2020 23:00	3,26	20/12/2020 11:00	9,55
21/3/2020 0:00	4,67	20/6/2020 12:00	14,55	20/9/2020 0:00	2,94	20/12/2020 12:00	9,71
21/3/2020 1:00	3,24	20/6/2020 13:00	14,11	20/9/2020 1:00	2,51	20/12/2020 13:00	9,65
21/3/2020 2:00	2,77	20/6/2020 14:00	13,53	20/9/2020 2:00	2,39	20/12/2020 14:00	9,15
21/3/2020 3:00	2,58	20/6/2020 15:00	12,55	20/9/2020 3:00	2,39	20/12/2020 15:00	8,42
21/3/2020 4:00	2,62	20/6/2020 16:00	11,42	20/9/2020 4:00	2,47	20/12/2020 16:00	7,44
21/3/2020 5:00	2,68	20/6/2020 17:00	9,48	20/9/2020 5:00	2,47	20/12/2020 17:00	4,20
21/3/2020 6:00	2,54	20/6/2020 18:00	7,63	20/9/2020 6:00	2,34	20/12/2020 18:00	3,41
21/3/2020 7:00	2,73	20/6/2020 19:00	5,50	20/9/2020 7:00	4,20	20/12/2020 19:00	2,31
21/3/2020 8:00	1,08	20/6/2020 20:00	6,14	20/9/2020 8:00	9,86	20/12/2020 20:00	2,13
21/3/2020 9:00	0,23	20/6/2020 21:00	6,65	20/9/2020 9:00	12,49	20/12/2020 21:00	2,06

21/3/2020 10:00	0,50	20/6/2020 22:00	6,96	20/9/2020 10:00	14,28	20/12/2020 22:00	1,99
21/3/2020 11:00	0,82	20/6/2020 23:00	7,15	20/9/2020 11:00	14,99	20/12/2020 23:00	2,02
21/3/2020 12:00	1,13	21/6/2020 0:00	6,29	20/9/2020 12:00	14,84	21/12/2020 0:00	2,16
21/3/2020 13:00	1,47	21/6/2020 1:00	5,92	20/9/2020 13:00	14,05	21/12/2020 1:00	2,49
21/3/2020 14:00	2,24	21/6/2020 2:00	5,66	20/9/2020 14:00	13,01	21/12/2020 2:00	3,01
21/3/2020 15:00	2,42	21/6/2020 3:00	5,61	20/9/2020 15:00	11,90	21/12/2020 3:00	3,48
21/3/2020 16:00	2,42	21/6/2020 4:00	5,39	20/9/2020 16:00	10,38	21/12/2020 4:00	4,98
21/3/2020 17:00	2,05	21/6/2020 5:00	5,23	20/9/2020 17:00	8,77	21/12/2020 5:00	5,36
21/3/2020 18:00	1,22	21/6/2020 6:00	5,10	20/9/2020 18:00	6,98	21/12/2020 6:00	5,66
21/3/2020 19:00	1,25	21/6/2020 7:00	9,21	20/9/2020 19:00	4,63	21/12/2020 7:00	8,98
21/3/2020 20:00	1,60	21/6/2020 8:00	12,80	20/9/2020 20:00	3,49	21/12/2020 8:00	9,51
21/3/2020 21:00	1,76	21/6/2020 9:00	15,38	20/9/2020 21:00	3,16	21/12/2020 9:00	9,78
21/3/2020 22:00	1,95	21/6/2020 10:00	8,71	20/9/2020 22:00	2,84	21/12/2020 10:00	10,73
21/3/2020 23:00	2,54	21/6/2020 11:00	9,11	20/9/2020 23:00	3,01	21/12/2020 11:00	11,51
22/3/2020 0:00	2,83	21/6/2020 12:00	9,06	21/9/2020 0:00	2,97	21/12/2020 12:00	11,65
22/3/2020 1:00	2,71	21/6/2020 13:00	8,74	21/9/2020 1:00	2,89	21/12/2020 13:00	11,57
22/3/2020 2:00	2,53	21/6/2020 14:00	15,90	21/9/2020 2:00	2,94	21/12/2020 14:00	11,13
22/3/2020 3:00	2,46	21/6/2020 15:00	14,82	21/9/2020 3:00	3,05	21/12/2020 15:00	10,51
22/3/2020 4:00	2,42	21/6/2020 16:00	13,26	21/9/2020 4:00	3,15	21/12/2020 16:00	9,78
22/3/2020 5:00	2,33	21/6/2020 17:00	10,78	21/9/2020 5:00	3,14	21/12/2020 17:00	8,65
22/3/2020 6:00	2,04	21/6/2020 18:00	8,25	21/9/2020 6:00	3,31	21/12/2020 18:00	7,28
22/3/2020 7:00	1,15	21/6/2020 19:00	5,39	21/9/2020 7:00	8,57	21/12/2020 19:00	3,46
22/3/2020 8:00	0,78	21/6/2020 20:00	5,79	21/9/2020 8:00	11,51	21/12/2020 20:00	3,25
22/3/2020 9:00	2,08	21/6/2020 21:00	6,35	21/9/2020 9:00	13,38	21/12/2020 21:00	3,20
22/3/2020 10:00	2,69	21/6/2020 22:00	6,18	21/9/2020 10:00	14,80	21/12/2020 22:00	3,22
22/3/2020 11:00	2,76	21/6/2020 23:00	5,63	21/9/2020 11:00	15,61	21/12/2020 23:00	3,20
22/3/2020 12:00	2,82	22/6/2020 0:00	5,36	21/9/2020 12:00	15,90	22/12/2020 0:00	3,02
22/3/2020 13:00	3,11	22/6/2020 1:00	5,39	21/9/2020 13:00	15,65	22/12/2020 1:00	2,84
22/3/2020 14:00	3,63	22/6/2020 2:00	5,46	21/9/2020 14:00	15,15	22/12/2020 2:00	2,54
22/3/2020 15:00	4,12	22/6/2020 3:00	5,95	21/9/2020 15:00	14,61	22/12/2020 3:00	2,26
22/3/2020 16:00	4,54	22/6/2020 4:00	6,22	21/9/2020 16:00	13,59	22/12/2020 4:00	2,24
22/3/2020 17:00	4,39	22/6/2020 5:00	6,31	21/9/2020 17:00	11,82	22/12/2020 5:00	2,77
22/3/2020 18:00	3,48	22/6/2020 6:00	6,48	21/9/2020 18:00	9,13	22/12/2020 6:00	4,76
22/3/2020 19:00	2,32	22/6/2020 7:00	9,88	21/9/2020 19:00	5,60	22/12/2020 7:00	8,32
22/3/2020 20:00	2,15	22/6/2020 8:00	13,34	21/9/2020 20:00	5,33	22/12/2020 8:00	10,67
22/3/2020 21:00	1,94	22/6/2020 9:00	15,22	21/9/2020 21:00	4,71	22/12/2020 9:00	11,36
22/3/2020 22:00	1,87	22/6/2020 10:00	15,92	21/9/2020 22:00	2,78	22/12/2020 10:00	11,92
22/3/2020 23:00	1,76	22/6/2020 11:00	15,76	21/9/2020 23:00	2,41	22/12/2020 11:00	12,84
23/3/2020 0:00	1,66	22/6/2020 12:00	15,11	22/9/2020 0:00	2,32	22/12/2020 12:00	13,63
23/3/2020 1:00	1,54	22/6/2020 13:00	14,11	22/9/2020 1:00	2,17	22/12/2020 13:00	13,92
23/3/2020 2:00	1,57	22/6/2020 14:00	13,07	22/9/2020 2:00	2,08	22/12/2020 14:00	13,44
23/3/2020 3:00	1,77	22/6/2020 15:00	11,98	22/9/2020 3:00	2,05	22/12/2020 15:00	12,57
23/3/2020 4:00	2,00	22/6/2020 16:00	10,57	22/9/2020 4:00	2,00	22/12/2020 16:00	11,86
23/3/2020 5:00	2,15	22/6/2020 17:00	8,55	22/9/2020 5:00	2,10	22/12/2020 17:00	10,53
23/3/2020 6:00	2,35	22/6/2020 18:00	4,25	22/9/2020 6:00	2,10	22/12/2020 18:00	8,19

23/3/2020 7:00	3,90	22/6/2020 19:00	3,01	22/9/2020 7:00	4,08	22/12/2020 19:00	4,82
23/3/2020 8:00	6,88	22/6/2020 20:00	3,08	22/9/2020 8:00	8,36	22/12/2020 20:00	3,36
23/3/2020 9:00	7,67	22/6/2020 21:00	2,97	22/9/2020 9:00	9,42	22/12/2020 21:00	3,09
23/3/2020 10:00	7,96	22/6/2020 22:00	2,73	22/9/2020 10:00	10,51	22/12/2020 22:00	2,61
23/3/2020 11:00	8,44	22/6/2020 23:00	2,63	22/9/2020 11:00	11,94	22/12/2020 23:00	2,18
23/3/2020 12:00	8,94	23/6/2020 0:00	2,71	22/9/2020 12:00	13,05	23/12/2020 0:00	1,70
23/3/2020 13:00	9,32	23/6/2020 1:00	3,01	22/9/2020 13:00	13,61	23/12/2020 1:00	1,60
23/3/2020 14:00	9,65	23/6/2020 2:00	4,71	22/9/2020 14:00	13,95	23/12/2020 2:00	1,57
23/3/2020 15:00	9,59	23/6/2020 3:00	5,10	22/9/2020 15:00	14,01	23/12/2020 3:00	1,63
23/3/2020 16:00	9,05	23/6/2020 4:00	5,28	22/9/2020 16:00	13,38	23/12/2020 4:00	1,73
23/3/2020 17:00	7,98	23/6/2020 5:00	5,43	22/9/2020 17:00	12,01	23/12/2020 5:00	1,87
23/3/2020 18:00	4,56	23/6/2020 6:00	5,53	22/9/2020 18:00	9,19	23/12/2020 6:00	2,02
23/3/2020 19:00	3,35	23/6/2020 7:00	8,44	22/9/2020 19:00	5,71	23/12/2020 7:00	7,19
23/3/2020 20:00	3,43	23/6/2020 8:00	11,13	22/9/2020 20:00	5,94	23/12/2020 8:00	10,09
23/3/2020 21:00	4,76	23/6/2020 9:00	12,69	22/9/2020 21:00	6,35	23/12/2020 9:00	10,32
23/3/2020 22:00	5,02	23/6/2020 10:00	13,15	22/9/2020 22:00	6,34	23/12/2020 10:00	10,21
23/3/2020 23:00	4,67	23/6/2020 11:00	13,05	22/9/2020 23:00	5,94	23/12/2020 11:00	10,07
24/3/2020 0:00	2,93	23/6/2020 12:00	12,61	23/9/2020 0:00	6,16	23/12/2020 12:00	10,00
24/3/2020 1:00	2,50	23/6/2020 13:00	11,96	23/9/2020 1:00	5,62	23/12/2020 13:00	9,76
24/3/2020 2:00	2,01	23/6/2020 14:00	11,28	23/9/2020 2:00	5,39	23/12/2020 14:00	9,51
24/3/2020 3:00	1,41	23/6/2020 15:00	10,40	23/9/2020 3:00	5,14	23/12/2020 15:00	8,94
24/3/2020 4:00	0,86	23/6/2020 16:00	9,34	23/9/2020 4:00	5,23	23/12/2020 16:00	7,88
24/3/2020 5:00	1,00	23/6/2020 17:00	7,65	23/9/2020 5:00	5,10	23/12/2020 17:00	4,47
24/3/2020 6:00	1,63	23/6/2020 18:00	3,77	23/9/2020 6:00	5,07	23/12/2020 18:00	3,56
24/3/2020 7:00	6,75	23/6/2020 19:00	2,46	23/9/2020 7:00	9,61	23/12/2020 19:00	2,51
24/3/2020 8:00	10,13	23/6/2020 20:00	2,23	23/9/2020 8:00	12,71	23/12/2020 20:00	2,64
24/3/2020 9:00	11,42	23/6/2020 21:00	1,91	23/9/2020 9:00	14,84	23/12/2020 21:00	2,91
24/3/2020 10:00	11,92	23/6/2020 22:00	2,01	23/9/2020 10:00	15,82	23/12/2020 22:00	3,19
24/3/2020 11:00	12,05	23/6/2020 23:00	2,31	23/9/2020 11:00	16,34	23/12/2020 23:00	4,67
24/3/2020 12:00	12,05	24/6/2020 0:00	2,45	23/9/2020 12:00	8,85	24/12/2020 0:00	5,15
24/3/2020 13:00	11,86	24/6/2020 1:00	2,25	23/9/2020 13:00	9,15	24/12/2020 1:00	4,84
24/3/2020 14:00	11,32	24/6/2020 2:00	2,11	23/9/2020 14:00	9,18	24/12/2020 2:00	3,18
24/3/2020 15:00	10,59	24/6/2020 3:00	2,17	23/9/2020 15:00	9,08	24/12/2020 3:00	3,05
24/3/2020 16:00	9,38	24/6/2020 4:00	2,41	23/9/2020 16:00	8,75	24/12/2020 4:00	2,61
24/3/2020 17:00	7,63	24/6/2020 5:00	2,26	23/9/2020 17:00	14,99	24/12/2020 5:00	2,44
24/3/2020 18:00	3,26	24/6/2020 6:00	2,16	23/9/2020 18:00	11,40	24/12/2020 6:00	2,53
24/3/2020 19:00	1,63	24/6/2020 7:00	3,73	23/9/2020 19:00	7,50	24/12/2020 7:00	3,91
24/3/2020 20:00	1,21	24/6/2020 8:00	8,34	23/9/2020 20:00	7,60	24/12/2020 8:00	7,17
24/3/2020 21:00	1,10	24/6/2020 9:00	9,57	23/9/2020 21:00	7,01	24/12/2020 9:00	7,36
24/3/2020 22:00	1,08	24/6/2020 10:00	10,21	23/9/2020 22:00	6,45	24/12/2020 10:00	7,19
24/3/2020 23:00	1,05	24/6/2020 11:00	10,55	23/9/2020 23:00	7,06	24/12/2020 11:00	6,92
25/3/2020 0:00	0,87	24/6/2020 12:00	10,40	24/9/2020 0:00	7,23	24/12/2020 12:00	6,75
25/3/2020 1:00	0,74	24/6/2020 13:00	10,01	24/9/2020 1:00	6,94	24/12/2020 13:00	4,28
25/3/2020 2:00	0,96	24/6/2020 14:00	9,46	24/9/2020 2:00	6,51	24/12/2020 14:00	3,99
25/3/2020 3:00	1,31	24/6/2020 15:00	8,65	24/9/2020 3:00	7,03	24/12/2020 15:00	3,84

Fecha/Hora	Valor	Fecha/Hora	Valor	Fecha/Hora	Valor	Fecha/Hora	Valor
25/3/2020 4:00	1,65	24/6/2020 16:00	7,59	24/9/2020 4:00	7,50	24/12/2020 16:00	3,39
25/3/2020 5:00	1,94	24/6/2020 17:00	4,09	24/9/2020 5:00	7,82	24/12/2020 17:00	2,69
25/3/2020 6:00	2,12	24/6/2020 18:00	2,93	24/9/2020 6:00	7,92	24/12/2020 18:00	1,97
25/3/2020 7:00	3,69	24/6/2020 19:00	1,91	24/9/2020 7:00	14,07	24/12/2020 19:00	1,07
25/3/2020 8:00	6,77	24/6/2020 20:00	1,92	24/9/2020 8:00	16,05	24/12/2020 20:00	0,57
25/3/2020 9:00	7,86	24/6/2020 21:00	2,15	24/9/2020 9:00	9,37	24/12/2020 21:00	0,37
25/3/2020 10:00	8,94	24/6/2020 22:00	2,54	24/9/2020 10:00	10,36	24/12/2020 22:00	1,27
25/3/2020 11:00	9,53	24/6/2020 23:00	2,77	24/9/2020 11:00	10,65	24/12/2020 23:00	2,14
25/3/2020 12:00	10,09	25/6/2020 0:00	2,65	24/9/2020 12:00	10,64	25/12/2020 0:00	2,71
25/3/2020 13:00	10,59	25/6/2020 1:00	2,85	24/9/2020 13:00	10,32	25/12/2020 1:00	2,65
25/3/2020 14:00	10,90	25/6/2020 2:00	3,10	24/9/2020 14:00	9,80	25/12/2020 2:00	2,09
25/3/2020 15:00	10,76	25/6/2020 3:00	3,27	24/9/2020 15:00	9,16	25/12/2020 3:00	1,45
25/3/2020 16:00	10,05	25/6/2020 4:00	3,20	24/9/2020 16:00	8,57	25/12/2020 4:00	0,93
25/3/2020 17:00	8,61	25/6/2020 5:00	3,12	24/9/2020 17:00	14,36	25/12/2020 5:00	0,62
25/3/2020 18:00	4,42	25/6/2020 6:00	3,17	24/9/2020 18:00	10,32	25/12/2020 6:00	0,35
25/3/2020 19:00	2,72	25/6/2020 7:00	7,84	24/9/2020 19:00	6,38	25/12/2020 7:00	0,72
25/3/2020 20:00	2,09	25/6/2020 8:00	11,76	24/9/2020 20:00	6,51	25/12/2020 8:00	2,27
25/3/2020 21:00	1,50	25/6/2020 9:00	12,99	24/9/2020 21:00	6,54	25/12/2020 9:00	3,18
25/3/2020 22:00	0,89	25/6/2020 10:00	12,92	24/9/2020 22:00	6,50	25/12/2020 10:00	3,46
25/3/2020 23:00	0,43	25/6/2020 11:00	13,17	24/9/2020 23:00	6,45	25/12/2020 11:00	3,19
26/3/2020 0:00	0,48	25/6/2020 12:00	13,32	25/9/2020 0:00	6,39	25/12/2020 12:00	2,80
26/3/2020 1:00	0,87	25/6/2020 13:00	12,94	25/9/2020 1:00	6,30	25/12/2020 13:00	2,46
26/3/2020 2:00	1,21	25/6/2020 14:00	12,15	25/9/2020 2:00	6,25	25/12/2020 14:00	2,05
26/3/2020 3:00	1,43	25/6/2020 15:00	11,09	25/9/2020 3:00	6,12	25/12/2020 15:00	1,27
26/3/2020 4:00	1,30	25/6/2020 16:00	10,07	25/9/2020 4:00	5,83	25/12/2020 16:00	1,04
26/3/2020 5:00	1,19	25/6/2020 17:00	8,25	25/9/2020 5:00	5,77	25/12/2020 17:00	0,75
26/3/2020 6:00	1,05	25/6/2020 18:00	4,16	25/9/2020 6:00	5,56	25/12/2020 18:00	0,70
26/3/2020 7:00	1,05	25/6/2020 19:00	2,91	25/9/2020 7:00	9,32	25/12/2020 19:00	0,88
26/3/2020 8:00	2,73	25/6/2020 20:00	2,96	25/9/2020 8:00	12,82	25/12/2020 20:00	1,13
26/3/2020 9:00	4,16	25/6/2020 21:00	3,41	25/9/2020 9:00	15,43	25/12/2020 21:00	1,74
26/3/2020 10:00	7,63	25/6/2020 22:00	4,63	25/9/2020 10:00	8,53	25/12/2020 22:00	2,65
26/3/2020 11:00	8,59	25/6/2020 23:00	4,84	25/9/2020 11:00	16,24	25/12/2020 23:00	3,40
26/3/2020 12:00	9,03	26/6/2020 0:00	4,97	25/9/2020 12:00	15,78	26/12/2020 0:00	3,47
26/3/2020 13:00	8,88	26/6/2020 1:00	4,81	25/9/2020 13:00	15,07	26/12/2020 1:00	3,48
26/3/2020 14:00	8,53	26/6/2020 2:00	4,93	25/9/2020 14:00	14,32	26/12/2020 2:00	3,37
26/3/2020 15:00	7,98	26/6/2020 3:00	5,23	25/9/2020 15:00	13,30	26/12/2020 3:00	3,28
26/3/2020 16:00	6,96	26/6/2020 4:00	5,74	25/9/2020 16:00	12,28	26/12/2020 4:00	3,04
26/3/2020 17:00	3,74	26/6/2020 5:00	6,38	25/9/2020 17:00	10,78	26/12/2020 5:00	2,50
26/3/2020 18:00	2,82	26/6/2020 6:00	6,31	25/9/2020 18:00	8,07	26/12/2020 6:00	2,21
26/3/2020 19:00	1,64	26/6/2020 7:00	10,13	25/9/2020 19:00	3,22	26/12/2020 7:00	3,16
26/3/2020 20:00	1,16	26/6/2020 8:00	13,28	25/9/2020 20:00	2,37	26/12/2020 8:00	2,61
26/3/2020 21:00	0,72	26/6/2020 9:00	15,47	25/9/2020 21:00	1,63	26/12/2020 9:00	1,14
26/3/2020 22:00	0,49	26/6/2020 10:00	8,54	25/9/2020 22:00	2,04	26/12/2020 10:00	1,04
26/3/2020 23:00	0,52	26/6/2020 11:00	8,62	25/9/2020 23:00	2,13	26/12/2020 11:00	1,45
27/3/2020 0:00	0,54	26/6/2020 12:00	8,60	26/9/2020 0:00	2,10	26/12/2020 12:00	2,56

27/3/2020 1:00	0,59	26/6/2020 13:00	16,28	26/9/2020 1:00	1,99	26/12/2020 13:00	3,22
27/3/2020 2:00	0,66	26/6/2020 14:00	15,57	26/9/2020 2:00	1,89	26/12/2020 14:00	3,87
27/3/2020 3:00	0,72	26/6/2020 15:00	14,26	26/9/2020 3:00	1,80	26/12/2020 15:00	4,13
27/3/2020 4:00	0,71	26/6/2020 16:00	12,15	26/9/2020 4:00	2,04	26/12/2020 16:00	3,86
27/3/2020 5:00	0,65	26/6/2020 17:00	8,90	26/9/2020 5:00	2,44	26/12/2020 17:00	3,44
27/3/2020 6:00	0,80	26/6/2020 18:00	3,95	26/9/2020 6:00	2,40	26/12/2020 18:00	3,09
27/3/2020 7:00	1,40	26/6/2020 19:00	2,68	26/9/2020 7:00	8,07	26/12/2020 19:00	2,32
27/3/2020 8:00	3,79	26/6/2020 20:00	3,05	26/9/2020 8:00	11,90	26/12/2020 20:00	2,48
27/3/2020 9:00	8,59	26/6/2020 21:00	3,09	26/9/2020 9:00	13,67	26/12/2020 21:00	2,94
27/3/2020 10:00	10,88	26/6/2020 22:00	3,20	26/9/2020 10:00	14,28	26/12/2020 22:00	4,59
27/3/2020 11:00	11,96	26/6/2020 23:00	2,80	26/9/2020 11:00	14,13	26/12/2020 23:00	5,20
27/3/2020 12:00	12,24	27/6/2020 0:00	2,81	26/9/2020 12:00	13,63	27/12/2020 0:00	5,29
27/3/2020 13:00	12,05	27/6/2020 1:00	2,66	26/9/2020 13:00	13,19	27/12/2020 1:00	5,26
27/3/2020 14:00	11,49	27/6/2020 2:00	2,68	26/9/2020 14:00	12,57	27/12/2020 2:00	5,52
27/3/2020 15:00	10,88	27/6/2020 3:00	2,72	26/9/2020 15:00	11,82	27/12/2020 3:00	5,41
27/3/2020 16:00	9,80	27/6/2020 4:00	2,85	26/9/2020 16:00	10,92	27/12/2020 4:00	4,93
27/3/2020 17:00	7,84	27/6/2020 5:00	3,12	26/9/2020 17:00	9,59	27/12/2020 5:00	3,27
27/3/2020 18:00	3,99	27/6/2020 6:00	3,35	26/9/2020 18:00	7,63	27/12/2020 6:00	2,89
27/3/2020 19:00	2,63	27/6/2020 7:00	7,77	26/9/2020 19:00	3,34	27/12/2020 7:00	3,63
27/3/2020 20:00	2,53	27/6/2020 8:00	11,32	26/9/2020 20:00	2,71	27/12/2020 8:00	3,36
27/3/2020 21:00	2,62	27/6/2020 9:00	13,61	26/9/2020 21:00	1,70	27/12/2020 9:00	2,16
27/3/2020 22:00	2,58	27/6/2020 10:00	14,72	26/9/2020 22:00	1,68	27/12/2020 10:00	1,14
27/3/2020 23:00	2,76	27/6/2020 11:00	15,07	26/9/2020 23:00	1,75	27/12/2020 11:00	0,78
28/3/2020 0:00	2,54	27/6/2020 12:00	14,92	27/9/2020 0:00	1,44	27/12/2020 12:00	0,35
28/3/2020 1:00	2,36	27/6/2020 13:00	14,32	27/9/2020 1:00	1,28	27/12/2020 13:00	0,40
28/3/2020 2:00	2,24	27/6/2020 14:00	13,34	27/9/2020 2:00	1,45	27/12/2020 14:00	0,66
28/3/2020 3:00	1,92	27/6/2020 15:00	12,24	27/9/2020 3:00	1,56	27/12/2020 15:00	0,95
28/3/2020 4:00	1,90	27/6/2020 16:00	10,67	27/9/2020 4:00	1,64	27/12/2020 16:00	1,22
28/3/2020 5:00	2,35	27/6/2020 17:00	8,28	27/9/2020 5:00	1,60	27/12/2020 17:00	1,34
28/3/2020 6:00	2,88	27/6/2020 18:00	4,03	27/9/2020 6:00	1,41	27/12/2020 18:00	1,34
28/3/2020 7:00	7,78	27/6/2020 19:00	2,83	27/9/2020 7:00	3,36	27/12/2020 19:00	1,35
28/3/2020 8:00	10,76	27/6/2020 20:00	2,81	27/9/2020 8:00	7,59	27/12/2020 20:00	1,35
28/3/2020 9:00	12,38	27/6/2020 21:00	2,32	27/9/2020 9:00	8,53	27/12/2020 21:00	1,47
28/3/2020 10:00	13,19	27/6/2020 22:00	2,44	27/9/2020 10:00	9,09	27/12/2020 22:00	1,74
28/3/2020 11:00	13,22	27/6/2020 23:00	2,82	27/9/2020 11:00	9,15	27/12/2020 23:00	2,04
28/3/2020 12:00	12,72	28/6/2020 0:00	3,06	27/9/2020 12:00	8,88	28/12/2020 0:00	2,28
28/3/2020 13:00	12,11	28/6/2020 1:00	2,93	27/9/2020 13:00	8,55	28/12/2020 1:00	2,23
28/3/2020 14:00	11,76	28/6/2020 2:00	2,77	27/9/2020 14:00	8,40	28/12/2020 2:00	1,99
28/3/2020 15:00	11,38	28/6/2020 3:00	2,73	27/9/2020 15:00	8,27	28/12/2020 3:00	1,97
28/3/2020 16:00	10,30	28/6/2020 4:00	3,05	27/9/2020 16:00	7,92	28/12/2020 4:00	2,09
28/3/2020 17:00	8,09	28/6/2020 5:00	3,19	27/9/2020 17:00	7,30	28/12/2020 5:00	2,19
28/3/2020 18:00	4,04	28/6/2020 6:00	3,28	27/9/2020 18:00	4,33	28/12/2020 6:00	2,03
28/3/2020 19:00	2,80	28/6/2020 7:00	7,17	27/9/2020 19:00	2,85	28/12/2020 7:00	2,34
28/3/2020 20:00	2,83	28/6/2020 8:00	10,32	27/9/2020 20:00	2,27	28/12/2020 8:00	1,47
28/3/2020 21:00	2,95	28/6/2020 9:00	11,98	27/9/2020 21:00	1,50	28/12/2020 9:00	0,80

28/3/2020 22:00	2,93	28/6/2020 10:00	12,94	27/9/2020 22:00	1,08	28/12/2020 10:00	0,54
28/3/2020 23:00	2,70	28/6/2020 11:00	13,34	27/9/2020 23:00	0,84	28/12/2020 11:00	0,72
29/3/2020 0:00	2,52	28/6/2020 12:00	13,46	28/9/2020 0:00	0,93	28/12/2020 12:00	1,14
29/3/2020 1:00	2,48	28/6/2020 13:00	13,11	28/9/2020 1:00	1,38	28/12/2020 13:00	1,38
29/3/2020 2:00	2,47	28/6/2020 14:00	12,40	28/9/2020 2:00	1,97	28/12/2020 14:00	1,43
29/3/2020 3:00	2,47	28/6/2020 15:00	11,51	28/9/2020 3:00	2,59	28/12/2020 15:00	1,39
29/3/2020 4:00	2,52	28/6/2020 16:00	10,51	28/9/2020 4:00	3,00	28/12/2020 16:00	1,99
29/3/2020 5:00	2,72	28/6/2020 17:00	8,46	28/9/2020 5:00	3,28	28/12/2020 17:00	2,14
29/3/2020 6:00	3,16	28/6/2020 18:00	4,12	28/9/2020 6:00	4,63	28/12/2020 18:00	1,45
29/3/2020 7:00	8,71	28/6/2020 19:00	3,16	28/9/2020 7:00	8,00	28/12/2020 19:00	1,14
29/3/2020 8:00	15,86	28/6/2020 20:00	3,42	28/9/2020 8:00	9,05	28/12/2020 20:00	0,99
29/3/2020 9:00	9,65	28/6/2020 21:00	4,71	28/9/2020 9:00	10,17	28/12/2020 21:00	0,95
29/3/2020 10:00	9,91	28/6/2020 22:00	3,39	28/9/2020 10:00	11,44	28/12/2020 22:00	0,89
29/3/2020 11:00	9,55	28/6/2020 23:00	3,06	28/9/2020 11:00	12,21	28/12/2020 23:00	1,03
29/3/2020 12:00	8,70	29/6/2020 0:00	2,95	28/9/2020 12:00	12,32	29/12/2020 0:00	1,29
29/3/2020 13:00	14,72	29/6/2020 1:00	2,95	28/9/2020 13:00	11,90	29/12/2020 1:00	1,58
29/3/2020 14:00	13,24	29/6/2020 2:00	3,00	28/9/2020 14:00	11,05	29/12/2020 2:00	1,82
29/3/2020 15:00	12,36	29/6/2020 3:00	3,06	28/9/2020 15:00	10,05	29/12/2020 3:00	1,93
29/3/2020 16:00	11,53	29/6/2020 4:00	3,01	28/9/2020 16:00	9,36	29/12/2020 4:00	2,09
29/3/2020 17:00	10,00	29/6/2020 5:00	2,88	28/9/2020 17:00	8,86	29/12/2020 5:00	2,37
29/3/2020 18:00	7,28	29/6/2020 6:00	2,76	28/9/2020 18:00	7,48	29/12/2020 6:00	2,61
29/3/2020 19:00	3,26	29/6/2020 7:00	4,07	28/9/2020 19:00	3,39	29/12/2020 7:00	3,56
29/3/2020 20:00	3,30	29/6/2020 8:00	8,88	28/9/2020 20:00	2,70	29/12/2020 8:00	3,29
29/3/2020 21:00	3,49	29/6/2020 9:00	10,15	28/9/2020 21:00	2,17	29/12/2020 9:00	3,39
29/3/2020 22:00	4,58	29/6/2020 10:00	11,42	28/9/2020 22:00	2,06	29/12/2020 10:00	4,08
29/3/2020 23:00	3,28	29/6/2020 11:00	12,67	28/9/2020 23:00	2,20	29/12/2020 11:00	6,90
30/3/2020 0:00	3,16	29/6/2020 12:00	12,92	29/9/2020 0:00	2,44	29/12/2020 12:00	7,65
30/3/2020 1:00	2,88	29/6/2020 13:00	12,46	29/9/2020 1:00	2,70	29/12/2020 13:00	8,32
30/3/2020 2:00	2,83	29/6/2020 14:00	11,74	29/9/2020 2:00	2,93	29/12/2020 14:00	8,69
30/3/2020 3:00	2,73	29/6/2020 15:00	10,88	29/9/2020 3:00	2,94	29/12/2020 15:00	8,28
30/3/2020 4:00	3,02	29/6/2020 16:00	9,53	29/9/2020 4:00	2,77	29/12/2020 16:00	7,25
30/3/2020 5:00	4,80	29/6/2020 17:00	7,57	29/9/2020 5:00	2,77	29/12/2020 17:00	3,97
30/3/2020 6:00	4,99	29/6/2020 18:00	3,94	29/9/2020 6:00	3,07	29/12/2020 18:00	2,76
30/3/2020 7:00	9,19	29/6/2020 19:00	3,03	29/9/2020 7:00	7,65	29/12/2020 19:00	1,40
30/3/2020 8:00	13,53	29/6/2020 20:00	3,34	29/9/2020 8:00	9,51	29/12/2020 20:00	0,70
30/3/2020 9:00	14,97	29/6/2020 21:00	3,29	29/9/2020 9:00	10,71	29/12/2020 21:00	0,66
30/3/2020 10:00	15,30	29/6/2020 22:00	3,33	29/9/2020 10:00	12,11	29/12/2020 22:00	1,60
30/3/2020 11:00	15,57	29/6/2020 23:00	3,22	29/9/2020 11:00	13,09	29/12/2020 23:00	2,16
30/3/2020 12:00	15,67	30/6/2020 0:00	3,19	29/9/2020 12:00	13,28	30/12/2020 0:00	2,20
30/3/2020 13:00	15,51	30/6/2020 1:00	3,04	29/9/2020 13:00	13,01	30/12/2020 1:00	1,77
30/3/2020 14:00	15,17	30/6/2020 2:00	2,88	29/9/2020 14:00	12,71	30/12/2020 2:00	1,11
30/3/2020 15:00	14,61	30/6/2020 3:00	2,80	29/9/2020 15:00	12,38	30/12/2020 3:00	0,62
30/3/2020 16:00	13,32	30/6/2020 4:00	2,76	29/9/2020 16:00	11,61	30/12/2020 4:00	0,43
30/3/2020 17:00	10,94	30/6/2020 5:00	2,80	29/9/2020 17:00	9,94	30/12/2020 5:00	0,62
30/3/2020 18:00	7,69	30/6/2020 6:00	2,82	29/9/2020 18:00	7,38	30/12/2020 6:00	0,94

Fecha/Hora	Valor	Fecha/Hora	Valor	Fecha/Hora	Valor	Fecha/Hora	Valor
30/3/2020 19:00	3,45	30/6/2020 7:00	4,26	29/9/2020 19:00	3,27	30/12/2020 7:00	2,38
30/3/2020 20:00	3,21	30/6/2020 8:00	8,05	29/9/2020 20:00	3,41	30/12/2020 8:00	3,07
30/3/2020 21:00	3,26	30/6/2020 9:00	8,96	29/9/2020 21:00	5,02	30/12/2020 9:00	3,36
30/3/2020 22:00	3,10	30/6/2020 10:00	9,98	29/9/2020 22:00	5,35	30/12/2020 10:00	3,60
30/3/2020 23:00	2,70	30/6/2020 11:00	10,78	29/9/2020 23:00	5,19	30/12/2020 11:00	4,08
31/3/2020 0:00	2,30	30/6/2020 12:00	11,05	30/9/2020 0:00	4,93	30/12/2020 12:00	7,07
31/3/2020 1:00	1,79	30/6/2020 13:00	10,86	30/9/2020 1:00	3,20	30/12/2020 13:00	7,53
31/3/2020 2:00	1,37	30/6/2020 14:00	10,46	30/9/2020 2:00	2,80	30/12/2020 14:00	7,46
31/3/2020 3:00	0,94	30/6/2020 15:00	9,80	30/9/2020 3:00	2,64	30/12/2020 15:00	6,90
31/3/2020 4:00	0,57	30/6/2020 16:00	8,57	30/9/2020 4:00	2,54	30/12/2020 16:00	4,08
31/3/2020 5:00	0,44	30/6/2020 17:00	6,80	30/9/2020 5:00	2,57	30/12/2020 17:00	3,14
31/3/2020 6:00	0,52	30/6/2020 18:00	3,43	30/9/2020 6:00	2,76	30/12/2020 18:00	2,21
31/3/2020 7:00	2,99	30/6/2020 19:00	2,26	30/9/2020 7:00	7,77	30/12/2020 19:00	1,25
31/3/2020 8:00	8,28	30/6/2020 20:00	2,30	30/9/2020 8:00	10,63	30/12/2020 20:00	0,98
31/3/2020 9:00	10,67	30/6/2020 21:00	2,44	30/9/2020 9:00	12,34	30/12/2020 21:00	0,74
31/3/2020 10:00	11,57	30/6/2020 22:00	2,61	30/9/2020 10:00	13,94	30/12/2020 22:00	0,30
31/3/2020 11:00	11,73	30/6/2020 23:00	2,76	30/9/2020 11:00	15,38	30/12/2020 23:00	0,55
31/3/2020 12:00	11,71	1/7/2020 0:00	2,81	30/9/2020 12:00	16,11	31/12/2020 0:00	0,90
31/3/2020 13:00	11,28	1/7/2020 1:00	2,58	30/9/2020 13:00	16,30	31/12/2020 1:00	0,89
31/3/2020 14:00	10,40	1/7/2020 2:00	2,40	30/9/2020 14:00	16,34	31/12/2020 2:00	0,82
31/3/2020 15:00	9,23	1/7/2020 3:00	2,22	30/9/2020 15:00	16,05	31/12/2020 3:00	0,80
31/3/2020 16:00	8,21	1/7/2020 4:00	2,18	30/9/2020 16:00	15,34	31/12/2020 4:00	0,82
31/3/2020 17:00	7,40	1/7/2020 5:00	2,26	30/9/2020 17:00	13,67	31/12/2020 5:00	1,07
31/3/2020 18:00	4,14	1/7/2020 6:00	2,37	30/9/2020 18:00	10,55	31/12/2020 6:00	1,40
31/3/2020 19:00	2,81	1/7/2020 7:00	3,87	30/9/2020 19:00	6,71	31/12/2020 7:00	2,60
31/3/2020 20:00	2,21	1/7/2020 8:00	7,46	30/9/2020 20:00	6,75	31/12/2020 8:00	3,78
31/3/2020 21:00	1,68	1/7/2020 9:00	8,57	30/9/2020 21:00	6,77	31/12/2020 9:00	4,29
31/3/2020 22:00	1,07	1/7/2020 10:00	9,44	30/9/2020 22:00	6,55	31/12/2020 10:00	3,95
31/3/2020 23:00	0,41	1/7/2020 11:00	10,25	30/9/2020 23:00	6,26	31/12/2020 11:00	3,84
1/4/2020 0:00	0,31	1/7/2020 12:00	10,57	1/10/2020 0:00	5,94	31/12/2020 12:00	4,47
1/4/2020 1:00	0,86	1/7/2020 13:00	10,42	1/10/2020 1:00	5,53	31/12/2020 13:00	7,52
1/4/2020 2:00	1,03	1/7/2020 14:00	10,09	1/10/2020 2:00	5,88	31/12/2020 14:00	8,05
1/4/2020 3:00	0,85	1/7/2020 15:00	9,71	1/10/2020 3:00	6,16	31/12/2020 15:00	8,57
1/4/2020 4:00	0,72	1/7/2020 16:00	9,17	1/10/2020 4:00	6,33	31/12/2020 16:00	8,88
1/4/2020 5:00	1,18	1/7/2020 17:00	7,67	1/10/2020 5:00	6,21	31/12/2020 17:00	8,02
1/4/2020 6:00	1,61	1/7/2020 18:00	4,21	1/10/2020 6:00	6,37	31/12/2020 18:00	3,83
1/4/2020 7:00	3,16	1/7/2020 19:00	3,02	1/10/2020 7:00	12,17	31/12/2020 19:00	2,57
1/4/2020 8:00	3,95	1/7/2020 20:00	3,04	1/10/2020 8:00	14,03	31/12/2020 20:00	2,67
1/4/2020 9:00	7,28	1/7/2020 21:00	3,09	1/10/2020 9:00	15,24	31/12/2020 21:00	2,60
1/4/2020 10:00	8,67	1/7/2020 22:00	3,11	1/10/2020 10:00	16,22	31/12/2020 22:00	2,25
1/4/2020 11:00	9,86	1/7/2020 23:00	3,12	1/10/2020 11:00	8,66	31/12/2020 23:00	1,92

ANEXO 5: Hojas Técnica del Aerogenerador Nordex N117 Gamma.

Hoja de Datos Técnicos de los Aerogeneradores Nordex N100/2500 Y N117/2400 Gamma.

	N100/2500 IEC III	N117/2400 IEC III
Operating data		
Rated power	2,500 kW	2,400 kW
Cut-in wind speed	3 m/s	3 m/s
Cut-out wind speed	20 m/s	20 m/s
Rotor		
Diameter	99.8 m	116.8 m
Swept area	7,823 m²	10,715 m²
Speed	9.6 - 14.8 rpm	7.5 - 13.2 rpm
Tip speed	77 m/s	72 m/s
Speed control	Variable via microprocessor	Variable via microprocessor
Overspeed control	Pitch angle	Pitch angle
Gearbox		
Construction	Combined spur/planetary gear or differential gearbox	Combined spur/planetary gear or differential gearbox
Generator		
Construction	Double-fed asynchronous generator	Double-fed asynchronous generator
Cooling system	Liquid/air cooling	Liquid/air cooling
Voltage	660 V	660 V
Grid frequency	50/60 Hz	50/60 Hz
Control		
Control center	PLC controlled	PLC controlled
Grid connection	Via IGBT converter	Via IGBT converter
Distance control	Remote controlled surveillance system	Remote controlled surveillance system
Brake system		
Main brake	Pitch angle	Pitch angle
Secondary brake	Disk brake	Disk brake
Lightning protection	Fully compliant with EN 62305	Fully compliant with EN 62305
Tower		
Construction	Tubular steel tower, hybrid tower (140 m)	Tubular steel tower, hybrid tower (140 m)
Rotor hub height/Certification	80 m/IEC 3a 100 m/IEC 3a, DIBt 2 140 m/IEC 3a, DIBt 2	91 m/IEC 3a, DIBt 2 140 m/IEC 3a, DIBt 2

Please see the Nordex website at www.nordex-online.com for the latest technical data.

Dimensiones del Aerogenerador Nordex N117 Gamma.

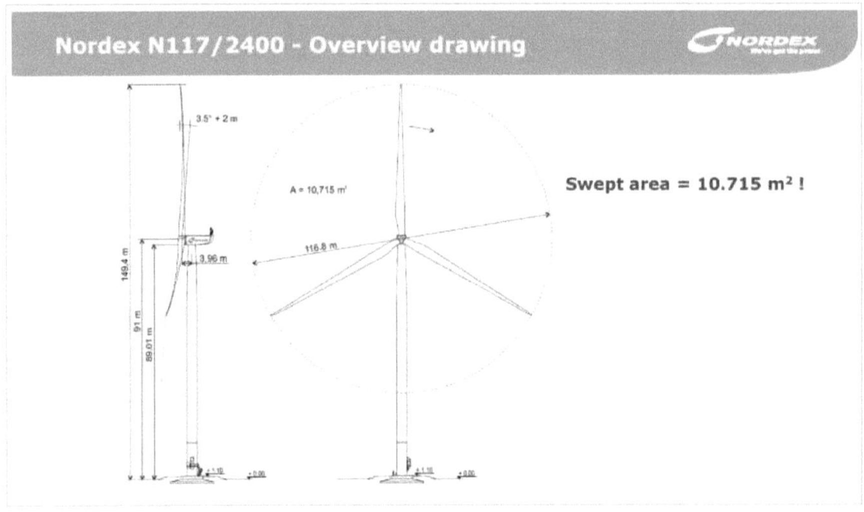

Curva de Potencia del Aerogenerador Nordex N117 Gamma.

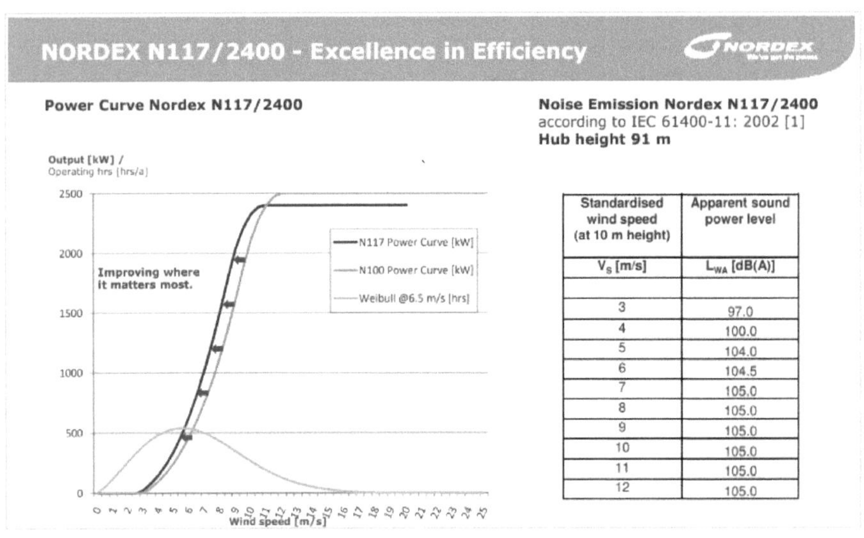

Standardised wind speed (at 10 m height)	Apparent sound power level
V_S [m/s]	L_{WA} [dB(A)]
3	97.0
4	100.0
5	104.0
6	104.5
7	105.0
8	105.0
9	105.0
10	105.0
11	105.0
12	105.0

Gráfico de la pala del Aerogenerador Nordex N117 Gamma.

Datos técnicos del Aerogenerador Nordex N117 Gamma.

NORDEX N117/2400 - Excellence in Efficiency

Key data	Turbine type	N117
	Nominal power [kW]	2.400
	Rotor diameter [m]	117
	Swept area [m²]	10.751
	Cut-in / Cut-out [m/s]	3/20
	Wind class	IEC 3a DIBt2
	Certification	DA[1] TC[2]
	Sound power level [dB(A)] acc. to IEC 61400-11/-14	105.0
	External conditions	Standard (up to 40° C) and Cold Climate
	Grid code compatibility	Fulfills all international grid requirements
	Tower	Tubular steel tower 91m hub height
	Blade	NR 58.5

[1] Design Assessment planned for 03/2012.
[2] Type Certificate planned for 06/2012.

Hoja de Datos Técnicos del Aerogeneradores Nordex N117/2400 Gamma.

	N117/2400 IEC III
Operating data	
Rated power	2,400 kW
Cut-in wind speed	3 m/s
Cut-out wind speed	20 m/s
Rotor	
Diameter	116,8 m
Swept area	10,715 m²
Operating range rotational speed	7,5 - 13,2 rpm
Rated rotatinal speed	11,8 rpm
Tip speed	72 m/s
Speed control	Variable via microprocessor
Overspeed control	Pitch angle
Gearbox	
Construction	Combined spur/planetary gear or differential gearbox
Generator	
Construction	Double-fed asynchronous generator
Cooling system	Liquid/air cooling
Voltage	660 V
Grid frequency	50/60 Hz
Control	
Control centre	PLC controlled
Grid connection	Via IGBT converter
Distance control	Remote controlled surveillance system
Brake system	
Main brake	Pitch angle
Secondary brake	Disk brake
Lightning protection	Fully compliant with EN 62305
Tower	
Construction	Tubular steel tower, Hybrid tower (141 m)
Rotor hub height/Certification	91 m/IEC 3a, DIBt2 120 m/IEC 3a, DIBt2 141 m/IEC 3a, DIBt2

ANEXO 6: RESOLUCIÓN Nro. ARCERNNR-014/21 de la REGULACIÓN Nro. ARCERNNR-002/21 "Condiciones previas a la instalación y operación de CGDS";

Artículo 9: "Procedimiento para obtener la factibilidad de conexión". Incluye hojas de solicitud de conexión y factibilidad de red, que debe presentarse en caso de iniciarse el proceso de construcción del parque eólico.

9.1 Solicitud de factibilidad de conexión de una CGD

El Proponente solicitará la factibilidad de conexión a la Distribuidora respectiva, en el Formulario establecido en el Anexo. En este formulario se consignan los datos generales del Proponente, del proyecto de generación distribuida previsto a desarrollarse, así como del punto de la red eléctrica donde se propone conectar a la futura CGD.

9.2 Análisis y otorgamiento de la factibilidad de conexión

El análisis y otorgamiento de la factibilidad de conexión de una CGD se sujetará a lo señalado a continuación:

a) La Distribuidora, dentro de un término de diez (10) días hábiles contados a partir de la recepción de la solicitud, definirá e informará al Proponente, los estudios técnicos que deberá elaborar y entregar para evaluar la factibilidad de conexión, considerando los lineamientos establecidos en la Regulación Nro. ARCONEL-004/15, «Requerimientos Técnicos para la Conexión y Operación de Generadores Renovables No Convencionales a las Redes de Transmisión y Distribución» o en aquella que la sustituya. La Distribuidora no podrá solicitar estudios que vayan más allá de lo estrictamente necesario para evaluar la factibilidad de conexión de la CGD, considerando su tecnología y capacidad, así como el nivel de voltaje y punto de la red a la que se haya previsto su conexión.

b) De manera complementaria, la Distribuidora podrá sugerir al Proponente, dentro del mismo plazo establecido en el literal a) de este apartado, otro punto de la red al que podría conectarse la CGD, indicando de igual forma, los estudios técnicos que deberá elaborar y entregar para el análisis de factibilidad de conexión, considerando los lineamientos establecidos en la Regulación Nro. ARCONEL-004/15, «Requerimientos Técnicos para la Conexión y Operación de Generadores Renovables No Convencionales a las Redes de Transmisión y Distribución» o en aquella que la sustituya. De igual manera, la Distribuidora no podrá solicitar estudios que vayan más allá de lo estrictamente necesario para evaluar la factibilidad de conexión de la CGD, considerando su tecnología y capacidad, así como el nivel de voltaje y punto de conexión sugerido.

c) La Distribuidora tendrá la obligación de entregar al Proponente, la información técnica que requiera para realizar los estudios técnicos, la cual deberá ser entregada dentro del plazo establecido en el literal a) de este apartado, debiendo la Distribuidora prever la disponibilidad de, al menos, la siguiente información: i. Características y parámetros eléctricos de los conductores; y, equipos de transformación, protección y compensación de reactivos, del segmento de la red de distribución en el que tendrá incidencia la nueva CGD; ii. Equivalente Thevenin del segmento de la red en los que tendrá incidencia la central. iii. Listado de CGDs y SGDAs que se encuentran operando, conectadas al segmento de la red de distribución en el que tendrá incidencia la nueva CGD, con el detalle de sus características principales, y su punto de conexión en la red eléctrica. iv. Listado de CGDs y SGDAs, que cuenten con la factibilidad de conexión vigente, que estén previstos a conectarse en el segmento de la red de distribución en el que tendrá incidencia la nueva CGD, incluyendo el detalle de sus características principales, y su futuro punto de conexión en la red eléctrica. Sesión de Directorio de 05 de abril de 2021 Página 15 de 46 Resolución Nro. ARCERNNR-014/2021 v. Información de la distribución espacial de la demanda en los nodos de interés de la EPGD.

d) El Proponente dispondrá de un término de hasta noventa (90) días hábiles, contados a partir de la fecha en que la Distribuidora le informe sobre los estudios que deben ser elaborados y le proporcione la información técnica de la red eléctrica, para entregar todos los estudios en los términos establecidos por la Distribuidora, para el punto de conexión seleccionado por el Proponente. La base de información de los estudios debe ser presentada en un formato compatible con el software para análisis de red que disponga la Distribuidora. En el transcurso de este plazo las partes podrán interactuar, a fin de que el Proponente vaya completando la información respectiva, o realizando los ajustes y actualizaciones que correspondan a los estudios, de tal forma que los mismos cumplan con los requerimientos de la Distribuidora. La Distribuidora podrá elaborar los estudios ante el requerimiento del Proponente, debiendo los costos ser cancelados por este último a la Distribuidora.

e) Dentro de un término de quince (15) días hábiles contados a partir de la entrega de todos los estudios por parte del Proponente, la Distribuidora los analizará a fin de establecer los términos en los que se otorgará la factibilidad de conexión de la CGD.

f) Para CGDs de potencia nominal igual o mayor a 1 MW, la Distribuidora podrá solicitar al CENACE la revisión de los estudios, a fin de que se pronuncie respecto a los requisitos operativos que deberá cumplir la CGD, en concordancia con lo señalado en el Capítulo III de la Regulación Nro. ARCONEL 004/15, «Requerimientos Técnicos para la Conexión y Operación de Generadores Renovables No Convencionales a Las Redes de Transmisión y Distribución», o en aquella que la sustituya. En este caso la Distribuidora dispondrá de un término de diez (10) días hábiles adicionales para analizar la factibilidad de conexión de la CGD, debiendo la Distribuidora entregar los estudios al CENACE con la debida anticipación, de tal forma que este disponga de diez (10) días hábiles para su análisis y pronunciamiento.

g) En la factibilidad de conexión la Distribuidora establecerá, de manera detallada, lo siguiente: Las obras o adecuaciones a la red de distribución que se deberán implementar para poder conectar la CGD al sistema de distribución. El esquema de conexión de la CGD. Las características de los equipos de seccionamiento y protección requeridos para la conexión, debiendo considerar que algunas CGD podrían tener incorporados algunos elementos de protección, lo cual deberá ser

---

debidamente notificado por el Proponente a la Distribuidora. Las condiciones de operación que deberá cumplir la CGD en régimen de operación normal y de falla de la red de distribución, en concordancia con lo establecido en la Regulación Nro. ARCONEL 004/15, «Requerimientos Técnicos para la Conexión y Operación de Generadores Renovables No Convencionales a Las Sesión de Directorio de 05 de abril de 2021 Página 16 de 46 Resolución Nro. ARCERNNR-014/2021 Redes de Transmisión y Distribución», o en aquella que la sustituya.

 La ejecución y los costos de las obras o adecuaciones de la red de distribución hasta el punto de conexión, señaladas en la factibilidad de conexión, serán de responsabilidad del Proponente, y estarán dirigidas a evitar los impactos negativos con relación a la calidad del servicio, seguridad o confiabilidad del sistema de distribución, o incremento de pérdidas de energía, que se presentarían ante la conexión y operación de la CGD, y que hayan sido advertidas por la Distribuidora como resultado del análisis a los estudios técnicos entregados por el Proponente. De igual forma, los costos y ejecución de las obras o adecuaciones necesarias para la conexión de la CGD, desde las instalaciones de la central hasta el punto de conexión, serán de responsabilidad del Proponente.

h) Dentro de diez (10) días hábiles contados a partir de que la Distribuidora informe al Proponente sobre la factibilidad de conexión de la CGD, el Proponente notificará a la Distribuidora su aceptación o no a las condiciones establecidas en dicha factibilidad. i) La Distribuidora considerará que el Proponente ha desistido de continuar el trámite de solicitud de factibilidad de conexión, y lo dará por concluido, en los siguientes casos: Cuando el Proponente manifieste formalmente que no acepta las condiciones establecidas en la factibilidad de conexión. Cuando el Proponente manifieste su decisión de no continuar con el trámite. Cuando el Proponente no entregue la información requerida dentro de los plazos y en las condiciones establecidas en el presente numeral 9.2. Cuando el Proponente no emita pronunciamiento alguno, según lo establecido en este procedimiento y dentro de los plazos otorgados para el efecto.

j) La Distribuidora atenderá las solicitudes de factibilidad de conexión, en el orden en el que le hayan sido entregadas.

Hoja de indicación de datos del punto de la red para el que se requiere la factibilidad de conexión.

<table>
<tr><td colspan="4">DATOS DEL PUNTO DE LA RED PARA EL QUE SE REQUIERE LA FACTIBILIDAD DE CONEXIÓN</td></tr>
<tr><td>Provincia:</td><td colspan="3"></td></tr>
<tr><td>Ciudad:</td><td colspan="3"></td></tr>
<tr><td>Parroquia:</td><td colspan="3"></td></tr>
<tr><td>Dirección:</td><td colspan="3"></td></tr>
<tr><td>Voltaje del punto de conexión propuesto:</td><td colspan="3"></td></tr>
<tr><td rowspan="3">Ubicación Georeferenciada (En UTM WGS 84):</td><td>Zona:</td><td></td><td></td></tr>
<tr><td>Coordenada N:</td><td></td><td></td></tr>
<tr><td>Coordenada E:</td><td></td><td></td></tr>
<tr><td colspan="4">Descripción del punto físico de la red propuesto a la que se conectaría la CGD:</td></tr>
<tr><td colspan="2">

</td><td colspan="2"></td></tr>
<tr><td colspan="2">Firma del Representante Legal</td><td colspan="2">Firma de recepción</td></tr>
<tr><td colspan="2">(Nombre y Apellido del Representante Legal)</td><td colspan="2">(Nombre y Apellido de quien recibe la solicitud en la ED)</td></tr>
<tr><td colspan="2">(CI del Representante Legal)</td><td colspan="2"></td></tr>
<tr><td colspan="2"></td><td>Fecha de recepción:</td><td></td></tr>
<tr><td colspan="2"></td><td>Código Único de Trámite:</td><td></td></tr>
</table>

Hoja de Solicitud de factibilidad de Conexión.

AGENCIA DE REGULACIÓN Y CONTROL DE ENERGÍA
Y RECURSOS NATURALES NO RENOVABLES

SOLICITUD DE FACTIBILIDAD DE CONEXIÓN

Quien suscribe el presente, representante legal de la Empresa (nombre de la Empresa solicitante), solicito a la (nombre de la Empresa Eléctrica de Distribución), se sirva analizar y otorgar la factibilidad de conexión de una central de generación distribuida, considerando los términos que describo a continuación:

DATOS DE LA EMPRESA SOLICITANTE

Razón Social:	
RUC:	
Ciudad de Domicilio:	
Teléfono:	
Correo electrónico:	

Pública   Mixta   Privada   Economía popular y solidaria

DATOS DEL PROYECTO

Nombre del proyecto:				
Potencia nominal:	MW			
Energía anual a generar estimada:	MWh			
Dispone de sistema de almacenamiento de energía:	Sí ☐		No ☐	
Capacidad de almacenamiento:	MWh			
Recurso energético primario:	Solar	☐		
	Eólico	☐		
	Biogás	☐		
	Biomasa	☐		
	Hidráulico	☐		
	Otro	☐	Especificar	
Número de fases:				
Tecnología: Basada en inversores	Síncrono		Asíncrono	
Ubicación:				
Ubicación Georeferenciada:				
El Proyecto está definido en el PME:	Sí ☐	No ☐		
Fecha planificada de inicio de operación comercial:				

ANEXO 7: Tabla de datos para la obtención del precio LCOE.

Año	Inversión	Costo O&M	Total Egresos	Tasa de descuento	Nivelado	Total	Actualizado
0	$5,639744		$ 5,63974		$ 5,639743590		
1		$ 0,08460	$ 0,08460	0,892857143	$ 0,075532280	16,453	14,6902
2		$ 0,08637	$ 0,08637	0,797193878	$ 0,068855766	16,453	13,1162
3		$ 0,08819	$ 0,08819	0,711780248	$ 0,062769408	16,453	11,7109
4		$ 0,09004	$ 0,09004	0,635518078	$ 0,057221041	16,453	10,4562
5		$ 0,09193	$ 0,09193	0,567426856	$ 0,052163110	16,453	9,3359
6		$ 0,09386	$ 0,09386	0,506631121	$ 0,047552263	16,453	8,3356
7		$ 0,09583	$ 0,09583	0,452349215	$ 0,043348983	16,453	7,4425
8		$ 0,09784	$ 0,09784	0,403883228	$ 0,039517242	16,453	6,6451
9		$ 0,09990	$ 0,09990	0,360610025	$ 0,036024200	16,453	5,9331
10		$ 0,10200	$ 0,10200	0,321973237	$ 0,032839918	16,453	5,2974
11		$ 0,10414	$ 0,10414	0,287476104	$ 0,029937104	16,453	4,7298
12		$ 0,10632	$ 0,10632	0,256675093	$ 0,027290878	16,453	4,2231
13		$ 0,10856	$ 0,10856	0,22917419	$ 0,024878559	16,453	3,7706
14		$ 0,11084	$ 0,11084	0,204619813	$ 0,022679472	16,453	3,3666
15		$ 0,11316	$ 0,11316	0,182696261	$ 0,020674769	16,453	3,0059
16		$ 0,11554	$ 0,11554	0,163121662	$ 0,018847267	16,453	2,6838
17		$ 0,11797	$ 0,11797	0,145644341	$ 0,017181303	16,453	2,3963
18		$ 0,12044	$ 0,12044	0,13003959	$ 0,015662599	16,453	2,1395
19		$ 0,12297	$ 0,12297	0,116106777	$ 0,014278137	16,453	1,9103
20		$ 0,12556	$ 0,12556	0,103666765	$ 0,013016052	16,453	1,7056
21		$ 0,12819	$ 0,12819	0,092559612	$ 0,011865526	16,453	1,5229
22		$ 0,13089	$ 0,13089	0,08264251	$ 0,010816698	16,453	1,3597
23		$ 0,13363	$ 0,13363	0,073787956	$ 0,009860579	16,453	1,2140
24		$ 0,13644	$ 0,13644	0,065882103	$ 0,008988974	16,453	1,0840
25		$ 0,13931	$ 0,13931	0,058823307	$ 0,008194413	16,453	0,9678
Total					*$ 6,409740134*		*129,0432*

ANEXO 8: Tablas de datos de los flujos de caja para la obtención del VAN y el TIR.

Tabla de Flujo de caja para la obtención del VAN y el TIR en el escenario de autofinanciamiento a precios de LCOE.

Año	Energía kWh	Ingresos Venta de energía	Egresos O&M	Depreciación	Egresos fijos	Utilidad bruta	15% Trabajadores	Utilidad antes IR	25% IR	Utilidad neta	depreciación (+)	Inversión	Flujo Neto	Flujo Acumulado
0												5639743,59	$ -5.639.743,59	$ -5.639.743,59
1	16453000	$ 817.241,67	$84.596,15	$187.991,45	$272.587,61	$ 544.654,07	$ 81.698,11	$ 462.955,96	$115.738,99	$ 347.216,97	$ 187.991,45		$ 535.208,42	$ -5.104.535,17
2	16453000	$ 817.241,67	$84.596,15	$187.991,45	$272.587,61	$ 544.654,07	$ 81.698,11	$ 462.955,96	$115.738,99	$ 347.216,97	$ 187.991,45		$ 535.208,42	$ -4.569.326,75
3	16453000	$ 817.241,67	$84.596,15	$187.991,45	$272.587,61	$ 544.654,07	$ 81.698,11	$ 462.955,96	$115.738,99	$ 347.216,97	$ 187.991,45		$ 535.208,42	$ -4.034.118,33
4	16453000	$ 817.241,67	$84.596,15	$187.991,45	$272.587,61	$ 544.654,07	$ 81.698,11	$ 462.955,96	$115.738,99	$ 347.216,97	$ 187.991,45		$ 535.208,42	$ -3.498.909,91
5	16453000	$ 817.241,67	$84.596,15	$187.991,45	$272.587,61	$ 544.654,07	$ 81.698,11	$ 462.955,96	$115.738,99	$ 347.216,97	$ 187.991,45		$ 535.208,42	$ -2.963.701,49
6	16453000	$ 817.241,67	$84.596,15	$187.991,45	$272.587,61	$ 544.654,07	$ 81.698,11	$ 462.955,96	$115.738,99	$ 347.216,97	$ 187.991,45		$ 535.208,42	$ -2.428.493,07
7	16453000	$ 817.241,67	$84.596,15	$187.991,45	$272.587,61	$ 544.654,07	$ 81.698,11	$ 462.955,96	$115.738,99	$ 347.216,97	$ 187.991,45		$ 535.208,42	$ -1.893.284,65
8	16453000	$ 817.241,67	$84.596,15	$187.991,45	$272.587,61	$ 544.654,07	$ 81.698,11	$ 462.955,96	$115.738,99	$ 347.216,97	$ 187.991,45		$ 535.208,42	$ -1.358.076,23
9	16453000	$ 817.241,67	$84.596,15	$187.991,45	$272.587,61	$ 544.654,07	$ 81.698,11	$ 462.955,96	$115.738,99	$ 347.216,97	$ 187.991,45		$ 535.208,42	$ -822.867,80
10	16453000	$ 817.241,67	$84.596,15	$187.991,45	$272.587,61	$ 544.654,07	$ 81.698,11	$ 462.955,96	$115.738,99	$ 347.216,97	$ 187.991,45		$ 535.208,42	$ -287.659,38
11	16453000	$ 817.241,67	$84.596,15	$187.991,45	$272.587,61	$ 544.654,07	$ 81.698,11	$ 462.955,96	$115.738,99	$ 347.216,97	$ 187.991,45		$ 535.208,42	$ 247.549,04
12	16453000	$ 817.241,67	$84.596,15	$187.991,45	$272.587,61	$ 544.654,07	$ 81.698,11	$ 462.955,96	$115.738,99	$ 347.216,97	$ 187.991,45		$ 535.208,42	$ 782.757,46
13	16453000	$ 817.241,67	$84.596,15	$187.991,45	$272.587,61	$ 544.654,07	$ 81.698,11	$ 462.955,96	$115.738,99	$ 347.216,97	$ 187.991,45		$ 535.208,42	$ 1.317.965,88
14	16453000	$ 817.241,67	$84.596,15	$187.991,45	$272.587,61	$ 544.654,07	$ 81.698,11	$ 462.955,96	$115.738,99	$ 347.216,97	$ 187.991,45		$ 535.208,42	$ 1.853.174,30
15	16453000	$ 817.241,67	$84.596,15	$187.991,45	$272.587,61	$ 544.654,07	$ 81.698,11	$ 462.955,96	$115.738,99	$ 347.216,97	$ 187.991,45		$ 535.208,42	$ 2.388.382,72
16	16453000	$ 817.241,67	$84.596,15	$187.991,45	$272.587,61	$ 544.654,07	$ 81.698,11	$ 462.955,96	$115.738,99	$ 347.216,97	$ 187.991,45		$ 535.208,42	$ 2.923.591,14
17	16453000	$ 817.241,67	$84.596,15	$187.991,45	$272.587,61	$ 544.654,07	$ 81.698,11	$ 462.955,96	$115.738,99	$ 347.216,97	$ 187.991,45		$ 535.208,42	$ 3.458.799,56
18	16453000	$ 817.241,67	$84.596,15	$187.991,45	$272.587,61	$ 544.654,07	$ 81.698,11	$ 462.955,96	$115.738,99	$ 347.216,97	$ 187.991,45		$ 535.208,42	$ 3.994.007,98
19	16453000	$ 817.241,67	$84.596,15	$187.991,45	$272.587,61	$ 544.654,07	$ 81.698,11	$ 462.955,96	$115.738,99	$ 347.216,97	$ 187.991,45		$ 535.208,42	$ 4.529.216,40
20	16453000	$ 817.241,67	$84.596,15	$187.991,45	$272.587,61	$ 544.654,07	$ 81.698,11	$ 462.955,96	$115.738,99	$ 347.216,97	$ 187.991,45		$ 535.208,42	$ 5.064.424,82
21	16453000	$ 817.241,67	$84.596,15	$187.991,45	$272.587,61	$ 544.654,07	$ 81.698,11	$ 462.955,96	$115.738,99	$ 347.216,97	$ 187.991,45		$ 535.208,42	$ 5.599.633,24
22	16453000	$ 817.241,67	$84.596,15	$187.991,45	$272.587,61	$ 544.654,07	$ 81.698,11	$ 462.955,96	$115.738,99	$ 347.216,97	$ 187.991,45		$ 535.208,42	$ 6.134.841,66
23	16453000	$ 817.241,67	$84.596,15	$187.991,45	$272.587,61	$ 544.654,07	$ 81.698,11	$ 462.955,96	$115.738,99	$ 347.216,97	$ 187.991,45		$ 535.208,42	$ 6.670.050,08
24	16453000	$ 817.241,67	$84.596,15	$187.991,45	$272.587,61	$ 544.654,07	$ 81.698,11	$ 462.955,96	$115.738,99	$ 347.216,97	$ 187.991,45		$ 535.208,42	$ 7.205.258,50
25	16453000	$ 817.241,67	$84.596,15	$187.991,45	$272.587,61	$ 544.654,07	$ 81.698,11	$ 462.955,96	$115.738,99	$ 347.216,97	$ 187.991,45		$ 535.208,42	$ 7.740.466,92

Datos para la obtención del **VAN** y el **TIR** en el escenario de financiamiento del 60% de la inversión a precios de LCOE.

Datos de Entrada:

Inversión inicial	$5'639.743,59
Rendimiento esperado	12%
Tasa de interés bancario	11,26%
Impuesto a la renta	25%
Financiamiento	60%
Potencia (kW)	4800
Vida útil del proyecto	25
% costos de O&M	1,50%

Tabla Alemana de Amortización del préstamo.

Monto	$3'383.846,154	Interés	11,26%	
		Plazo en años	12	
Año	Termino Amortizativo	Interés	Cuota amortización	Capital pendiente
0				$3.383.846,15
1	$663.008,26	$381.021,08	$281.987,18	$3.101.858,97
2	$631.256,50	$349.269,32	$281.987,18	$2.819.871,79
3	$599.504,74	$317.517,56	$281.987,18	$2.537.884,62
4	$567.752,99	$285.765,81	$281.987,18	$2.255.897,44
5	$536.001,23	$254.014,05	$281.987,18	$1.973.910,26
6	$504.249,47	$222.262,29	$281.987,18	$1.691.923,08
7	$472.497,72	$190.510,54	$281.987,18	$1.409.935,90
8	$440.745,96	$158.758,78	$281.987,18	$1.127.948,72
9	$408.994,21	$127.007,03	$281.987,18	$ 845.961,54
10	$377.242,45	$ 95.255,27	$281.987,18	$ 563.974,36
11	$345.490,69	$ 63.503,51	$281.987,18	$ 281.987,18
12	$313.738,94	$ 31.751,76	$281.987,18	$ -

Tabla del Flujo de Caja para la obtención del VAN y el TIR en el escenario de financiamiento del 60% de la inversión a precios de LCOE.

[illegible table]

Tabla del Flujo de Caja para la obtención del VAN y el TIR en el escenario de autofinanciamiento a precios de distribuidor de energía.

res   )

	Ingresos		Egresos											
Año	Energía kWh	Venta de energía	O&M	Depreciación	Egresos fijos	Utilidad bruta	15% Trabajad	Utilidad antes IR	25% IR	Utilidad neta	depreciación	Inversión	Flujo Neto	Flujo Acumulado
0												5639743,59	$ -5.639.743,59	$ -5.639.743,59
1	16453000	$ 1.513.676,00	$84.596,15	$187.991,45	$272.587,61	$1.241.088,39	$186.163,26	$ 1.054.925,13	$263.731,28	$791.193,85	$187.991,45		$ 979.185,30	$ -4.660.558,29
2	16453000	$ 1.513.676,00	$84.596,15	$187.991,45	$272.587,61	$1.241.088,39	$186.163,26	$ 1.054.925,13	$263.731,28	$791.193,85	$187.991,45		$ 979.185,30	$ -3.681.372,98
3	16453000	$ 1.513.676,00	$84.596,15	$187.991,45	$272.587,61	$1.241.088,39	$186.163,26	$ 1.054.925,13	$263.731,28	$791.193,85	$187.991,45		$ 979.185,30	$ -2.702.187,68
4	16453000	$ 1.513.676,00	$84.596,15	$187.991,45	$272.587,61	$1.241.088,39	$186.163,26	$ 1.054.925,13	$263.731,28	$791.193,85	$187.991,45		$ 979.185,30	$ -1.723.002,38
5	164453000	$ 1.513.676,00	$84.596,15	$187.991,45	$272.587,61	$1.241.088,39	$186.163,26	$ 1.054.925,13	$263.731,28	$791.193,85	$187.991,45		$ 979.185,30	$ -743.817,07
6	16453000	$ 1.513.676,00	$84.596,15	$187.991,45	$272.587,61	$1.241.088,39	$186.163,26	$ 1.054.925,13	$263.731,28	$791.193,85	$187.991,45		$ 979.185,30	$ 235.368,23
7	16453000	$ 1.513.676,00	$84.596,15	$187.991,45	$272.587,61	$1.241.088,39	$186.163,26	$ 1.054.925,13	$263.731,28	$791.193,85	$187.991,45		$ 979.185,30	$ 1.214.553,54
8	163453000	$ 1.513.676,00	$84.596,15	$187.991,45	$272.587,61	$1.241.088,39	$186.163,26	$ 1.054.925,13	$263.731,28	$791.193,85	$187.991,45		$ 979.185,30	$ 2.193.738,84
9	16453000	$ 1.513.676,00	$84.596,15	$187.991,45	$272.587,61	$1.241.088,39	$186.163,26	$ 1.054.925,13	$263.731,28	$791.193,85	$187.991,45		$ 979.185,30	$ 3.172.924,14
10	16453000	$ 1.513.676,00	$84.596,15	$187.991,45	$272.587,61	$1.241.088,39	$186.163,26	$ 1.054.925,13	$263.731,28	$791.193,85	$187.991,45		$ 979.185,30	$ 4.152.109,45
11	16453000	$ 1.513.676,00	$84.596,15	$187.991,45	$272.587,61	$1.241.088,39	$186.163,26	$ 1.054.925,13	$263.731,28	$791.193,85	$187.991,45		$ 979.185,30	$ 5.131.294,75
12	16453000	$ 1.513.676,00	$84.596,15	$187.991,45	$272.587,61	$1.241.088,39	$186.163,26	$ 1.054.925,13	$263.731,28	$791.193,85	$187.991,45		$ 979.185,30	$ 6.110.480,05
13	16453000	$ 1.513.676,00	$84.596,15	$187.991,45	$272.587,61	$1.241.088,39	$186.163,26	$ 1.054.925,13	$263.731,28	$791.193,85	$187.991,45		$ 979.185,30	$ 7.089.665,36
14	16453000	$ 1.513.676,00	$84.596,15	$187.991,45	$272.587,61	$1.241.088,39	$186.163,26	$ 1.054.925,13	$263.731,28	$791.193,85	$187.991,45		$ 979.185,30	$ 8.068.850,66
15	16453000	$ 1.513.676,00	$84.596,15	$187.991,45	$272.587,61	$1.241.088,39	$186.163,26	$ 1.054.925,13	$263.731,28	$791.193,85	$187.991,45		$ 979.185,30	$ 9.048.035,96
16	16453000	$ 1.513.676,00	$84.596,15	$187.991,45	$272.587,61	$1.241.088,39	$186.163,26	$ 1.054.925,13	$263.731,28	$791.193,85	$187.991,45		$ 979.185,30	$ 10.027.221,27
17	16453000	$ 1.513.676,00	$84.596,15	$187.991,45	$272.587,61	$1.241.088,39	$186.163,26	$ 1.054.925,13	$263.731,28	$791.193,85	$187.991,45		$ 979.185,30	$ 11.006.406,57
18	16453000	$ 1.513.676,00	$84.596,15	$187.991,45	$272.587,61	$1.241.088,39	$186.163,26	$ 1.054.925,13	$263.731,28	$791.193,85	$187.991,45		$ 979.185,30	$ 11.985.591,88
19	16453000	$ 1.513.676,00	$84.596,15	$187.991,45	$272.587,61	$1.241.088,39	$186.163,26	$ 1.054.925,13	$263.731,28	$791.193,85	$187.991,45		$ 979.185,30	$ 12.964.777,18
20	16453000	$ 1.513.676,00	$84.596,15	$187.991,45	$272.587,61	$1.241.088,39	$186.163,26	$ 1.054.925,13	$263.731,28	$791.193,85	$187.991,45		$ 979.185,30	$ 13.943.962,48
21	16453000	$ 1.513.676,00	$84.596,15	$187.991,45	$272.587,61	$1.241.088,39	$186.163,26	$ 1.054.925,13	$263.731,28	$791.193,85	$187.991,45		$ 979.185,30	$ 14.923.147,79
22	16453000	$ 1.513.676,00	$84.596,15	$187.991,45	$272.587,61	$1.241.088,39	$186.163,26	$ 1.054.925,13	$263.731,28	$791.193,85	$187.991,45		$ 979.185,30	$ 15.902.333,09
23	16453000	$ 1.513.676,00	$84.596,15	$187.991,45	$272.587,61	$1.241.088,39	$186.163,26	$ 1.054.925,13	$263.731,28	$791.193,85	$187.991,45		$ 979.185,30	$ 16.881.518,39
24	16453000	$ 1.513.676,00	$84.596,15	$187.991,45	$272.587,61	$1.241.088,39	$186.163,26	$ 1.054.925,13	$263.731,28	$791.193,85	$187.991,45		$ 979.185,30	$ 17.860.703,70
25	16453000	$ 1.513.676,00	$84.596,15	$187.991,45	$272.587,61	$1.241.088,39	$186.163,26	$ 1.054.925,13	$263.731,28	$791.193,85	$187.991,45		$ 979.185,30	$ 18.839.889,00

Printed by Books on Demand GmbH, Norderstedt / Germany